普通高等教育“十三五”规划教材
电气工程、自动化专业规划教材

# 计算机过程控制系统

李向舜　编著

電子工業出版社
Publishing House of Electronics Industry
北京 · BEIJING

## 内 容 简 介

计算机过程控制系统是自动化专业必修的专业课程。本书根据该课程特点，介绍了计算机过程控制系统各组成部分的工作原理，在此基础上又分别介绍了简单回路系统和复杂控制系统的设计与分析方法。具体内容包括计算机过程控制系统组成和发展概况；检测技术及常用的仪表和信号接口标准；执行器，主要是调节阀的工作原理和流量特性；被控过程的机理建模与动态特性；PID 控制器特点；简单回路设计及控制器参数整定；前馈、比值、大滞后、串级、多输入多输出系统的设计及控制器参数整定的方法。通过学习，读者可以系统地掌握过程控制系统的基本组成、原理、分析与综合的理论和方法，针对各种生产过程设计出相应的过程控制方案，并能解决系统设备选型、控制器设计、参数整定等具体问题，为解决自动化专业领域的复杂工程问题打下坚实的基础。

本书取材新颖、阐述严谨、内容丰富、重点突出、推导详细、思路清晰、深入浅出、富有启发性，便于教学与自学。

本书既可作为高等学校理工科本科生和研究生计算机过程控制、仪表与过程控制课程的教材或参考书，也可作为科技人员的参考手册。



**图书在版编目（CIP）数据**

计算机过程控制系统/李向舜编著. —北京：电子工业出版社，2019.9

ISBN 978-7-121-37762-4

Ⅰ. ①计…　Ⅱ. ①李…　Ⅲ. ①计算机控制系统－过程控制－高等学校－教材　Ⅳ. ①TP273

中国版本图书馆 CIP 数据核字（2019）第 240055 号

策划编辑：张小乐
责任编辑：底　波
印　　刷：北京虎彩文化传播有限公司
装　　订：北京虎彩文化传播有限公司
出版发行：电子工业出版社
　　　　　北京市海淀区万寿路 173 信箱　　邮编　100036
开　　本：787×1 092　1/16　印张：17　字数：435.2 千字
版　　次：2019 年 9 月第 1 版
印　　次：2022 年 6 月第 2 次印刷
定　　价：52.00 元

凡所购买电子工业出版社图书有缺损问题，请向购买书店调换。若书店售缺，请与本社发行部联系，联系及邮购电话：（010）88254888，88258888。

质量投诉请发邮件至 zlts@phei.com.cn，盗版侵权举报请发邮件至 dbqq@phei.com.cn。

本书咨询联系方式：（010）88254462，zhxl@phei.com.cn。

# 前　言

计算机过程控制系统是自动化专业重要的专业必修课程，在自动化专业课程中占有重要地位。笔者有幸承担了“计算机控制技术”与“仪表与过程控制系统”的教学工作。通过多年的教学发现，两门课程之间的联系非常紧密，内容上相辅相成。计算机控制技术侧重于计算机输入/输出接口及数字控制算法的设计，仪表与过程控制系统侧重于仪表技术和模拟控制系统的工程设计。事实上，两门课程的内容都不够全面，大多数学校一般只选择其中的一门课程来讲授，也没有一本教材能将计算机控制与过程控制内容很好地融合在一起。而在实际的工程控制系统中，需要技术人员有扎实的理论基础的同时，还要求其能设计数字控制算法并能用软硬件实现。鉴于此，笔者将计算机控制技术和仪表与过程控制系统的内容进行融合，对学生进行教学，效果显著，得到了学生的认可和好评。

笔者在 10 多年来的过程控制教学生涯中，深感计算机过程控制系统知识更新十分迅速，而教材的内容也很难保持与时俱进，甚至很多书上讲的内容在实践中已经很少应用或基本上被淘汰。在编写本书的过程中，笔者参考了国内外已经出版的同类教材，吸收了许多精华和优点，对有些知识点做出了取舍，适当补充了一些新内容。

本书取材新颖、阐述严谨、内容丰富、重点突出、推导详尽、思路清晰、深入浅出、富有启发性，便于教学与自学。

本书由李向舜副教授编写。本书既可作为高等学校理工科本科生和研究生计算机过程控制、仪表与过程控制课程的教材或参考书，也可作为科技人员的参考手册。出好书，使千百万莘莘学子受益，一直是笔者追求的目标，但由于水平所限，书中可能还会有很多不妥甚至是错误之处，敬请广大读者给予批评指正。

本书配有相关在线学习资源，包括视频、PPT、习题等，欢迎各位读者访问使用。在线资源网址：https://www.xueyinonline.com/detail/204384544，选择“加入课程”，注册后登录，选择当前教学期次，进入学习，如有问题请联系 53290323@qq.com。

# 目　　录

# 第1章

# 绪论

## 1.1 过程控制系统应用举例

本节先给出几个过程控制系统的实例，以便同学们对过程控制系统有一个感性认识。

首先来看一个生活中常见的例子——淋浴过程。如图 1.1 所示，热水管和冷水管连接手动的三通控制阀，阀经管道连接到淋浴喷头，于是人站在喷头下就可以完成淋浴了。在这个过程中，为了洗澡舒服，需要将水温和水的流量调到合适的程度（水温高了会烫坏皮肤，水温低了会觉得冷；流量大了皮肤会感觉疼，流量小了又觉得洗得不过瘾，还可能洗不干净），于是我们需要控制的变量（被控变量）就为出水的温度和流量。如何实现感知温度和流量呢？答案是依靠皮肤，人的皮肤就是很好的温度和压力传感器。人在发现水温过高时就会用手去调节控制阀，将阀手柄的位置向左或向右，通过调节冷水和热水的混合比例改变温度，流量可以通过改变阀的开度来实现。由上述分析我们可以知道，淋浴过程中有人脑的决策，有温度和流量变量的检测，还有改变温度和流量的手动调节阀，最终完成这个管路系统出水温度和流量的调整。很明显，系统具备控制功能（人脑决策）、检测功能（感知温度和流量）、执行作用（手动调节阀），最终实现某些输出变量的控制，这是典型的过程控制系统。图 1.2 给出了该控制系统方框图。给定值为期望的温度，实际温度通过皮肤感知后传给大脑，这需要花一点时间（非常短），大脑通过期望值和实际感知值比较得到偏差，然后根据该偏差做出决策，若偏差大则需要改变阀的角度也大，偏差小则改变阀的角度也小。偏差为正时，即温度低了，阀的位置应偏向热水管；偏差为负时，即温度高了，阀的位置应偏向冷水管。大脑做出决策后输出命令给手，手去调节控制阀，调整好位置后，混合后的水经一段时间（与管道长度有关）后输出到喷头。

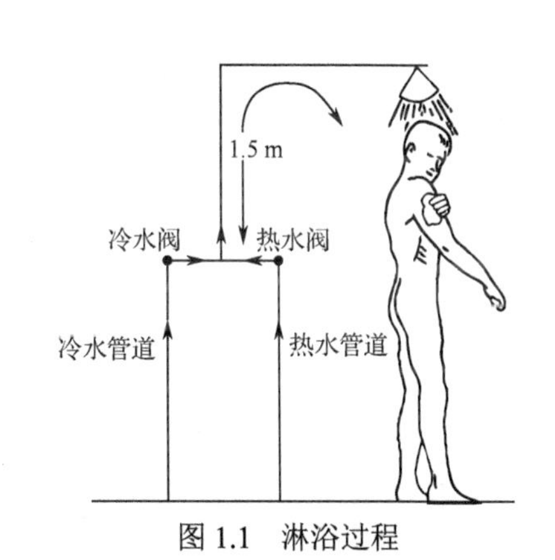

图 1.1　淋浴过程

第 2 个例子——室内加热过程。如图 1.3 所示，温度控制装置通过温度传感器（可以为热电阻或者集成温度传感器）检测室内温度，与期望的温度值比较，得到偏差，根据偏差的正负去控制继电器，以便实现对加热炉送风装置的开关控制。控制过程为：当温度高于设定值时，偏差为负，控制装置输出“0”信号，将加热炉及送风装置关闭；当温度低于设定值时，偏差为正，控制装置输出“1”信号，将加热炉及送风装置打开。这个过程能实现室内温度的调节，也是典型的过程控制系统。

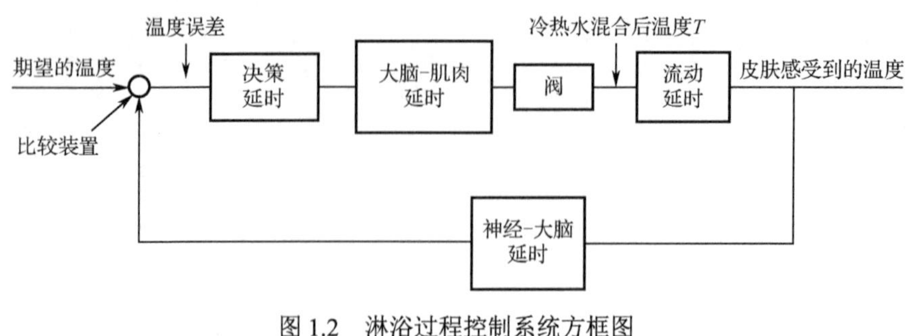


图 1.2　淋浴过程控制系统方框图

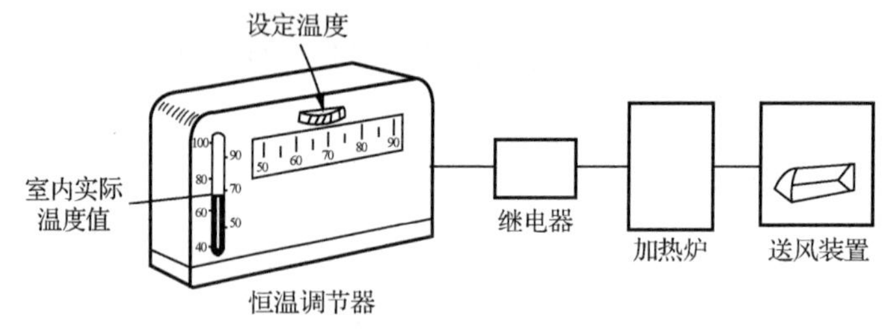


图 1.3　室内加热控制系统

图 1.4 和图 1.5 分别给出了另外两个过程——汽车车速过程控制和锅炉汽包水位。在汽车车速过程控制中，输入变量分别有摩擦力、发动机牵引力（当然还有风阻力和其他干扰，这里暂且忽略）。以在高速公路上驾驶为例，驾驶员希望以最高的不受惩罚的速度行驶，如 110km/h，当他观察到仪表盘上显示的车速超过 110km/h 时，大脑很自然地做出判断将油门减小，这样发动机牵引力减小，车速就会降下来；当驾驶员观察到车速低于 110km/h 时，他做出的决策就是增大油门，增加发动机输出扭矩，牵引力增大，车速得到提升。很明显，这个时候的控制器就是驾驶员，传感器就是人的眼睛，执行装置包括人的脚和油门装置。值得一提的是，在高速公路上驾驶时，驾驶员通常会使用自动巡航功能，这时他所做的任务就是将期望的行驶速度设定好，将注意力保持在方向控制上而不去管控油门，此时油门的控制由车载的 ECU 装置自动完成，此时的控制器是通过计算机实现的。

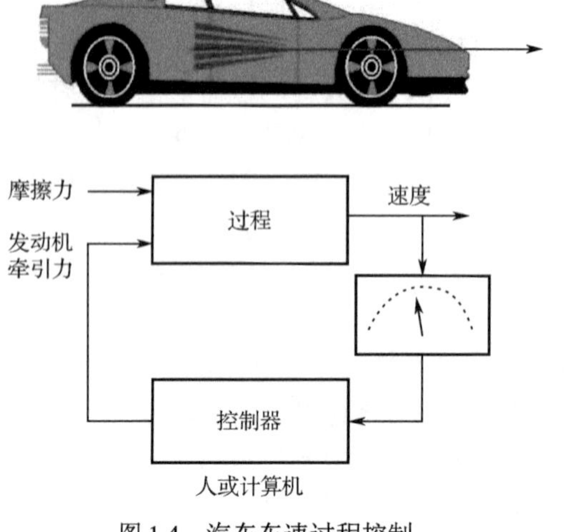


图 1.4　汽车车速过程控制

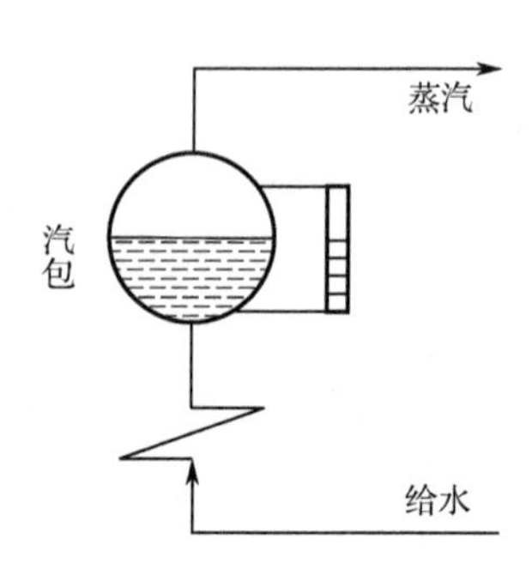


图 1.5　锅炉汽包水位

在锅炉汽包水位过程控制中，锅炉被加热后会产生蒸汽，当有蒸汽输出时，水位会下降，因此要及时补水。液位过低，会影响产汽量，且易烧干而发生事故；液位过高，影响蒸汽质量（可能会混入水），因此对汽包液位应严加控制。这样的系统是非常典型的工业过程控制系统。

以上示例属于较为简单的过程控制系统，工业上还有很多更加复杂的过程控制系统，如精馏过程、发酵过程、火电站或核电站，都是较为复杂的大型过程控制系统。图1.6所示为压水堆核电站典型三回路。图中，核反应堆产生热量将一回路中的水加热，一回路中的热水将蒸汽发生器中二回路中的水变成蒸汽，输出蒸汽推动汽轮机，带动发电机发电并输出给电网，整个电站涉及温度、压力、流量、液位的诸多控制回路，是典型的复杂过程控制系统。

当然过程控制系统的案例还有很多，这里不再一一列举。

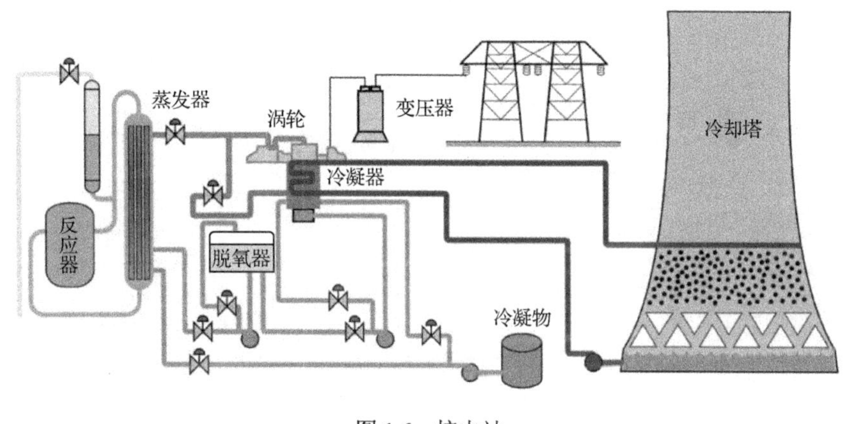


图1.6 核电站

## 1.2 过程控制系统组成

本节介绍过程控制系统（控制系统）的基本概念和组成。

首先，我们来了解一下控制系统的基本功能。控制系统的功能为：在外部干扰的影响下，保持重要过程变量维持在期望值。在这里，过程变量往往是一些工厂中需要控制的变量，而外部干扰通常包括一些市场因素、经济因素、气候因素，以及一些其他的不确定干扰。控制系统就是能够克服这些扰动以保持重要变量满足要求，最终使得工厂或系统更加安全、利润更高、环境更友好。

控制系统的最终目标是为了确保以下几个方面的内容。

（1）使过程具有良好的操作性能，如使工厂工作效率更高。

（2）使过程更加安全，如使工厂不出生产安全事故、不爆炸等。

（3）使产品质量得到保证或者更高，例如，牛奶厂生产的奶粉要求含水量为3%～5%，如果超过这个范围，则奶粉质量就易变差，而精确的控制可以保证质量。

（4）使整个系统对环境的影响最小化，如污水处理厂排放出的废水必须经过处理达标后才能排出，这依赖于污水处理控制系统。

### 1.2.1 控制系统

那么，什么是控制系统？它又由哪几部分组成的呢？

控制系统是由过程、检测元件或变送器、执行器和控制装置（控制器，通常是计算机系统）组成，并被设计和整定用来确保过程安全和赢利的系统。

如图 1.7 所示，控制系统通过传感器感知工厂的信息，并将该信息传输、处理、逻辑运算与决策，最终通过执行器来操作或控制工厂的过程变量。

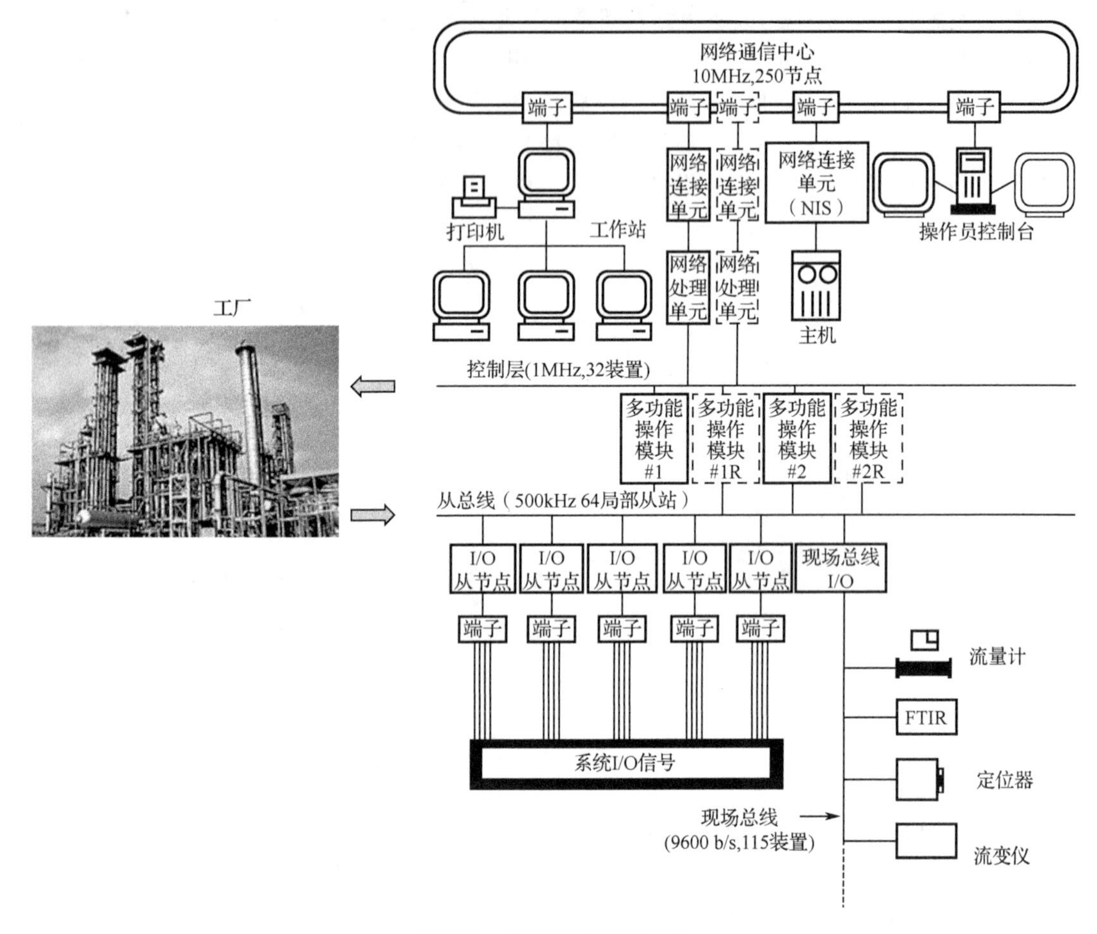


图 1.7　某工厂的控制系统

前面已经介绍过，控制系统由过程、检测元件或变送器、执行器和控制装置组成。图 1.8 所示是一个典型的控制系统的原理框图。

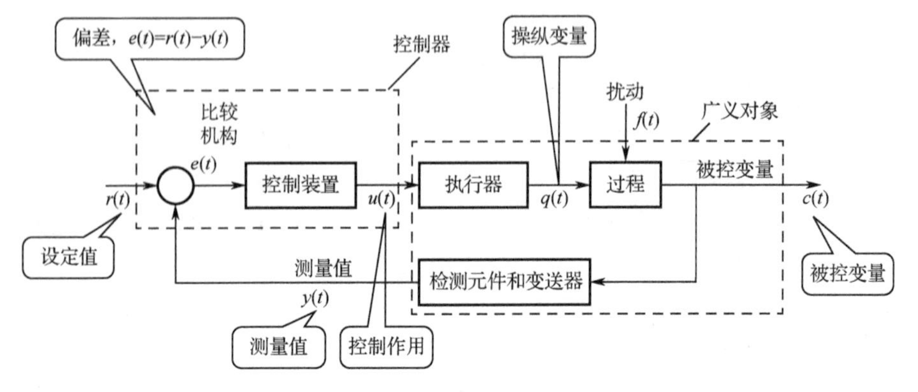


图 1.8　控制系统的原理框图

检测元件和变送器的作用是把被控变量 $c(t)$ 转化为测量值 $y(t)$ 。

比较机构的作用是比较设定值 $r(t)$ 与测量值 $y(t)$ 并输出其差值，即偏差 $e(t)$ 。

控制装置的作用是根据偏差的正负、大小及变化情况，按某种预定的控制规律给出控制作用或控制信号 $u(t)$。通常这里的控制装置由硬件平台和软件控制规律组成，硬件平台通常由计算机（工控机、DSP、ARM、MCU 等数字平台搭建而成）搭建，软件控制规律通常是用某种语言（汇编语言、C 语言等）实现的 PID、MPC 或其他控制算法。比较机构和控制装置通常组合在一起，称为控制器。

执行器的作用是接收控制器送来的控制作用 $u(t)$，相应地去改变操纵变量 $q(t)$ 。常见的执行器包括电动机、水泵、调节阀、开关阀等。

过程即为系统的被控对象，如前面讲的锅炉汽包水位过程控制中，被控过程就是锅炉。

## 1.2.2　过程

那么，过程是如何定义的呢？

过程通常用符号 P 表示，是英文 Process 的缩写，它是一个接收输入变量并给出输出的装置或设备。如图 1.9 所示，过程的输入包括操纵变量（控制变量）和干扰，操纵变量就是可以操作的变量，而干扰指的是受到外部因素影响而改变的变量。过程的输出指的是被控变量，被控变量是拟调节或控制的并且是可观测的变量。

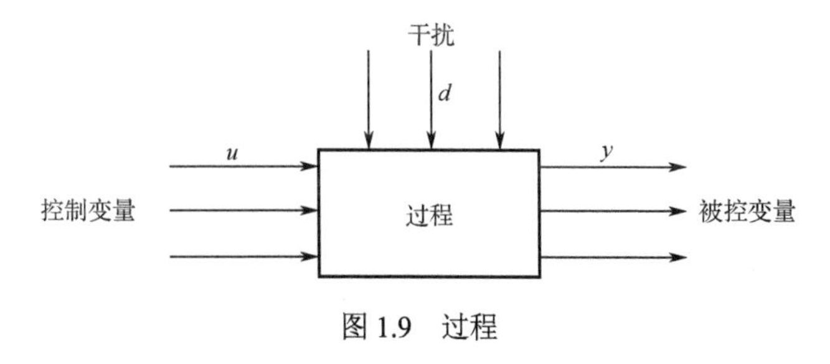


图 1.9　过程

接下来我们给出两个过程的例子。

第 1 个过程的例子是搅拌罐加热器，如图 1.10 和图 1.11 所示。在搅拌罐加热器这个过程中，温度为 $T_{in}$，流量为 $\omega$ 的物料进入加热器，被热功率为 $Q$ 加热并被搅拌均匀后排出，出口的温度为 $T$，流量为 $\omega$ 不变。对于这个过程，$T_{in}$、$\omega$、$Q$ 是输入变量，输出变量为出口温度 $T$，输入变量中任意一个变量的改变都会影响出口温度 $T$ 。在 3 个输入变量中选择 1 个作为操纵变量，则其余不被操纵的变量称为干扰。

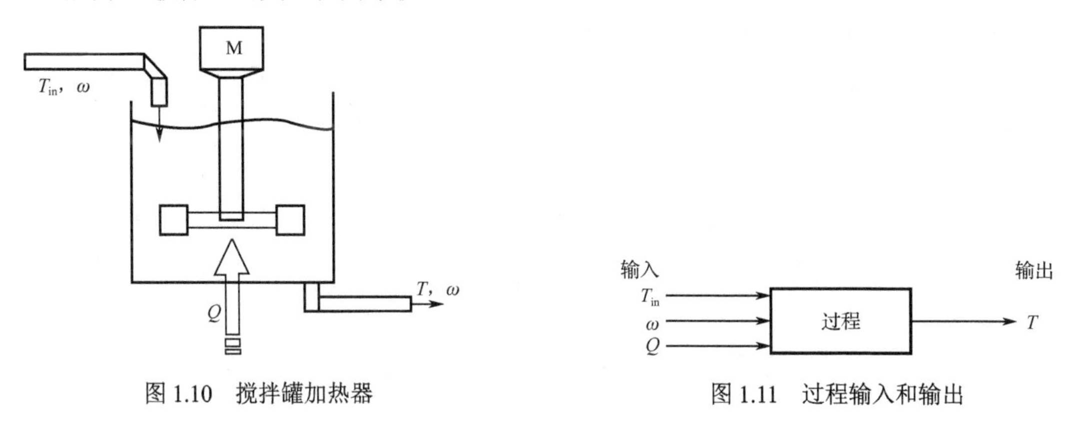


图 1.10　搅拌罐加热器　　图 1.11　过程输入和输出

第 2 个过程的例子为汽车速度的过程，如图 1.12 所示，该过程输出变量为汽车的速度，输入变量有两个，一个为外部的摩擦力，另一个为汽车内部发动机提供的牵引力。通常发动机牵引力可以选为操纵变量，其可以通过控制油门踏板来实现；而外部摩擦力，如地面摩擦力，它是不能操纵或改变的变量，因此对于这个过程，摩擦力就是干扰。

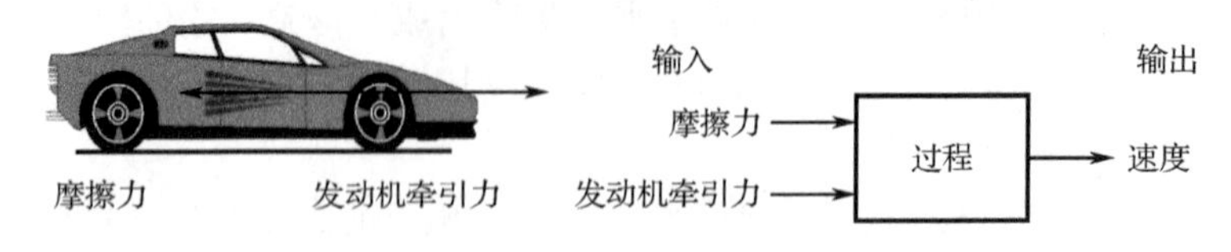


图 1.12　汽车速度的过程

思考：列举一个过程，并且指出它的输入变量和输出变量。

### 1.2.3　控制

前面我们已经介绍了过程，接下来介绍控制，什么是控制呢？它的具体作用如下。

（1）在有干扰的条件下调节过程的输出。

如驾驶汽车，保持一定的速度；控制化学反应器的温度，并且能克服温度和流量的影响；减少柔性结构中的振动现象。

（2）控制的另外一个作用是能够稳定不稳定的变量，如骑自行车，自行车本身是不稳定的系统，人骑上去可以使自行车稳定不倒；再如飞机飞行，要靠发动机去控制这个不稳定系统使其稳定飞行；还有就是核反应堆的中子裂变过程是不稳定的，也要通过控制其裂变过程获得稳定的链式反应。

那么控制可以获得哪些好处呢？

一是经济利益，如质量好可以减少废物，输出变量更稳定，减少变化，从而节省能源、材料和人力。

控制的另一个好处就是可操作性，并且能获得安全与稳定，可操作性保证获得高性能、高效率和准确性，可靠性和可稳定性都可使系统更安全。

什么是控制器？

控制器是用来调节被控过程的系统，过程通常服从物理和化学定律，而控制器则遵循数学和逻辑规律，甚至有时还是智能的。例如，骑自行车这个系统的控制器是人脑，人开车时的控制器也是人脑，如果是自动控制，其控制器通常是程控计算机。

接下来，我们给出过程动态和过程控制的概念。

过程动态是研究过程的暂态行为，过程控制是利用过程动态改进工艺操作和性能，或者使用过程动态来缓解不良（不稳定）过程行为的影响，过程控制通过观察参数，将其与某个期望值进行比较，并且启动控制动作，使参数尽可能接近期望值。

### 1.2.4　过程控制系统

过程控制系统的定义如下。

过程控制系统是为实现对某个工艺参数的自动控制，由相互联系、制约的一些仪表、装置及工艺对象、设备构成的一个整体。

可以说过程控制系统无处不在，石油、化工、水利、电力、冶金、轻工、纺织、制药、建材、核能、环境工程等许多领域的自动控制系统都属于过程控制系统。

接下来给出两个较为重要的概念：连续过程和批处理过程。

连续过程是指连续接收原材料并连续将其加工成中间产品或最终产品的过程，如火电站或核电站，水在管道中连续流动，进入锅炉或反应堆后被加热成蒸汽推动汽轮机做功，最终产生电能，这个过程可以认为是一个连续过程。

批处理过程是指接收物料并通过一系列离散步骤将它们加工成中间产品或最终产品的过程，如汽车厂，将各个零部件从不同位置分步骤地装配在一起，这个过程可以认为是一个批处理过程。

在生产或生活中还有的过程既有连续过程又有批处理过程的特点，如人在淋浴时过程，但从一整天的时间来看，人只在某个固定时间淋浴，其他时间又在做别的事情，则一整天的工作过程又是一个批处理过程。

## 1.2.5 计算机过程控制系统

### 1. 计算机过程控制系统概念

前面已经介绍过，实现过程自动化控制的控制器可以是人，可以是模拟装置，还可以是计算机。在计算机控制系统中，数字控制器取代了模拟控制器，数字控制器的输入和输出都是离散的时间序列信号。要注意，这里的“计算机”意义较为广泛，它是软硬件的组合体，是算法在硬件载体上的实现，这里的硬件平台可以由工控机、个人计算机、数字信号处理器、微控制器、嵌入式控制器或片上系统搭建而成，只要其具备逻辑处理、运算等功能，就都称为计算机。软件通常包括操作系统（如飞机发动机的控制系统通常需要操作系统）、驱动程序及生产过程应用程序，在简单的工业计算机过程控制系统中，可以不需要操作系统，只有硬件驱动程序和应用程序。

典型的计算机过程控制系统如图 1.13 所示。图中标出了连续（模拟）信号和采样（数字）信号。

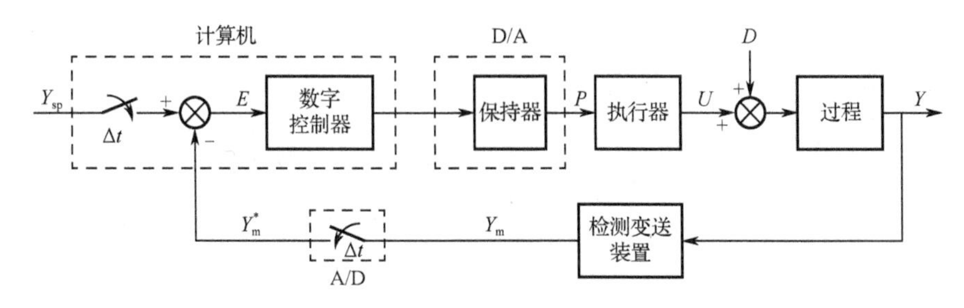


图 1.13 典型的计算机过程控制系统

### 2. 计算机过程控制系统特点

模拟控制系统可以实现过程变量的连续监测与控制，而数字式控制器的监视和控制都是离散的，所以从直觉上来讲，模拟控制系统应该比数字控制系统拥有更好的控制效果。事实上也确实如此，如果在所有的因素都相同情况下，模拟控制确实要优于数字控制。但是，什么原因使得数字控制取代了模拟控制呢？

在计算机过程控制系统中，检测元件、执行装置一般为连续的模拟装置（接收和发送模拟信号），而控制器是计算机，所以计算机控制系统是模拟器件和数字器件的混合系统。与纯模拟控制系统相比，计算机控制系统的特点如下。

准确性：数字信号由“0”和“1”序列表示，如果DAC或ADC的位数为12位，则产生的误差通常要小于模拟信号因为噪声和电源漂移产生的误差。

实现误差：数字信号在进行乘加运算时，存储器中的数字不会变化，因此计算数字较为确定，而模拟信号的乘加运算过程往往会用到电阻器或电容器，而电阻器或电容器在实际工作时其电阻值或电容值会随着环境因素的变化而变化，因此模拟信号在实现过程中的误差更大。

灵活性：模拟控制器一旦设计完成就很难做出修改，而数字式控制器修改起来非常容易，可以用软件来实现控制规律，在线修改和调试都非常方便，具有较大的自由度。

速度：自从20世纪80年代以来，计算机硬件的速度呈现指数级增长，这使得过程变量的高速采样和控制成为可能。当采样间隔（即采样周期）设置得非常小时，数字控制可以获得与连续控制相同的控制性能。此外，计算机控制系统的运算速度快、I/O接口较多、可扩展能力强、易于实现总线连接，可实现同时控制多个回路。

成本：虽然大多数设备或服务的价格一直在增长，数字电路的成本却一降再降，大规模集成电路技术使得制造更快、更好，更可靠、更廉价。

人机接口：计算机存储数据量大，可以与数据库无缝对接，有效管理和保护数据，易于实现报表、查询等功能，还可以对状态和数据以各种可视化的方式呈现出来，使操作人员操作更加直观。

### 3. 计算机过程控制系统信号特征

计算机控制系统信号特征如图1.14所示，生产过程模拟输出变量$y(t)$经过采样变为离散的模拟信号$y^*(t)$，经过A/D转换变为数字信号$y(nT)$，与给定值$r(nT)$比较后生成误差输入计算机控制算法程序中，控制算法输出$u(nT)$经过D/A转换变成量化后的模拟信号$u^*(t)$，再输出到执行器和被控过程（被控对象）。

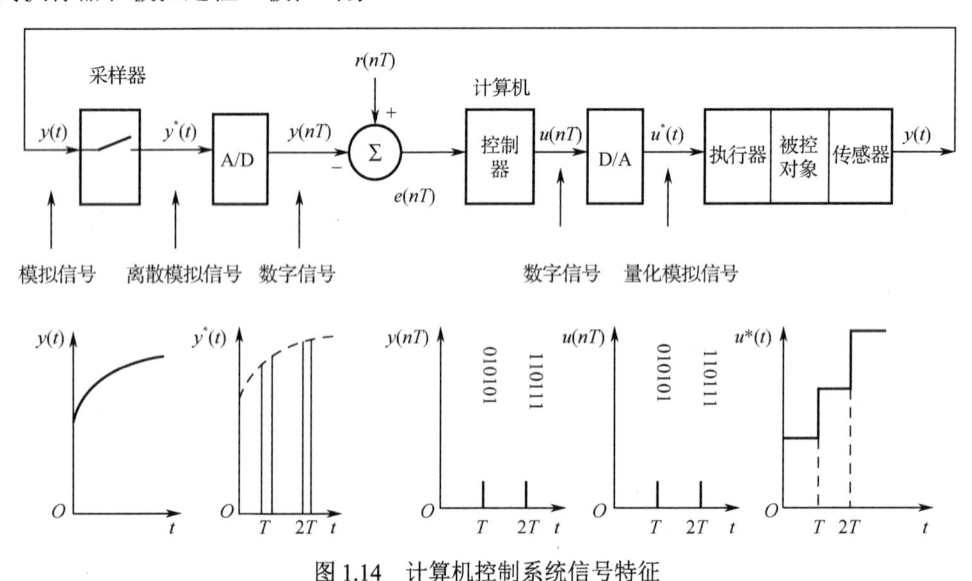


图1.14　计算机控制系统信号特征

#### 4. 计算机过程控制系统的组成及分类

计算机过程控制系统包括硬件和软件，其中，硬件包括控制计算机和相关外围设备，软件包括系统软件和应用软件。计算机过程控制系统硬件组成如图1.15所示，主要包括主机（即微型计算机）、I/O接口、通用外部设备、I/O通道、检测与执行机构和生产过程。

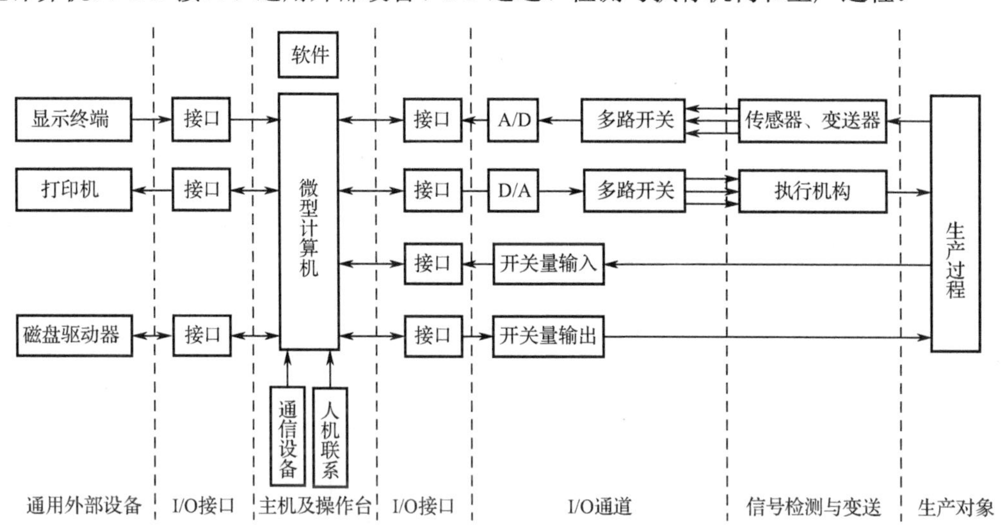


图1.15 计算机控制系统软硬件组成

计算机过程控制系统软件按功能可以分为系统软件和应用软件两大部分。

系统软件一般是由计算机厂家提供的，用来管理计算机本身的资源、方便用户使用计算机的软件。它主要包括操作系统、各种编译软件、监控管理软件，这些软件一般不需要用户自己设计，它们只是作为开发应用软件的工具。应用软件是面向生产过程的程序，如A/D和D/A转换程序、数据采样、数字滤波程序、标度变换程序、控制量计算程序等。应用软件大多数由用户自己根据实际需要进行开发。应用软件的优劣将给控制系统的功能、精度和效率带来很大的影响，它的设计是非常重要的。

接下来我们学习计算机过程控制系统的分类。按照系统的功能、工作特点分类：操作指导控制系统（OIS）；直接数字控制系统（DDC）；监督计算机控制系统（SCC）；集散控制系统（DCS）；现场总线控制系统（FCS）；计算机集成制造系统（CIMS）。

操作指导控制系统（Operational Information System，OIS）如图1.16所示。计算机的输出不直接用来控制生产对象，而只是对系统过程参数进行收集、加工处理，然后输出数据。操作人员根据这些数据进行必要的操作。

直接数字控制系统（Direct Digital Control system，DDC）如图1.17所示。计算机通过输入通道对一个或多个物理量进行巡回检测，并且根据预定的控制规律进行运算，然后发出控制信号，通过输出通道直接控制生产过程。

监督计算机控制系统（Supervisory Computer Control system，SCC）如图1.18所示。计算机根据工艺参数和过程参量检测值，按照所设计的控制算法进行计算，计算出最佳设定值直接传给常规模拟调节器或DDC计算机，最后由模拟调节器或DDC计算机控制生产过程。

集散控制系统（Distributed Control System，DCS）如图1.19所示。企业经营管理和生产过程分别由几级计算机进行控制，实现分散控制、集中管理。每级都有自己的功能，基本上是独立的，但级与级之间或同级的计算机之间又有联系，相互间实现通信。

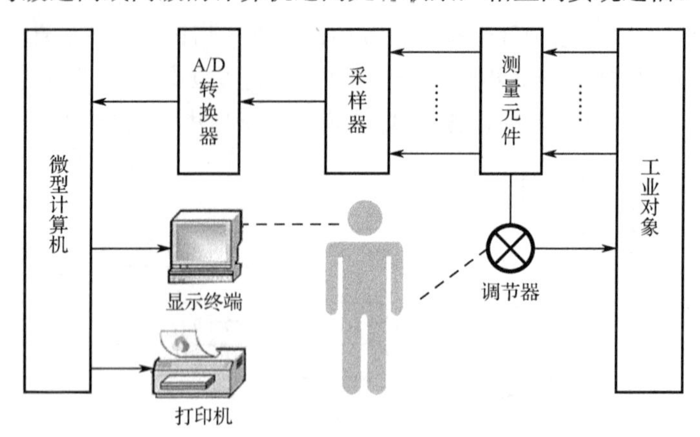


图 1.16　操作指导控制系统

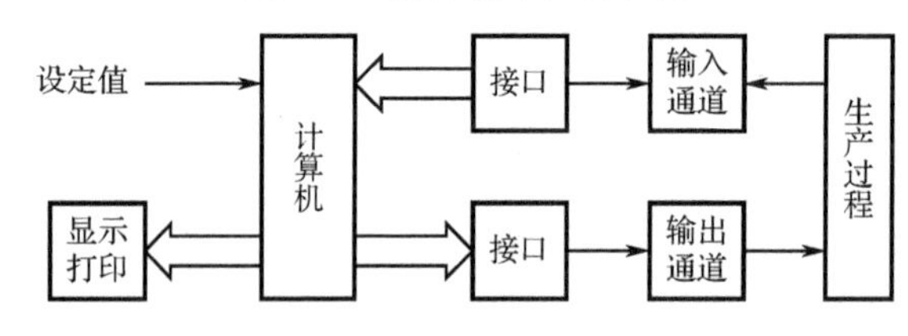


图 1.17　直接数字控制系统

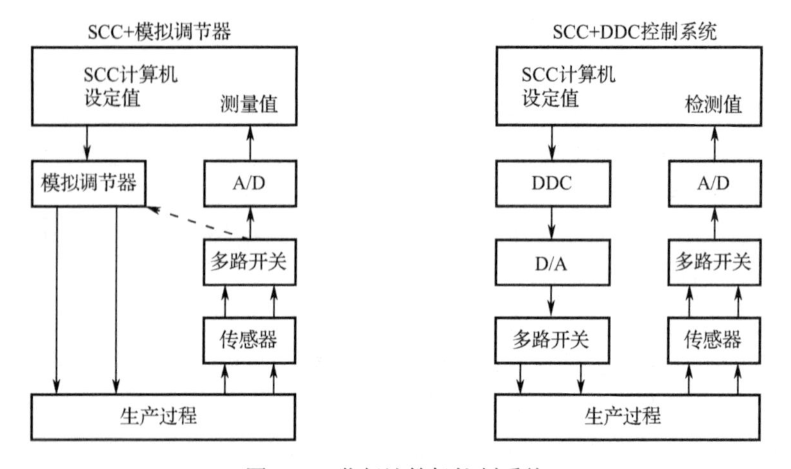


图 1.18　监督计算机控制系统

现场总线控制系统（Fieldbus Control System，FCS）如图 1.20 所示。系统结构采用全分散化，现场总线的节点是现场设备或现场仪表，如传感器、变送器、执行器等。信号传输实现了全数字化，从底层逐层向高层均采用通信网络互连；现场设备具有互操作性，改变了 DCS 控制层的封闭性和专用性，不同厂家的现场设备既可互连也可互换，并且可以统一组态。

计算机集成制造系统（Computer Integrated Manufacturing System，CIMS）。将企业的生产、经营、管理、计划、产品设计、加工制造、销售及服务等环节和人力、财力、设备等生产要素集成起来，进行统一控制，求得生产活动的最优化。

计算机集成制造系统的理念包括两个基本出发点。

- 企业的各个生产环节是不可分割的，需要统一考虑。

● 整个制造生产过程实质上是信息的采集、传递和加工处理的过程。

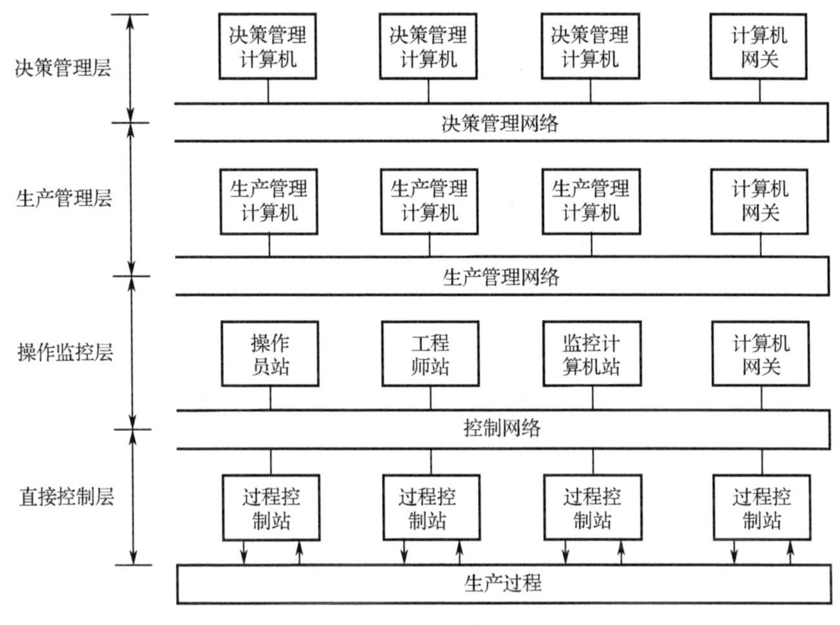


图 1.19　集散控制系统

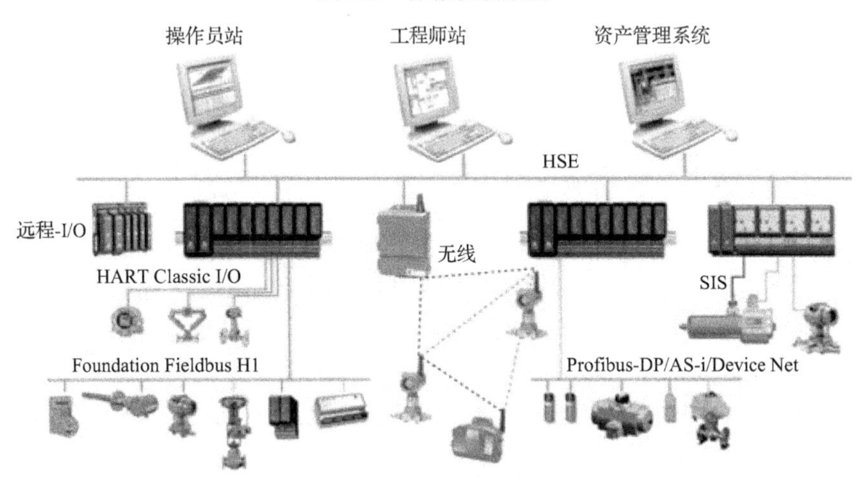


图 1.20　现场总线控制系统

# 1.3　过程控制系统的性能指标

过程控制系统的好坏直接影响生产的安全、质量、效率等各个方面，因此设计一个好的控制系统是我们追求的目标，那么对于一个过程控制系统而言，如何衡量其性能呢？

## 1.3.1　过程控制系统的一般性要求

首先，对过程控制系统一般性要求为三点，即稳、准、快。

稳——稳定性是控制系统最基本的要求，如果系统连稳定性都保证不了，那么别的要求也就无从谈起了。

准——准确性，控制系统必须能够将系统误差降到零或接近零的值。

快——快速性，系统的响应速度必须相当快，并且系统的响应要呈现合理的阻尼。

### 1.3.2　系统响应

控制系统通过系统响应来具体衡量系统性能。系统响应是控制回路从干扰中恢复的能力。在阶跃输入的作用下，定值控制系统的系统响应（过渡过程）有 4 种形式，具体如图 1.21 所示。

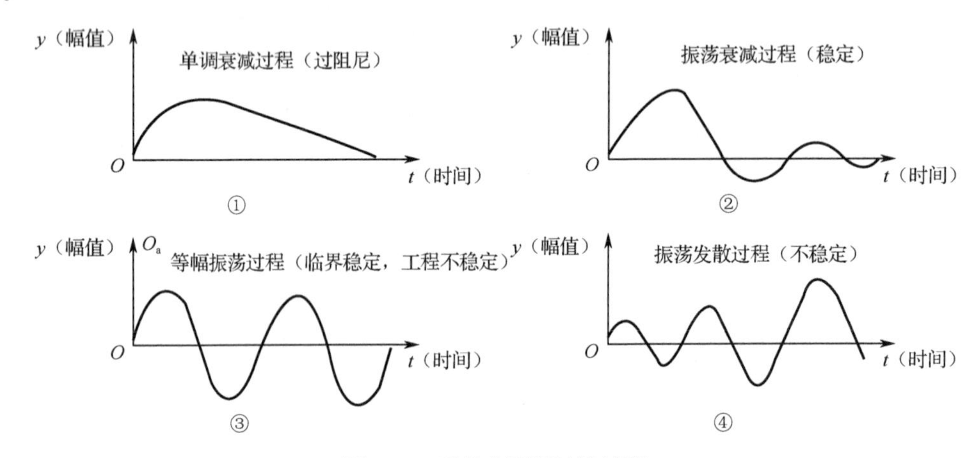


图 1.21　系统典型的过渡过程

第①种，单调衰减过程，这种过渡过程被控变量长时间在给定值或稳态值一侧做单调变化，最终回到稳态值，是一种稳定的过渡过程，属于过阻尼的系统响应，它的缺点是调节速度较慢。

第②种，振荡衰减过程，其响应曲线在给定值或稳态值两侧波动，并且波动的幅值越来越小，最终达到稳态值，这也是一种稳定的过渡过程，属于欠阻尼的响应。

第③种，等幅振荡过程，系统输出在给定值或稳态值两侧波动，波动的幅值不增加也不减少，而是保持不变，这属于一种临界稳定的响应，在工程上属于不稳定的过渡过程。

第④种，振荡发散过程，系统输出在给定值或稳态值两侧波动，波动的幅值越来越大，最终发散，这是不稳定的过渡过程。

在这 4 种响应中，有两种响应是较好的，在工程上是可以接受的。

一种是振荡衰减过程，另一种是单调衰减过程，这些都是稳定的过渡响应。

### 1.3.3　系统单项性能指标

有很多单项性能指标用于衡量系统在给定输入下的响应，最常用的单项指标有衰减比和衰减率、最大动态偏差、余差、调节时间、振荡周期和超调量等。

#### 1. 衰减比 $n$ 和衰减率 $\psi$

如图 1.22 所示为某闭环系统对设定值阶跃扰动的响应曲线，$r$ 为设定值阶跃信号，被控输出变量为$y$，可以看到，系统输出在给定值作用下振荡衰减后达到稳态值，则以稳态值为中心，两个同向波的幅值之比就定义为衰减比，衰减比$n$和衰减率$\psi$为：

$$n=\frac{y_1}{y_3}, \quad \psi=1-\frac{1}{n}$$

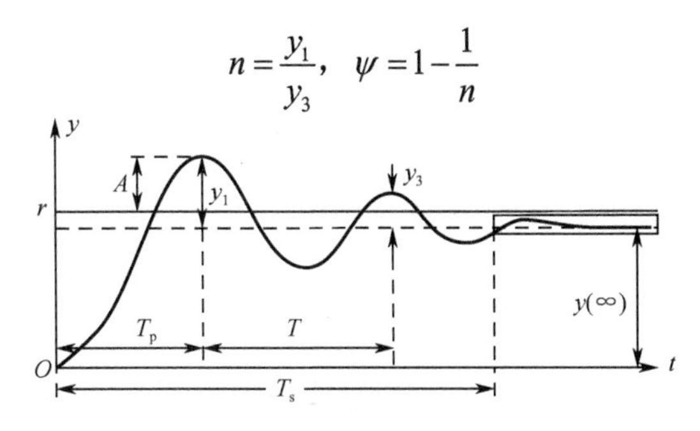


图 1.22　闭环系统对设定值阶跃扰动的响应曲线

很明显，如果衰减比 $n>1$，则系统是稳定的，因为波动的幅值在衰减；如果 $n=1$，则系统是等幅振荡；如果 $n<1$，则系统是振荡发散过程。从这点来看，衰减比可以衡量系统的稳定性。一旦确定了衰减比 $n$ 就可以计算出衰减率 $\Psi$，如果系统稳定，衰减率总是大于 0 的。

### 2. 最大动态偏差 A

最大动态偏差表示系统过渡过程中偏离给定值的最大程度，用 $A$ 表示。如图 1.22 所示，用输出的最大值减去给定值则为最大动态偏差。

$$A = y_{\max} - r$$

最大动态偏差是控制系统动态准确性指标。

### 3. 余差 C

余差是指过渡过程结束后，被控参数的稳态值 $y(\infty)$ 与设定值 $r$ 之间的残余偏差，也称静差、稳态误差、残差。它是衡量控制系统稳态准确性的指标。余差 $C$ 为：

$$C = y(\infty) - r$$

### 4. 调节时间 $T_S$ 和振荡周期 $T$

调节时间 $T_S$ 是指从过渡过程开始到过渡过程结束所需的时间。如何判断过渡过程结束呢？一般认为，当被控参数与稳态值间的偏差进入稳态值的±5%（或±2%）范围内，就认为过渡过程结束。$T_S$ 代表的时间跨度就是调节时间，或者称为过渡时间。

振荡周期和振荡频率是如何定义的呢？过渡过程中相邻两个同向波峰（或波谷）之间的时间间隔称为振荡周期 $T$，振荡周期的倒数称为振荡频率，图 1.22 中标出了两个同向波峰之间的时间间隔 $T$，就是振荡周期。

振荡频率则是振荡周期的倒数，即 $f=\frac{1}{T}$。

注意，调节时间和振荡周期（振荡频率）是衡量控制系统快速性的指标。

除以上介绍的单项性能指标外，还有单项指标为峰值时间 $T_P$ 和上升时间 $T_R$。峰值时间 $T_P$ 是指从过渡过程开始，至被控参数到达第一个波峰所需要的时间。上升时间 $T_R$ 是指从过渡过程开始，至被控参数第一次到达稳态值所需要的时间。峰值时间 $T_P$ 和上升时间 $T_R$ 也是衡量控制系统快速性的指标。

### 5. 超调量 OS

超调量是指被控输出第一个波峰的振幅 $y_1$ 与稳态值 $y(\infty)$ 的百分比，OS 越大，系统输出偏离稳态值的程度就越大，该指标也是反映动态准确性的指标。此外，如果超调量较大，则说明系统输出波动幅值较大，振荡较剧烈，从这个意义上讲，它也反映了系统稳定性。超调量 OS 为：

$$\mathrm{OS}=\frac{y_1}{y(\infty)}$$

### 1.3.4　系统积分性能指标

误差积分准则是用系统期望输出与实际输出或主反馈信号之间的偏差的某个函数积分式表示的一种性能指标，即

$$J=\int_0^{\infty} f(\mathrm{e},t)\mathrm{d}t$$

常用的误差积分指标有平方误差积分指标、绝对值误差积分指标和时间乘绝对值误差积分指标等几种。

平方误差积分指标，英文缩写为 ISE，ISE 为误差平方的积分。在控制工程中，这个指标代表以能量消耗作为系统性能的评价，表达式为

$$J=\int_0^{\infty} f(\mathrm{e},t)\mathrm{d}t=\int_0^{\infty}\mathrm{e}^2\mathrm{d}t$$

绝对值误差积分指标，英文缩写为 IAE，IAE 为误差绝对值的积分。以宇宙飞船系统为例，这个指标表示以燃料消耗作为性能的评价指标。基于这种指标设计的系统，具有适当的阻尼和良好的瞬态响应，表达式为

$$J=\int_0^{\infty} f(\mathrm{e},t)\mathrm{d}t=\int_0^{\infty}|\mathrm{e}|\mathrm{d}t$$

时间乘绝对值误差积分指标，英文缩写为 ITAE，ITAE 为时间与误差绝对值乘积的积分。按此准则设计的控制系统，瞬态响应的振荡性小，且对参数具有良好的选择性。其缺点是用分析法计算很困难，表达式为

$$J=\int_0^{\infty} f(\mathrm{e},t)\mathrm{d}t=\int_0^{\infty}t|\mathrm{e}|\mathrm{d}t$$

## 1.4　过程控制系统的发展概况

过程控制系统的发展大致经历了机械控制系统、气动控制系统、电子控制系统、现代计算机控制系统几个阶段。

### 1.4.1　机械控制系统

中国古代就已经出现了很多机械自动装置，如指南车、铜壶滴漏、饮酒速度自动调节装置、记里鼓车、漏水转浑天仪、候风地动仪、水运仪象台、提花织机等。

在公元 78—139 年，就有了中华民族的伟大发明——指南车，如图 1.23 所示。它是一种双轮独辕车。车上立有一个木头人，一只手臂直指，在车开始移动前，根据天象将木头人的手指向南方，以后不管车向东还是向西转，由于车内有一种能够自动离合的齿轮系定向装置，木头人的手臂则始终指向南方。指南车是利用车轮差速实现方向控制的，是最早的控制系统。

铜壶滴漏是中国古代的自动计时（测量时间）装置，又称刻漏或漏刻，如图 1.24 所示。这种计时装置最初只有两个壶，由上壶滴水到下面的受水壶，液面使浮剑升起以示刻度（即

时间)。保持上壶的水位恒定是滴漏计时准确的关键。这个问题后来是用互相衔接的多级（3～5 级）水壶来解决的。它使用一个浮子式阀门作为自动切断阀。

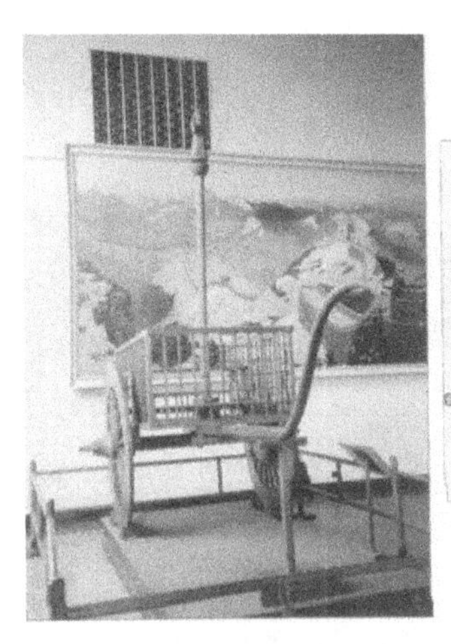
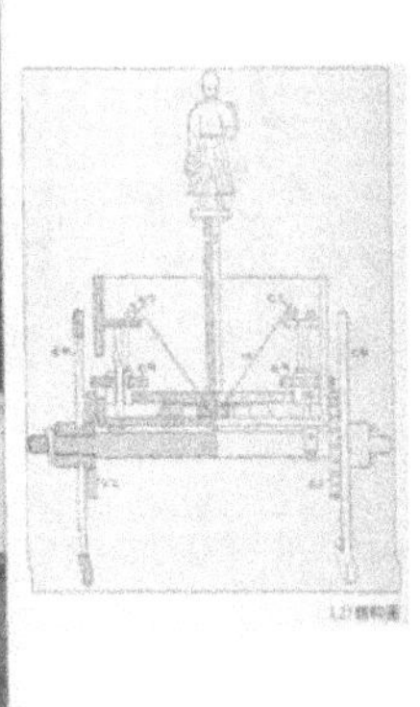

图 1.23　指南车

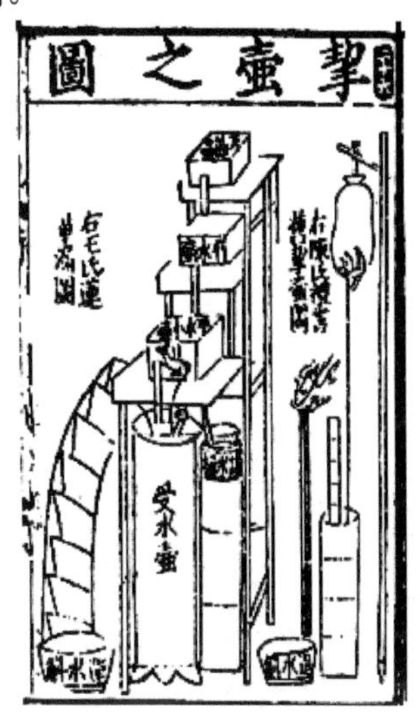


图 1.24　铜壶滴漏

中国古代（公元 1178 年）南方和西南方部落村民在饮酒管中使用浮子式阀门来保持均匀的饮酒速度，这是较早的关于流量调节的装置，如图 1.25 所示。

记里鼓车如图 1.26 所示，是用来自报行车里程的鼓车。《古今注 • 舆服》:“大章车，所以识道里也，起于西京。亦曰记里车。车上为二层，皆有木人，行一里，下层击鼓，行十里，上层击镯。《尚方故事》有作车法。”《隋书 • 礼仪志五》:“记里车，驾牛。其中有木人执槌，车行一里，则打一槌。”《晋书 • 舆服志》:“记里鼓车，驾四，形制如司南。其中有木人执槌向鼓，行一里则打一槌。”

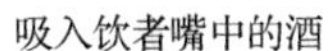


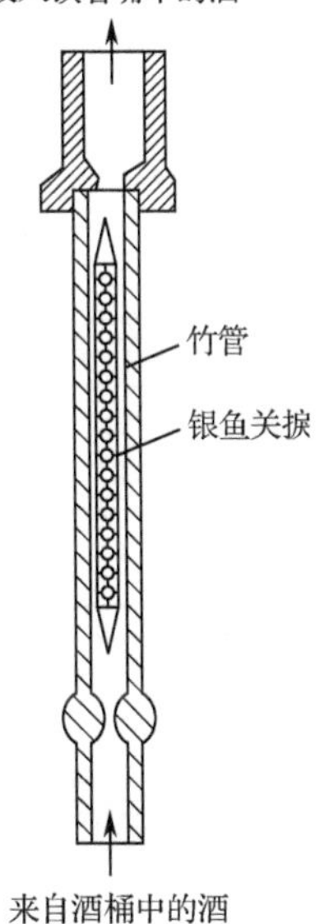


图 1.25　饮酒速度自动调节装置

图 1.26　记里鼓车

东汉时期，中国张衡发明水运浑象，并且研制出自动测量地震的候风地动仪（公元 132

年），如图 1.27 所示。

图 1.27　张衡和候风地动仪

图 1.28　提花织机

中国明代时期，宋应星所著《天工开物》记载有程序控制思想（CNC）的提花织机，其结构如图 1.28 所示。

在古代的西方国家，也出现了许多重要的发明，如浮阀调节器、自动添油灯、重力调节液位器、飞球调速器等。

公元前 250 年，希腊人 Ctesibius 发明了水钟，如图 1.29 所示。上水箱 C 中的水滴入下水箱 E 中，随着 E 中液位升高，F 浮起带动刻度盘 G 中的指针转动以指示时间。只要 C 中水液位恒定，那么 F 升起的速度就均匀，指示的时间会较为准确。因此保证上水箱液位恒定非常重要，Ctesibius 设计了一个浮子调节阀，当液位下降时，浮子下降，进水量增大，当液位升高时，浮子将阀门关小，这样就可以调节上水箱的液位了。这就是最早的浮阀调节器。

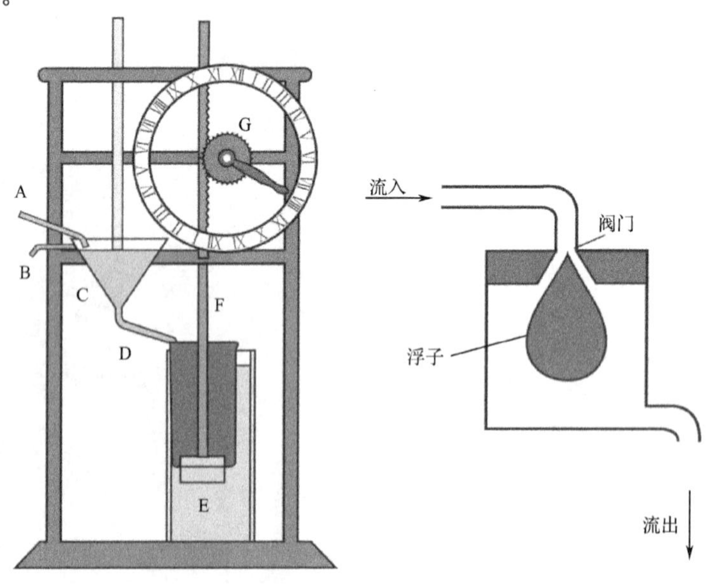


图 1.29　水钟

如图 1.30 所示为自动添油灯，古代希腊人 Philon 于公元前 200 年发明。在该装置中，B 装置与灯芯连通，当油位过低时，V 端口没有浸入油中，因此 N 中的油在大气压力下流入 B

中，给 B 添油。当 B 中油位升高时，V 浸入油中，此时 N 上部大气压力随着 N 中油位下降而越来越低，使得 N 中的油不能压出 C 管道，此时不能给 B 装置添油。这个装置就实现了油灯的自动添油功能。

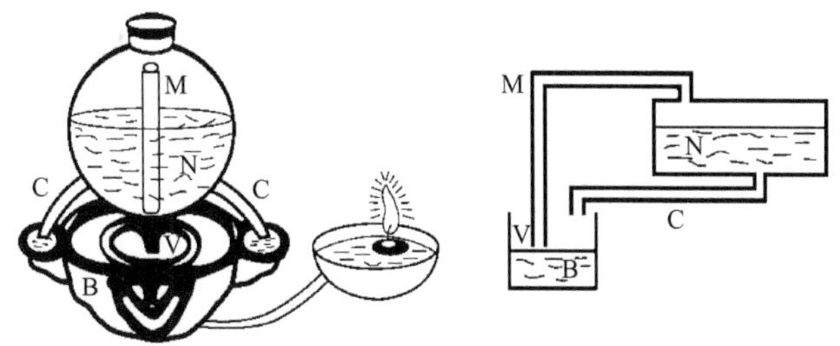


图 1.30　自动添油灯

公元 1 世纪，埃及人 Heron 发明了重力调节液位调节器，如图 1.31 所示。当 C 中液位降低时，重物 W 将天平杠杆向下压，经 L2，Q2 杠杆使得 V 向上提，则主容器中的液体通过管道流入 C，当 C 中液位升起时，天平向右偏，在杠杆作用下，V 向下运动将管道堵住，则主容器中的液体无法流入 C。这样，就可以实现 C 中的液位调节了。

1788 年，James Watt 和 Mathem Boulton 改良了蒸汽机，发明了飞球调速器，标志着第一次工业革命的开始。飞球调速器如图 1.32 所示。两个飞球，当蒸汽机的轴转速较高时，飞球在离心力的作用下偏离竖直方向，此时杠杆 L 带动 H 向上运动，使得阀门 V 关小，蒸汽流量减少使得蒸汽机转速下降； 反之，如果转速较低时，飞球靠近竖直方向，此时 L 带动 H 向下运动，使得阀门 V 开大，蒸汽流量增大使得转速上升。这样，蒸汽机的转速就受到飞球调速器的负反馈控制而保持稳定了。

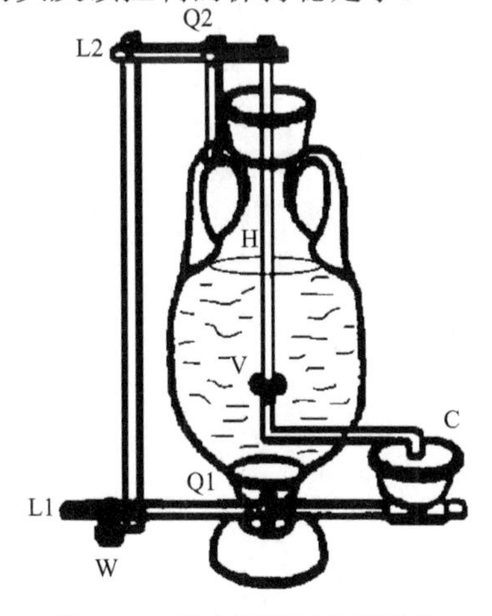


图 1.31　重力调节液位调节器

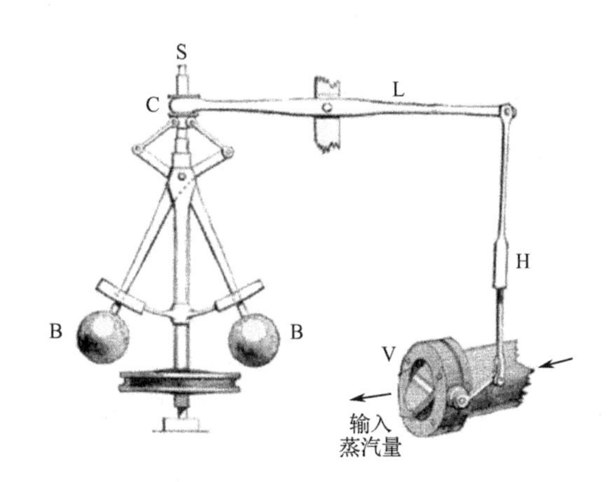


图 1.32　飞球调速器

## 1.4.2　气动控制系统

计算机过程经过机械控制系统阶段后，发展到气动控制系统阶段。19 世纪末和 20 世纪初，Fisher 和 Babcock&Wilcox 引入了调节阀和气动控制装置。在过程工业中使用的第一个大型自动控制系统就是基于空气压力进行过程测量和阀门驱动，以及用于控制的气动逻辑电路。

气动控制系统定义：依赖于空气压力进行过程测量、驱动阀门开度对被控变量进行控制的系统。

PID 控制器首次引入即应用于气动控制，气动 PI 控制器原理图和表达式如图 1.33 所示。可以看出，控制器输出 $P_u$ 和控制器输入偏差 $E$ 之间的传递函数就是一个比例、积分、微分环节。

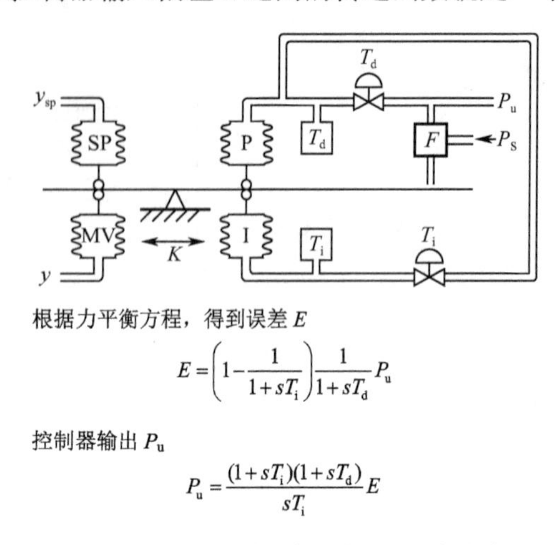


图 1.33　气动 PI 控制器原理图及表达式

## 1.4.3　电子控制系统

随着科学技术的发展，电子元器件开始得到应用，早期的电子元器件使用真空管实现，其缺点是体积较大、功耗也较大。后来又出现了晶体管电子元器件，其体积小，功耗较低，因此发展迅猛。20 世纪 60 年代中期，已经可以使用晶体管和电路板完成控制系统的设计了。此时就进入了电子控制系统的时代。所谓电子控制系统是指应用电力来进行过程测量、控制和驱动的系统。与气动控制系统相比，电子控制系统的体积更小，可以实现更远距离的测量与控制，安装和维护费用也大大降低了。在数字计算机出现之前，大部分过程控制系统装置都是基于模拟电子控制的。模拟电子控制系统可以用模拟电路、晶体管、电子元器件等搭建相应的控制系统，如应用运放、电阻、电容可以搭建 PID 控制器。经典的模拟 PID 控制器原理如图 1.34 所示。

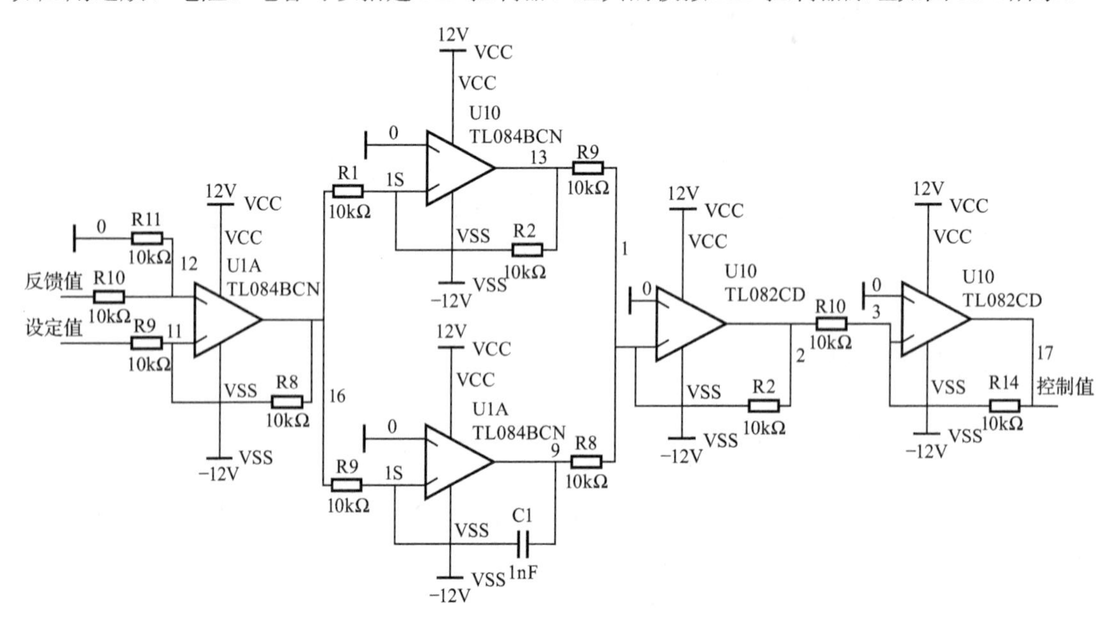


图 1.34　模拟 PID 控制器原理

### 1.4.4 现代计算机控制系统

20 世纪 60 年代后期，计算机被引入了一些流程工业，构建了计算机控制系统。20 世纪 70 年代中期，工业领域出现了分布式控制系统。分布式控制系统（Distributed Control System，DCS）是指通过数字通信网络互连的部件组成的控制系统。分布式控制系统扩大了系统的通信能力，减少了到现场设备接线的长度，减少了控制室的规模和相关的建筑费用。DCS 如图 1.35 所示。DCS 的特点为“集中管理，分散控制”。DCS 从结构上包括现场控制层、监控服务层和系统管理层。

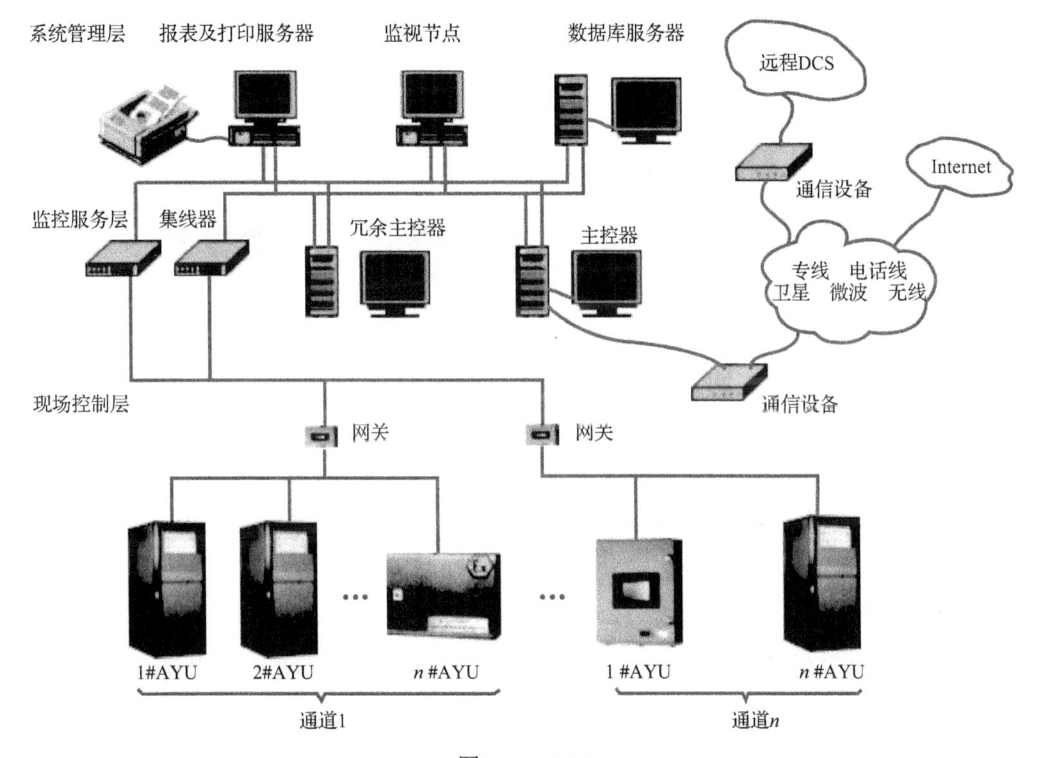


图 1.35　DCS

现场控制单元一般远离控制中心，安装在靠近现场的地方，其高度模块化结构可以根据过程监测和控制的需要配置为由几个监控点到数百个监控点规模不等的过程控制单元。现场控制单元由许多功能分散的插板（或称卡件）按照一定的逻辑或物理顺序安装在插板箱中，各现场控制单元及其与控制管理级之间采用总线连接，以实现信息交互。

监控服务层主要包括通信设备、接线设备等。

系统管理层，即操作站。操作站用来显示并记录来自各控制单元的过程数据，是人与生产过程信息交互的操作接口。典型的操作站包括主机系统、显示设备、键盘输入设备、信息存储设备和打印输出设备等，主要实现强大的显示功能（如模拟参数显示、系统状态显示、多种画面显示等）、报警功能、操作功能、报表打印功能、组态和编程功能等。

DCS 操作站还分为操作员站和工程师站。从系统功能上看，前者主要实现一般的生产操作和监控任务，具有数据采集和处理、监控画面显示、故障诊断和报警等功能。后者除了具有操作员站的一般功能，还具备系统的组态、控制目标的修改等功能。

现场总线控制系统（FCS）是在 DCS 基础上发展起来的新技术。FCS 的主要特点是采用总线标准，即一种类型的总线，只要其总线协议一经确定，相关的关键技术与有关的设备也就被确定。开放的现场总线控制系统具有高度的互操作性。FCS 既是一个开放的通信网络，又是一个全分布式的控制系统。

FCS 实现了现场设备的数字化、智能化和网络化。把控制功能彻底下放到现场，依靠现场智能仪表便可实现生产过程的检测、控制。与 DCS 采用独家封闭的通信协议不同，FCS 采用标准的通信协议。FCS 本质是信息化处理现场，核心是总线协议，基础是数字智能现场装置。FCS 是基于各种现场总线技术的设备，如 PROFIBUS、ASIBUS 和 DeviceNet。这些技术允许使用高速通信访问设备信息。FCS 如图 1.36 所示。

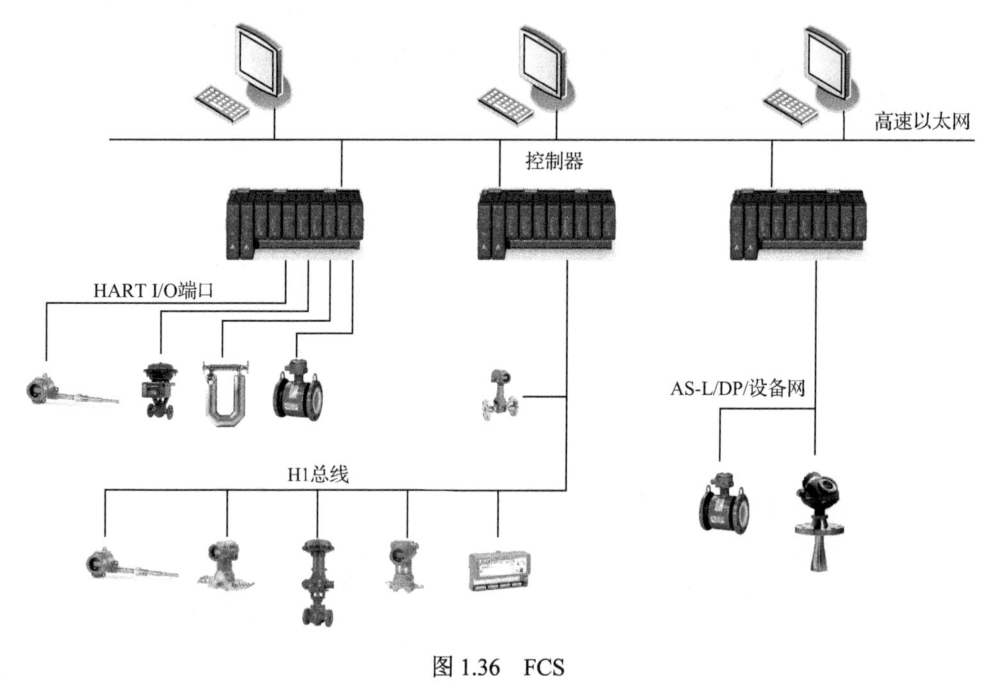


图 1.36　FCS

## 1.5　过程和仪表图

为了便于理解和沟通，描述过程控制系统的常用方法就是过程与仪表图，英文为 Process and Instrumentation Diagrams，简称 P&IDs。P&IDs 也称为工艺流程图。为了统一画法和标准，P&IDs 需要符合相应的工业标准。美国仪器学会（ISA）和美国国家标准协会（ANSI）对 P&IDs 做出了较为详细的规定。图 1.37 给出了某过程控制系统的 P&IDs。

下面介绍 P&IDs 中线的画法含义。

粗实线：流体和蒸汽等介质。

带双斜杠线：表示气动信号线。

虚线：各种仪表之间的电气控制线。

TIC 气球符号中心的线：控制器安装在主控制面板的前面。

这里需要指出的是，过程控制系统中常见的信号标准如下。

气动信号：3～15psig（20～100kPa）。

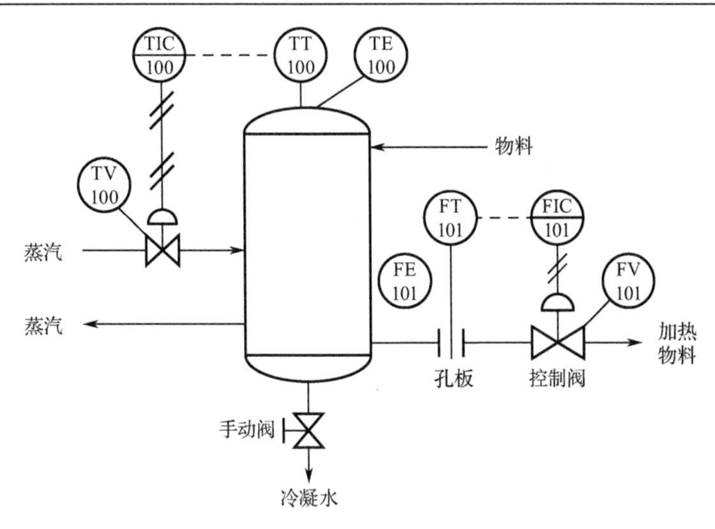


图 1.37　某过程控制系统的 P&IDs

电信号：4～20mA DC。

P&IDs 中各个符号的含义如下。

（1）首个字母表示仪表的变量，如 T 代表温度（Temperature）、P 代表压力（Pressure）、L 代表液位（Level）、F 代表流量（Flow）。

（2）第 2 个和第 3 个字母表示仪表的功能（有时没有 3 个字母），如 T 代表变送器（Transmitter）、V 代表阀（Valve）、E 代表元件（Element）、C 代表控制器（Controller）、I 代表指示器（Indicator）。

（3）符号中的数字表示回路的编号，通常，用三位或四位数字识别每个回路。

示例如下。

TV100：T 代表变量为温度；V 代表功能为调节阀；100 代表第 100 个控制回路。因此 TV100 代表第 100 个控制回路中的温度调节阀。

TT100：第 100 个回路的温度变送器。

TIC100：第 100 个回路带温度指示的温度控制器。

TE100：第 100 个回路的温度元件（如热电阻、热电偶）。

FE101：第 101 个回路的流量元件（如孔板节流元件）。

FT101：第 101 个回路的流量变送器。

FIC101：第 101 个回路带流量指示的流量控制器。

FV101：第 101 个回路的流量调节阀。

关于更多的 P&IDs 画法请参考相应的标准，这里不再一一列举。

# 习　题　1

1．考虑室内加热系统，包括燃气加热炉和温度装置。过程是室内空间。温度装置集成了温度传感器和控制器，加热炉或者开或者关。

（1）画出系统控制框图。

（2）在框图上，标出被控变量、控制变量和扰动变量（确保能包含可能影响到室内温度的扰动源）。

2．什么是简单控制系统？画出简单控制系统的典型方块图。说明每部分输入/输出变量的名称，并且简述每部分的作用。

3．某温度控制系统的给定值为300℃，在单位阶跃干扰下的过渡过程曲线如图1.38所示，分别求出该系统最大偏差、余差、衰减比、振荡周期和过渡时间。

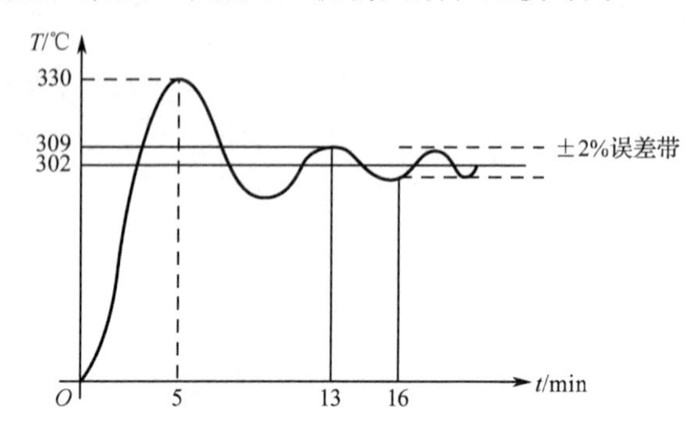


图1.38　某温度控制系统在单位阶跃干扰下的过渡过程曲线

4．什么是DCS和FCS？各自有什么特点？

# 第2章 检测技术

## 2.1 检测仪表概述

检测仪表是用于检测变量的，过程控制系统的被控变量通常是温度、压力、流量、液位等，要实现对这些变量的闭环控制首先必须知道这些变量的当前值。用来检测温度、压力、流量、液位等参数的工具就称为检测仪表。测量指示仪表仅完成参数的测量和显示，测量变送器还能将被测参数转换成标准信号输出给控制器。现代工业过程控制系统中的检测仪表通常具有检测和变送两个功能。

### 2.1.1 检测仪表的技术性能指标

在设计一个过程控制系统时，需要合理选择检测仪表，权衡检测仪表的性能和价格。那么如何衡量一个检测仪表性能的优劣呢？这就需要了解检测仪表的性能指标。

#### 1. 绝对误差

衡量一个检测仪表好不好，首先想到的就是测量是否准确。检测仪表的指示值 $X$ 与被测量真值 $X_t$ 之差称为绝对误差 $\varDelta$，用数学表达式表示为：

$$\varDelta = X - X_t$$

由于真值是无法得到的理论值，在实际计算时，使用精确度更高的标准仪表对同一个量进行测量，测得的值记为标准值 $X_0$，用标准值 $X_0$ 代替真值 $X_t$，绝对误差可以表示为：

$$\varDelta = X - X_0$$

为了衡量某个仪表的准确程度，把它的量程范围内各点读数的绝对误差中最大的那个值称为最大绝对误差 $\varDelta_{max}$。如果知道了某个仪表的最大绝对误差，就可以知道某个测量值对应的真值一定位于测量值加上或减去 $\varDelta_{max}$ 的范围内。

#### 2. 基本误差

两个量程不一样的仪表，其最大绝对误差相同，哪个更准确呢？为此，引入了基本误差的概念。我们把仪表的最大绝对误差除以其量程，再将其转换为百分比的形式。因此，基本误差也称引用误差或相对百分误差，它表明了仪表在规定的工作条件下测量时，允许出现的最大误差。

### 3. 精确度（精度）

仪表生产厂家生产的同一规格型号的仪表，基本误差可能是0.01%～0.99%之间的任何一个值，直接使用仪表的实际基本误差不便于量值的传递。为了解决这类问题，可以认为基本误差位于某一个范围内的仪表精度一样。于是国家规定了仪表的精度等级系列，如0.5级、1.0级、1.5级等。具体做法是，将仪表的基本误差去掉“±”号及“%”号，套入规定的仪表精度等级系列。例如，某台仪表的基本误差为±1.0%，则确认该表的精度等级符合1.0级；如果该仪表的基本误差为±1.3%，则其精度等级符合1.5级。

下面我们看两个关于精度等级的例子。

某台测温仪表的测温范围为−100～+700℃，校验该表时测得全量程内最大绝对误差为+5℃，确定该仪表的精度等级。

该仪表的基本误差为

$$\delta=\frac{+5}{700-(-100)}\times 100\%=+0.625\%$$

将正号和百分号去掉，数值为0.625。国家规定的精度等级中没有0.625级，而该仪表的误差超过了0.5级仪表所允许的最大绝对误差，所以这台测温仪表的精度等级为1.0级。

某台测压仪表的测压范围为0～8MPa。根据工艺要求，测压示值的误差不允许超过±0.05MPa，应如何选择仪表的精度等级才能满足以上要求？

根据工艺要求，该仪表的允许基本误差为

$$\delta=\frac{\pm 0.05}{8}\times 100\%=\pm 0.625\%$$

去掉正负号和百分号后，得到0.625，介于0.5～1.0之间。若选精度等级为1.0级的仪表，其允许的最大绝对误差为±0.08MPa，超过了工艺允许的数值，所以选择0.5级。

### 4. 灵敏度和分辨率

选择仪表时还要考虑灵敏度。灵敏度$S$表示测量仪表对被测参数变化的敏感程度，常以仪表输出$\Delta Y$（如指示装置的直线位移或角位移）与引起此位移的被测参数变化量$\Delta X$之比表示。

由于摩擦等因素，指针式测量仪表在量程起点处通常需要被测参数大于一定的值指针才能开始动作，这个能引起仪表指针从量程起点处开始动作所需的最小被测参数变化值称为灵敏限。

数字式仪表用分辨率和分辨力表示灵敏度和灵敏限。分辨率表示仪表显示值的精细程度，即把量程分为多少份，如一台数字式仪表的显示位数为4位，其分辨率便为千分之一。数字式仪表的显示位数越多，分辨率越高。

分辨力是指仪表能够显示的最小被测值。如一台温度指示仪，最末一位数字表示的温度值为0.1℃，即该仪表的分辨力为0.1℃。

注意，不要混淆分辨率和精度。比如，一把理想的塑料尺，最小刻度为mm，量程为1m，其分辨率为1/1000，分辨力为1mm，基本误差为0。把它加热并拉长一点，误差将不再为0，但最小刻度仍然为mm，量程仍然为1m，因此分辨率和分辨力保持不变。

### 5. 变差

在外界条件不变的情况下，同一仪表对逐渐增大和逐渐减小的被测参数进行测量时产生的最大误差值是不同的。前一测量过程称为正行程，后一测量过程称为反行程。正、反行程测量产生的最大差值与测量范围之比称为变差。

造成变差的原因有传动机构间存在的间隙和摩擦力、弹性元件的弹性滞后等。

### 6. 响应时间

在选择仪表时还要考虑仪表的快速性，即响应时间。相信大家都有过称体重的经历，站到体重秤上之后，指针从零开始摆向右侧，在某个值附近晃动几下后才稳定下来。这种从被测参数突然变化开始，到仪表指示值准确地显示出来所需的时间称为响应时间。具体计算时，把从输入一个阶跃信号开始，到仪表的输出信号变化至新稳态值的95% 所用的时间作为响应时间，如图 2.1 所示，$t_p$ 即为响应时间。

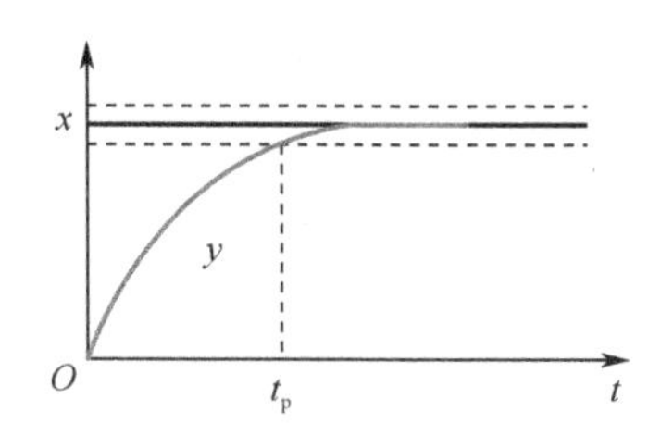


图 2.1　检测仪表响应时间

## 2.1.2　变送器输出信号标准

检测信号要进入控制系统，必须符合控制系统的信号标准。如图 2.2 所示。变送器的任务就是将不标准的检测信号，如热电偶、热电阻的输出信号转换成标准信号输入计算机控制系统。

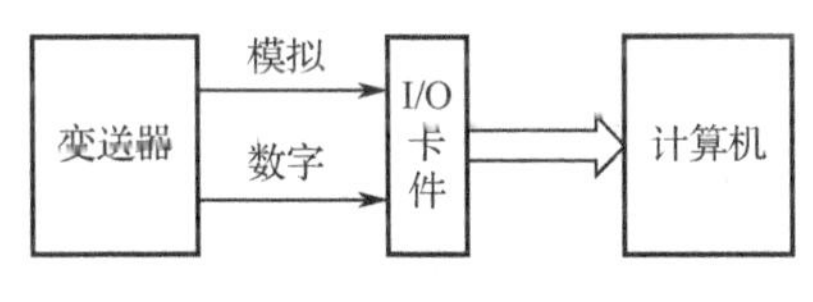


图 2.2　变送器输出

这种标准信号可以是模拟信号，如 4～20mA 或 1～5V，也可以是数字信号，如 HART、Wireless HART、FF 等现场总线协议。

### 1. HART 协议

HART 的全称是 Highway Addressable Remote Transducer，即高速通道可寻址远程变送器，于 1986 年由 Rosemount 公司提出，其目的是实现 4～20mA 模拟信号与数字通信兼容。该协议的特点如下。

- 这是一种开放式协议，已成为智能仪表事实上的工业标准。
- 采用三层参考模型：物理层、数据链路层、应用层；使用双绞线作为传输介质。
- 采用了 Bell202 标准的 FSK 频移键控技术。

HART 协议在 4～20mA 的模拟信号上叠加幅值为 0.5mA 的正弦电流调制波信号，用 1200Hz 的正弦波表示数字信号“1”，用频率 2200Hz 的正弦波表示数字信号“0”。由于正弦信号的平均值为 0，所以 HART 协议虽然有±0.5mA 信号，却不影响 4～20mA 的平均值。HART 通信传输速率为 1200bps，支持双向通信。HART 协议信号电平如图 2.3 所示。

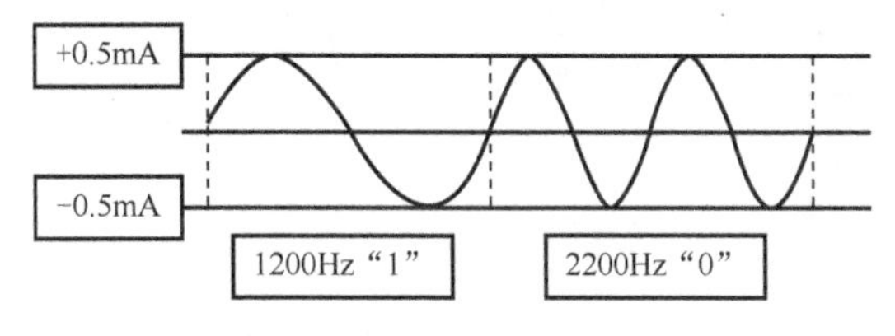


图 2.3　HART 协议信号电平

2. Wireless HART 协议

Wireless HART 协议是专门为过程测量和控制应用而设计的第一个开放的无线通信标准，于 2007 年 9 月正式发布。它基于 TDMA 的无线网络技术，工作在 2.4GHz 的频段，采用直接序列扩频技术（DSSS）和信道调频技术。Wireless HART 协议应用原理如图 2.4 所示。

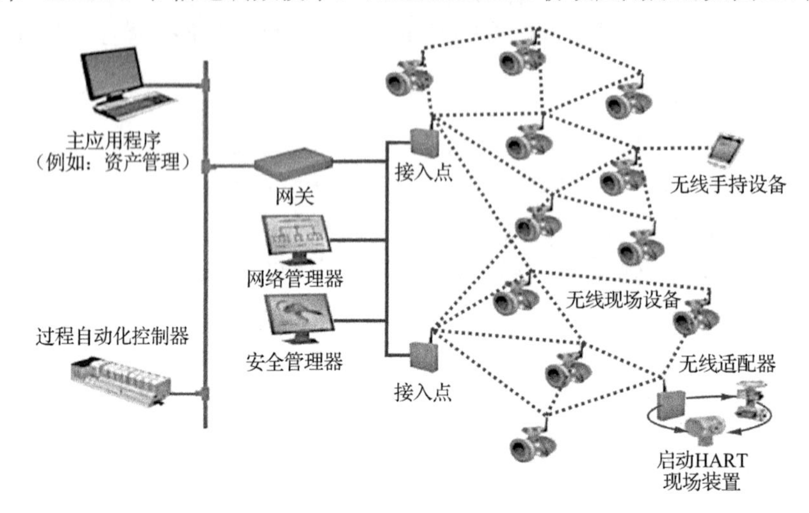


图 2.4　Wireless HART 协议应用原理

3. FF 协议

FF（Fieldbus Foundation）协议是基金会现场总线协议，1996 年颁布了低速总线标准 H1，其工作特点如下。

- 可以在现场工作，适应本质安全防爆要求。
- 可以通过总线为现场设备提供电源。
- 传输速率为 31.25kbps、1Mbps 和 2.5Mbps。

现场总线信号相对于采用标准的模拟信号具有很多优势，其中最突出的就是减少了接线，布置灵活。从图 2.5 中可以看出，传统的 4～20mA 模拟信号需要在每个仪表到控制器之间配置一个本质安全栅和一对接线。而采用现场总线时，只需要用一根串行电缆就可以把多个仪表连接起来，而且多个仪表可以共同使用一个安全栅。

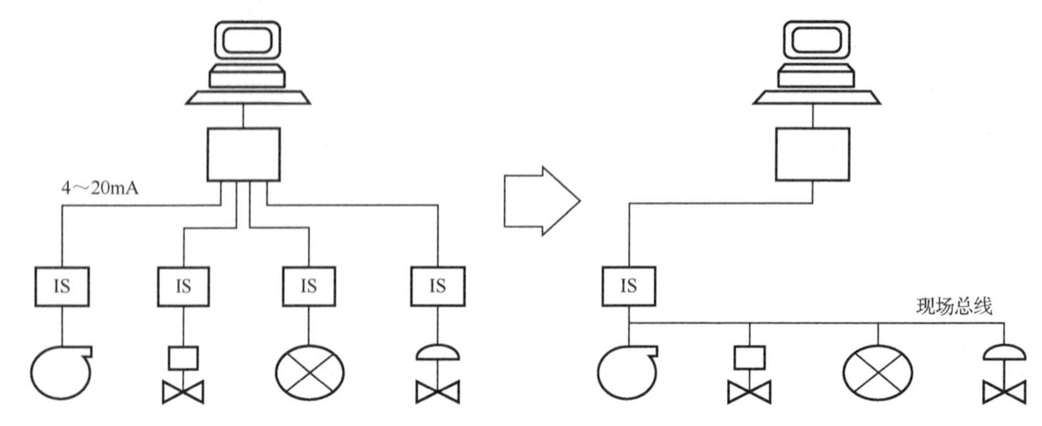


图 2.5　4～20mA 仪表与 FF 仪表

# 2.2 温度测量

温度是表征物体冷热程度的物理量，是工业生产中普遍且重要的操作参数。一般利用物体的某些物理性质随温度变化的特性来感知、测量温度。常见的测温装置有填充式温度计、双金属温度计、热电偶、热电阻、热敏电阻和集成式温度传感器。

## 2.2.1 温度测量简史

世界上第一台测温装置由伽利略于 1592 年发明，该测温装置利用酒精的热胀冷缩原理来指示温度的高低，当时该温度计没有刻度，只能粗略地指示温度高低。18 世纪初，Gabriel Fahrenheit 发明了水银温度计。Gabriel Fahrenheit 将冰水和盐混合物的温度设为最低温度点，标记为 0 度；将健康人的体温设为温度最高点，标记为 96 度。人们为了纪念这位发明家，使用符号°F 来作为温度单位，称为华氏度。1742 年，Anders Celsius 将冰水混合物温度标记为 0 度，沸水温度标记为 100 度，于是百分度就出现了。1948 年，官方确定用℃代表摄氏度或百分度。

另一个不得不提的温度单位是开(K)。通过实验，确定可能的最低温度为−273.15℃，Kelvin 将其标记为 0K。热力学温度和摄氏度之间的关系为

$$T = T(℃) + 273.15$$

华氏温度和摄氏度之间的转换关系为：

$$T(°\mathrm{F}) = \frac{9}{5}T(℃) + 32°$$

$$T(℃) = \frac{5}{9}(T(°\mathrm{F}) - 32°)$$

## 2.2.2 填充式温度计

填充式温度计的原理如图 2.6 所示。容易挥发的液体（如酒精）放置在下部的空间，当温度升高时，液体挥发程度增加，直接导致弯管发生形变，进而带动指针偏转指示温度的变化。该填充式温度计是利用液体的热胀冷缩原理进行工作的，温度高低不同导致液体挥发的程度不同，挥发程度不同则导致指针的偏转角度不同，于是温度变化就通过指针显示出来了。

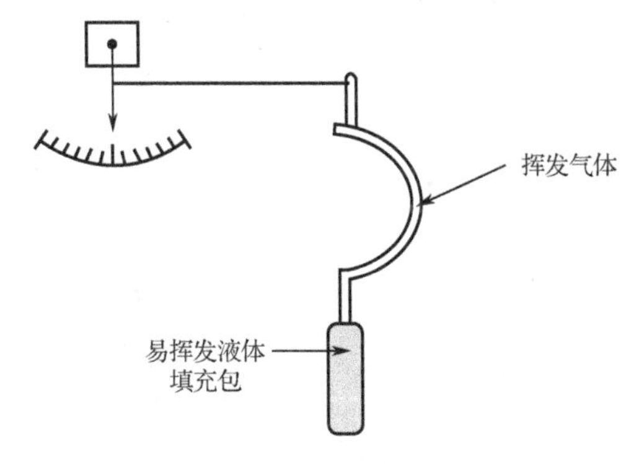


图 2.6　填充式温度计的原理

### 2.2.3　金属电阻

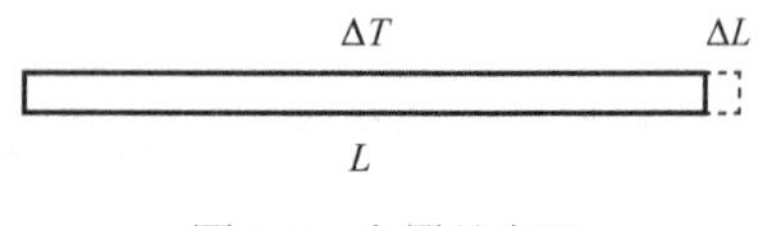


图 2.7　金属丝电阻

金属丝电阻如图 2.7 所示。

温度为 $T$ 时长度为 $L$，当温度增加 $\Delta T$ 时，根据热胀冷缩的物理特性，金属丝的长度增加 $\Delta L$，且增加的 $\Delta L$ 与增加的温度满足：

$$\Delta L = kL\Delta T$$

通过测量金属丝长度的变化 $\Delta L$ 可以间接测出温度。

进一步讲，应用两种不同的金属可以构成图 2.8 所示的双金属片。两种膨胀系数不同的金属片贴在一起，一端为固定端，一端为自由端。当温度为 $T_0$ 时，两个金属片长度相同，当温度 $T < T_0$ 时，由于膨胀系数不同，处于下面的膨胀系数较大的金属片因冷缩产生的位移要更大，即长度变得更短，于是双金属片就会向下弯曲；当温度 $T > T_0$，金属片会向上弯曲。于是根据双金属片向上或向下弯曲的程度就可以测算出温度。

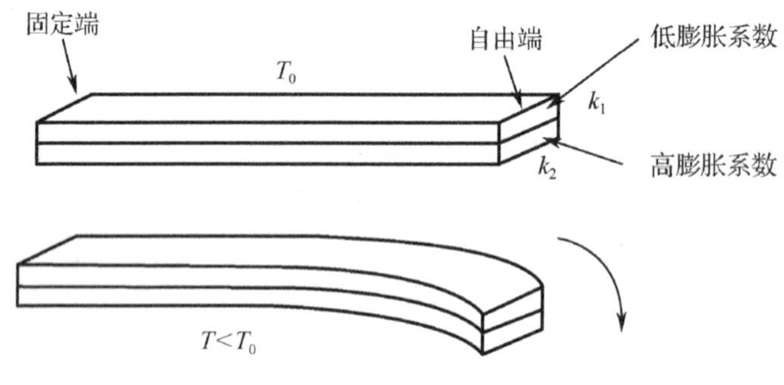


图 2.8　双金属片

在生产实际中，还可以将双金属片做成螺旋管形状，于是当温度变化时，双金属片就会发生旋转，将其自由端连接在指针上就可以做成图 2.9 所示的双金属片温度计。

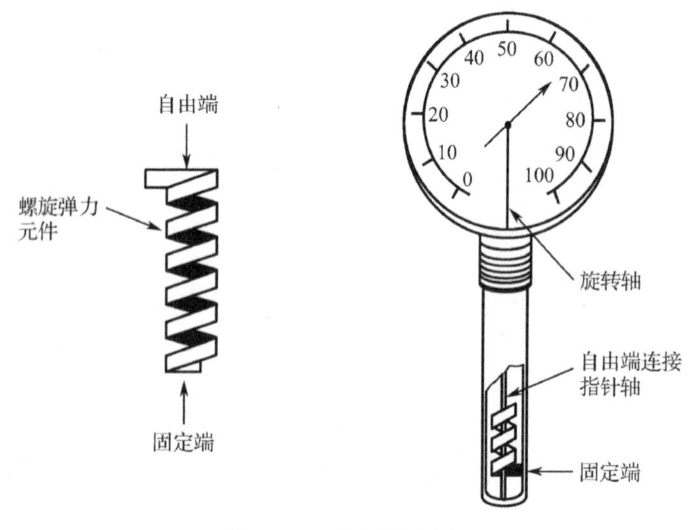


图 2.9　双金属片温度计

## 2.2.4　热电偶

热电偶是温度测量仪表中常用的测温元件，它直接测量温度，并且把温度信号转换成热电动势信号，进而通过转换电路转换成温度。

热电偶测温的基本原理：两种不同材质导体组成闭合回路，当两端存在温度差时，回路中就会有电流通过，此时两端之间就存在电动势（热电动势），这就是所谓的塞贝克效应，如图 2.10 所示。在图 2.10（a）中，两种不同成分的均质导体为热电极，温度较高的一端为热端，即工作端，温度较低的一端为自由端，即冷端，冷端通常处于某个恒定的温度下（通常在控制室）。

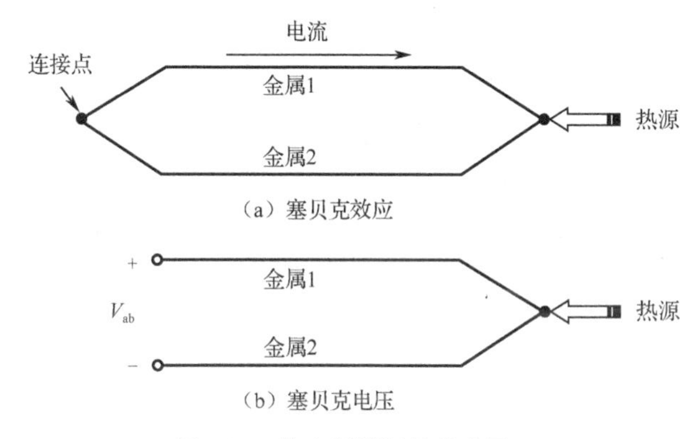


图 2.10　热电偶测温的基本原理

热电偶回路产生的热电动势由两部分组成，一部分是温差电动势，另一部分是接触电动势。温差电动势是同一根导体的热端和冷端之间由于存在温差而产生的电动势（电子扩散作用）；接触电动势是因为两种导体材质不同而在接触点产生的接触电动势（电子扩散作用）。经研究发现，热电偶的温差电动势比接触电动势小很多，所以被忽略。因此，热电偶产生的电动势即为接触电动势。接触电动势的大小在冷端温度固定时是热端温度的单值函数。热电偶用于测量温度时，需要保持冷端温度固定，这时就可以根据产生的热电动势来测量热端温度了。

### 1. 热电偶的基本定律

热电偶的基本定律：均质导体定律、中间导体定律、中间温度定律。

均质导体定律：两种均质导体，其电动势大小与热电极直径、长度及沿热电极长度上的温度分布无关，只与热电极的材料和两端温度有关。

中间导体定律：如图 2.11 所示，如果将热电偶（A、B）冷端断开（温度为 $T_0$），当引入第三个导体 C 时，只要导体 C 两端温度相同，那么回路总电动势不变。根据这个定律，只要保证冷端两端温度一致，那么接入导体 C 对回路电动势无影响。因此，可以将 C 作为测量仪器接入回路，由总电动势求出工作端温度。

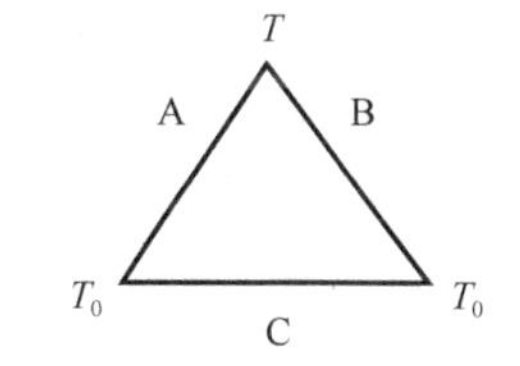


图 2.11　中间导体定律

回路中电动势 $E_{ABC}(T,T_0)=E_{AB}(T,T_0)$。

中间温度定律：热电偶两端温度为 $T$、$T_0$ 时的热电动势 $E_{AB}(T,T_0)$ 等于两端温度分别为 $T$、$T_C$ 和 $T_C$、$T_0$ 时的热电动势之和，即 $E_{AB}(T,T_0)=E_{AB}(T,T_C)+E_{AB}(T_C,T_0)$。

### 2. 分度表

根据热电动势与温度的函数关系，制造厂商制成了热电偶分度表。分度表是自由端（冷端）温度在 0℃的条件下得到的，不同的热电偶具有不同的分度表。

**例 1，**当自由端（冷端）温度为 0℃，用 J 型热电偶测量得到 6.22mV 的电压，求出此时的温度。

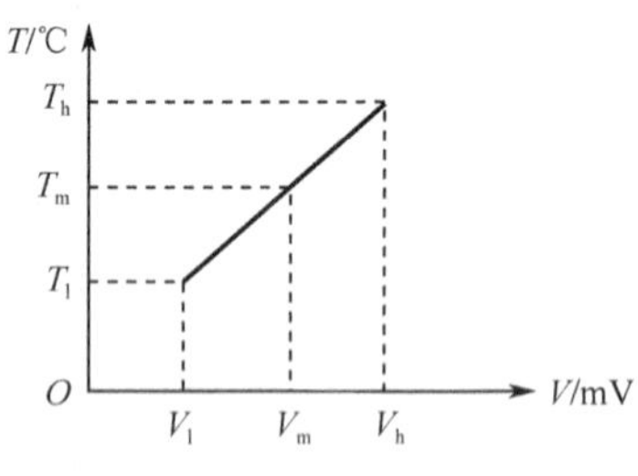

图 2.12　热电偶测温线性插值

根据冷端温度为 0℃，可以直接查 J 型热电偶的分度表，从分度表可以知道：

当温度是 115℃时，J 型热电偶的热电势为 6.08mV；

当温度是 120℃时，J 型的热电偶的热电势为 6.36mV。

而现在测量的电动势为 6.22mV，查分度表，表中没有这个电压，可以采用插值方法来估计，这里采用线性插值，如图 2.12 所示。

此时的温度为

$$T_m = T_l + \frac{T_h - T_l}{V_h - V_l}(V_m - V_l) = 115 + \frac{120 - 115}{6.36 - 6.08}(6.22 - 6.08) = 117.5℃$$

**例 2**　用 K 型热电偶测量某设备的温度 $T$。测得的热电动势 $E(T,T_0) = 20.3\text{mV}$，热电偶冷端温度 $T_0 = 30℃$，求被测的实际温度 $T$。

由题意，如果得到 $E(T,0)$ 就可以通过分度表查找计算出 $T$。

根据中间温度定律：

$$E(T,0) = E(T,30) + E(30,0)$$

这里，$E(T,30)$ 为测得值 20.3mV，查分度表得到 $E(30,0)$ 为 1.203mV。

$$E(T,0) = E(T,30) + E(30,0) = 20.3 + 1.203 = 21.503\text{mV}$$

再查分度表，采用线性插值计算，得到 $T = 520.3℃$。

### 3. 热电偶冷端温度补偿

根据热电偶测温原理，需要热电偶冷端温度固定，并且最好为 0℃（这样好查分度表）。但是实际中冷端温度总是会随着环境温度变化的，于是就出现了各种冷端温度补偿的方法，如冰浴法、电桥补偿法等。

冰浴法是通过增加冰水混合物容器，将冷端置于其中以保证冷端温度固定为 0℃。这种方法增加了成本，也十分不便。

电桥补偿法是利用电桥输出的电压随温度改变的特性动态补偿冷端温度变化产生的电势变化，最终保证电桥补偿后输出的电压不随冷端温度的变化而变化。电桥补偿法的原理如图 2.13 所示。当温度为 0℃时，$R_{cu}$ 电阻值使得电桥平衡，电桥输出电压为 0V，热电偶此时的热电动势恰好就是 $E(T,0)$，此时电桥不补偿。当冷端温度变化时，如温度升高到 $T_0$ 时，热电偶输出的电压变为 $E(T,T_0)$，此时电桥中的热电阻 $R_{cu}$ 也随着温度的变化而变化，因此电桥输出电压不再为 0V，如果热电阻 $R_{cu}$ 特

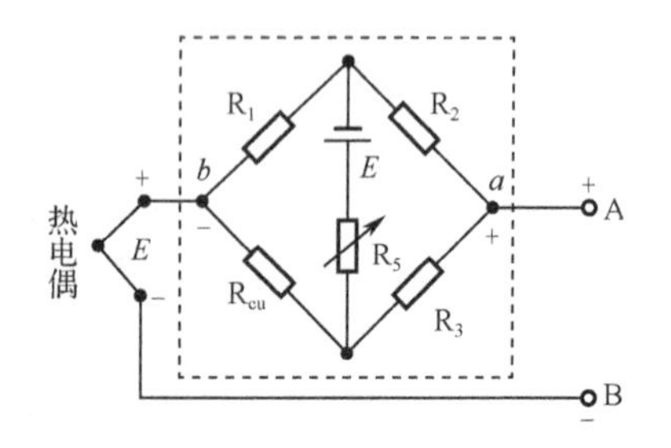

图 2.13　电桥补偿法的原理

性与热电偶特性接近，会使得电桥输出电压恰好等于 $E(T_0,0)$，则电路输出的总电压为 $E(T,T_0)+E(T_0,0)=E(T,0)$。此时电桥很好地补偿了冷端温度变化的影响。使用这种方法时要将电桥的电阻和冷端处于同一个环境中。

**4．热电偶应用**

热电偶通常用于500℃以上的中高温的测量，其原因是热电偶在中高温时输出比较灵敏且线性度较好。

## 2.2.5　电阻温度检测器（RTD）

电阻温度检测器（Resistance Temperature Detector，RTD）的电阻随温度的变化而变化，通常 RTD 材料包括铜、铂、镍及镍/铁合金。典型的 RTD 如图 2.14 所示。

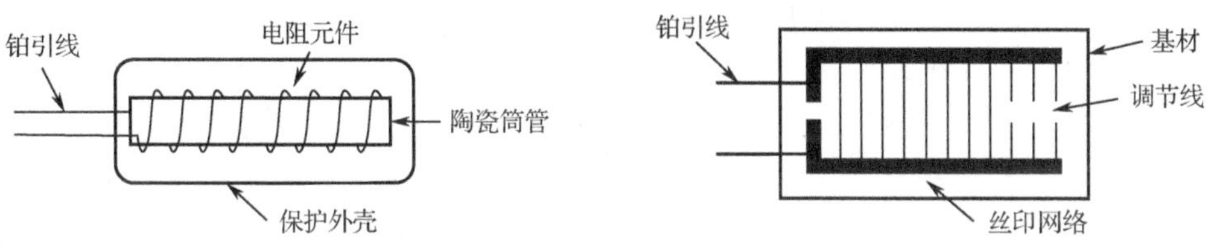


图 2.14　典型的 RTD

RTD具有正温度系数，以铂电阻为例，其温度系数典型值为 $0.00385\Omega/℃$ 或 $0.00392\Omega/℃$，其电阻表达式为：

$$R=R_0+\alpha R_0\left[T-\delta\left(\frac{T}{100}-1\right)\left(\frac{T}{100}\right)-\beta\left(\frac{T}{100}-1\right)\left(\frac{T^3}{100}\right)\right]$$

式中，$R$ 为温度 $T$ 时的电阻；$R_0$ 为 $T=0℃$ 时的电阻；$\alpha$ 和 $\delta$ 为常值，如典型值 $\alpha=0.00392$，$\delta=1.49$；$\beta=0$（$T>0℃$）或 $\beta=0.1$（$T<0℃$）。

RTD 在测量应用中通常接到电桥中，温度变化时，RTD 阻值发生变化，电桥输出电压，通过检测电压来估计温度值。图 2.15 所示为二线制电阻电桥电路。

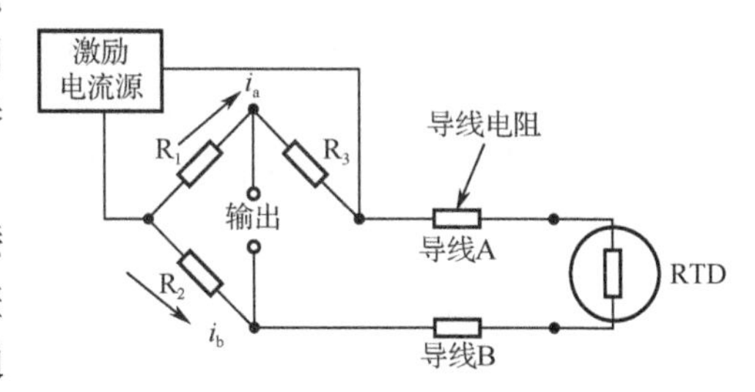


图 2.15　二线制电阻电桥电路

在理想情况下（连接导线电阻为 0Ω）这种接法没有问题，可以应用，但在实际中这种接法误差非常大，考虑到 RTD 一般都在测量现场，导线通常很长，导线电阻很难忽略，于是为了补偿导线的影响，工业上常采用三线制和四线制接法。三线制接法和四线制接法分别如图 2.16 和图 2.17 所示。

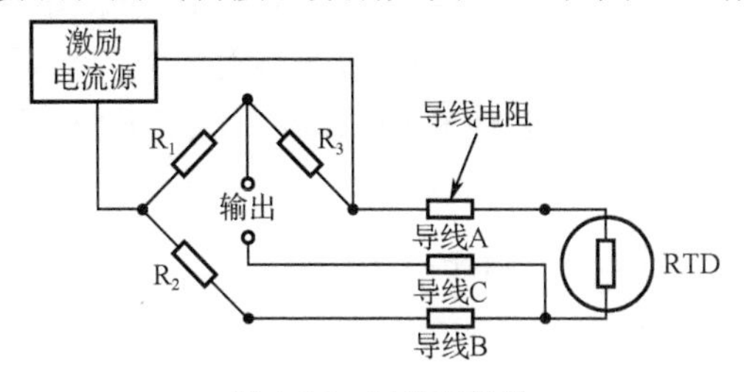


图 2.16　三线制接法

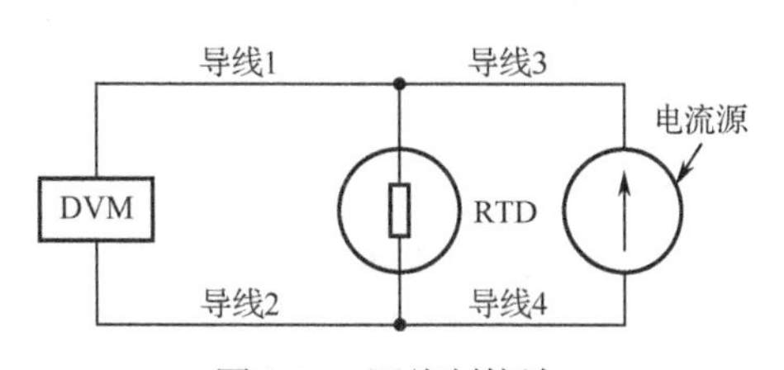


图 2.17　四线制接法

为了说明二线制和三线制接法的不同，给出计算过程。如图 2.15 所示，根据并联电阻分流定律，有

$$i_a = \frac{R_A + R_B + R_{TD} + R_2}{(R_1 + R_2) + (R_A + R_B + R_{TD} + R_2)} i_{in}$$

$$i_b = \frac{R_1 + R_3}{(R_1 + R_2) + (R_A + R_B + R_{TD} + R_2)} i_{in}$$

由

$$v_{out} = v_a - v_b = i_a R_1 + i_b R_2$$

得出

$$v_{out} = \frac{R_1(R_A + R_B + R_{TD}) - R_2 R_3}{(R_1 + R_2) + (R_A + R_B + R_{TD} + R_2)} i_{in}$$

从上式可以看出，导线 A 和 B 的内阻会影响输出电压，这种影响会随着导线的增长而增大，进而导致输出存在较大误差。

在三线制电阻电桥电路中，如果导线 A 和 B 长度相等，则它们的电阻对测量的影响会互相抵消，因为导线 A 和 B 在电桥的两个合适的桥臂上。导线 C 是检测线上的导线，流过导线 C 的电流很小（微安级）。与计算两线制电阻电桥电路输出电压类似，可得三线制电阻电桥输出电压

$$v_{out} = \frac{R_1(R_A + R_{TD}) - R_3(R_2 + R_B)}{(R_1 + R_2) + (R_A + R_B + R_{TD} + R_2)} i_{in}$$

当桥臂上电阻相同且导线 A 和 B 长度相同，即 $R_1 = R_2 = R_3$，且 $R_A = R_B$ 时，有

$$v_{out} = \frac{R_1(2R_A + R_{TD}) - R_1^2}{3R_1 + 2R_A + R_{TD}} i_{in}$$

比较 $v_{out}$ 和 $v'_{out}$，显然 $v'_{out}$ 分子中消除了导线 A 和 B 内阻对结果的影响，所以三线制电桥电路的测量结果不易受导线长度影响。

在四线制电阻电桥电路中，DVM 读出的电压与 RTD 的电阻成正比，只要将电阻转换成温度值即可。数字式电压表测量的电压刚好就是 RTD 两端的压降，因此测量结果不受导线长度的影响。四线制接法的缺点是比三根导线的电桥多了一根线，但与其提供的测量精度相比这个代价很小。

### 2.2.6　热敏电阻

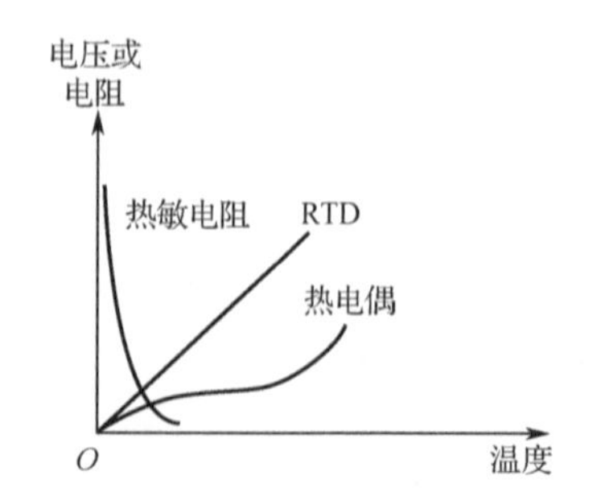

图 2.18　热电偶、RTD 和热敏电阻比较

与 RTD 一样，热敏电阻的电阻也是随着温度的改变而改变的。它与热电偶和 RTD 进行比较：热电偶是应用最广泛的温度转换器，RTD 是线性度最好的，而热敏电阻是最灵敏的。热敏电阻的电阻温度曲线有最大的斜率，如图 2.18 所示。可以通过 Steinhart-Hart 方程来近似热敏电阻的温度特性。即

$$\frac{1}{T} = A + B\ln R + C(\ln R)^3$$

式中，$T$ 是温度（K）；$R$ 是热敏电阻的阻值（Ω）；$A$、$B$ 和 $C$ 是曲线拟合常数。

### 2.2.7　集成温度传感器

集成温度传感器输出有电压式和电流式，如图 2.19 所示。无论是电压式还是电流式，其输出都与绝对温度成正比，电流式的输出电流为1μA/K，电压式的输出为 10mV/K。与热敏电阻一样，集成温度传感器也由半导体器件制成，因此测温范围有限，通常不会超过 150℃，一般可以用于热电偶冷端温度补偿。

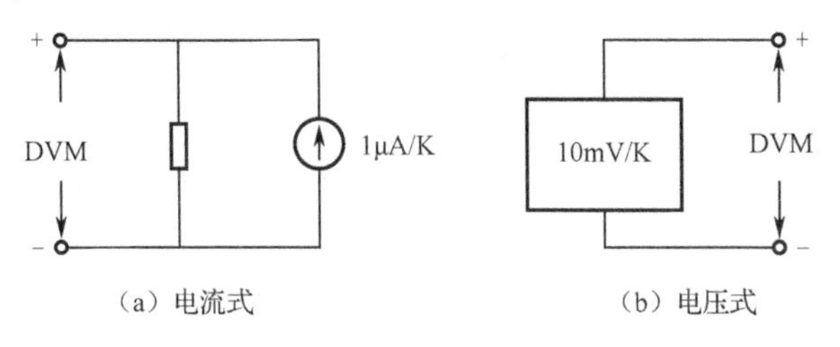


图 2.19　集成温度传感器

### 2.2.8　辐射式高温计

辐射式高温计是一种非接触式的温度传感器，通过高温物体的热辐射来测温，如图 2.20 所示。光学系统收集高温物体发出的红外能量，将其聚焦在探测器上，探测器将收集的能量转换成电信号输出给指示器或单元。辐射式高温计用于测量高温物体，热熔化的金属或玻璃都可以用这种温度计测量。

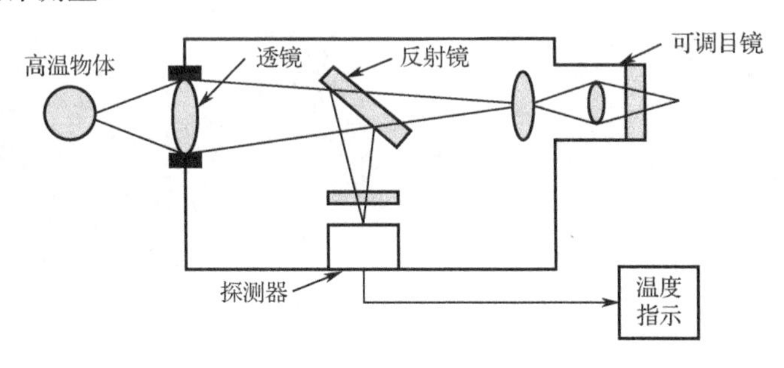


图 2.20　辐射式高温计

### 2.2.9　智能温度变送器及其应用

在现代计算机控制系统中，智能变送器应用广泛。智能变送器是采用微处理器技术的现场型仪表。它可输出模拟、数字混合信号或全数字信号，而且可以通过无线或现场总线通信网络与上位计算机连接，构成集散控制系统和现场总线控制系统。图 2.21 所示为 848T 无线温度变送器，它有 4 个可独立组态输入，可以通过 WirelessHART 对数据进行传送。848T 无线温度变送器的接线图如图 2.22 所示，分别给出了热电阻的二线制、三线制、四线制，以及热电偶的接法。

图 2.23 所示为 848TFF 现场总线温度变送器，它具有 8 个可独立组态输入，结果可以通过 FF 传输。848TFF 现场总线温度变送器的接线图如图 2.24 所示。

图 2.21　848T 无线温度变送器

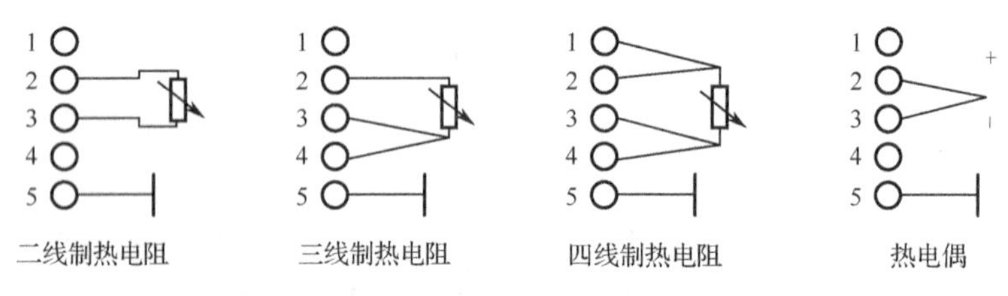


图 2.22　848T 无线温度变送器的接线图

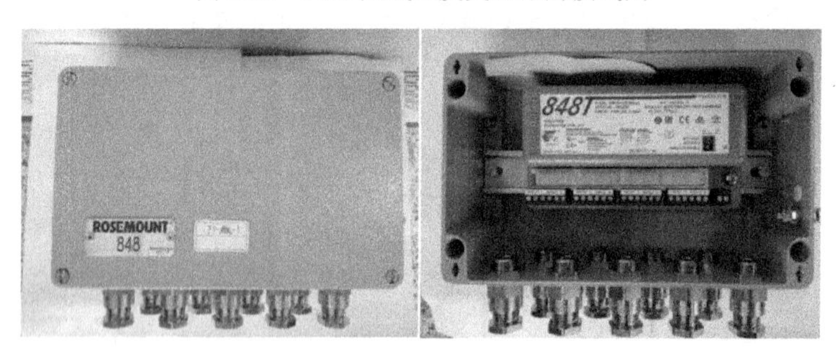


图 2.23　848TFF 现场总线温度变送器

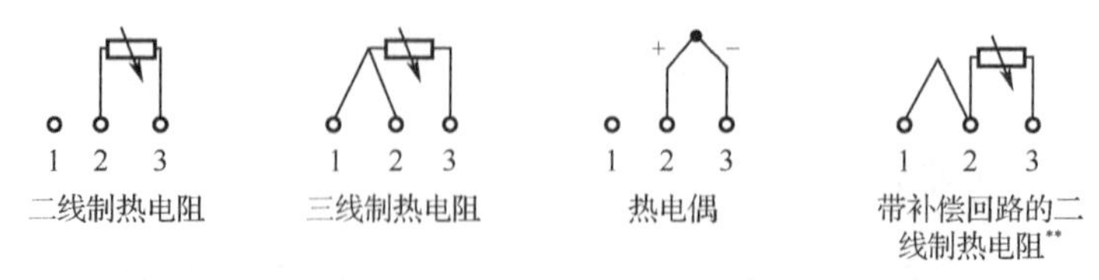


* 艾默生过程管理公司提供的单支热电阻均为四线制。通过剪断或不连接第4根导线并使用绝缘带隔离，可在三线制组态中使用这些热电阻。

** 为了识别带补偿回路的热电阻，变送器必须设置为三线制热电阻输入。

图 2.24　848TFF 现场总线温度变送器的接线图

## 2.3　压 力 测 量

本节讨论压力测量原理及工业上常用的压力传感器。压力传感器将压力信号转换成机械或电信号。在具体讨论各种压力传感器前，首先了解压力的定义。

### 2.3.1　压力的定义

流体的压力测量是过程控制中的重要问题。流体是指能流动的物质，包括气体和液体。在工程上，压力定义为单位面积上的作用力，即

$$P=\frac{F}{A}$$

式中，$P$ 是压力；$F$ 是作用力；$A$ 是面积。在国际标准单位中，压力的单位是帕（Pa）或牛顿/平方米（$N/m^2$）。在英制单位中，压力的单位是磅/平方英寸，即 psi，这个单位在实际的工程中应用广泛。工程中还有很多其他的压力量纲，表 2.1 给出了 1 个标准大气压的压力换算。

**表 2.1　压力换算**

| $u_i$ | $Y_i$ |
|---|---|
| 标准大气压 | 1 |
| 巴（bar） | 1.01325 |
| 千帕（kPa） | 101.325 |
| 磅/英尺 $^2$（psf） | 2116.216 71 |
| 帕（Pa） | 101 325 |
| 毫米汞柱（mmHg） | 760 |
| 磅/英寸 $^2$（psi） | 12.3 |
| 毫米水柱（$mmH_2O$） | 10 332.2745 |

### 2.3.2　表面压力和绝对压力

绝对压力是相对于绝对真空或绝对零压的压力，绝对压力为零，即绝对真空，代表完全没有压力。表面压力是相对于大气压的压力。表面压力代表测量压力和大气压力差的绝对值。图 2.25 所示为表面压力与绝对压力的关系。

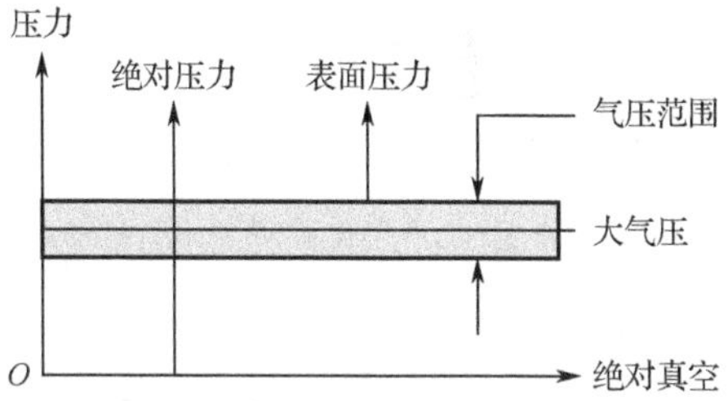

图 2.25　表面压力与绝对压力的关系

表面压力 $P_g$ 与绝对压力 $P_a$ 的关系为

$$P_a=P_g+P_{atm}(P_g>P_{atm})$$

$$P_a=P_{atm}-P_g(P_g<P_{atm})$$

式中，$P_{atm}$ 是大气压力。

### 2.3.3　差压计

差压计是应用广泛的压力测量仪表。最常见的差压计是 U 形管，如图 2.26 所示。敞口端用于测量过程容器中的压力。U 形管里面包含液体，管子的一端敞开到大气中，另外一端连接到测量端。所测量的压力大小与 U 形管两端的液位差成正比，关系为

$$P_1-P_2=K_mS_Gh$$

式中，$P$ 是压力，单位是 psi；$h$ 为两个液面的高度差，单位是英寸（in），$K_m$ 是量纲转换因数，$K_m = 0.03606\text{psi/in}$；$S_G$ 是液体的相对密度，无量纲。

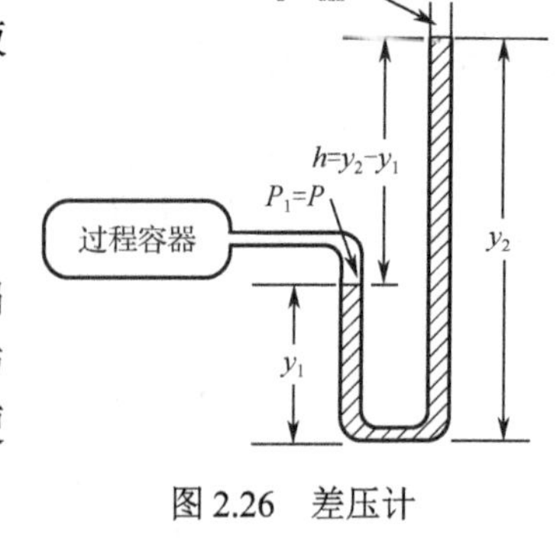


图 2.26　差压计

## 2.3.4　机械式压力表

弹簧管压力表采用 C 形弹簧管，如图 2.27 所示。固定端扁平卷曲，当压力施加到自由端时管伸展。自由端发生的位移与施加压力成正比。管子机械地连接在带刻度盘的指针上，以便读数。

膜片式压力表如图 2.28 所示，膜片内部施加的压力使膜片膨胀并沿轴产生运动。膜片的作用类似弹簧，它将延伸或收缩，直至产生平衡压力差的力。

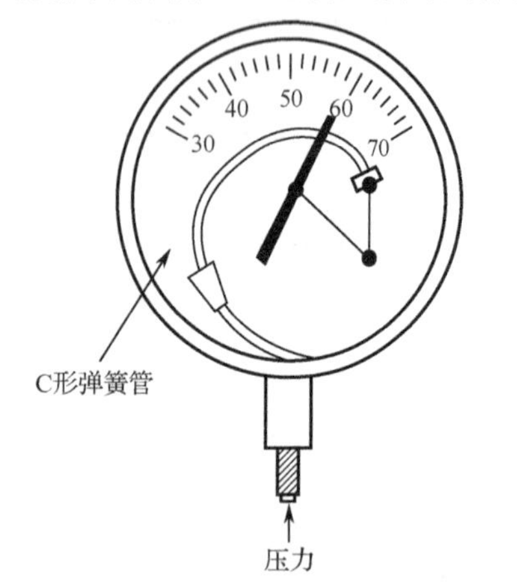


图 2.27　弹簧管压力表

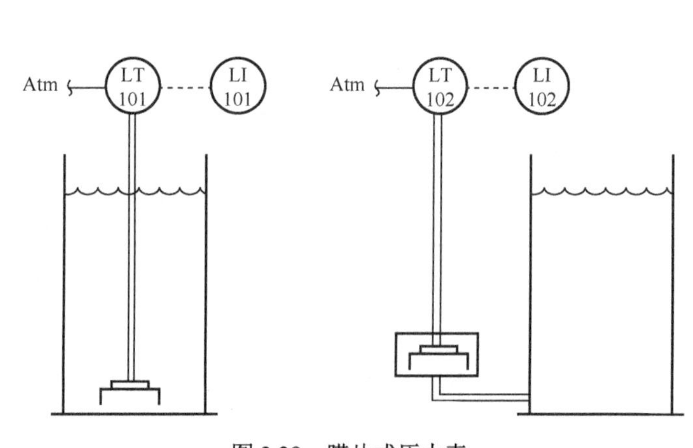


图 2.28　膜片式压力表

## 2.3.5　电位计式压力表

电位计式压力表是传统的电气式压力变送器的一种，其将压力信号转换为可变的电阻，如图 2.29 所示。当测量的压力信号增加时，弹簧式膜片将带动滑动电阻的动端向上移动，于是接入电路的电阻就变大了，通过电桥可以检测出电阻，进而可以计算出被测压力。

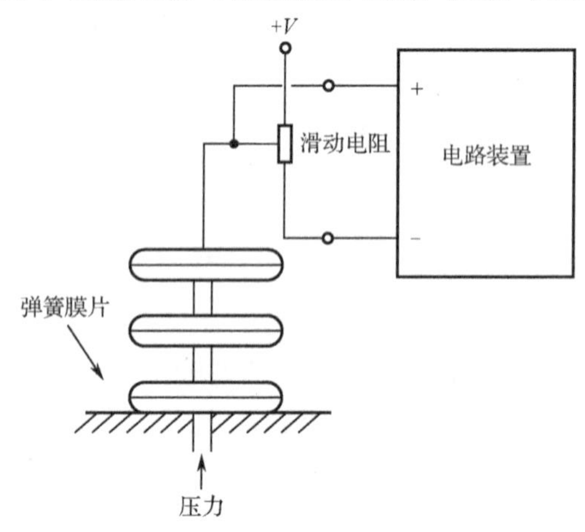


图 2.29　电位计式压力表

### 2.3.6　压力变送器的应用

压力变送器将测得的压力等物理参数转换成标准的电信号（4～20mA），是工业过程中测量水箱液位最为常用的一种设备。通常测量液体的液位有很多方式可以选择，如图 2.30 所示，这里差压变送器测得的压力都可以代表液体的液位。将差压变送器高压端引入到容器底部，低压端敞口或引入到容器的敞口端，此时差压变送器测得的压力就是最低液位 $L_{min}$ 和最高液位 $L_{max}$ 之间的压力。

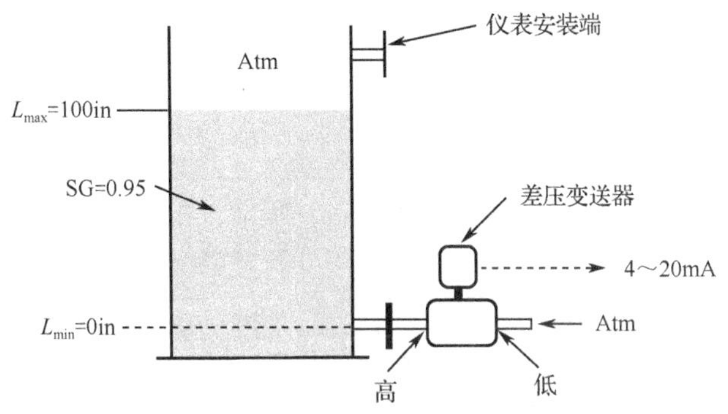


图 2.30　压力变送器的应用

变送器的输出是 4～20mA 电流信号，代表液位。于是根据图 2.30 可以得到变送器输出和输入信号，如图 2.31 所示。

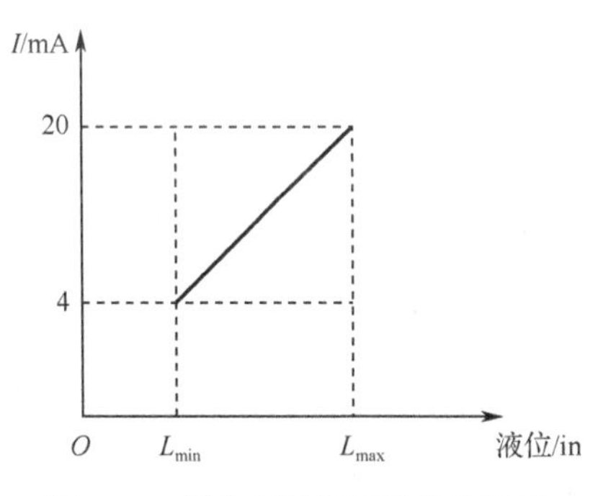


图 2.31　压力变送器无偏移的情形

如图 2.32 所示，压力变送器安装在底端下的 20in 处。压力变送器的输入的压差为

$$P_{Hi} - P_{Low} = \Delta P = K_m S_G (h + d)$$

当 $d = 0$ 时，$\Delta P = 0$，变送器输出 4mA，对应变送器零点，对应无偏移的情形。

当 $d > 0$、$h = 0$ 时，输出 $\Delta P > 0$，此时变送器输出大于 4mA，如果需要 $h$=0 时，变送器的零点还是 4mA，则需要将该零点从对应 $\Delta P = 0$ 到对应 $\Delta P > 0$，此时变送器的零点需要正迁移，即需要将变送器的零点迁移到 $K_m S_G d$ 。

当 $d < 0$ 时，$\Delta P < 0$，此时变送器的零点需要负迁移。

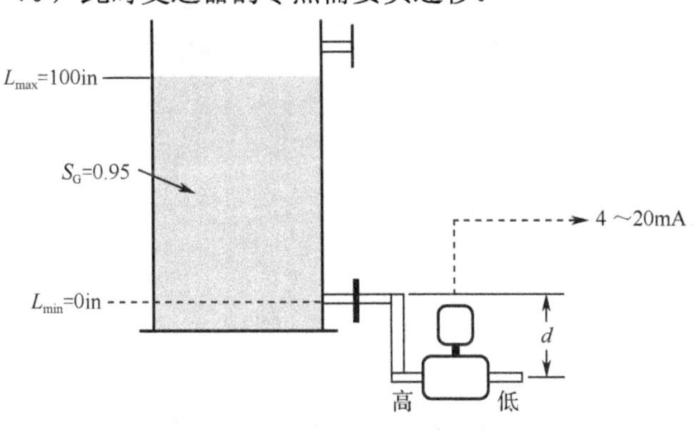


图 2.32　压力变送器有偏移的情形

### 2.3.7 智能压力变送器

智能压力变送器的内部电路通常装有 CPU 芯片，具有很强的数字处理能力，除具有检测功能外，还具有静压补偿、计算、显示、报警、控制、诊断等功能，此外它还能随时进行上位机通信。

3051 型压力变送器是美国 Rosemount 公司的一种智能型变送器，其输出信号有 HART、Wireless HART 和 FF 协议。图 2.33 所示为两线制 HART 协议的智能变送器。传感器部分与模拟仪表一样，测量信号经模数转换后送微处理器处理。输出符合 HART 协议的数字信号叠加在由数模转换输出的 4～20mA 信号线上。图 2.34 所示为 3051C HART 智能压力变送器的实物照片。

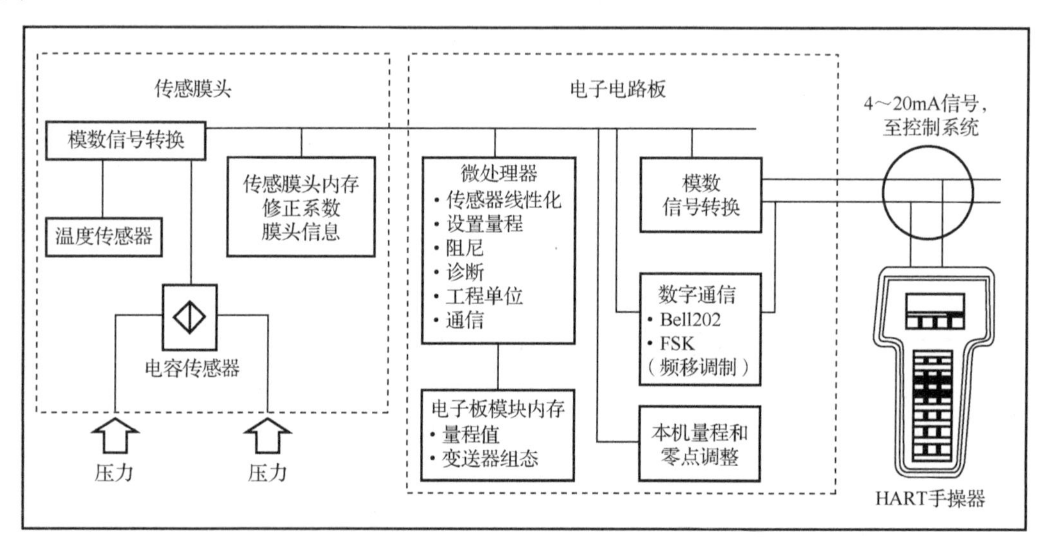


图 2.33　两线制 HART 协议的智能变送器

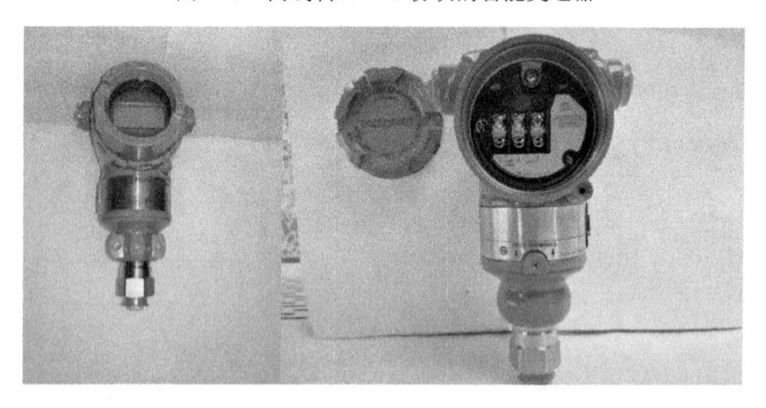

图 2.34　3051C HART 智能压力变送器的实物照片

## 2.4　物 位 测 量

物位测量在工业生产中具有重要的地位。例如，蒸汽锅炉运行时，如果汽包水位过低，就会危及锅炉的安全，造成严重的事故。物位的含义如下。

液位：容器中液体介质的高低。

料位：容器中固体物质的堆积高度。

界面：两种密度不同液体介质的分界面的高度。

物位测量的方法有很多，有视觉式、压力式、超声式和辐射式等。

## 2.4.1　视觉式液位计

视觉式液位计通过连通器原理或通过力平衡的原理，利用可视的刻度来读取液位的高度。常见的视觉式液位计有管型视力计、平面玻璃计，排出型液位计和浮子液位计，分别如图 2.35 至图 2.38 所示。

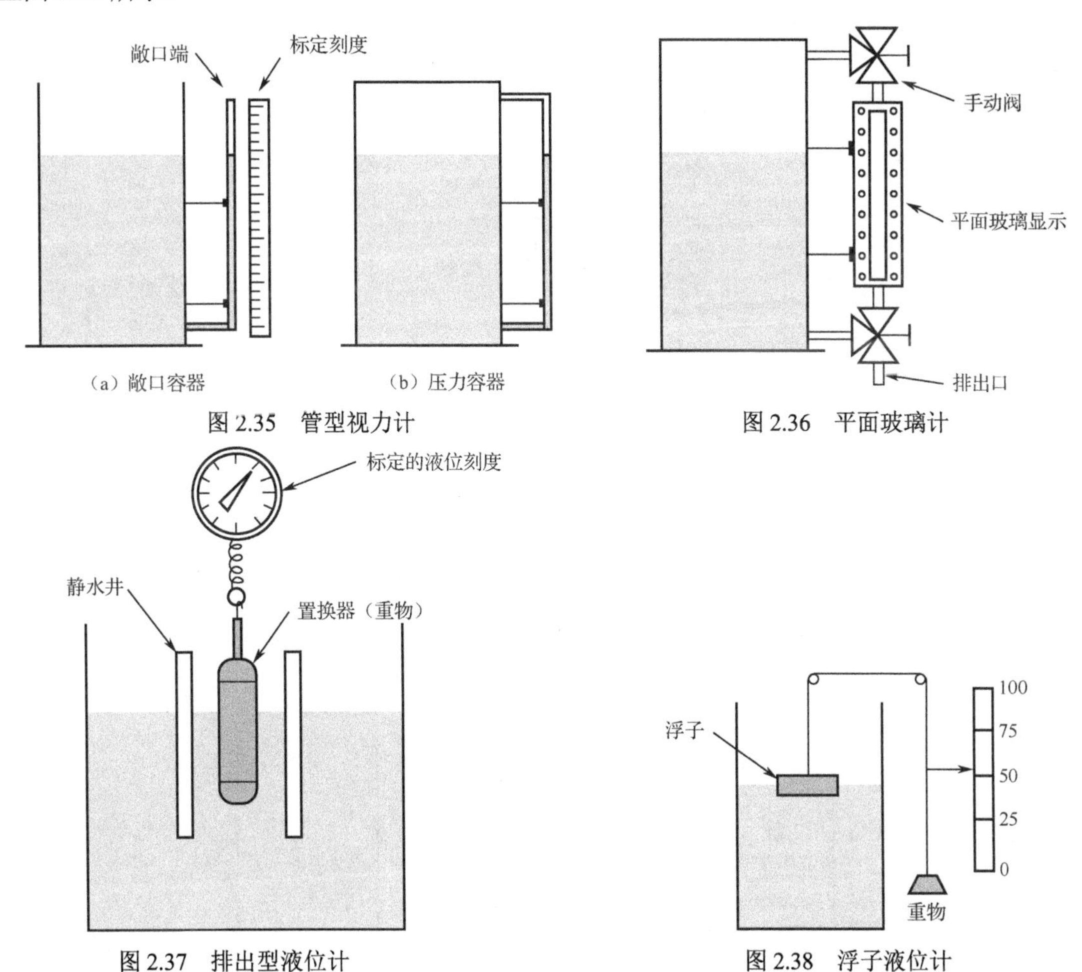


图 2.35　管型视力计

图 2.36　平面玻璃计

图 2.37　排出型液位计

图 2.38　浮子液位计

## 2.4.2　压力式液位计

敞口式和封闭式容器液位测量如图 2.39 和图 2.40 所示。在压力式液位计中，液位的高度与变送器检测的压力成正比，因此通过测量压力就可以测出液位。

下面介绍两种压力式液位计：空气鼓泡液位计和膜片盒液位计，如图 2.41 和图 2.42 所示。在空气鼓泡液位计中，压缩空气通过压力调节器后进入容器，并从容器底部的开口处排出，当产生稳定的气泡时，容器底部的压力刚好与鼓泡的空气压力相等，而此时空气的压力通过压力变送器可以检测到，然后转换成对应的液位信号。在膜片盒式液位计中，容器底部的压力传导到膜片盒上，膜片盒的压力再通过压力变送器检测转换成液位输出。

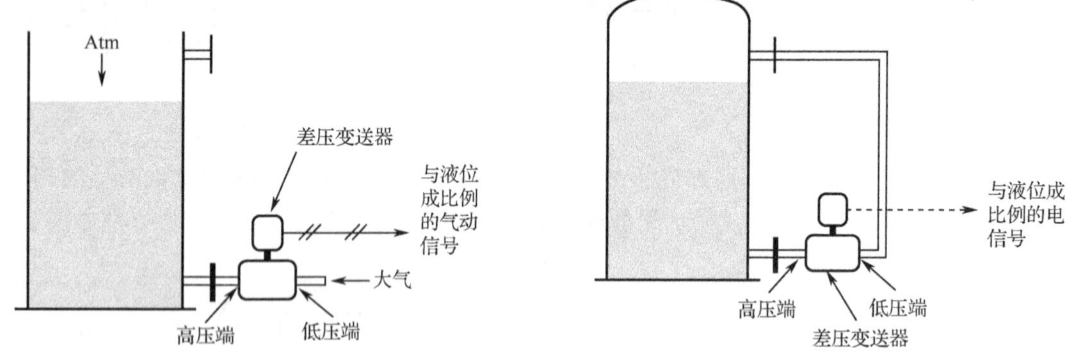


图 2.39　敞口式容器液位测量　　图 2.40　封闭式容器液位测量

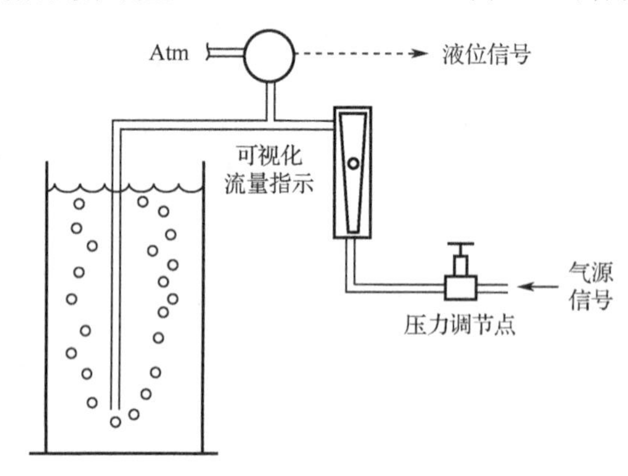


图 2.41　空气鼓泡液位计

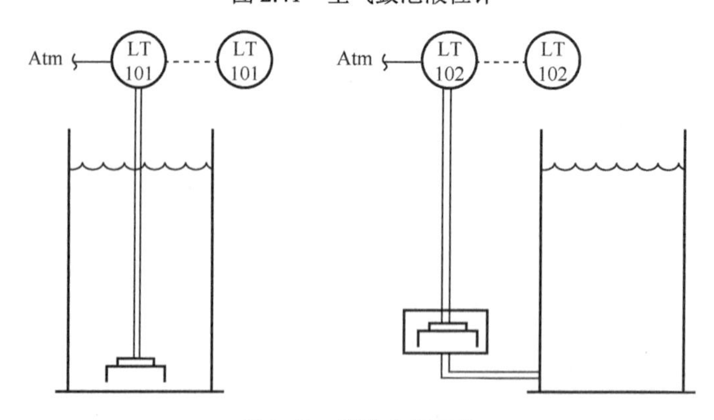


图 2.42　膜片盒液位计

## 2.4.3　电气式液位计

电气式液位计的原理是将液位信号转换成电气信号，如电容、电阻的变化量。图 2.43 所示为电容式液位计，图 2.44 所示为电阻式液位计。电容式液位计的原理是利用检测极板插入容器，使得检测极板与容器壁构成两个并联电容，两个电容的分界面就是液位与气体的分界面，根据两个电容并联到电路后的电容值间接计算出液位的高度。电阻式液位计的原理：电阻带浸入到液体内部，部分受到液体内的压力可以将电阻带接触在导电基板上，这样，液位高低的不同，使得接入电路的电阻就会不同，通过检测接入的电阻就可以测量出液位。

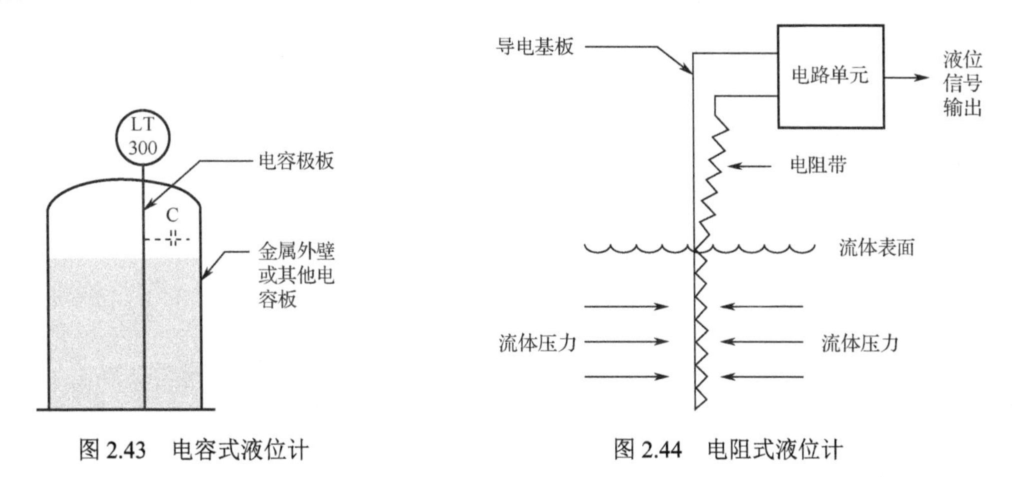


图 2.43　电容式液位计　　图 2.44　电阻式液位计

## 2.4.4　超声式液位计

超声式液位计的原理如图 2.45 所示。根据超声波遇到分界面反射的特点，利用超声波发射和接收的时间差来计算出发射和接收装置与分界面之间的距离。

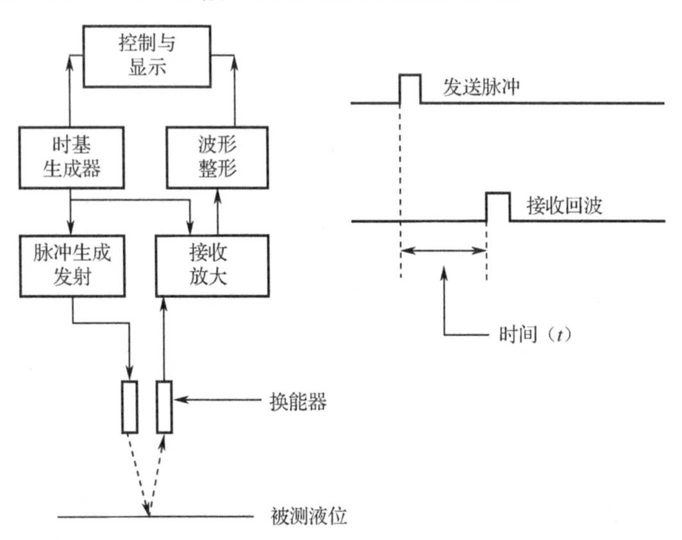


图 2.45　超声式液位计的原理

## 2.4.5　辐射式液位计

辐射式液位计的原理如图 2.46 所示。通过伽马射线发射装置，向容器内发射伽马射线，当伽马射线遇到物体或液体阻挡时，接收端收到的伽马射线强度就会减弱，根据伽马射线的接收情况就可以得到液位的高低。

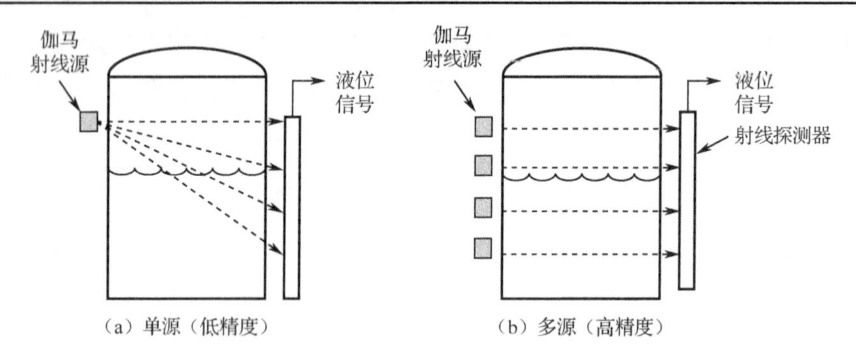


图 2.46　辐射式液位计的原理

## 2.4.6　雷达式液位计

雷达式液位计的原理如图 2.47 所示，其与超声波原理类似，不同的是雷达发出的是毫米波或微米波。

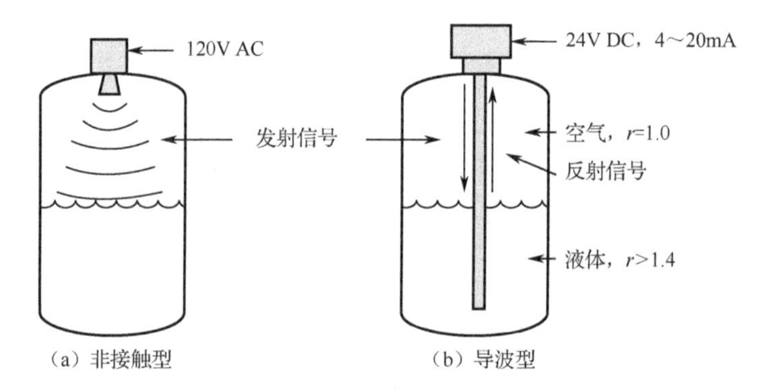


图 2.47　雷达式液位计的原理

## 2.4.7　智能液位变送器

罗斯蒙特 3051C 变送器是针对差压、表压和绝压测量应用的行业标准产品，可以用于测量液位。其特点是可以采用 4～20mA 电流信号传输，还可以采用基于 HART 协议的数字信号 FOUNDATION™ 现场总线协议和无线传输，以及 PROFIBUS-PA 协议。3051C 变送器的实物照片如图 2.48 所示。

图 2.48　3051C 变送器的实物照片

# 2.5　流 量 测 量

在工业生产和日常生活中，各种不同类型的气体、液体在管道中流动，需要对其流量进行测量和控制。通过本节内容，可以了解流速、流量和压差的关系，雷诺系数的概念，掌握不同类型的流量测量仪表的工作原理。

## 2.5.1　流量的定义

首先我们来看流量的定义：流量是指单位时间内流过某一截面的流体数量，即瞬时流量。表示方法有：质量流量 $W$（t/h、kg/h、kg/s 等）和体积流量 $Q$（$m^3$/h、l/h、l/min 等）；质量流量和体积流量的关系为

$$W = \rho Q$$

## 2.5.2　流速、流量和压差的关系

接下来我们讲解流速、流量和压差的关系，这些变量之间的关系构成了流量检测的基础，根据流速、流量和压差的关系，只要知道流速或得到压差，就可以计算出流量。

在讲解流速、流量和压差的关系前，我们思考一个问题：管道中的液体为什么会流动？根据能量守恒定律，必须有力对管道中的液体做功，液体才具有动能，从而流动。有流体的管道如图 2.49 所示。

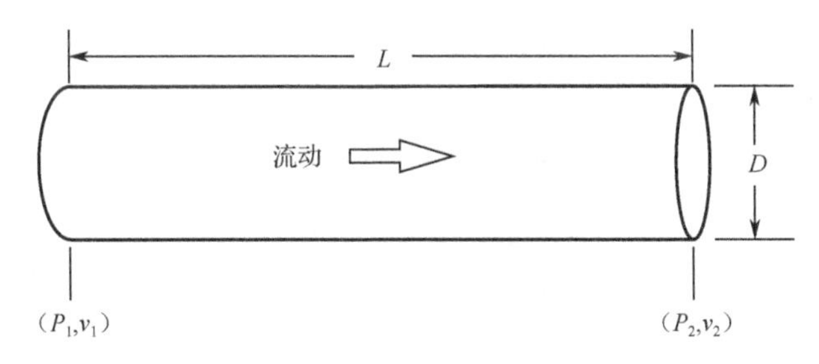


图 2.49　有流体的管道

我们对一个内径为 $D$ 的直管段内的流体进行分析。流体流经 $L$ 距离需要的功等于 $L$ 两端的压力 $F_1$ 和 $F_2$ 之差乘以距离 $L$，而压力差等于压强差 $P$ 乘以管道截面积。因此所需做的功等于管道两端的压强差乘以截面积乘以长度 $L$，即压差 $\Delta P$ 乘以流体体积 $V$。

流体流经 $L$ 距离需要的功：

$$(F_1 - F_2)L = P_1AL - P_2AL = P_1AL - P_2AL = \Delta PV$$

根据能量守恒定律，这部分功将转换成流体的动能，即

$$\Delta PV = \frac{mv^2}{2} = \frac{V\rho v^2}{2}$$

式中，$m$ 为流体质量；$V$ 为流体体积；$\rho$ 为流体密度。

把等式两边的体积 $V$ 消掉，得到压差

$$\Delta P = \frac{\rho v^2}{2}$$

因此，流体的流速 $v$ 为

$$v=\sqrt{\frac{2\Delta P}{\rho}}$$

如果我们能根据某种方法测出流体的流速$v$，再乘以管道的截面积，就可以计算出流体的瞬时体积流量$Q$，进一步也可以得到质量流量$W$。$W$、$Q$、$v$三者之间的关系为

$$W=\rho Q=\rho Av$$

式中，$A$为截面积。

## 2.5.3　雷诺系数

上面讲的计算瞬时体积流量的前提条件是管道内流体是均匀流动的，即管道截面上各点的流速相同。如果管道内流体流动不均匀，那么流量的计算公式就要做一些修正。为了描述流体流动的均匀程度，1883 年，雷诺提出了一个无量纲的数衡量流体流动的均匀程度，称为雷诺系数。雷诺系数$Re$为

$$Re=\frac{vD\rho}{\mu}$$

式中，$v$为流速；$D$为管道内径；$\rho$为流体密度；$\mu$为流体的黏度系数。图 2.50 给出了流体流动状态与雷诺系数的关系。

$Re<2000$时，管道内的流体呈层流状态，流体的质点受黏性制约，不能随意运动，互不干扰，流速较低，流动呈线性或层状，且平行于管道轴线，如图 2.50（a）所示。

$2000\leqslant Re\leqslant 4000$时，管道内的流体处于过渡流状态，如图 2.50（b）所示。

$Re>4000$时，管道内的流体为湍流状态，流速较高，运动杂乱无章，除平行于管道轴线的运动外，还存在剧烈的横向运动，如图 2.50（c）所示。

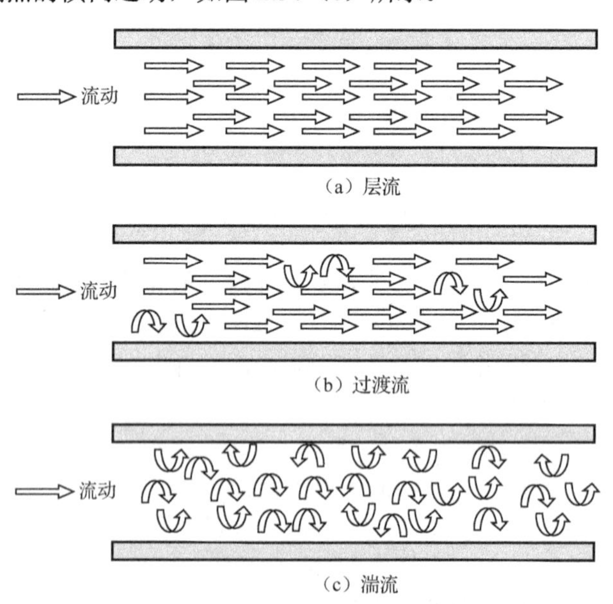


图 2.50　流体流动状态与雷诺系数的关系

## 2.5.4　流量测量原理

根据流量的定义，可以通过测量单位时间内流体流过某截面的体积或质量直接求出体积

流量或质量流量，还可以根据流速和压差间接求出。根据式$W=\rho Q=\rho Av$可知，对于给定的管道，流量与流速$v$有关，由式$v=\sqrt{\frac{2\Delta P}{\rho}}$，流速$v$可以通过压差$\Delta P$求得，所以可以先测量流速或压差来间接计算出流量。因此，常用的流量测量仪表就是基于这个原理制造而成的。

差压式流量计就是利用压差与流速的关系，通过测量管道中流经某些元件的流体的压差，从而推导出流速和瞬时流量。

速度式流量计则是通过测量流体的速度，将结果乘以截面积得到瞬时体积流量，如涡街流量计、电磁流量计和多普勒超声流量计。

除此之外，还有体积式流量计和质量式流量计。前者通过直接测量流经流量计的体积得出流量，如容积式流量计；后者则可以直接测量流体质量，如科里奥利质量流量计。

## 2.5.5　差压式流量计

差压式流量计在管道中插入节流元件，通过两个取压管分别测量节流元件前后的压强，如图 2.51 所示。流量$Q$等于压差$\Delta P$的平方根的$K$倍。其中$K$为常数，取决于节流元件的结构、管道尺寸、液体类型和温度等。常见的节流元件有孔板、文丘里管、喷嘴和楔式元件。

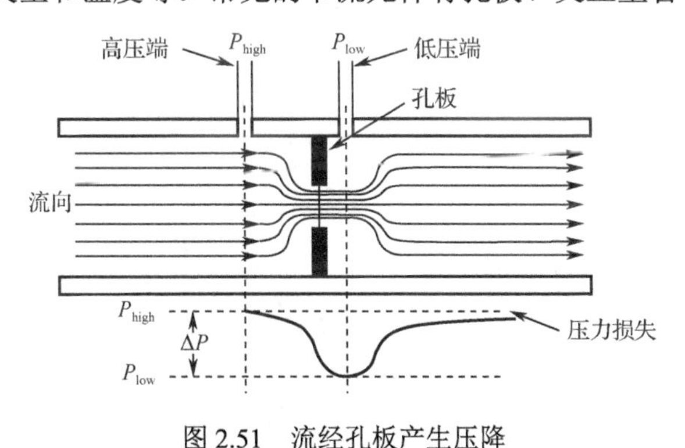


图 2.51　流经孔板产生压降

顾名思义，孔板就是一个开孔的圆板。常用的孔板包括中心圆孔式、偏心圆孔式和半圆孔式，如图 2.52 所示。

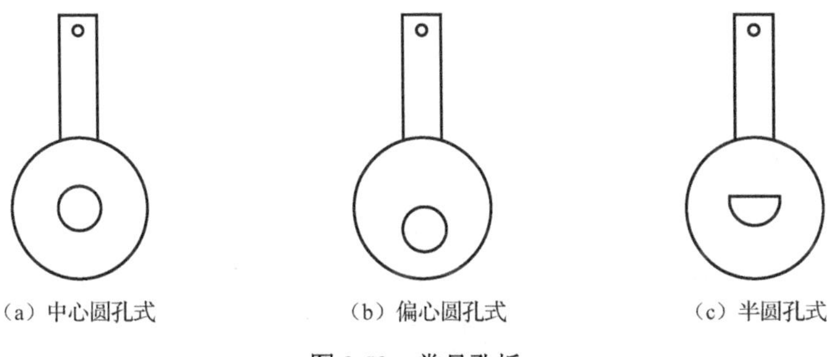


图 2.52　常见孔板

流体静止时，孔板前、后取压管的压力相同。流体流经孔板时，流通面积会先缩小再增大。根据流体的连续性，流通面积减小时流速增加，动能增加。根据能量守恒定律，动能增加时，动压能减少，压力降低。同理，当流体面积增大时，压力增大。因此，流经孔板时流体的压力分布为先降低再升高，孔板前后的取压管产生了压差。压差的平方根和流速成正比，测量出压差就可以计算出流速。

文丘里管如图 2.53 所示，由意大利物理学家文丘里发明，它是先收缩再逐渐扩大的管道，测量管道的入口截面和最窄截面处的压力差，根据压力差就可以计算出流量。文丘里管在形状上没有突变，拐角平缓，可以测量泥浆和较脏的流体，但成本高、精度稍差。

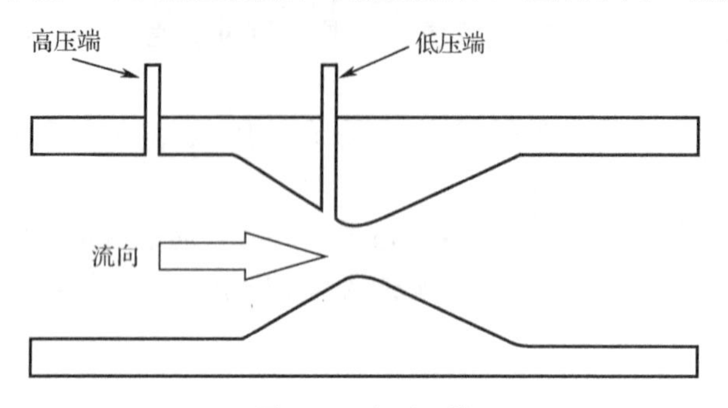


图 2.53　文丘里管

喷嘴如图 2.54 所示，采用喷嘴作为节流元件，在喷嘴入口处测量压差，可以用来测量蒸汽或高速流体的流量，但不适用于固体颗粒较多的流体。

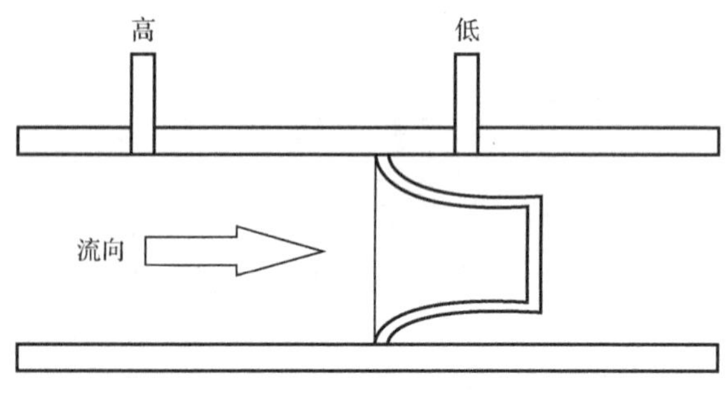


图 2.54　喷嘴

楔式元件作为节流元件的流量计称为楔式流量计，如图 2.55 所示。楔式元件是一个 V 形楔块，它的圆滑顶角朝下，有利于含悬浮颗粒的液体或黏稠液体顺利通过，不会在元件上游产生滞流现象，因此适用于石油、化工等行业。

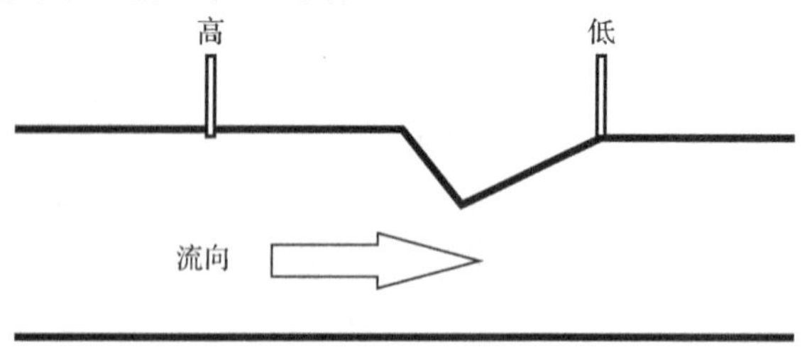


图 2.55　楔式流量计

### 2.5.6　速度式流量计

速度式流量计又分为涡轮流量计、涡街流量计、电磁流量计和超声波流量计。它们检测流体速度的原理各不相同。

涡轮流量计在管道中安装一个迎向流体流动方向的涡轮，在涡轮叶片尖端设置磁性材料，在管道外部正对涡轮的地方安装磁感应线圈。当涡轮旋转时，磁感应线圈将切割磁力线产生电脉冲信号，输出的信号频率与流速成正比。测量输出信号的频率就可以计算出流量。涡轮流量计原理如图 2.56 所示。

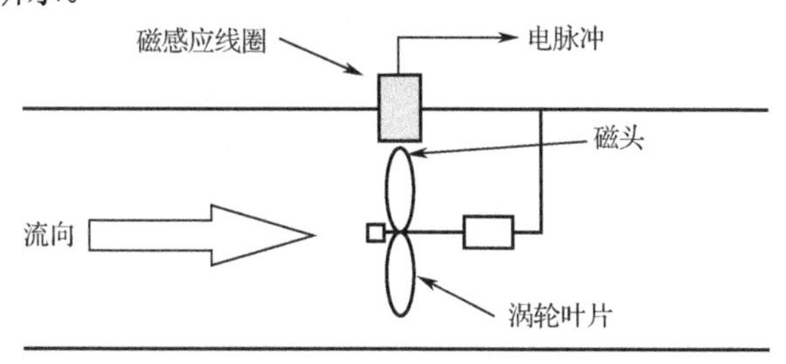


图 2.56　涡轮流量计原理

涡街流量计在管道中沿直径方向安装一个贯穿管道的柱状挡体。流体流经挡体后，将交替地在挡体下游的两侧产生旋涡。其产生旋涡的频率与流速成正比。如果在挡体下游采用压力传感器或其他方法测量旋涡产生的频率，就可以计算出流量，涡街流量计原理如图 2.57 所示，其实物照片如图 2.58 所示。

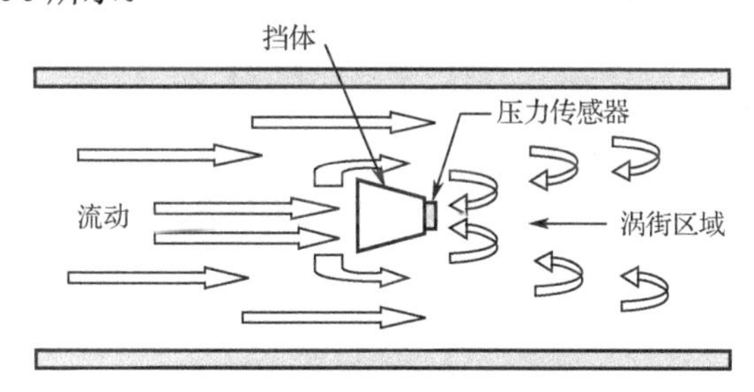


图 2.57　涡街流量计原理

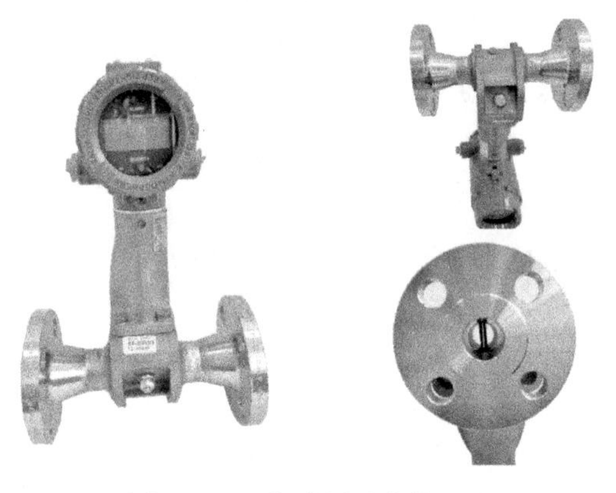

图 2.58　涡街流量计实物照片

电磁流量计用于测量导电溶液的流量。电磁流量计的管道由绝缘材料制成，在管道外侧安装一对励磁线圈，产生沿直径方向的磁场 $B$，沿着垂直于磁场的方向安装一对测量电极。当导电液体在管道中流动时，根据左手定则，液体的正负离子在磁场中分别向垂直于磁场方向的两个不同电极偏转，从而在电极上产生电势差。

$$Q = \frac{CE}{BD}$$

这个电势差与流速成正比，测量电势差$E$就可以计算出流量$Q$。流量$Q$等于仪表常数$C$乘以电势差$E$，再除以磁感应强度$B$和管道内径$D$的乘积。电磁流量计原理及实物照片如图 2.59 所示。

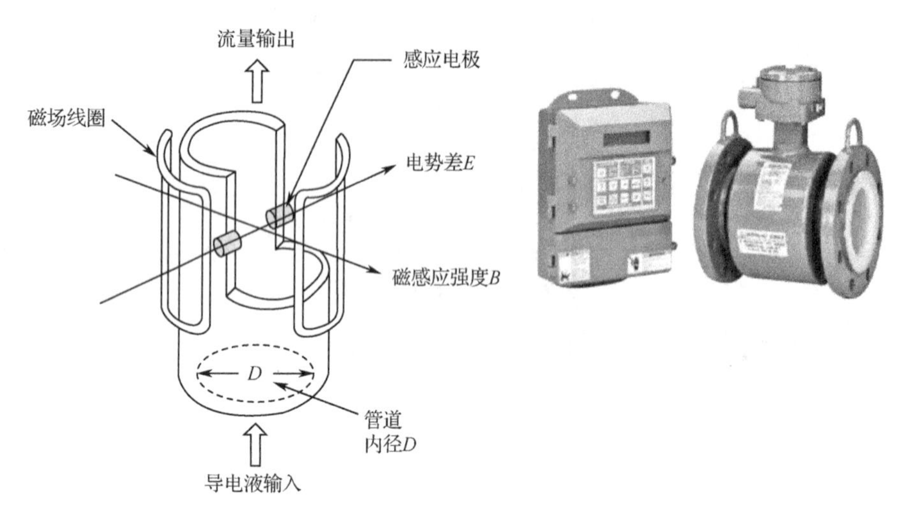


图 2.59　电磁流量计原理及实物照片

超声波流量计在管道外壁安装两对超声波探头，探头与管道轴向夹角为$\alpha$。两对探头的发射方向相反。每个超声波发射器在超声波接收器收到信号后开始下一次激励。则两对探头的激励频率分别记为$f_a$和$f_b$。

$$f_a = \frac{v_s + v\cos\alpha}{d}$$

$$f_b = \frac{v_s - v\cos\alpha}{d}$$

把$f_a$和$f_b$相减，就可以消去超声波的波速$v_s$，得到

$$\Delta f = \frac{2v\cos\alpha}{d}$$

最终可以根据频率差、距离$d$和夹角$\alpha$计算出流速$v$

$$v = \frac{\Delta f d}{2\cos\alpha}$$

其原理如图 2.60 所示。

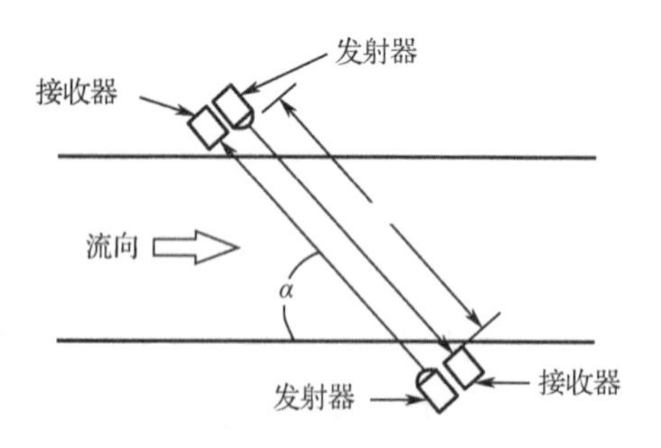


图 2.60　超声波流量计原理

## 2.5.7　容积式流量计

椭圆齿轮容积式流量计属于容积式流量计，测量精度高。椭圆齿轮容积式流量计原理如图 2.61 所示。它由两个紧密啮合的椭圆齿轮组成，液体流动时带动齿轮旋转，从图中的位置 1 转动到位置 3 时，齿轮 A 转过了 1/4 周期，送出的液体体积为固定值，即图中月牙形阴影部分的体积$V_0$。齿轮转过 1 周，送出 4 倍$V_0$的流体。测量齿轮的转速$n$，就可以计算出体积流量$Q$，$Q = 4nV_0$。

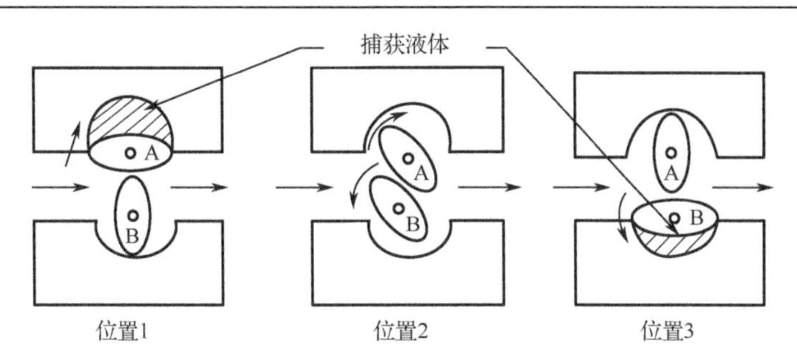


图 2.61　椭圆齿轮容积式流量计原理

## 2.5.8　质量式流量计

科里奥利流量计属于质量式流量计，可以直接测量质量流量。其核心部件是科里奥利流量管，在 U 形管中间使用驱动元件使管子产生振动，当管内无流体时，U 形管两侧振动同步对称，两个位置探测器没有相位差。当管内有流体时，管子沿中心扭动，两侧振动不再同步，产生与质量流量成正比的相位差，通过在 U 形管两侧拐弯处安装位置探测器即可测出此相位差，通过解调出的相位差信息就可以计算出质量流量。科里奥利流量计原理及实物照片如图 2.62 所示。

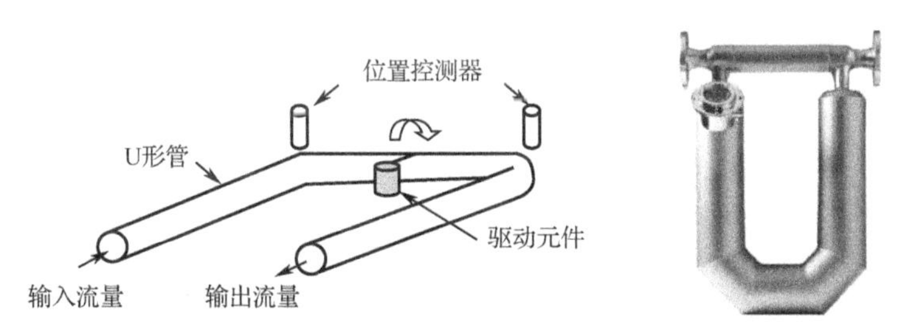


图 2.62　科里奥利流量计原理及实物照片

## 2.5.9　转子流量计

工业中经常遇到小流量的测量，而转子流量计特别适用于小管径（50mm 以下）、小流量的测量。其工作原理也是根据节流原理，但节流元件不是固定地安置在管道中，而是一个可以移动的转子。

转子流量计由一个带刻度的锥形玻璃管和一个转子组成，如图 2.63 所示。当流体自下而上流过锥管时，转子受到向上的浮力和推力，以及向下的重力。当这 3 个力平衡时，转子就静止在一定的高度上。当流量增大时，作用在转子上的向上推力就加大，转子上移。而随着转子上移，流通面积增大，流过此环隙的流体速度变慢，推力减小。当 3 个力再次平衡时，转子又稳定在一个新的高度上。这样，转子在锥形管中的平衡位置的高低与被测介质的流量大小相对应。通过刻度即可读出体积流量 $Q$。其计算公式为

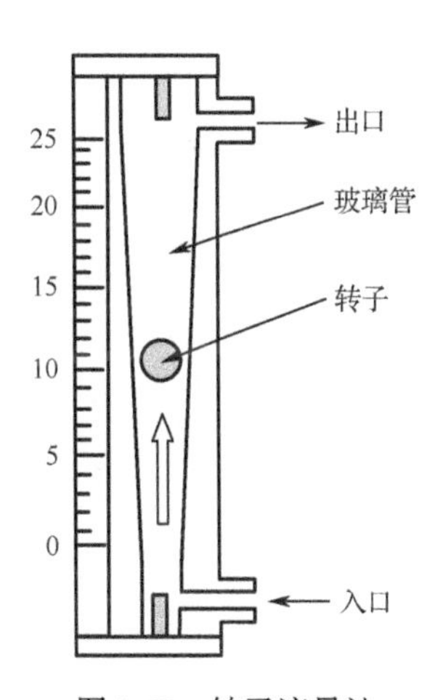


图 2.63　转子流量计

$$Q = CA_{\alpha}\sqrt{\frac{\rho_{F} - \rho_{f}}{\rho_{f}}}$$

式中，$Q$ 为体积流量；$C$ 为仪表常数；$A_{\alpha}$ 为转子和管道之间的环形面积；$\rho_{F}$ 为转子密度；$\rho_{f}$ 为流体密度。

# 习　题　2

1．检测仪表的技术指标有哪些？是如何定义的？

2．HART、Wireless HART、FF 分别是什么协议？各自有哪些特点？

3．工业上，500℃以上的温度用什么检测？500℃以下的温度呢？

4．解释热敏电阻的三线制接法的原因及原理。

5．压力变送器测量液位和压力的工作原理是什么？

6．常用的流量检测仪表可以分为几类？

7．电磁流量计和涡街流量计的工作原理？它们通过什么方式接入控制系统中？

8．质量式流量计的工作原理？它有哪些优点？

第3章

# 计算机输入/输出接口技术

## 3.1 工业控制计算机

计算机控制系统在工业生产过程中应用广泛，而控制用计算机是计算机控制系统的主要组成部分，因此，如何根据不同的需求选择合适的控制计算机是实现计算机控制的基础。接下来我们介绍工业控制计算机的主要类型、组成与特点。

工业控制计算机的主要类型有工控机、PLC（可编程序逻辑控制器）、嵌入式系统和智能调节器。

### 3.1.1 工控机

工控机的硬件组成包括主机板、内部总线（如ISA总线、PCI总线）和外部总线（如IEE-488并行总线、RS-232C串行总线，RS-485总线、CAN总线等）、人-机接口、系统支持板、磁盘系统、通信接口、输入/输出通道。

工控机的软件是指能够完成各种功能的计算机控制系统的程序系统，通常由系统软件、应用软件组成。系统软件包括操作系统（DOS、Windows）、驱动软件等；应用软件是针对具体控制对象而开发的软件。

工控机具有很多优点。

可靠性高。工控机用于控制连续生产过程，在运行期间不允许停机检修，一旦发生故障将会导致质量事故，甚至发生生产事故。

实时性好。工控机必须实时地适应控制对象的各种参数变化，这样才能对生产过程进行实时控制与监测。当过程参数出现偏差或设备发生故障时，能实时响应并实时地进行报警和处理。通常工控机配有实时多任务操作系统和中断系统。

环境适应性强。温度/湿度变化范围要求高；防尘、防振动冲击能力强；具有较好的电磁兼容性；高抗干扰能力及高共模抑制比。

丰富的输入/输出模块。工控机与各种仪表连接，信号多样，具有丰富的多功能输入/输出配套模块。

系统扩充性和开放性好。灵活的系统扩充性有利于产品的升级和自动化水平的提高；良好的开放性使得系统便于维修和替换。

控制软件功能强大。具有人机交互友好、实时和历史数据存储、浏览与显示功能；具有报警功能；具有丰富的控制算法。

系统通信功能强。为了构成大型的控制系统，减少接线，工控机具有强大的标准通信网络以满足实时性、远程通信的要求。

冗余性。在工业控制系统中，为了保证系统安全、可靠地运行，要求有冗余系统，如冗余的操作站、电源、通信网络，具备双机切换功能，以保证系统不间断工作。

### 3.1.2　PLC

PLC 的全称是 Programmable Logic Controller，即可编程序逻辑控制器。PLC 的特点如下。

（1）可靠性高，适应性强。设计制造时充分考虑应用环境和运行的要求。

（2）功能完善，通用性好。具有 DI/DO、AI/AO、网络通信、连续/离散过程功能。

（3）安装方便，扩展灵活。整体式和模块式硬件结构，安装简便，集成方便。

（4）操作维护简单，施工周期短。编程和修改程序方便，具有梯形图及完善的显示和诊断功能。

PLC 按照 I/O 点数划分可以分为微型、小型、中型和大型。微型 PLC I/O 点数小于 64，小型 PLC I/O 点数为 64～255，中型 PLC I/O 点数为 256～1023，大型 PLC 的 I/O 点数大于 1024。PLC 厂家有西门子、ABB、艾默生、施耐德、安川、三菱、欧姆龙等。

### 3.1.3　嵌入式系统

根据 IEEE（电气和电子工程师协会）的定义：嵌入式系统是“用于控制、监视或辅助操作机器和设备的装置”。

一个嵌入式系统就是一个具有特定功能或用途的计算机软件、硬件集合体。即以应用为中心、以计算机技术为基础、软件和硬件可裁剪，以及适应应用系统对功能、可靠性、成本、体积、功耗严格要求的专用计算机系统。嵌入式系统发展的最高形式是片上系统（SOC）。

嵌入式系统通常包括微控制器（MCU）、数字信号处理器（DSP）、片上系统（SOC）、可编程片上系统（SOPC）。

微控制器。微控制器的典型代表是单片机这种 8 位的电子器件，目前在嵌入式设备中仍然有着极其广泛的应用。单片机芯片内部集成 ROM/EPROM、RAM、总线逻辑、定时/计数器、看门狗、I/O、串行口、脉宽调制输出、A/D、D/A、Flash、EEPROM 等各种必要功能和外设。微控制器的特点是，总线宽度一般为 4 位、8 位或 16 位，处理速度有限，一般为几 MIPS，进行一些复杂的应用很困难，运行操作系统就更难了。

ARM（Advanced RISC Machines）既可以认为是一个公司的名字，也可以认为是对一类微处理器的统称，还可以认为是一种技术的名字。1991 年，ARM 公司成立于英国剑桥，主要出售芯片设计技术的授权。世界各大半导体生产商从 ARM 公司购买其设计的 ARM 微处理器核，根据各自不同的应用领域，加入适当的外围电路，从而形成自己的 ARM 微处理器芯片进入市场。基于 ARM 技术的微处理器应用占据了 32 位 RISC 微处理器 75%以上的市场份额，ARM 技术已经渗入到我们生活中的各个方面。我国的中兴集成电路、大唐电讯、中芯国际和上海华虹，以及国外的一些公司，如德州仪器、意法半导体、PHILIPS、Intel、SAMSUNG 等都推出了自己设计的基于 ARM 微处理器核的处理器。到目前为止，ARM 微处理器及技术的应用已经广泛深入到国民经济的各个领域。在工业控制领域中，作为 32 位的 RISC 架构，基于 ARM 微处理器核的微控制器芯片占据了高端微控制器的大部分份额，同时也逐渐向低端微控制器应用领域扩展，该微控制器的低功耗、高性价比，向传统的 8 位/16 位微控制器提出了挑战。

DSP 是专门用于信号处理的处理器，其在系统结构和指令算法方面进行了特殊设计，在数字滤波、FFT、频谱分析等各种仪器上，DSP 获得了大规模的应用。DSP 是运算密集处理器，一般用于快速执行算法，而做控制比较困难。为了追求高执行效率，DSP 不适用于运行操作系统，其核心代码是使用汇编语言编写的。

SOC 是 IC 设计的发展趋势。采用 SOC 设计技术，可以大幅度提高系统的可靠性，减少系统的面积和功耗，降低系统成本，极大地提高系统的性能价格比。SOC 芯片已经成为提高移动通信、网络、信息家电、高速计算、多媒体应用及军用电子系统性能的核心器件。

用可编程逻辑技术把整个系统放到一块硅片上，称作可编程片上系统（SOPC）。它是一种特殊的嵌入式系统：第一，它是片上系统（SOC），由单个芯片完成整个系统的主要逻辑功能；第二，它是可编程系统，具有灵活的设计方式，可裁减、扩充、升级，并且具备软件、硬件在系统可编程的功能。

### 3.1.4　智能调节器

智能调节器由软件、硬件进行模块化设计，是数字化的过程控制仪表，在 DCS 控制中得到广泛应用。YOKOGAWA（日本横河）、Honeywell、OMRON、艾默生、浙大中控和利时都生产智能调节器。

## 3.2　计算机输入/输出通道

过程通道是现场被控过程与计算机之间信息传递的桥梁。生产过程的被控参数（温度、压力、液位、流量、pH 值、转速、导通与关断状态等）通过输入通道进入计算机。计算机的输出通过输出通道将信号发送给现场执行器或被控过程。首先我们给出过程输入/输出通道的定义。在计算机控制系统中，为了实现对生产过程的控制，要将对象的控制参数及运行状态按规定的方式输入计算机，计算机经过计算、处理后，将结果以数字量的形式输出，此时需将数字量转换为适合生产过程控制的量，因此在计算机和生产过程之间，必须设置完成信息的传递和转换装置，这个装置称为过程输入/输出通道，也称 I/O 通道，具体包括数字量输入通道、模拟量输入通道、数字量输出通道、模拟量输出通道。

### 3.2.1　数字量输入/输出通道

在计算机控制系统中，当对生产过程进行自动控制时，需要处理一类最基本的输入/输出信号，即数字量（开关量）信号。这类信号包括：开关的闭合与断开；指示灯的亮与灭；继电器或接触器的吸合与释放；电动机的启动与停止；可控硅的通与断。

这些信号的共同特征是都以二进制的逻辑“1”和“0”出现。要检测和输出这些数字量信号，计算机需要通过数字量输入/输出通道来实现。开关量（脉冲量、数字量）输入通道的作用就是把反映生产过程或设备工况的开关信号（如继电器接点、行程开关、按钮等）、脉冲信号（如速度、位移、流量脉冲等）输入计算机。

数字量输出通道的作用是：通过数字量输出通道，计算机可以控制接收开关（数字）信号的执行机构和显示、指示装置。

数字量输入通道简称 DI 通道，由输入缓冲器、输入调理电路、输入地址译码器等组成。它的结构如图 3.1 所示。

对生产过程的控制，常常需要了解生产过程的状态信息，根据状态信息，决定如何给出控制量。必须通过输入缓冲器（可采用 74LS244、74LS245、74LS273、74LS373、8255A、8155）获得状态信息，以 74LS244 为例，它有 8 个通道，可输入 8 个开关状态，如图 3-2 所示。

由图 3.2 可知，经过端口地址译码，得到片选信号 $\overline{CS}$，当计算机在执行 Read 指令时，在 $\overline{1G}$ 和 $\overline{2G}$ 端口产生“0”信号，则被测的状态信息可通过输入接口输入计算机总线的数据总线中，然后装入寄存器 A，设片选端口地址为 7FFFH（$\overline{CS}$ 信号连接 51 单片机 P2.7 端口），可用如下指令来完成取数操作。

```
MOV DPTR，#7FFFH
MOVX A，@DPTR
```

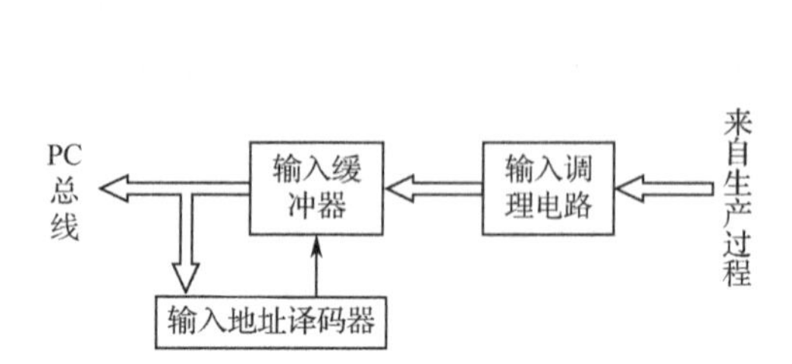


图 3.1　数字量输入通道的结构

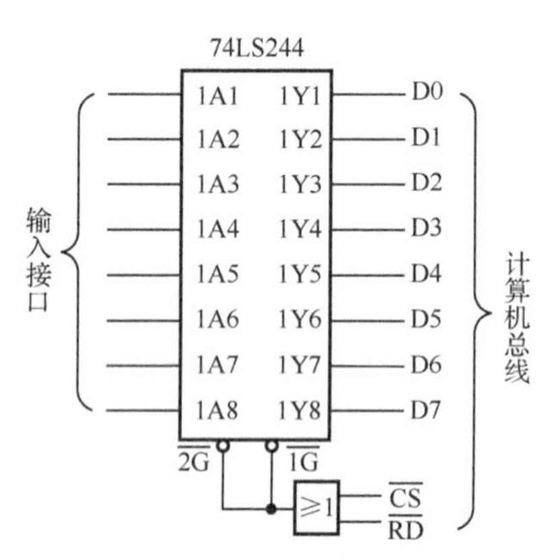


图 3.2　74LS244 输入缓冲器

这里，三态门缓冲器 74LS244 可用来隔离输入和输出线路，在两者之间起到缓冲作用。

接下来介绍输入调理电路。我们知道，工业生产过程现场的状态信号通常是电压、电流或开关的触点信号，这些信号通常需要经过转换、保护、滤波、隔离等措施后才能转换成计算机可以接收的逻辑信号，这些措施称为信号调理。信号调理电路可以分为小功率输入调理电路和大功率输入调理电路。

下面我们给出一个小功率输入调理电路的例子——消抖电路。从开关、继电器等接点输入信号的电路将接点的接通和断开动作转换成 TTL 电平信号与计算机相连。通常，按键所用开关为机械弹性开关，当机械触点断开、闭合时，由于机械触点的弹性作用，一个按键开关在闭合时不会马上稳定地接通，断开时也不会立刻断开。因此，在闭合及断开的瞬间均伴随有一连串的抖动，如图 3.3 所示。为了消除抖动，需要采用消抖电路，如图 3.4 所示。

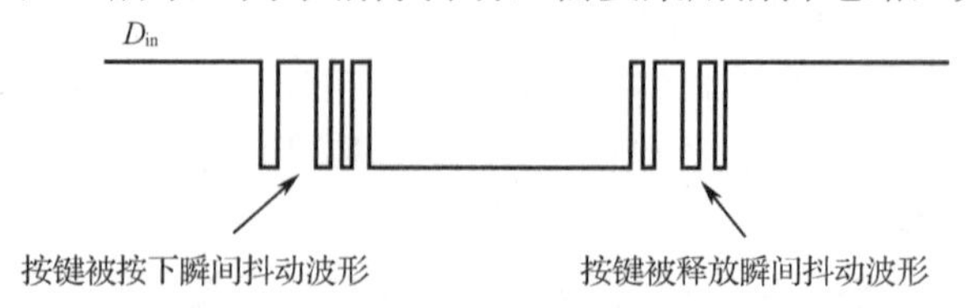


图 3.3　按键抖动波形图

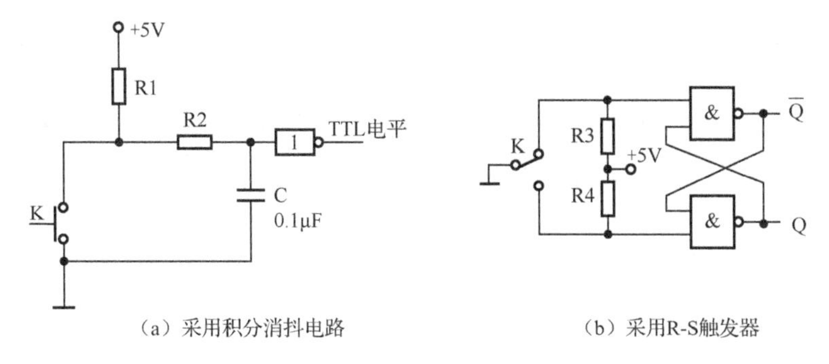


（a）采用积分消抖电路　（b）采用R-S触发器

图3.4　消抖电路

积分消抖电路的原理如下。当按键K闭合或断开时，产生高频抖动信号，这个高频抖动信号可以通过电阻R2和电容C组成的RC低通滤波器过滤，过滤波的信号不再含有高频抖动信号，然后通过门电路输出TTL电平给计算机即可实现按键信号的读取。

采用R-S触发器消抖的原理如下。根据R-S触发器的工作原理，可以写出R-S触发器的真值表（见表3.1），根据真值表可知，当R=0、S=1或R=1、S=0时，输出端Q输出与R输入相等；当R=1、S=1时，Q保持不变。也就是说，当R=0、S=1时，如果R在0和1之间抖动，则Q输出保持不变。按键K处于图3.4（b）所示位置，R=1、S=0，此时Q=1，当按下按键K时，R=0、S=1，如果按键按下过程中发生抖动，则S在0和1之间波动，此时，根据真值表，R-S触发器的输出Q=0，当按键抖动时，Q保持不变始终为0，这样就实现了按键消抖。

表3.1　R-S触发器的真值表

| R | S | Q | Q̄ |
|---|---|---|---|
| 0 | 1 | 0 | 1 |
| 1 | 0 | 1 | 0 |
| 1 | 1 | 保持 | |
| 0 | 0 | 不定 | |

下面讲解大功率输入调理电路。在大功率系统中，需要从电磁离合等大功率器件的接点输入信号；为使接点工作可靠，接点两端要加24V以上的直流电压；由于所带电压高，在输入计算机之前需要将高电压转换成低电压，高压、低压之间可采用光电耦合器进行隔离。如图3.5所示，左边为高电压回路，右边为输出的低压TTL电平电路，中间采用光电耦合器实现转换和隔离。按下按键K时光电耦合器输出导通，非门电路输出为高电平；断开按键K时光电耦合器不导通，门电路输出低电平。这样就实现了左边高电压的触点开关信号转换成TTL电平信号。

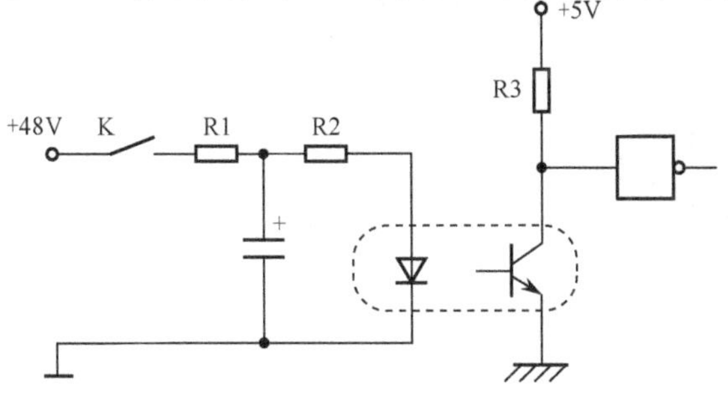


图3.5　大功率输入调理电路

接下来介绍数字量输出通道。开关量（数字量）输出通道的任务是把计算机输出的数字信号（或开关信号）传送给开关型的执行机构（如继电器或指示灯等），控制它们的通、断或亮、灭，简称 DO 通道。数字量输出通道主要由输出锁存器、输出驱动器、输出地址译码电路等组成，它的任务是把计算机输出的微弱数字信号转换成能对生产过程进行控制的数字驱动信号。如图 3.6 所示，输出锁存器的作用是锁存 CPU 输出的数据或控制信号，供外部设备使用。输出驱动器通常由隔离和功率放大器组成。隔离的作用可以防止干扰对计算机的冲击。功率放大器的作用是把计算机输出的微弱数字信号转换成能对生产过程进行控制的驱动信号。

在对生产过程进行控制时，一般应对计算机输出的控制状态进行保持，直到重新刷新为止，此时便需要利用输出接口对其进行锁存（可采用 74LS273、74LS373、8255A、8155 等），74LS273 输出接口如图 3.7 所示。由图 3.7 可知，利用写信号 $\overline{WR}$ 的后沿产生的上升沿可以锁存数据 DATA。经过端口地址译码，得到片选信号 $\overline{CS}$（低电平有效），执行 MOVX 指令时，产生 $\overline{WR}$ 信号，设片选端口地址为# 7FFFH，可用以下指令完成数据输出控制。这里 74LS273 是上升沿锁存的寄存器，它有 8 个通道，可以输出 8 个开关状态，并且可以驱动 8 个输出装置。

```
MOV    A, DATA
MOV    DPTR, #7FFFH
MOVX     @DPTR, A
```

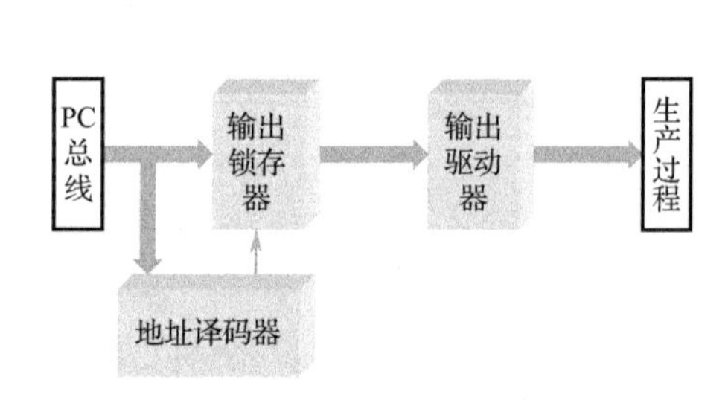


图 3.6　数字量输出通道的结构

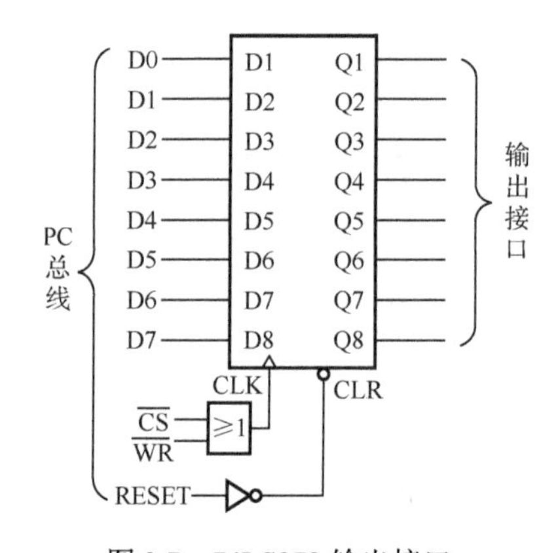


图 3.7　74LS273 输出接口

单片机 AT89C51 与 74LS273 的接口如图 3.8 所示。该图中所对应的 74LS373 的片选地址为 0XXXH，也就是说，0000H～7FFFH 之间的任何地址都可以选中 273。

如下所示程序可以实现 273 对数据的锁存。该程序可以将十六进制数据 2B（00101011）发送到 273 并锁存，程序执行的效果可以实现 VD8、VD7、VD5、VD3 对应的 LED 灯的点亮。

```
CS273  EQU 7FFFH ;置 74LS273 端口地址
       ORG 00H
START: MOV 30H,#2BH
     MOV DPTR,#CS273
     MOV A,30H
     MOVX @DPTR,A;输出数据
     SJMP $
     END
```

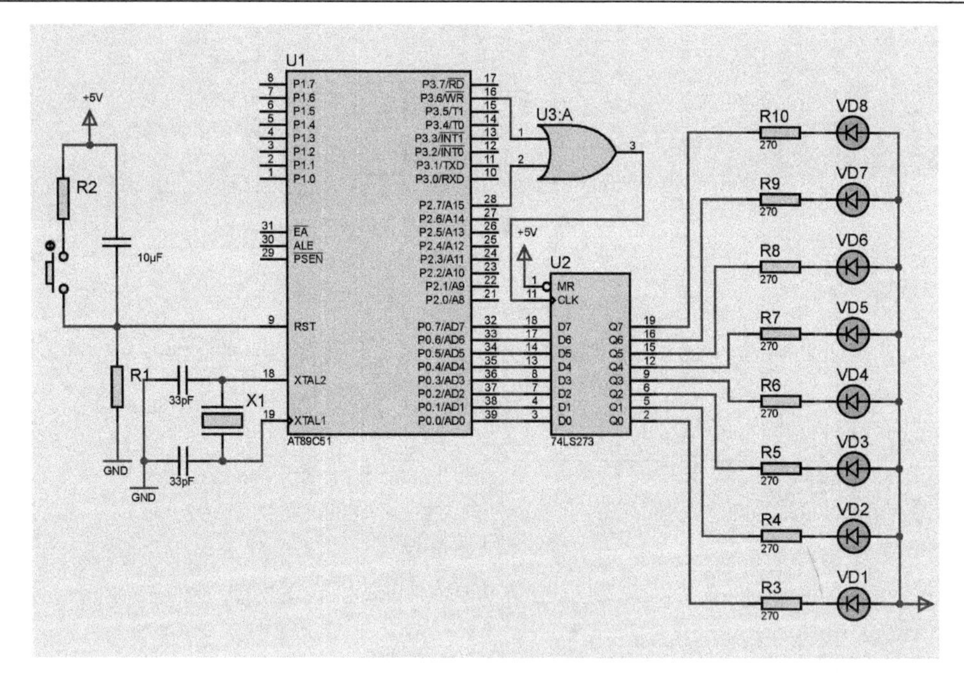


图 3.8　AT89C51 与 74LS273 的接口

接下来讲解功率驱动电路。要把计算机输出的微弱数字信号转换成能对生产过程进行控制的驱动信号，关键在于输出通道中的功率驱动电路。根据现场开关器件功率的不同，可有多种数字量驱动电路的构成方式，如大/中/小功率晶体管、可控硅、达林顿阵列驱动器、固态继电器等。这里我们介绍小功率和大功率驱动电路的原理。

如图 3.9 所示为继电器驱动的小功率电路。在图 3.9（a）中，当计算机输出的 TTL 电平为高电平时，经过非门 74LS04 变为低电平，三极管 VT1 不导通，线圈 K 不得电；当计算机输出的 TTL 电平为低电平时，非门 74LS04 输出为高电平，VT1 导通，线圈 K 得电，继电器动作。在图 3.9（b）中，74LS06 为高电压输出的非门电路，其输入信号为高电平时，输出为低电平，此时线圈 K 得电，继电器动作。

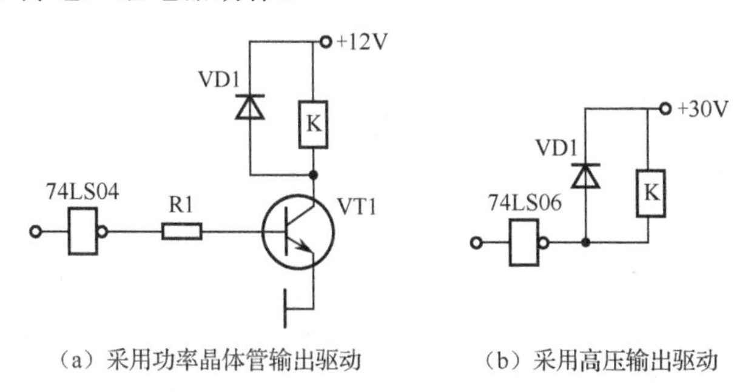


（a）采用功率晶体管输出驱动　　（b）采用高压输出驱动

图 3.9　继电器驱动的小功率电路

大功率驱动电路如图 3.10 所示，图 3.10（a）所示为直流固态继电器，图 3.10（b）所示为交流固态继电器。由图 3.10 可以看出，固态继电器输入为计算机 I/O 接口提供高、低电平信号，当这个信号为高电平时，74LS04 输出低电平信号，继电器输出端口和 4 点之间会导通，于是负载得电，这就实现了由弱电信号控制强电负载的目的。

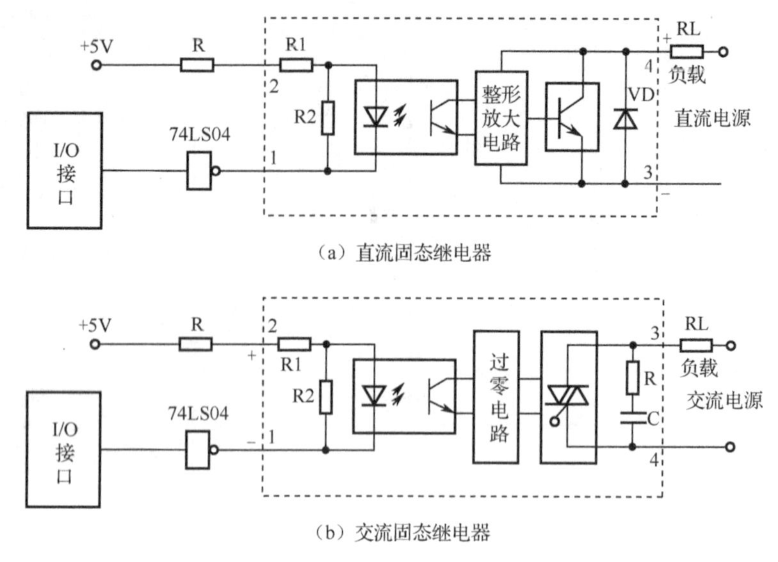


（a）直流固态继电器

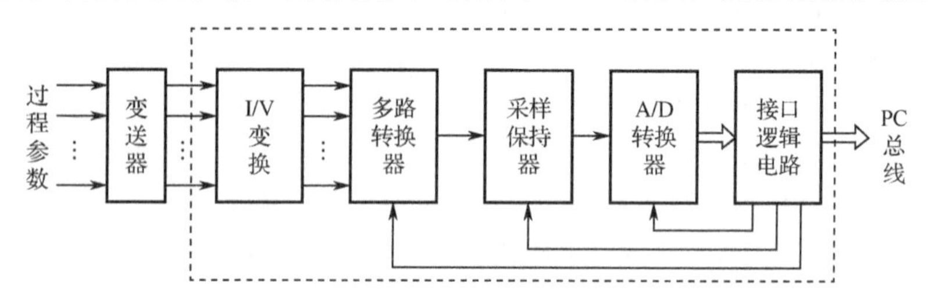


（b）交流固态继电器

图 3.10　大功率驱动电路

## 3.2.2　模拟量输入通道

模拟量输入通道（简称 AI 通道）的结构如图 3.11 所示。过程参数由传感元件和变送器测量并转换为电压（或电流）的形式后送至多路开关；在微机的控制下，由多路开关将各个过程参数依次切换到后级，进行放大、采样和 A/D 转换，实现过程参数的巡回检测。



图 3.11　模拟量输入通道的结构

I/V 变换是指将电流信号转换成电压信号。为什么要进行 I/V 变换呢？因为在工业计算机控制系统中通常采用电流信号传输、电压信号输入，所以要进行 I/V 变换。为什么是电流信号传输、电压信号输入呢？因为电流信号具有传输距离远、抗干扰能力强的优点，所以电流信号适合远程传输。而计算机通常需要通过 A/D 转换器采集电压信号，因此电流信号需要经过 I/V 变换成电压信号后才能输入计算机。图 3.12 和图 3.13 所示分别为无源 I/V 变换电路和有源 I/V 变换电路。在无源 I/V 变换电路中，电流 $I$ 经过精密电阻，产生电压信号 $V = R_2 I$ ，如果电流 $I$ 为 4～20mA，电阻 $R_2 = 250\Omega$ ，则输出电压 $V$ 为$1\sim5\text{V}$ 。与无源电路不同，有源 I/V 变换电路应用了有源器件运算放大器，电流 $I$ 先经过 $R_1$ 变成电压信号 $V_i$ ，

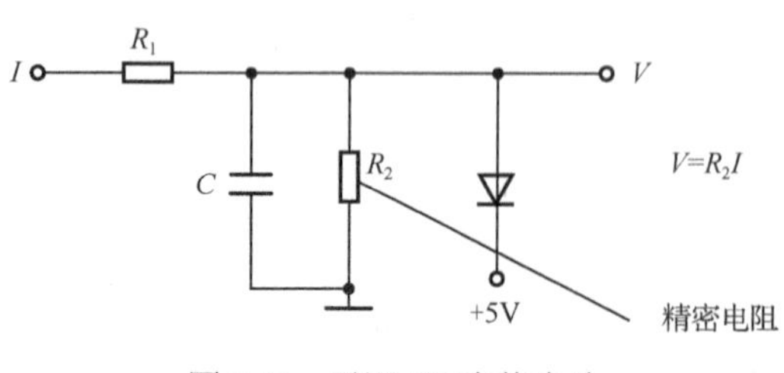


图 3.12　无源 I/V 变换电路

电压为 $R_1 I$，再经过放大倍数 $A=1+\dfrac{R_4}{R_3}$ 的放大电路输出电压 $V$，此时输出电压 $V=AV_i=AR_1 I$。同理，如果选择合适的电阻 $R_1$、$R_3$、$R_4$，可以将 4～20mA 的电流信号转化成 1～5V 的电压信号。

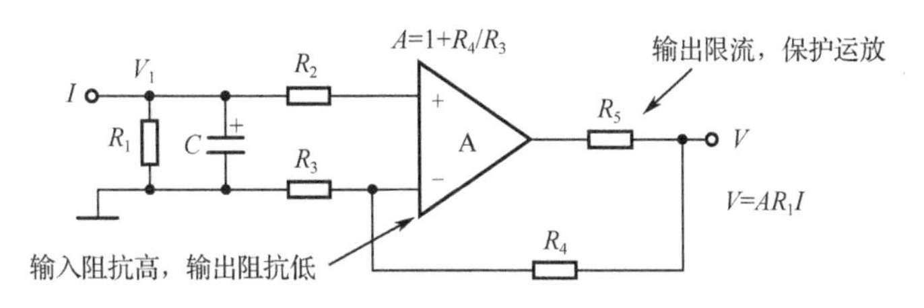


图 3.13　有源 I/V 变换电路

接下来介绍 CD4051 多路转换器。在计算机数据采集系统中，有时需要采集多个信号，而计算机输入通道是有限的，往往少于需要采集的信号通道数，为了实现应用较少的计算机通道采集多个信号，可以采用多路转换器。CD4051 就是一个多路转换器，它是单边 8 通道多路调制器/多路解调器，其引脚如图 3.14 所示。图中，有 8 个输入/输出口 IN/OUT，还有 1 个输出/输入口 OUT/IN，C、B、A 为二进制数控制输入端，改变 C、B、A 的数值，可以译出 8 种状态，并选中其中之一，使输入/输出接通。当 INH=1 时，通道断开；当 INH=0 时，通道接通。改变图中 IN/OUT0～7 及 OUT/IN 的传递方向，可用作多路开关或反多路开关。其真值表如表 3.2 所示。由真值表可知，INH=0 时，当 CBA 为 011 时，第 3 个通道，即引脚 12 与引脚 3 连接。当 CBA 为 111 时，第 7 个通道，即引脚 4 与引脚 3 连接。

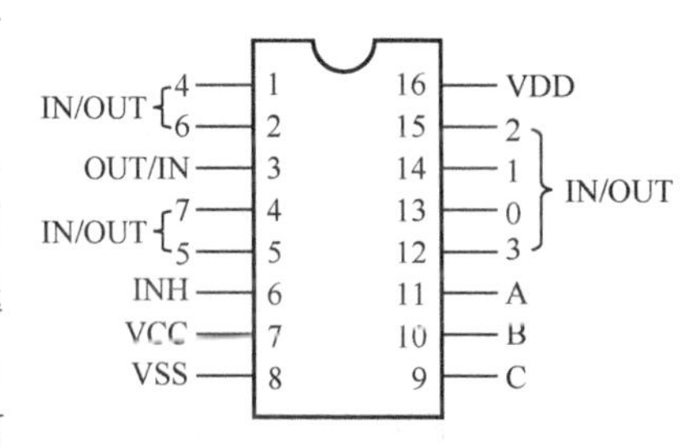


图 3.14　CD4051 引脚

**表 3.2　CD4051 真值表**

| 输入状态 | | | | 接通通道 |
|---|---|---|---|---|
| INH | C | B | A | |
| 0 | 0 | 0 | 0 | 0 |
| 0 | 0 | 0 | 1 | 1 |
| 0 | 0 | 1 | 0 | 2 |
| 0 | 0 | 1 | 1 | 3 |
| 0 | 1 | 0 | 0 | 4 |
| 0 | 1 | 0 | 1 | 5 |
| 0 | 1 | 1 | 0 | 6 |
| 0 | 1 | 1 | 1 | 7 |

## 3.2.3　采样定理与信号重构

理想采样器如图 3.15 所示。图 3.15（a）给出采样周期 $T=\Delta t$，$y(t)$ 为连续信号，$y^*(t)$ 为采样信号，图 3.15（b）所示为连续信号 $y(t)$ 被理想采样器采样，采样值用黑色的圆点标出，

采样后的信号如图 3.16 所示。采样信号 $y^*(t)$ 和 $y(t)$ 的关系为

$$y^*(t)=\sum_{k=0}^{\infty}y(k\Delta t)\delta(t-k\Delta t)=\sum_{k=0}^{\infty}y(kT)\delta(t-kT)$$

式中，$k$ 是第 $k$ 个采样周期，取整数 0,1,2,⋯；$\delta$ 为单位脉冲函数；$\delta(t-kT)$ 表示当 $t=kT$ 时，$\delta$ 函数值为 1，其余时间为 0。

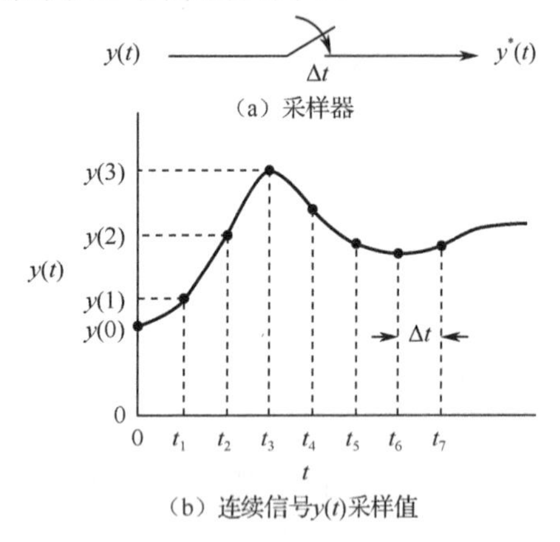


图 3.15 理想采样器

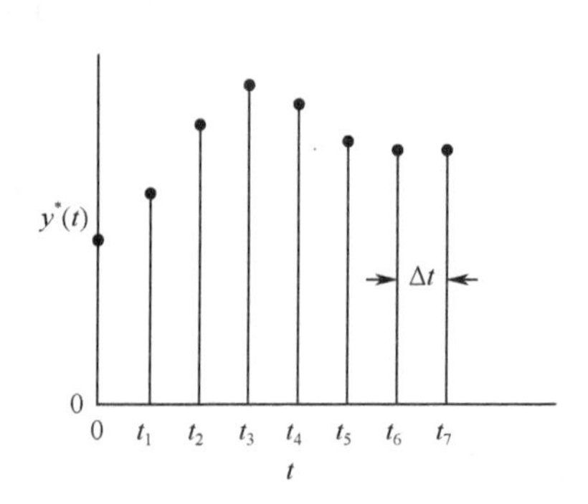


图 3.16 采样后的信号

接下来介绍采样频率的相关知识。图 3.17 给出了采样频率与信号频率的关系。如图 3.17（a）所示，当采样频率是被测信号频率的 4/3 倍时，重构出的信号如图 3.17（b）所示，可以看出没有重构出原始信号。再看图 3.17（c）所示的信号，当采样频率刚好是被测信号频率的 2 倍时，重构出图 3.17（d）所示波形，此时仍然不能无失真地重构原始信号。于是很自然地提出一个问题：究竟要多大的采样频率才能实现不失真的信号重构呢？这个问题由采样定理来回答。

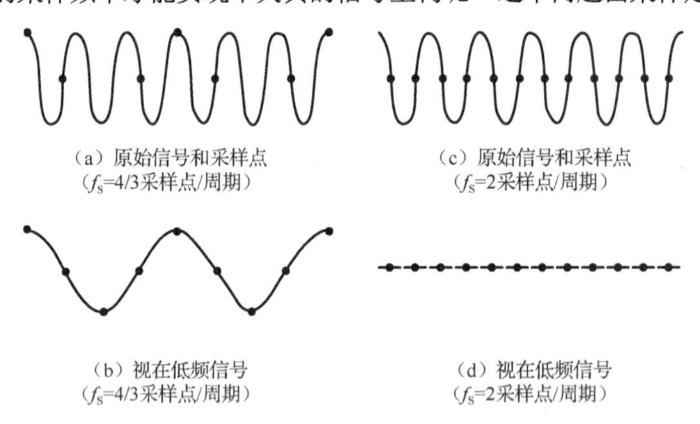


图 3.17 采样频率与信号频率的关系

采样定理：有限带宽信号 $f(t)$ 经过傅里叶变换后，其带宽为 $\omega_{\mathrm{m}}$，

$$f(t)\leftrightarrow F(\mathrm{j}\omega),\ F(\mathrm{j}\omega)\neq 0, -\omega_{\mathrm{m}}\leqslant\omega\leqslant\omega_{\mathrm{m}}$$

$$F(\mathrm{j}\omega)=0,\ \text{其他}$$

当且仅当采样频率 $\omega_{\mathrm{s}}=2\pi/T>2\omega_{\mathrm{m}}$，可以通过离散时间波形

$$f^*(t)=\sum_{k=-\infty}^{\infty}f(t)\delta(t-kT)$$

重构原始信号。

此外，为了滤除离散化后产生的高频信号，使用带宽为 $\omega_b$ 的理想低通滤波器将高于 $\omega_m$ 的高频部分过滤，即满足

$$\omega_m < \omega_b < \omega_s/2$$

采样定理的证明如下。

根据单位脉冲的傅里叶变换公式

$$\delta_T(t) = \sum_{k=-\infty}^{\infty} \delta(t-kT) \Leftrightarrow \frac{2\pi}{T} \sum_{k=-\infty}^{\infty} \delta(\omega - n\omega_s)$$

以及

$$f^*(t) = f(t)\delta_T(t)$$

根据乘积的谱等于谱的卷积性质，得到采样信号的傅里叶变换 $F^*(j\omega)$ 。

$$F^*(j\omega) = F\delta_T(t) \times f(t) = \frac{1}{2\pi}\delta_T(j\omega) * F(j\omega) = \left[\frac{1}{T}\right] \sum_{k=-\infty}^{\infty} F(\omega - n\omega_s)$$

接下来分析原始信号和采样信号的频谱。原始信号 $f(t)$ 的频谱 $F(j\omega)$ 如图 3.18（a）所示，而采样后信号的频谱 $F^*(j\omega)$ 是 $F(j\omega)$ 的周期延拓，周期即为 $\omega_s$ 。在图 3.18(b)中，如果 $\omega_s > 2\omega_m$ ，则频谱之间没有发生频谱混叠现象。在图 3.18（c）中，如果 $\omega_s = 2\omega_m$ ，则在 $\omega_m$ 点的频率处发生混叠。在图 3.18（d）中，如果 $\omega_s < 2\omega_m$ ，则也有频谱混叠现象。于是可以得到采样定理的结论：1/2 的采样频率大于信号的最高频率，也就是说，采样频率必须大于信号最高频率的 2 倍。

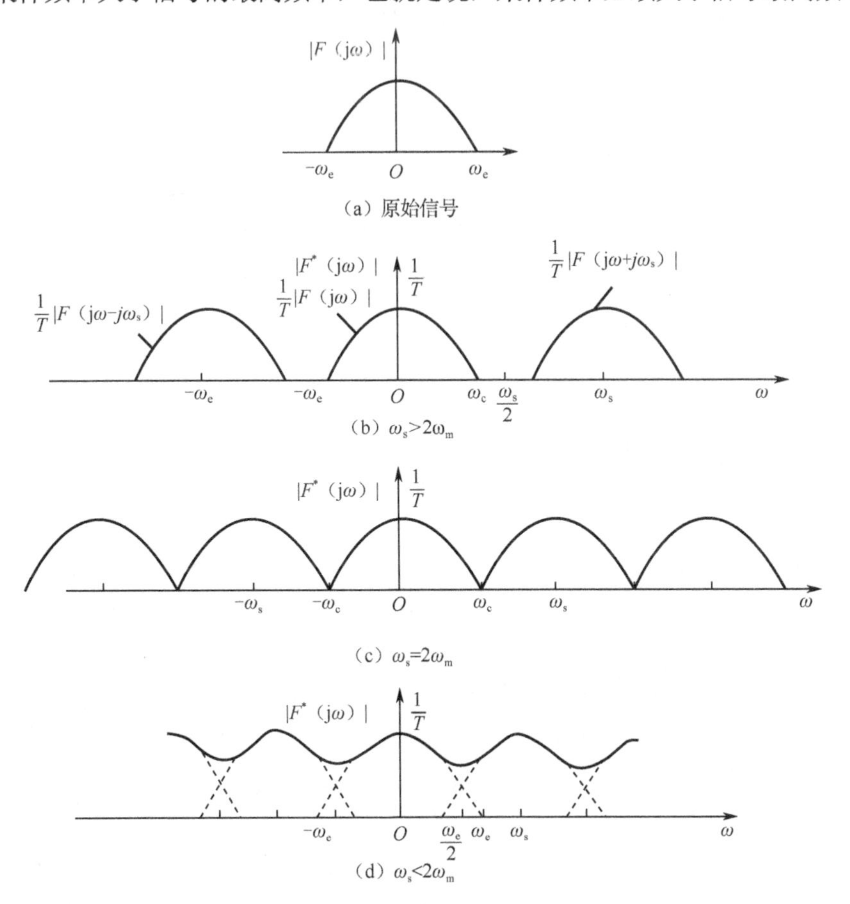


图 3.18　采样信号频谱

在此基础上，得出信号重构必须满足两个条件。

（1）必须满足采样定理（它提供了信号重构的可能性，否则采样频谱呈现混叠现象，信号必然失真）。

（2）采用理想低通滤波器，对某个频率以下所有频率分量都给予不失真传输，而对这个频率以上所有频率分量全部衰减为0；如果设计低通滤波器的截止频率$\omega_b$在$\omega_m$和$\omega_s/2$之间，则高于$\omega_m$的高频延拓部分的频率将会全部被低通滤波器过滤，这样即可实现信号的完全重构。

这就是信号重构的条件。需要指出的是，理想滤波器不可能实现，因此实际中只是最大限度地逼近原始的连续信号。

### 3.2.4　采样保持

实际的计算机系统中往往面临这样一个问题：模拟信号进行A/D转换时，从启动转换到转换结束输出数字量，需要一定的转换时间，当输入信号频率较高时，也就是信号变化太快时，上一时刻的值还没有转换完成，输入的信号又发生变化了，那么这时A/D转换会造成很大的转换误差。如何解决这个问题呢？答案是采用一种器件，在A/D转换时保持输入信号电平，在A/D转换结束后跟踪输入信号的变化。

这个器件就是采样保持器。采样保持器是用于对模拟输入信号进行采样，然后根据逻辑控制信号指令保持瞬态值，保证A/D转换期间以最小的衰减保持信号的一种器件。

采样保持器是一种具有信号输入、信号输出及由外部指令控制的模拟门电路。采样保持器的一般结构如图3.19所示。采样保持器由模拟开关K、电容$C_H$和缓冲放大器A组成。输入信号为模拟信号$U_i$，输出信号为保持的信号$U_o$，驱动信号负责控制模拟开关，实现开关通断。

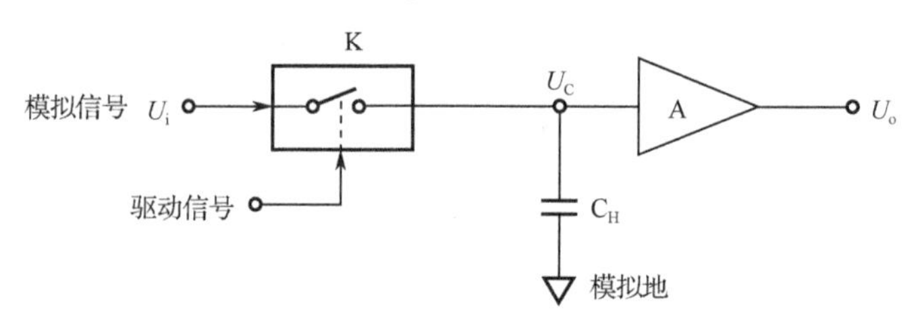


图3.19　采样保持器的一般结构

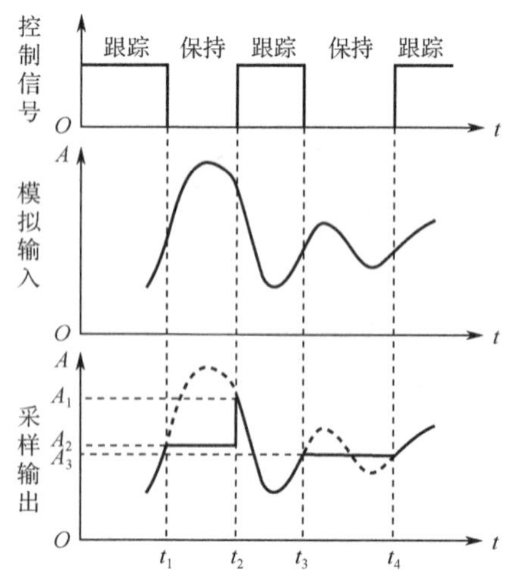


图3.20　采样保持器的工作原理

接下来分析采样保持器的工作原理。如图3.20所示，在$t_1$时刻前，控制电路的驱动信号为高电平时，模拟开关K闭合，模拟输入信号$U_i$通过模拟开关加到电容$C_H$上，使得电容$C_H$端电压$U_C$跟随$U_i$变化而变化。这个过程称为跟踪。

$t_1$时刻，驱动信号为低电平，模拟开关K断开，电容$C_H$上的电压$U_C$保持模拟开关断开瞬间的$U_i$值不变，此时可以启动A/D转换并等待A/D转换器转换。驱动信号为低电平这段过程称为保持。

$t_2$时刻，保持结束，一个新的跟踪时刻到来，此时驱动信号又为高电平，模拟开关K重新闭合，

$C_H$端电压$U_C$又跟随$U_i$变化而变化。

$t_3$时刻，驱动信号为低电平时，模拟开关K断开，此时又重复保持过程。

由上述过程可知，采样保持器是一种用逻辑电平控制其工作状态的器件。它具有两个稳定的工作状态。

跟踪状态：在此期间它尽可能快地接收模拟输入信号，并且精确地跟踪模拟输入信号的变化，一直到接收保持指令为止。

保持状态：对接收保持指令前一瞬间的模拟输入信号进行保持。

因此，采样保持器在“保持”命令发出的瞬间进行采样，而在“跟踪”命令发出时，采样保持器跟踪模拟输入量，为下次采样做准备。采样保持器主要起以下两种作用：一是“稳定”快速变化的输入信号，以减少转换误差；二是用来储存模拟多路开关输出的模拟信号，以便模拟多路开关切换下一个模拟信号。

电容值对精度的影响如下。

如果电容值过大，则其时间常数大，当模拟信号频率高时，由于电容充放电时间长，将会影响电容对输入信号的跟踪特性，因此在跟踪的瞬间，电容两端的电压会与输入信号电压有一定的误差。

如果电容值过小，则在保持状态时，由于受到电容泄漏电流的存在或负载内阻太小的影响，会引起保持信号电平的变化。

因此，在选择电容时，容量大小要适宜，以保证其时间常数适中，并且选用泄漏电流小的电容。另外，一般在输入端和输出端均采用缓冲器，以减少信号源的输出阻抗，增加负载的输入阻抗。

接下来介绍采样保持器的主要性能参数。

（1）孔径时间$t_{AP}$。如图3.21所示，孔径时间是指保持指令给出瞬间到模拟开关有效切断所经历的时间。

（2）捕捉时间$t_{AC}$。如图3.22所示，捕捉时间是指当采样保持器从保持状态转到跟踪状态时，输出电压开始跟踪输入电压，并且达到误差范围内所需要的最小时间。$t_{AC}$与规定误差范围、保持电容值的大小有关。捕捉时间不影响采样精度，但对采样频率的提高有影响。

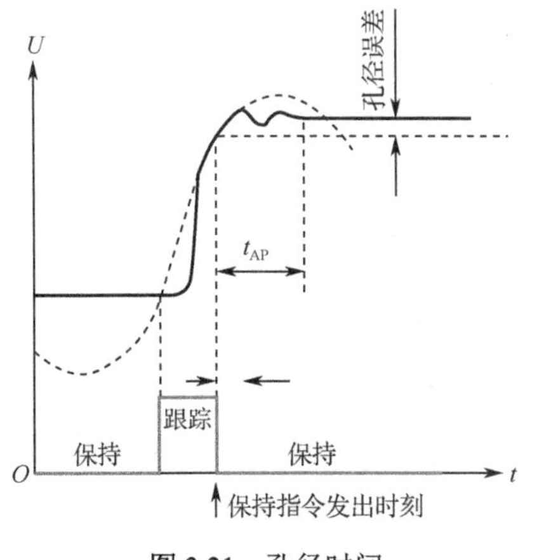


图3.21　孔径时间

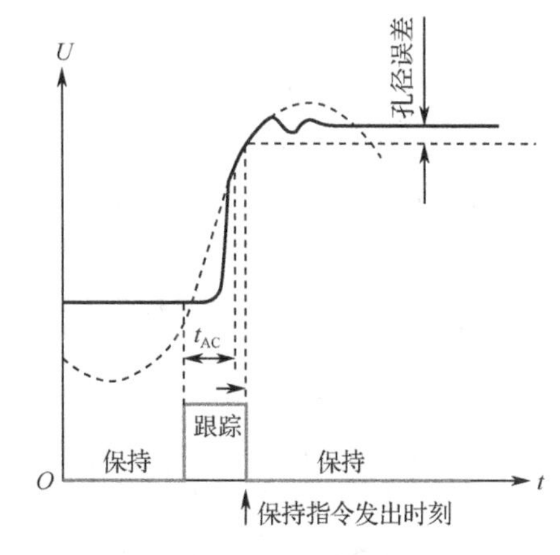


图3.22　捕捉时间

下面分析如果不使用采样保持器，直接使用A/D转换器对模拟信号进行转换，此时A/D

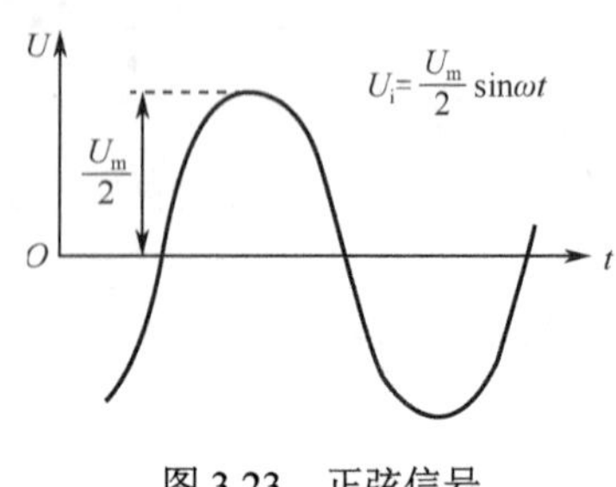


图 3.23　正弦信号

转换器在容许的误差下所能采集的信号最高频率。任何一种 A/D 转换器都需要一定的转换时间来完成量化和编码等过程。设转换时间为 $t_{CONV}$。如果在转换时间内，输入的模拟信号仍在变化，则此时进行量化就会产生一定的误差。下面对图 3.23 所示的正弦信号进行采样。

如果一个 $n$ 位的 A/D 转换器，满量程电压为 $FSR = U_m$，则它的量化单位 LSB 所代表的电压为 $\Delta U_i = U_m/2^n$。如果在转换时间 $t_{CONV}$ 内，允许的电压最大变化不超过 0.5LSB 所代表的电压，则系统可采集的最高信号频率可以这样得到。根据

$$U_i = \frac{U_m}{2}\sin\omega t$$

计算出 $\Delta t$ 时间段内 $\Delta U_i$ 的变化

$$\frac{\Delta U_i}{\Delta t} = \frac{U_m\omega}{2}\cos\omega t \Rightarrow \Delta U_i = \frac{U_m\omega}{2}\cos\omega t\Delta t$$

得到 $t_{CONV}$ 时间段内最大的 $\Delta U_{imax}$

$$\Delta U_{imax} = \frac{U_m\omega}{2}t_{CONV} \leqslant 0.5\text{LSB} = \frac{U_m}{2^{n+1}} \Rightarrow \omega t_{CONV} \leqslant \frac{1}{2^n}$$

$$f \leqslant \frac{1}{2^{n+1}\pi t_{CONV}}$$

此时所能测量最高信号频率为

$$f_{max} = \frac{1}{2^{n+1}\pi t_{CONV}}$$

由 $f_{max}$ 的计算公式可知，系统可采集的最高信号频率受 A/D 转换器的位数和转换时间的限制。

**例：**已知 A/D 转换器的型号为 ADC0809，其转换时间 $t_{CONV}=100\mu s$（时钟频率为 640kHz），位数 $n=8$，允许信号变化为 LSB/2，计算系统可采集的最高信号频率。

根据

$$f_{max} = \frac{1}{2^{n+1}\pi t_{CONV}} = \frac{1}{2^{8+1}\times 3.14\times 100\times 10^{-6}} \approx 6.22\text{Hz}$$

可以得到，在容许误差条件下，系统最高只能采集 6.22Hz 的信号。

由上例可知，A/D 转换器直接采样的信号频率并不高，那么如何才能提高采样频率呢？答案就是使用采样保持器。如果在 A/D 转换器的前面加一个采样保持器，则变成在 $\Delta t = t_{AP}$ 内讨论系统可采集模拟信号的最高频率。此时系统可采集的信号最高频率：

$$\Delta U < \frac{1}{2}\text{LSB}: f_{max} = \frac{1}{2^{n+1}\pi t_{AP}}$$

与直接 A/D 转换采样时得到的最高频率相比，两者只是分母的时间有区别，一个是孔径时间 $t_{AP}$，一个是 A/D 转换时间 $t_{CONV}$。因为 $t_{AP}$ 一般远远小于 $t_{CONV}$，所以有采样保持器的系统可采集的信号最高频率要大于未加采样保持器的系统。

**例：**用采样保持器芯片 AD582 和 A/D 转换器芯片 ADC0804 组成一个采集系统。已知 AD582 的孔径时间 $t_{AP}=50ns$，ADC0804 的转换时间 $t_{CONV}=100\mu s$（时钟频率为 640kHz），计

算系统可采集的最高信号频率。此时，由于使用了采样保持器

$$f_{\max}=\frac{1}{2^{n+1}\pi t_{AP}}=\frac{1}{2^{8+1}\times3.14\times50\times10^{-9}}\approx12.44\text{kHz}$$

与之前的例子对比，使用采样保持器后，系统可以采集频率不高于 12.44kHz 的信号。

$$T_{\min}=t_{AC}+t_{CONV}+t_{AP}$$

最高的采样频率

$$f_{s\max}=\frac{1}{t_{AC}+t_{CONV}+t_{AP}}$$

根据采样定理，采集一个有限带宽的模拟信号，采样频率至少应 2 倍于最高信号频率。这意味着带采样保持器的数据采集系统能处理的最高输入信号频率为

$$f_{\max}=\frac{1}{2(t_{AC}+t_{CONV}+t_{AP})}$$

**例**：用采样保持器芯片 AD582 和 A/D 转换器芯片 ADC0804 组成一个采集系统。已知 AD582 的捕捉时间 $t_{AC}=6\mu s$，孔径时间 $t_{AP}=50ns$，ADC0804 的转换时间 $t_{CONV}=100\mu s$（时钟频率为 640kHz），计算系统可采集的最高信号频率。因为 $t_{AP}$ 与 $t_{AC}$、$t_{CONV}$ 相比很小，可以忽略。

根据采样定理

$$f_{\max}=\frac{1}{2(t_{AC}+t_{CONV})}=\frac{1}{2(6\times10^{-6}+100\times10^{-6})}\approx4.72\text{kHz}$$

与上一个例子得到的 12.44kHz 相比，根据采样定理计算出的数值为 4.72kHz。因此，在容许误差为 0.5LSB 的前提下，该数据采集系统最高只能采集 4.72kHz 的信号，$t_{AP}$ 和采样精度 $n$ 也受采样定理的限制。

### 3.2.5　A/D 转换与接口技术

A/D 转换的功能就是将模拟电压成正比地转换成对应的数字量。图 3.24 所示为 A/D 转换器，它可以将输入的模拟电压 $V_i$ 转换成输出 $n$ 位的数字量 $D_n\sim D_0$。

A/D 转换包括量化和编码。量化是指将数值连续的模拟量转换为数字量的过程。数字信号在数值上是离散的。采样－保持电路的输出电压还需按某种近似方式归化到与之相应的离散电平上，任何数字量只能是某个最小数量单位的整数倍。

编码是指量化后的数值最后还需通过编码过程用一个代码表示出来，经编码后得到的代码就是 A/D 转换器输出的数字量。

A/D 转换器可以分为几类：一类是并行比较式，其特点是转换速度快，转换时间为 10ns～1μs，但电路复杂；一类是逐次逼近型，其特点是转换速度适中，转换时间为几微秒至 100 μs，转换精度高，在转换速度和硬件复杂度之间达到一个很好的平衡；还有一类是双积分型，其特点是转换速度慢，转换时间为几百微秒至几毫秒，但其抗干扰能力最强。

接下来介绍逐次逼近式 A/D 转换器的转换原理，其转换过程与用天平称物重相似。如图 3.25 所示，所用砝码质量分别有 8g、4g、2g 和 1g，设待测物质量 $m_x=13g$。

第一次，加 8g 砝码，此时砝码总质量小于 $m_x$，8g 砝码保留。第二次，再加 4g 砝码，砝码总质量仍小于 $m_x$，4g 砝码保留，此时砝码总质量为 12g。第三次，再加 2g 砝码，砝码总质量达到 14g，超过 $m_x$，则 2g 砝码撤除，砝码总质量仍为 12g。第四次，再加 1g 砝码，砝码总

质量为 13g，等于待测质量，则 1g 砝码保留。最后砝码总质量为 13g。这个过程相当于将物品用四种质量砝码称出。天平称质量的过程见表 3.3。

图 3.24　A/D 转换器　　　　图 3.25　天平称质量

**表 3.3　天平称质量的过程**

| | 所加砝码质量 | | 结　果 |
|---|---|---|---|
| 第一次 | 8g | 砝码总质量<待测物质量 $m_x$，8g 砝码保留 | 8g |
| 第二次 | 再加 4g | 砝码总质量<待测物质量 $m_x$，4g 砝码保留 | 12g |
| 第三次 | 再加 2g | 砝码总质量>待测物质量 $m_x$，2g 砝码撤除 | 12g |
| 第四次 | 再加 1g | 砝码总质量<待测物质量 $m_x$，1g 砝码保留 | 13g |

下面讲述逐次逼近 A/D 转换原理，如图 3.26 所示，待测模拟输入电压 $V_i = 6.84V$，参考电压 $V_{REF} = 10V$。第一个时钟脉冲到来时，A/D 转换器先设定数字量最高位为 1，其余位为 0，此时内部输出参考电压的一半与输入电压进行比较，即 $V_o' = 5V$ 与 $V_i = 6.84V$ 电压比较，$5 < 6.84$，于是数字量最高位 1 保留。

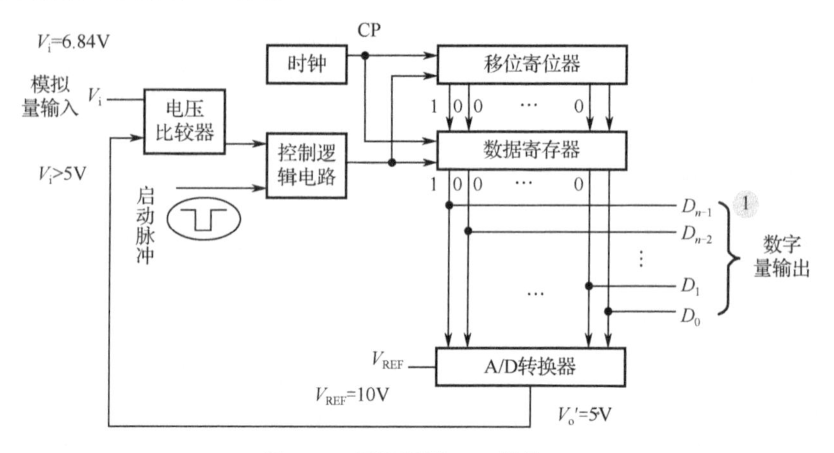


图 3.26　逐次逼近 A/D 转换一

第二个时钟脉冲到来时，数据寄存器的第 2 位置 1，此时在 5V 电压的基础上又增加了 1/4 倍的参考电压，即再增加 2.5V，变成了 7.5V 电压与 6.84V 电压比较，7.5>6.84，则第 2 位的 1 不保留，如图 3.27 所示。

第三个时钟脉冲到来时，数据寄存器的第 3 位置 1，此时在 5V 电压的基础上又增加了 1/8 倍的参考电压，即再增加 1.25V，变成了 6.25V 电压与 6.84V 电压比较，6.25<6.84，则第 3 位的 1 保留，如图 3.28 所示。

以此类推，每降低 1 位，其所代表的电压都是上 1 位所代表电压的一半，与砝码称质量原理类似，直到所有的数据位都遍历过，此时将会产生 $n$ 位，这里是 8 位数字输出，该输出数字量就是逐次逼近 A/D 转换器的数字量的输出。应该指出的是，由于 A/D 位数有限，最低

1 位对应的参考电压不可能无限小，因此 A/D 转换过程一定会产生误差。如图 3.29 所示，8 位逐次逼近 A/D 转换器将 6.84V 电压转换成的数字量是 10101111，此时 A/D 转换器内部产生的比较电压实际上为 6.835937V。

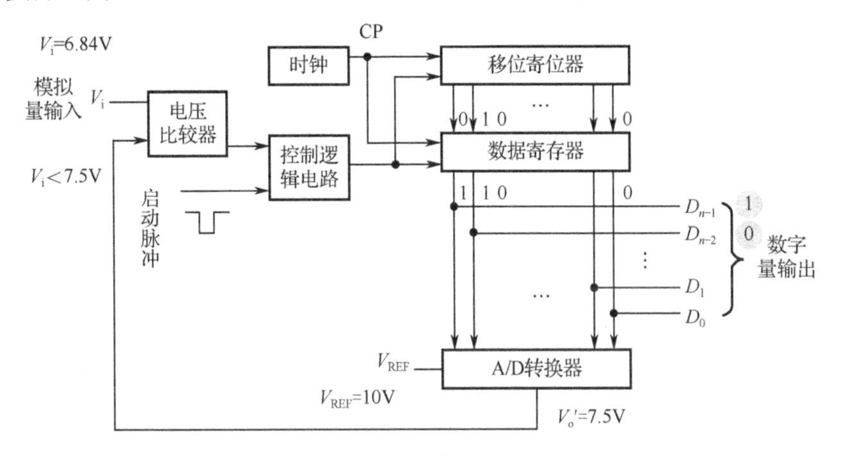


图 3.27　逐次逼近 A/D 转换二

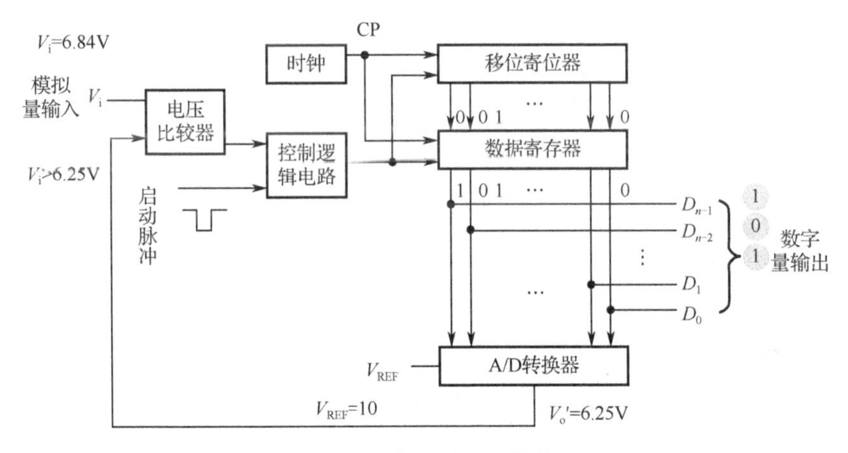


图 3.28　逐次逼近 A/D 转换三

根据上述过程可以得出结论：逐次逼近 A/D 转换器输出数字量的位数越多转换精度越高；逐次逼近 A/D 转换器完成一次转换所需时间与其位数和时钟脉冲频率有关，位数越少、时钟脉冲频率越高，转换所需时间越短。

A/D 转换器常用以下几项技术指标来评价其质量水平：分辨率、量化单位（分辨力）、转换时间、线性误差和量程等。

分辨率是衡量 A/D 转换器分辨输入模拟量最小变化程度的技术指标。分辨率通常用数字量的位数 $n$（字长）来表示，如 8 位、12 位、16 位等。分辨率为 $n$ 位，表示它能对满量程输入的$1/2^n$ 的增量做出反应。

量化单位（分辨力）：字长为 $n$ 的 A/D 转换器，其最低有效位 LSB $q$ 称为量化单位。

$$q = 1\text{LSB} = \frac{V_{\text{REF+}} - V_{\text{REF-}}}{2^n} = \frac{V_{\text{REF}}}{2^n}$$

式中，$V_{\text{REF+}}$和$V_{\text{REF-}}$分别为参考电压的正负端电压。

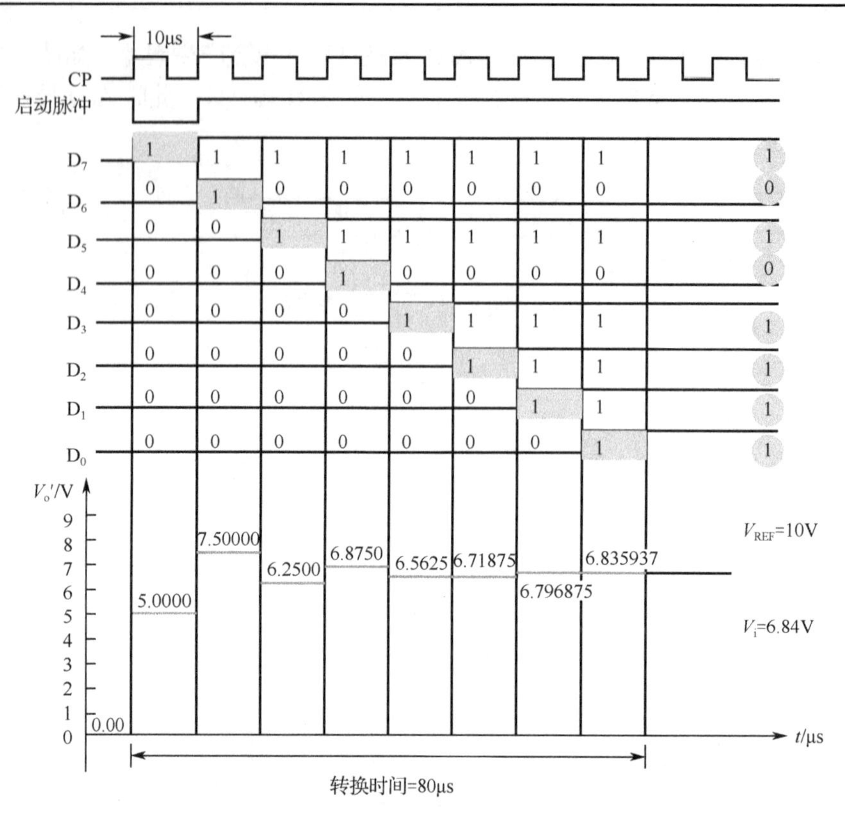


图 3.29　8 位逐次逼近 A/D 转换示意图

以 8 位 A/D 转换器为例，如图 3.30 所示，输出最大数字量为 255，此时所对应的电压就是满量程电压 $V_{fs}$，一旦模拟输入电压达到这个值，A/D 转换结果输出为全 1，达到最大值。当输入模拟电压超过这个值时，A/D 转换结果就不再增加了。

$$V_{fs} = V_{REF} - 1LSB = \frac{(2^n - 1)V_{REF}}{2^n}$$

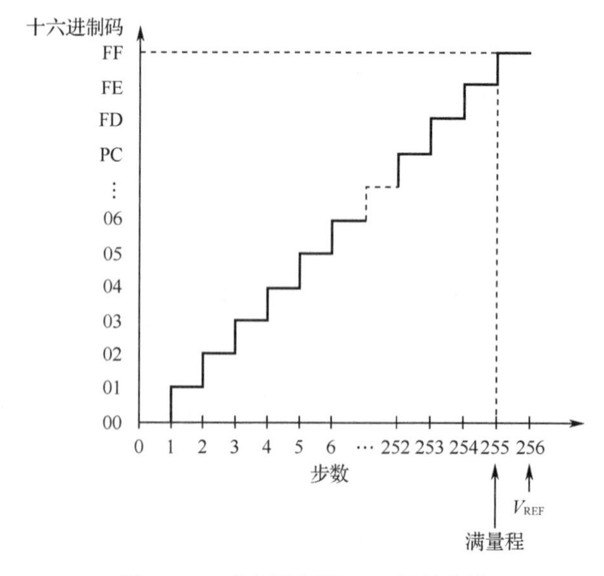


图 3.30　8 位逐次逼近 A/D 转换步数

量化单位还可以表示为

$$q = 1\text{LSB} = \frac{V_{\text{fs}}}{2^n - 1} = \frac{V_{\text{REF}}}{2^n}$$

以 $n$ 位 A/D 转换器为例，模拟输入电压 $V_{\text{i}}$ 可以转换成数字量 $D_x$，则有计算公式

$$\frac{V_{\text{i}}}{V_{\text{fs}}} = \frac{D_x}{D_{\max} - D_{\min}} = \frac{D_x}{2^n - 1}$$

式中，$V_{\text{i}}$ 是输入 A/D 转换器的模拟电压；$V_{\text{fs}}$ 是满量程电压；$D_x$ 是 A/D 转换后的数字量；$D_{\max}$ 是最大的数字量，为 $2^n - 1$；$D_{\min}$ 是最小的数字量，为 0。

A/D 转换器的另一个指标是转换时间 $t_{\text{CONV}}$。转换时间是指 A/D 转换器完成一次模拟到数字转换所需要的时间，这个时间越短，A/D 转换器的性能越好。A/D 转换器的量程是指 A/D 转换器所能转换的输入电压范围。

接下来介绍典型的 A/D 转换芯片 ADC0809，其内部结构如图 3.31 所示。ADC0809 是一种带有 8 通道模拟开关的 8 位逐次逼近 A/D 转换器，转换时间为 100μs 左右，线性误差为 1LSB。

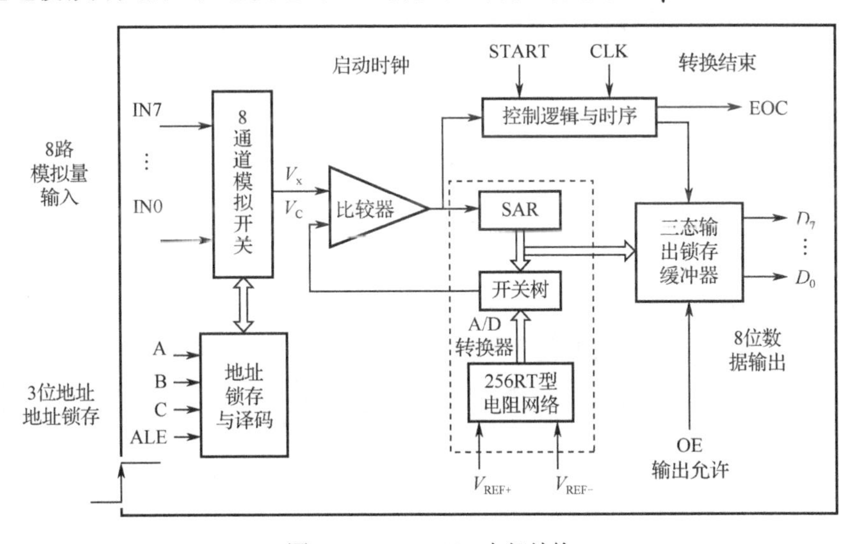


图 3.31　ADC0809 内部结构

由图可见，ADC0809 由 8 通道模拟开关、通道选择逻辑（地址锁存与译码）、8 位 A/D 转换器及三态输出锁存缓冲器组成。其中，8 通道模拟开关及通道选择逻辑可以实现 8 选 1 操作，通道选择信号 C、B、A 与通道之间的关系如表 3.4 所示。地址锁存允许信号（ALE、正脉冲）完成通道选择信号 C、B、A 的锁存。加至 C、B、A 上的通道选择信号在 ALE 的作用下送入通道选择逻辑后，通道 $i$（$i$=0,1,⋯,7）上的模拟输入电压被送至 A/D 转换器。例如，当 CBA 为 111 时，IN7 上的模拟输入电压就送入 A/D 转换器。

**表 3.4　通道选择信号 C、B、A 与通道之间的关系**

| C | B | A | 选通的通道 |
|---|---|---|---|
| 0 | 0 | 0 | IN0 |
| 0 | 0 | 1 | IN1 |
| 0 | 1 | 0 | IN2 |
| 0 | 1 | 1 | IN3 |

续表

| C | B | A | 选通的通道 |
| --- | --- | --- | --- |
| 1 | 0 | 0 | IN4 |
| 1 | 0 | 1 | IN5 |
| 1 | 1 | 0 | IN6 |
| 1 | 1 | 1 | IN7 |

8 位 A/D 转换器对输入端的信号 $V_i$ 进行转换，转换结果 $D(D=0\sim2^8-1)$ 存入三态锁存缓冲器。当 START 上收到一个启动转换命令（正脉冲）时，A/D 转换器开始转换，100μs 左右（64 个时钟周期）后转换结束（相应的时钟频率为 640kHz）。转换结束时，EOC 信号由低电平变为高电平，通知 CPU 读结果。启动后，CPU 可用查询方式（将转换结束信号接至一条 I/O 线上）或中断方式（EOC 作为中断请求信号引入中断逻辑）了解 A/D 转换过程是否结束。

三态输出锁存缓冲器用于存放转换结果 $D$。输出允许信号 OE 为高电平时，$D$ 从 DO7～DO0 上输出；OE 为低电平输入时，数据输出线 DO7～DO0 为高阻状态。ADC0809 的转换时序如图 3.32 所示。

ADC0809 的量化单位

$$q=\frac{V_{REF+}-V_{REF-}}{2^8}$$

通常基准电压 $V_{REF+}=5.12V$，$V_{REF-}=0V$，此时 $q=20mV$，转换结果 $D=V_i/q$。当 $V_i=2.5V$ 时，$D=125$。$V_{CC}(+5V)$、GND（0V）分别为 ADC0809 的工作电源和电源地。

接下来看 ADC0809 的引脚结构。ADC0809 采用双列直插式封装，共有 28 个引脚，其引脚如图 3.33 所示。其中，IN7～IN0 是 8 条模拟量输入通道。地址输入和控制线包括 C、B、A 和 ALE。数字量输出及控制线包括 D7～D0、EOC、START、OE。电源线及其他线包括参考电压、时钟、电源和地线。

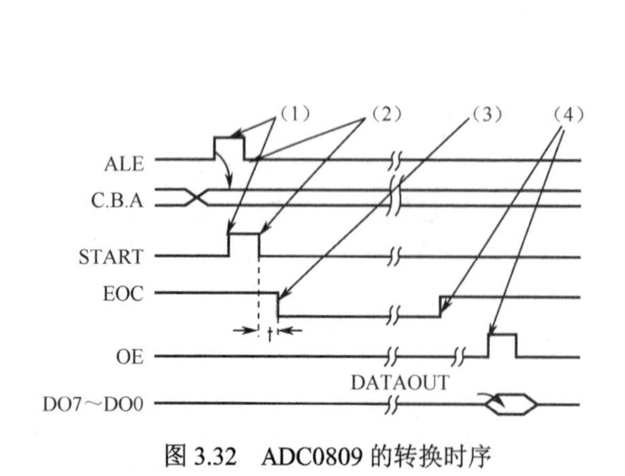


图 3.32　ADC0809 的转换时序

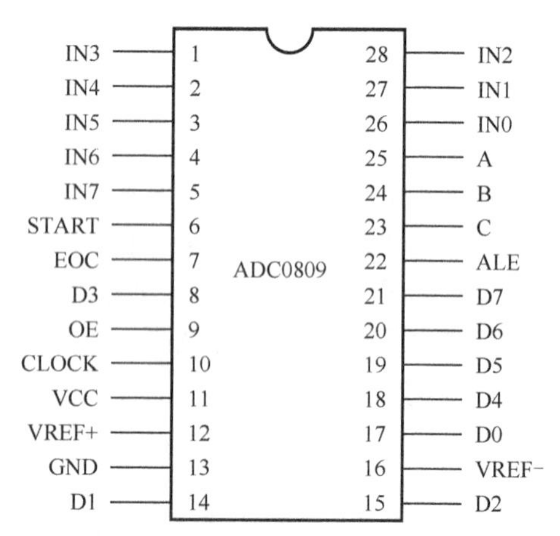


图 3.33　ADC0809 引脚

ADC0809 和 8031 的接线如图 3.34 所示。试用查询和中断两种方式编写程序，对 IN5 通道上的数据进行采集，并将转换结果送入内部 RAM20H 单元。

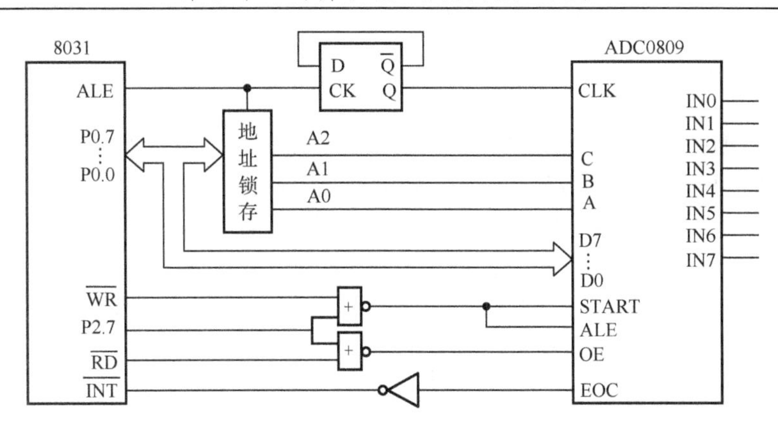


图 3.34 ADC0809 和 8031 的接线

可以给出中断方式的程序清单。

```
        ORG 0000H
        JMP MAIN
        ORG 0500H
MAIN:
        MOV DPTR, 7FF5H ; 0111111111110101
        MOVX  @DPTR, A ; 启动 A/D 转换
        SETB  EA   ; 中断允许 EA=1
        SETB  EX1  ; 开外中断 1
        SETB  IT1  ; 外中断请求信号
                   ; 为下跳沿触发方式
LOOP:
        SJMP  LOOP   ; 等待中断
                          END
```

中断服务程序：

```
        ORG    0013H    ; 外中断 1 的入口地址
        LJMP   1000H    ; 转中断服务程序的入口地址
        ORG    1000H
        MOVX   A, @DPTR    ; 读取 A/D 转换数据
        MOV    20H, A   ; 存储数据
        RETI   ; 中断返回
```

还可以写出查询方式的程序清单：

```
        ORG 0000H
        MOV DPTR, #7FF5H;
        MOVX @DPTR, A        ; 启动 A/D 转换
LOOP: JB P3.3, LOOP         ; 等待转换结束
        MOVX   A, @DPTR      ; 读取 A/D 转换数据
        MOV 20H, A           ; 存储数据
        END
```

### 3.2.6 模拟量输出通道

模拟量输出通道的作用是把微型计算机输出的数字控制信号转换为模拟信号（电压或电流）作用于执行机构，实现对生产过程或设备的控制。模拟量输出通道（简称 AO 通道），其基本结构如图 3.35 所示，通常由 D/A 转换器及 V/I 变换器组成。这里需要指出的是：D/A 转换器除承担数字信号到模拟信号转换的任务外，还兼有信号保持作用，即把微机在 $t = kT$ 时刻对执行机构的控制作用维持到下一个输出时刻 $t = (k+1)T$ 。这是一种数字保持方式，送给 D/A 转换器的数字信号不变，其模拟输出信号便保持不变。

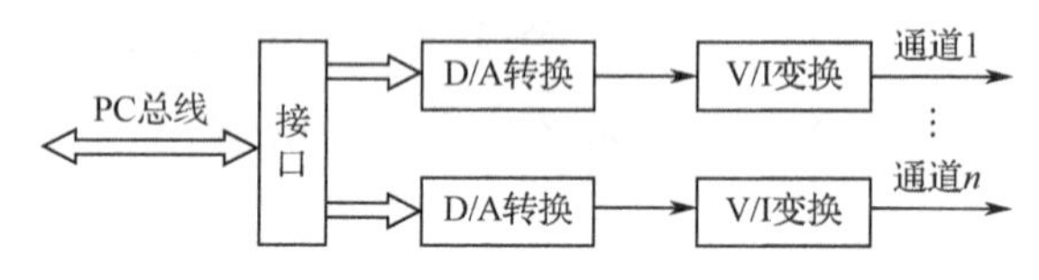


图 3.35　模拟量输出通道

模拟量输出通道的核心部件是 D/A 转换器。D/A 转换器是指将数字量转换成模拟量的元件或装置，它输出的模拟量（电压或电流）与参考电压和二进制数成比例。D/A 转换器有并行和串行两种，在工业控制中，主要使用并行 D/A 转换器。D/A 转换器的原理可归纳为“按权值展开，然后相加”。因此，D/A 转换器内部必须有一个解码网络，以实现按权值分别进行 D/A 转换。解码网络通常有两种：二进制加权电阻网络和 T 型电阻网络。

这里介绍 T 型电阻网络的工作原理，以 4 位 D/A 转换器为例加以讨论，如图 3.36 所示。根据运放虚短的特点，在这个 T 型电阻网络中，无论 $S_0$、$S_1$、$S_2$、$S_3$ 电子开关是闭合还是断开，其都相当于接到地线，因此就有图 3.36 中所示的 $I_3$、$I_2$、$I_1$、$I_0$ 的标注，即在支路上的电流相等。

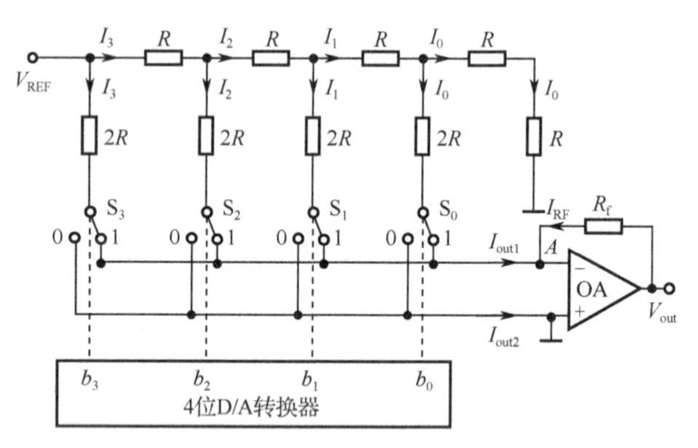


图 3.36　T 型电阻网络 D/A 转换器

其中，$S_i(i = 1,2,3,4)$ 是位切换开关，受数字量 $b_3 \sim b_0$ 的控制。$V_{out}$ 为输出电压，$V_{REF}$ 是参考电压，OA 是外接的运放。电流 $I = \dfrac{V_{REF}}{R}$ 恒定不变，但 $I_{out1}$ 和 $I_{out2}$ 与 $S_i$ 有关，$I_{out1} + I_{out2} = I$ 是常数。在 $A$ 点，还可以写出 KCL 方程：$I_{out1} + I_{RF} = 0$，由图 3.36 可得

$$I_3 = \frac{I}{2^1},\quad I_2 = \frac{I}{2^2},\quad I_1 = \frac{I}{2^3},\quad I_0 = \frac{I}{2^4}$$

此时可以写出 $V_{out}$

$$V_{\text{out}} = -I_{\text{out1}}R_{\text{f}} = -I\left(\frac{1}{2}b_3 + \frac{1}{2^2}b_2 + \frac{1}{2^3}b_1 + \frac{1}{2^4}b_0\right)R_{\text{f}}$$

$$V_{\text{out}} = -\frac{V_{\text{REF}}}{R}R_{\text{f}}\left(\frac{1}{2}b_3 + \frac{1}{2^2}b_2 + \frac{1}{2^3}b_1 + \frac{1}{2^4}b_0\right)$$

这里的$b_3$、$b_2$、$b_1$、$b_0$是 D/A 转换输入的数字量。当反馈电阻$R_{\text{f}} = R$时，得到$V_{\text{out}}$

$$V_{\text{out}} = -\frac{V_{\text{REF}}}{2^4}(b_3 2^3 + b_2 2^2 + b_1 2^1 + b_0 2^0)$$

当 D/A 转换为$n$位时，可以写出$V_{\text{out}}$的一般表达式

$$V_{\text{out}} = -\frac{V_{\text{REF}}}{2^n}(b_{n-1}2^{n-1} + b_{n-2}2^{n-2} + \cdots + b_1 2^1 + b_0 2^0)$$

式中，$b_{n-1},b_{n-2},\cdots,b_1,b_0$就是 D/A 转换依次从最高位到最低位所输入的数字量，取值 1 或 0。

D/A 转换器的主要技术指标有分辨率、建立时间、线性误差。表示分辨率高低的常用方法是用输入数字量的位数表示。例如，8 位二进制 D/A 转换器，其分辨率为 8 位，显然，位数越多，分辨率越高。建立时间是指输入数字信号的变化量是满量程时，输出模拟信号达到离终值±1/2 LSB 所需的时间，一般为几十纳秒到几秒。理想转换特性（量化特性）应是线性的，但实际转换特性并非如此。在满量程输入范围内，偏离理想转换特性的最大误差定义为线性误差。线性误差常用 LSB 的分数表示，如 1/2LSB，或者±1LSB。

以 8 位 D/A 转换器 DAC0832 为例，DAC0832 芯片为 20 引脚，双列直插式封装，其引脚如图 3.37 所示。其中，数字量输入线有 8 根，D7～D0；控制线有 5 根，分别是片选信号$\overline{\text{CS}}$、写信号$\overline{\text{WR1}}$、$\overline{\text{WR2}}$、$\overline{\text{XFER}}$和 ILE 信号；输出线有 3 根，Iout1、Iout2 和 Rf；电源线有 4 根，参考电压 VREF、电源 VCC、模拟地 AGND 和数字地 DGND。

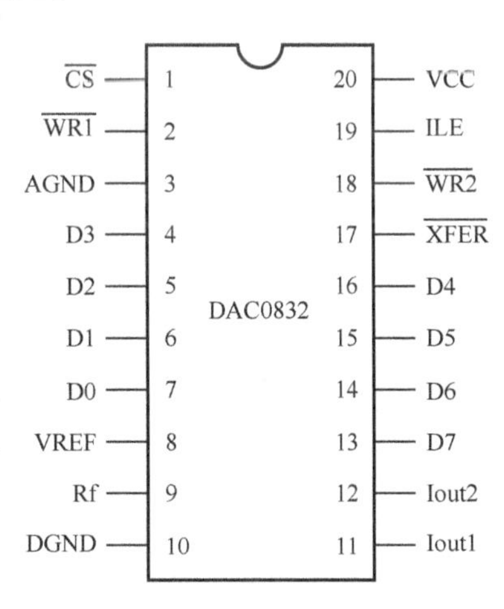

图 3.37　DAC0832 引脚

DAC0832 原理框图如图 3.38 所示。DAC0832 中有两级锁存器，第一级锁存器称为输入寄存器，它的锁存信号为 ILE；第二级锁存器称为 DAC 寄存器，它的锁存信号为传输控制信号 XFER。因为有两级锁存器，所以 DAC0832 可以工作在双缓冲器方式中，即在输出模拟信号的同时采集下一个数字量，这样能有效地提高转换速度。此外，两级锁存器还可以在多个 D/A 转换器同时工作时，利用第二级锁存信号来实现多个转换器同步输出。

ILE 为高电平、WR1 和 CS 为低电平时，LE1 为高电平，输入寄存器的输出跟随输入而变化；此后，当 WR1 变为高电平时，LE1 为低电平，资料被锁存到输入寄存器中，这时的输入寄存器的输出端不再跟随输入的变化而变化。对于第二级锁存器来说，WR2 和 XFER 同时为低电平时，LE2 为高电平，DAC 寄存器的输出跟随其输入而变化；此后，当 WR2 变为高电平时，LE2 变为低电平，将输入寄存器的数据锁存到 DAC 寄存器中。

根据对 DAC0832 的数据锁存器和 DAC 寄存器的不同控制方式，DAC0832 有 3 种工作方式：单缓冲方式、双缓冲方式和直通方式。

（1）单缓冲方式。单缓冲方式是控制输入寄存器和 DAC 寄存器同时接收数据，或者只用输入寄存器而把 DAC 寄存器接成直通方式。此方式适用于只有一路模拟量输出或几路模拟量

异步输出的情形。

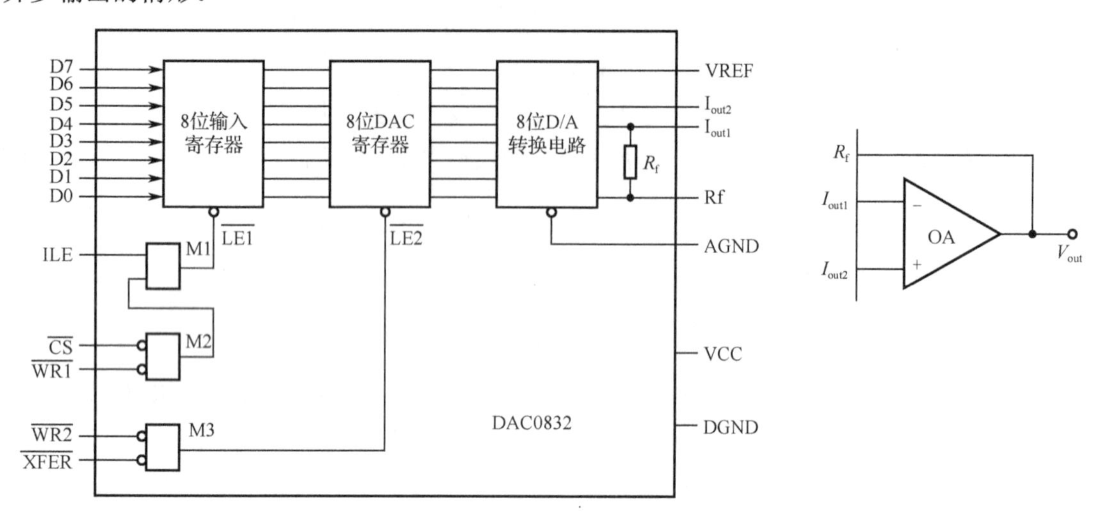


图 3.38　DAC0832 原理框图

（2）双缓冲方式。双缓冲方式是先使输入寄存器接收数据，再控制输入寄存器的输出数据到 DAC 寄存器，即分两次锁存输入资料。此方式适用于多个 D/A 转换同步输出的情形。

（3）直通方式。直通方式是数据不经两级锁存器锁存，即 $\overline{CS}$、$\overline{XFER}$、$\overline{WR1}$、$\overline{WR2}$ 均接地，ILE 接高电平。此方式适用于连续反馈控制线路和不带微机的控制系统。

DAC0832 的输出形式有单极性和双极性两种。需要单极性输出的情况下，可以采用图 3.39 所示方式接线。可以写出此时输出电压的 $V_{out}$ 与输入数字码 $D$ 之间的关系

$$V_{out}=-\frac{D}{2^8}V_{REF}$$

很明显，当数字码从全 0 到全 1 过程中，$V_{out}$ 输出极性无变化，因此称为单极性。

需要双极性输出的情况下，可以采用图 3.40 所示方式接线。

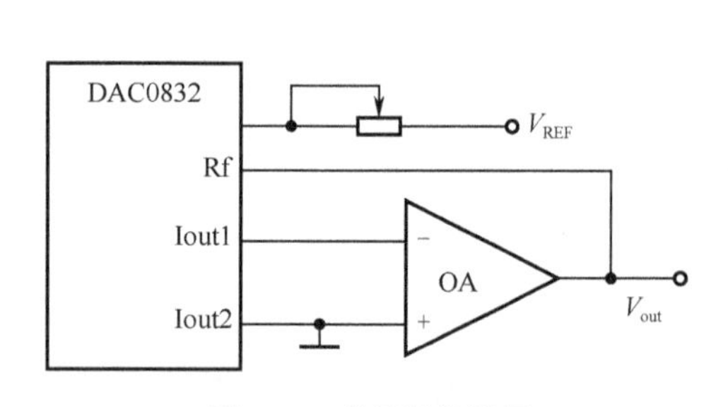


图 3.39　单极性接线图

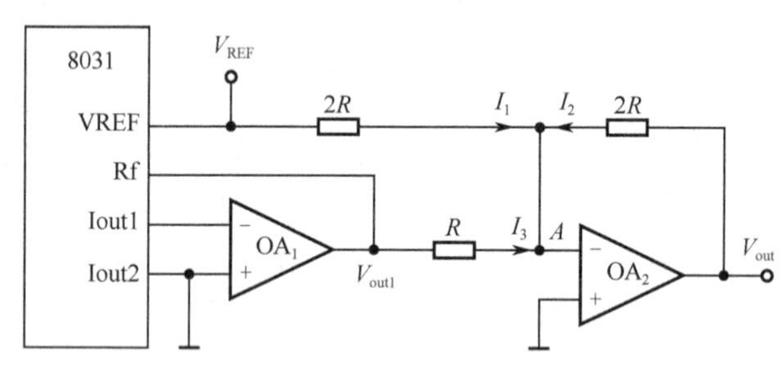


图 3.40　双极性接线图

可以写出此时的 $V_{out}$

$$\begin{aligned}V_{out}&=-2V_{out1}-V_{REF}\\&=\frac{D}{2^7}V_{REF}-V_{REF}\\&=\frac{D-128}{2^7}V_{REF}\end{aligned}$$

此时，当数字码从 0 增加到 128 时，$V_{out}$ 输出由 $-V_{REF}$ 变为 0，当数字码从 0 增加到 255 时，$V_{out}$

由从 0 变到 $\frac{127}{128}V_{REF}$。在数字码从全 0 变为全 1 的过程中，$V_{out}$ 从负的最大值到正的最大值，这个电压有正有负，因此是双极性的。

可以画出此时输出电压 $V_{out}$ 与输入数字码之间的关系，如图 3.41 所示。

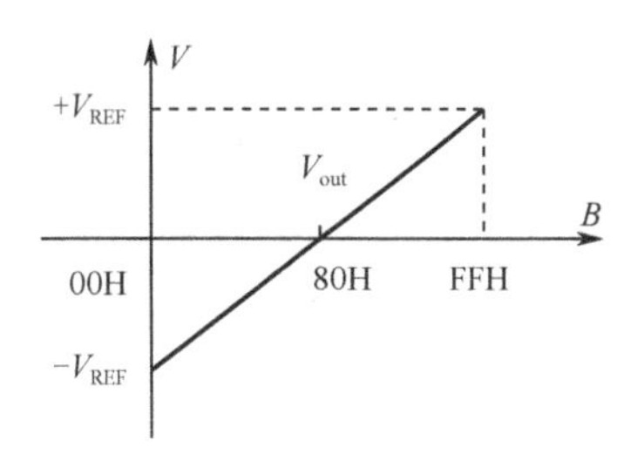


图 3.41　输出电压 $V_{out}$ 与输入数字码之间的关系

接下来我们看 51 系列单片机与 D/A 转换器的接口。按单缓冲方式连接，使 DAC0832 的两个输入寄存器同时接收数据，这可以通过同时控制 $\overline{WR1}$ 和 $\overline{WR2}$ 来实现。DAC0832 单缓冲方式接线图如图 3.42 所示。按照这种连接方式，应用 DAC0832，分别写出产生锯齿波、三角波和方波的程序，产生的波形如图 3.43 所示。

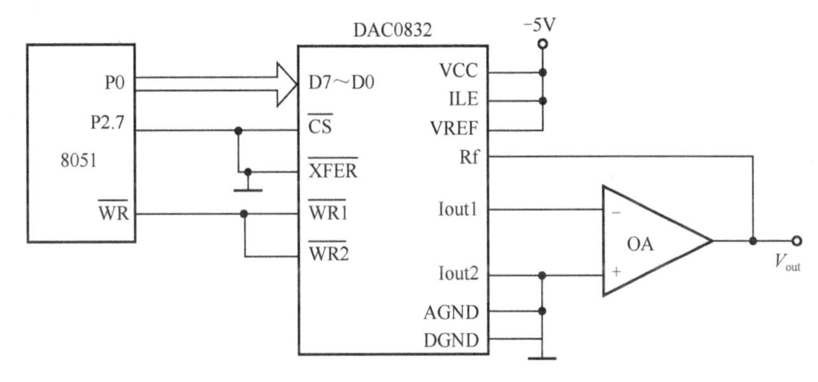


图 3.42　DAC0832 单缓冲方式接线图

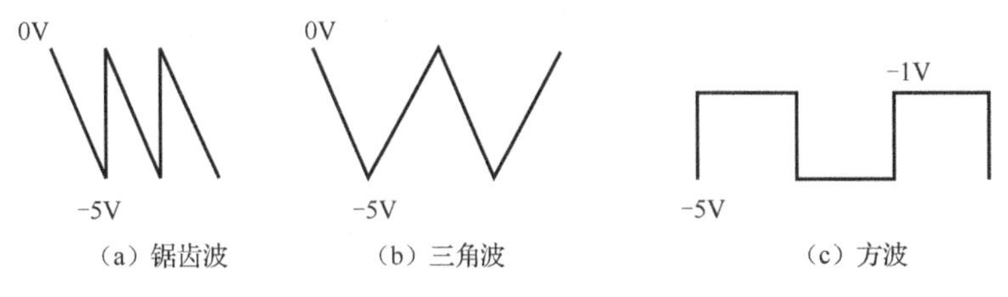


（a）锯齿波　（b）三角波　（c）方波

图 3.43　产生的波形

根据接线图，DAC0832 采用的是单缓冲单极性的接线方式，它的选通地址为 7FFFH。产生锯齿波的程序：

```
        ORG 0000H
        JMP MAIN
MAIN:
        MOV DPTR, #7FFFH
        CLR A
LOOP:
        MOVX @DPTR, A
        INC A
        NOP
        NOP
        NOP
        SJMP LOOP
```

```
        END
```

产生三角波程序：

```
         ORG 0000H
         AJMP MAIN
         ORG 0030H
 MAIN:
         MOV DPTR，#7FFFH           ；置DAC0832入口
         MOV A，#00H                ；置初始值
LOOP1:   MOVX @DPTR，A              ；送数字电压值
         INC A;
         NOP
         CJNE A，#0FFH，LOOP1       ；不等于FFH转回
LOOP2:   DEC A
         MOVX @DPTR，A
         CJNE A，#00H，LOOP2        ；不等于00H转回
         INC A
         NOP
         AJMP LOOP1
         END
```

产生方波的程序：

```
        ORG 0000H
        JMP MAIN
MAIN:
        MOV A，#33H;
        MOVX @DPTR，A;
        ACALL DELAY;
        MOV A，#0FFH;
        MOVX @DPTR，A;
        ACALL DELAY;
        SJMP LOOP
DELAY:  MOV R6，#13
DELAY1: MOV R5，#25
DELAY2: NOP
        DJNZ R5，DELAY2
        DJNZ R6，DELAY1
        RET
        END
```

在模拟量输出通道中，当D/A转换器输出模拟电压后，通常还需要将该电压转换成电流信号传输。图3.44所示为一个V/I变换电路，输入电压$V_i$经过电压跟随器后在三极管的射极负载内产生电流，电流大小为$V_i/R_f$。只要电阻$R_f$选择合适就可以将电压转换成期望的电流值了。

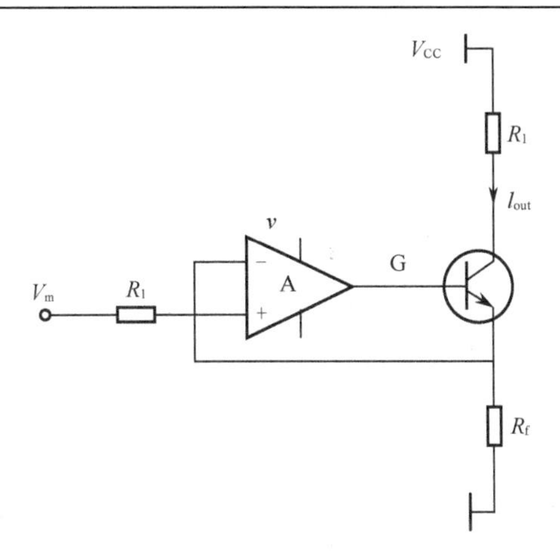


图 3.44　V/I 变换电路

## 3.3　工业控制网络

工业控制网络又称现场总线，是控制技术、通信技术、计算机技术的融合计算机网络技术在工业现场的具体应用的工厂底层网络。

国际电工委员会 IEC 61158 标准定义：现场总线是应用在制造或过程区域现场装置与控制室内自动控制装置之间的数字式、串行、多点通信的数据总线。现场总线是开放式、数字化、多点通信的底层控制网络。

什么是现场总线控制系统呢？

现场总线控制系统是指以现场总线为技术核心的工业控制系统，是一种新型网络集成式全分布控制系统。现场总线控制系统英文缩写为 FCS（Fieldbus Control System）。

现场总线控制系统的特点如下。

（1）现场设备具有智能自治特点：仅靠现场总线设备即可完成自动控制的基本功能，包含传感测量、补偿计算、数据处理与控制等，并可随时诊断设备的运行状态。

（2）提高系统精度和自诊断功能：可独立调节、数字信号传输精度高、具有故障诊断和数据统计功能。

（3）降低了设计、安装和维护费用：减少了隔离器、端子柜、变送器、独立调节器、信号调理转换模块等；减少了复杂连线和校对；减小了控制室的占用面积等；故障自诊断方便了系统维护。

（4）组态和修改容易：总线拓扑，组态软件，系统易于扩展。

接下来介绍几种现场总线。

### 1．CAN 总线

控制器局域网络（Controller Area Network，CAN）由德国 BOSCH 公司推出，最初用于汽车总线。CAN 总线的特点如下。

（1）采用短帧结构，抗干扰能力强。

（2）支持多主通信、优先级通信，采用非破坏性总线仲裁技术。

（3）通信速率高，通信距离远。

（4）仅定义了物理层、数据链路层协议。

1993 年 11 月，CAN 成为国际标准（ISO 11898），已广泛应用于道路交通运输工具和工业控制领域。

### 2. FF

基金会现场总线（Fieldbus Foundation，FF）于 1994 年由 FF 基金会推出，是 IEC 61158 标准总线中的一种。低速标准（H1）、高速标准（H2）、结合以太网技术的高速以太网 HSE-FF 在化工、电力等连续流程工业生产过程中应用较广。

### 3. PROFIBUS

PROFIBUS 由西门子公司等 13 家企业和 5 家科研机构联合研制。

PROFIBUS-FMS：工厂、楼宇自动化中的单元级，用于非控制信息传输。

PROFIBUS-DP：制造业自动化，自控系统与分散式外部设备、智能现场设备之间的高速数据通信。

PROFIBUS-PA：过程控制。

PROFINET：PROFIBUS 与以太网结合，取代 PROFIBUS-FMS。

2001 年，PROFIBUS 成为我国机械工业部标准。

### 4. DeviceNet

DeviceNet 在 CAN 技术上发展起来，是低成本的设备层网络技术。在 CAN 的物理层、数据链路层的基础上定义了应用层、收发器和传输介质，使通信更完善，为上层应用提供了更完善的接口。2002 年，DeviceNet 成为我国国家标准。

### 5. LonWorks

LonWorks（Local Operation Networks）是于 1991 年由美国 ECHELON 公司推出的局部操作网络。

（1）LonWorks 遵循 ISO/OSI 参考模型，提供了 OSI 定义的全部七层服务。

（2）神经元芯片是 LonWorks 的核心，含有 3 个 8 位的 CPU。

（3）支持多种传输介质：双绞线、同轴电缆、电力线、光纤、无线通信；在楼宇自动化、家庭自动化、保安系统等领域广泛应用。

### 6. HART

HART（Highway Addressible Remote Transducer）是 Rosemount 公司于 1986 年提出的标准。其特点为：

实现 4～20mA 模拟信号与数字通信兼容的标准；是一个开放式协议，已成为智能仪表事实上的工业标准；三层参考模型标准，物理层、数据链路层、应用层；使用双绞线作为传输介质；采用 Bell202 标准的 FSK（频移键控）技术。

### 7. Wireless HART

Wireless HART 是专门为过程测量和控制应用而设计的第一个开放的无线通信标准，2007 年 9 月正式发布。它基于 TDMA 的无线网络技术，工作在 2.4GHz 频段，采用直接序列扩频技术（DSSS）和信道调频技术。

图 3.45 所示为现场总线应用于控制系统中。现场设备带有各种现场总线，现场总线包括 FF、HART、Wireless HART、PROFIBUS-DP/AS-i/DeviceNet 等，现场总线经高速以太网传输到工作站。

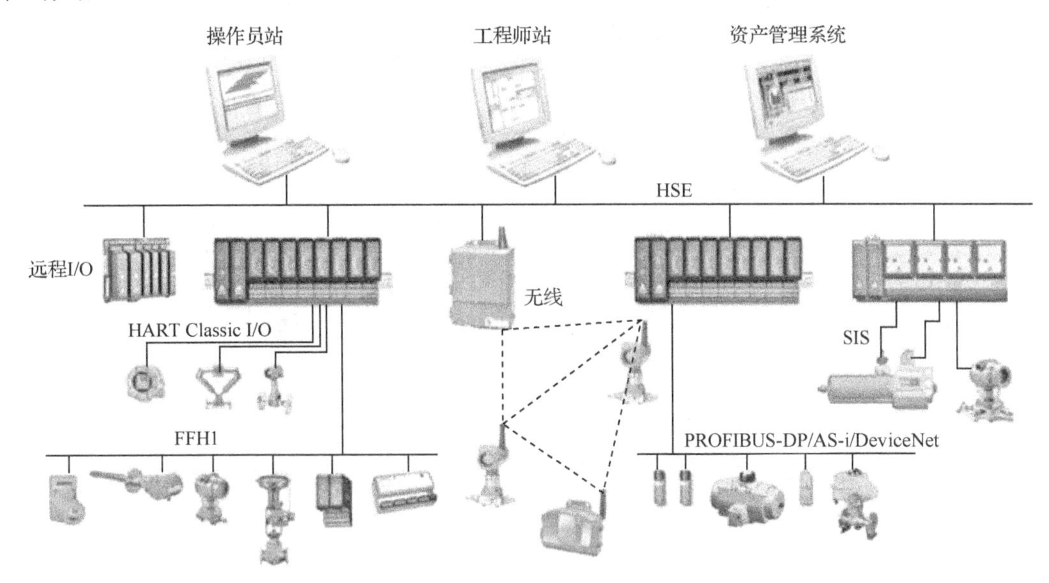


图 3.45　现场总线应用于控制系统中

# 习　题　3

1．应用 51 单片机与 74LS273 接口，设计 8 路数字量输出接口，点亮 8 个 LED 灯，请使用 Proteus 软件画出电路图，并利用 Keil C51 软件编写数字量输出程序。

2．使用 51 系列单片机与 74LS244 接口，设计 8 路数字量输入接口，利用 Proteus 软件画出原理图，Keil C51 软件编写程序，并仿真调试。

3．名词解释孔径时间 $t_{AP}$ 和捕捉时间 $t_{AC}$。

4．一个数据采集系统，孔径时间（包括抖动时间）$t_{AP}=80\text{ns}$，捕捉时间 $t_{AC}=1\mu\text{s}$，A/D 转换时间 $t_{CONV}=10\mu\text{s}$，位数 $n=8$，允许信号变化为 $\frac{\text{LSB}}{2}$，计算系统可采集的最高输入信号频率。

5．某热处理温度变化范围为 0～1350℃，经温度变送器变换为 1～5V 电压送至 ADC0809，ADC0809 的输入范围为 0～5V。当 $t=KT$ 时，ADC0809 的转换结果为 6AH，问此时的炉内温度？

6．根据接线图（见图 3.46），应用 ADC0809 对模拟电压检测，并将转换的数字量显示到七段数码管中，将程序补充完整，完成对应的功能。

7．根据给出的接线图（见图 3.47），编写相应的程序，完成三角波电压的输出。

8．某执行机构的输入变化范围为 4～20mA，灵敏度为 0.05mA，应选 D/A 转换器的字长为多少位？

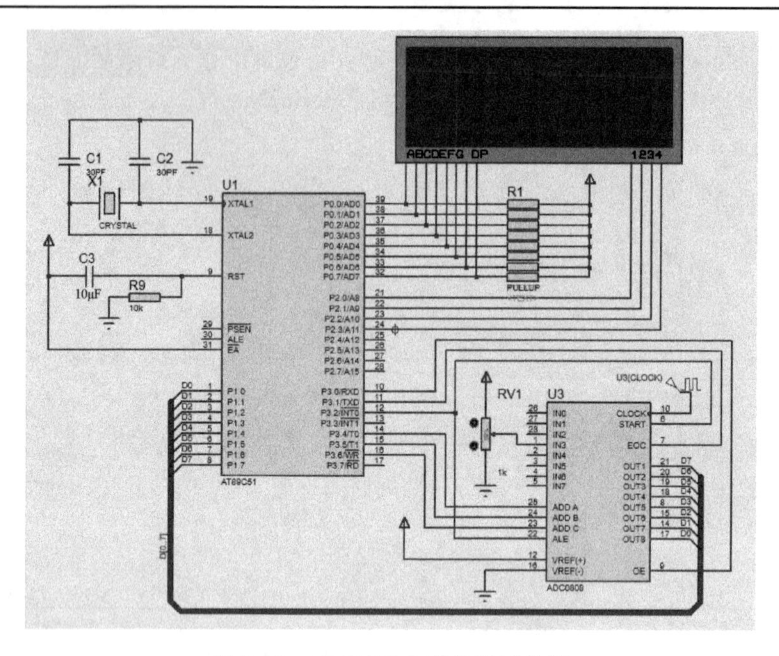


图 3.46　ADC0809 与单片机接线图

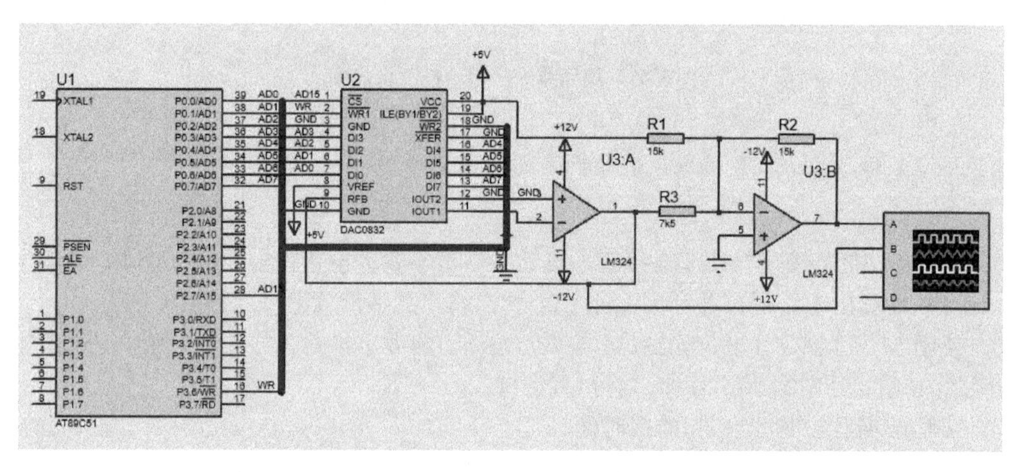


图 3.47　DAC0832 与单片机接线图

# 第4章

# 执行器

本章介绍过程控制系统的重要组成部分——执行器，执行器有很多种，如电动机、水泵、调节阀、步进电动机等，而在流程工业过程控制中，使用较广泛的就是调节阀，而在计算机批处理过程控制中，常用的执行器为步进电动机、直流电动机、交流电动机等。在本书中，我们重点讲解调节阀和步进电动机。

## 4.1 调 节 阀

调节阀（简称阀）是流程工业中应用广泛的控制液体或气体流量的控制元件。在大多数工业过程中，阀门常用的执行机构是气动驱动。与机电和电液执行器的成本相比，气动执行器相对便宜，易于理解和维护。气动调节阀的特点是控制简单、反应快速，且本质安全，不需要另外采取防爆措施。

气动调节阀是如何定义的呢？

气动调节阀就是以压缩气体为动力源，以汽缸为执行机构，并且借助于阀门定位器、转换器、电磁阀、保位阀、储气罐、气体过滤器等附件去驱动阀体，实现开关量或比例式调节，接收工业自动化控制系统的控制信号来完成调节管道介质的，能够调节流量、压力、温度、液位等各种工艺过程参数。

气动调节阀（一款薄膜气动调节阀）的实物照片及其在管道中的安装示意图如图4.1所示。可以看出，气动调节阀的输入为CV命令信号，该信号是阀门开度的设定值，该阀直接安装在管道的中间位置。

### 4.1.1 气动调节阀的组成

气动调节阀主要由三部分组成，气动执行机构、阀体、其他附件，如图4.2所示。其中，气动执行机构由隔膜/活塞、弹簧、手轮、气动杆、联轴器等部件构成。阀体的主要部件有阀笼、阀瓣、阀座、阀杆、阀笼压环等。其他附件包含电磁阀、减压阀、过滤器、电流/气压转换器、定位器、流量放大器等。从图中可以看到，靠近底部的部件是阀体，阀体上面连接的阀杆、薄膜装置等构成了阀的执行机构，而附加装置是阀门定位器和减压阀。

**1. 阀门定位器**

阀门定位器是一种机械或数字反馈控制器，它能检测实际阀杆的位置，将其与期望的位置（CV信号提供）相比较，并相应地调节进入阀的空气压力，使阀杆的位置移动到目标值。

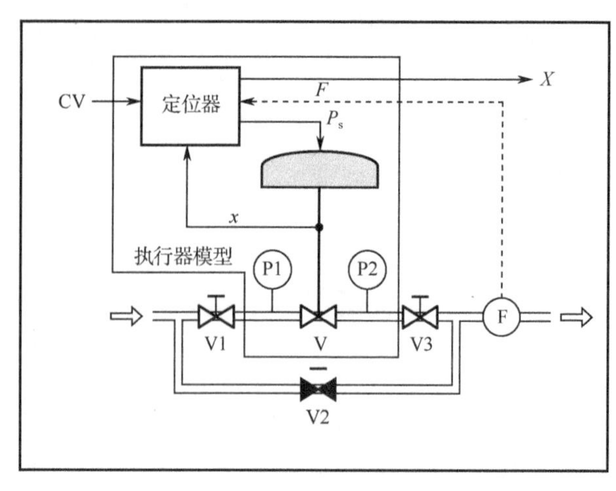


图 4.1　气动调节阀的实物照片及其在管道中的安装示意图

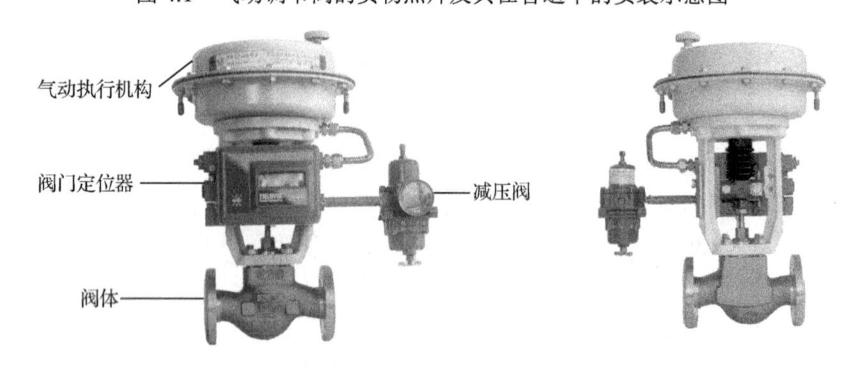


图 4.2　气动调节阀的组成

阀门定位器本质上是反馈控制器，使得阀杆位移的控制形成闭环，因此阀门定位器在很大程度上消除了阀门死区和滞后现象，以及流量负载（阀门开启时背压的影响）和由于阀门单元中摩擦力引起的其他不良特性，如图 4.3 所示。

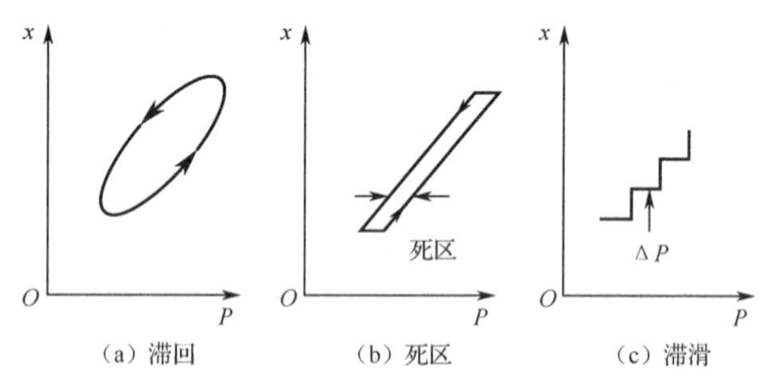


图 4.3　常见的不良特性

气动阀门定位器的工作原理如图 4.4 所示。

气动阀门定位器是按力矩平衡原理工作的，当进入波纹管的压力信号 $P_1$ 增加时，杠杆 2 绕支点转动，使喷嘴挡板靠近喷嘴，喷嘴背压经单向气动放大器放大后，进入执行机构薄膜室的压力增加，阀杆向下移动，带动反馈杆绕支点转动，反馈凸轮也随之做逆时针方向转动，通过滚轮使杠杆 1 绕支点转动，并将反馈弹簧拉伸，弹簧对杠杆 1 的拉力与信号压力作用在波纹管上的力达到力矩平衡时，仪表达到平衡状态。执行机构的阀位维持在一定的开度，一定的压力信号 $P_1$ 就对应于一定的阀位开度。

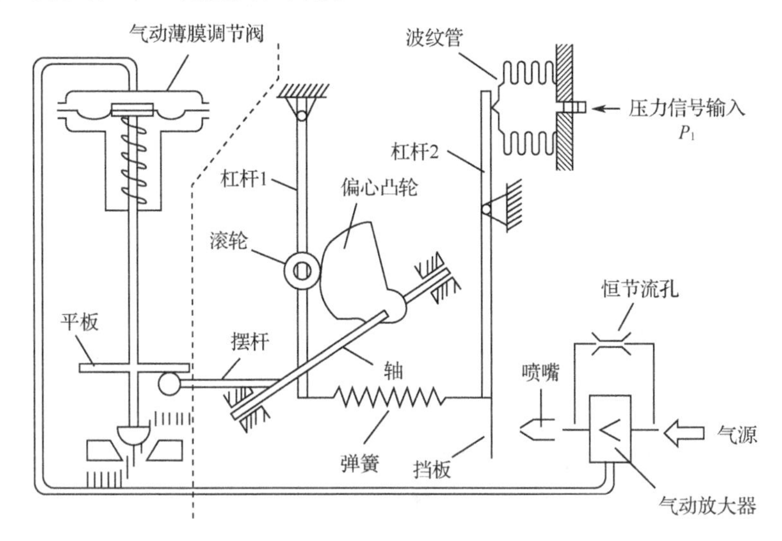


图 4.4　气动阀门定位器的工作原理

在现代控制系统中，数字式阀门定位器被广泛使用，图 4.5 给出了 DVC6200 系列阀门定位器的工作原理。

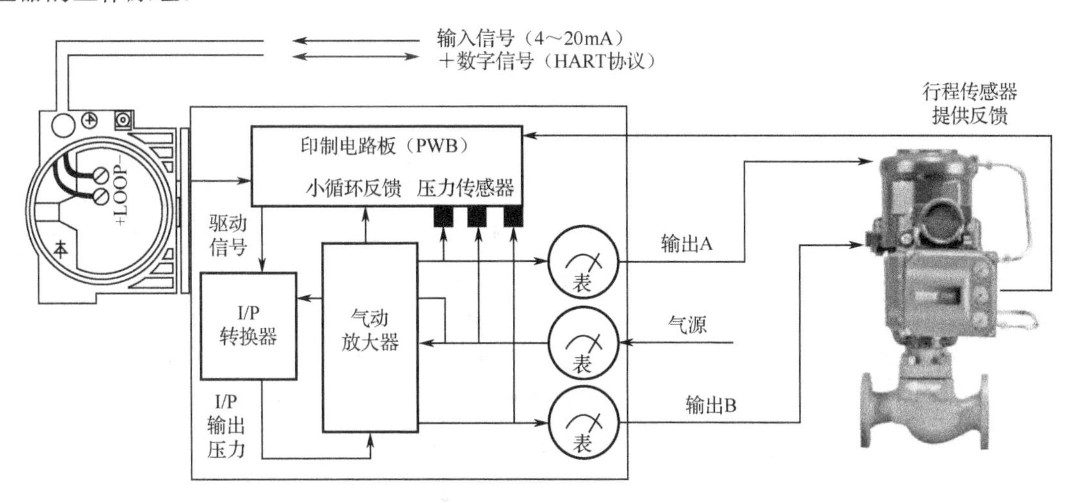


图 4.5　DVC6200 系列阀门定位器的工作原理

阀门定位器将来自过程控制器的 4～20mA DC 输入信号经 I/P 转换器转换为气动信号，输出到执行机构。该定位器还有自动校准和配置，借助微处理器技术的强大功能实现。它具有通信功能，可以由 HART 协议提供仪表和阀诊断信息。

另一种数字式阀门定位器：DVC2000 系列，其工作原理与 DVC6200 类似，如图 4.6 所示。它增加了一些功能，具有独特的优点：非接触式阀位置反馈系统；包括 LCD 和导航按钮的本地用户界面。它提供 7 种语言支持、2 个一体式限位开关（1mA 或 4mA 输出，用于指示开或关）、一体式阀位置变送器（4～20mA 输出）、NAMUR 安装方式，结构紧凑，适用于小型阀和窄小空间。

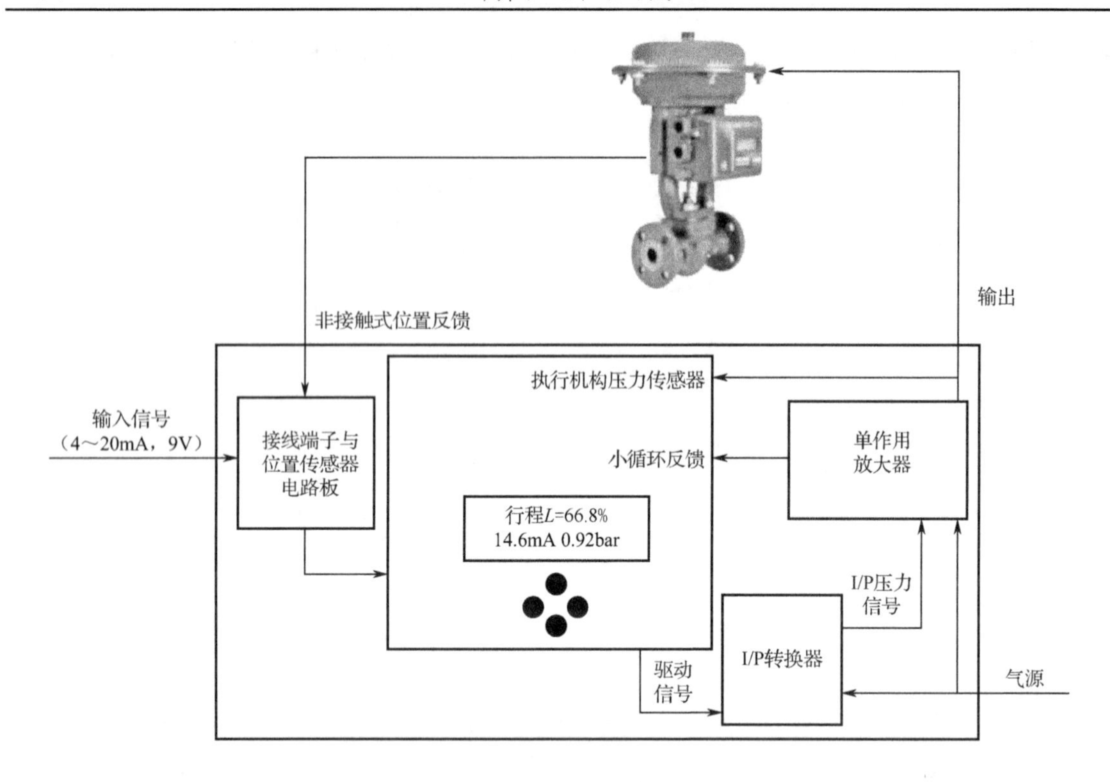


图 4.6　DVC2000 系列阀门定位器的工作原理

## 2．调节阀的执行机构

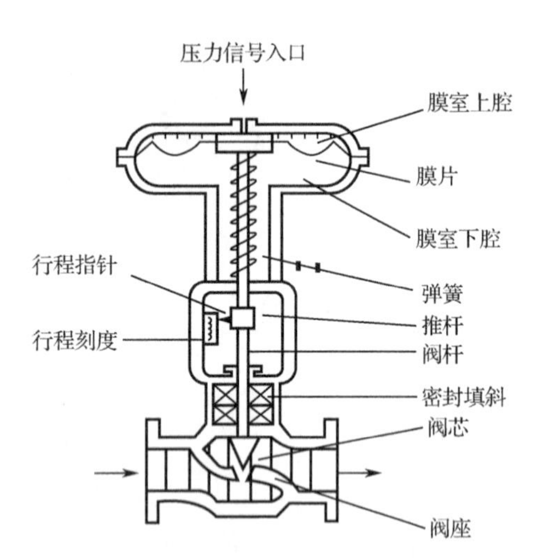


图 4.7　薄膜式气动调节阀的执行机构

执行机构是推动装置，用动力源将信号压力转换为阀杆直线位移或旋转运动的装置。图 4.7 所示是薄膜式气动调节阀的执行机构，在压力信号的作用下，阀杆就会做直线运动。

调节阀的执行机构分为正作用式和反作用式。如果压力信号增加，阀杆向下运动，则称为正作用式；如果随着压力信号的增加，阀杆向上运动，则称为反作用式。图 4.8 和图 4.9 所示为正作用式和反作用式的工作原理。

## 3．阀门

调节阀的另一个重要组成部件就是阀门，阀门是调节阀的控制机构，它能将阀杆的位移转换为流通面积。常见阀门的结构类型有直通单座阀、直通双座阀、角形阀、三通阀、隔膜控制阀、蝶阀、球阀、笼式阀、凸轮挠曲阀。

（1）直通单座阀。直通单座阀有一个阀芯和一个阀座。如图 4.10 所示，阀杆与阀芯连接，当执行机构进行直线位移时，通过阀杆带动阀芯移动。阀芯移动时，改变流体的流通面积，从而改变操纵变量，实现调节流体流量的功能。其特点如下。

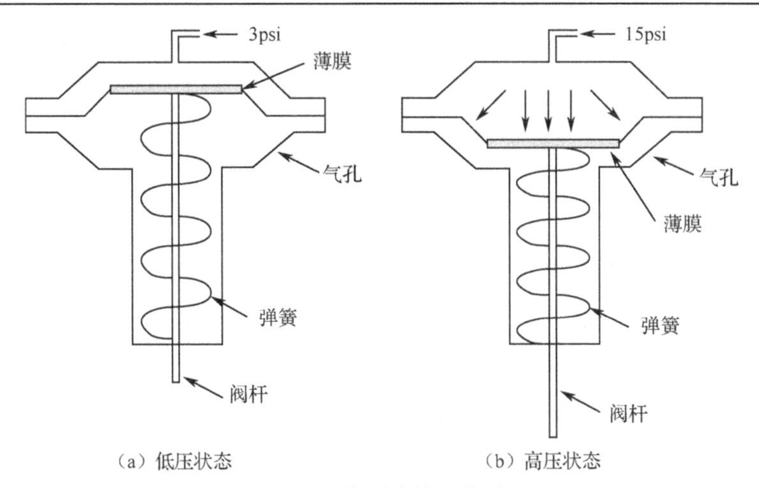


图 4.8　正作用式的工作原理

- 泄漏量小，容易实现严格的密封和切断。
- 允许压差小。
- 流通能力小。
- 由于流体介质对阀芯的推力大，即不平衡力大，所以在高压差、大口径的应用场合中不宜采用这类控制阀。

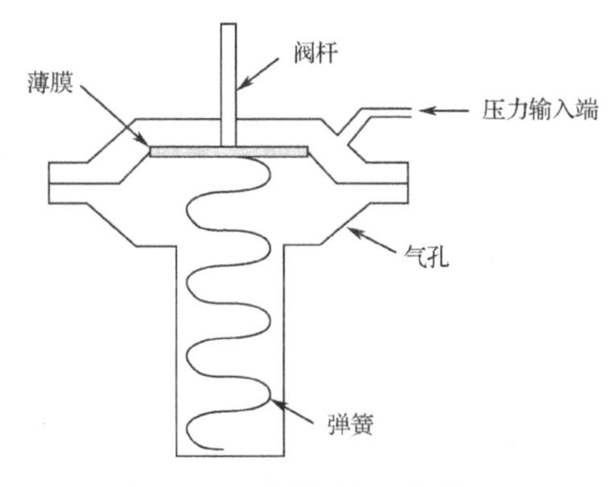


图 4.9　反作用式的工作原理

（2）直通双座阀。直通双座阀有两个阀芯和两个阀座。流体从图 4.11 所示的左侧流入，经两个阀芯和阀座后，汇合到右侧流出。由于上阀芯所受向上推力和下阀芯所受向下推力基本相同，所以整个阀芯所受不平衡力小。其特点如下。

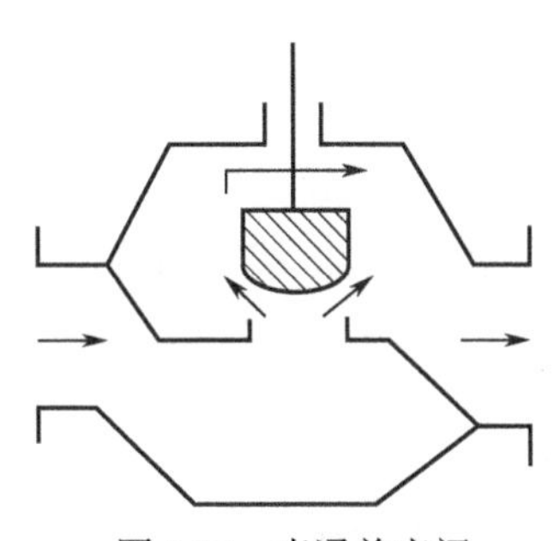

图 4.10　直通单座阀

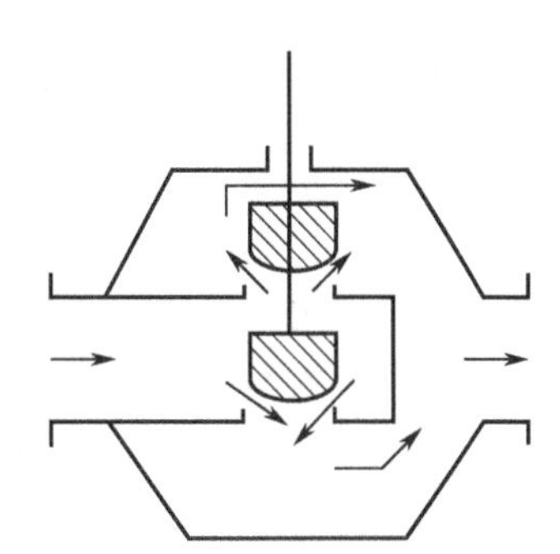

图 4.11　直通双座阀

- 所受不平衡力小，允许的压降大。
- 流通能力大，与相同口径的其他控制阀相比，直通双座阀可流过更多流体。
- 直通双座阀的上、下阀芯不能同时保证关闭，泄漏量大。
- 抗冲刷能力差。

（3）角形阀。角形阀将直通的阀体改为角形（相当于一个弯头）阀体，单座阀就变成了角形阀，它适用于需要角形连接的场合，如图 4.12 所示。

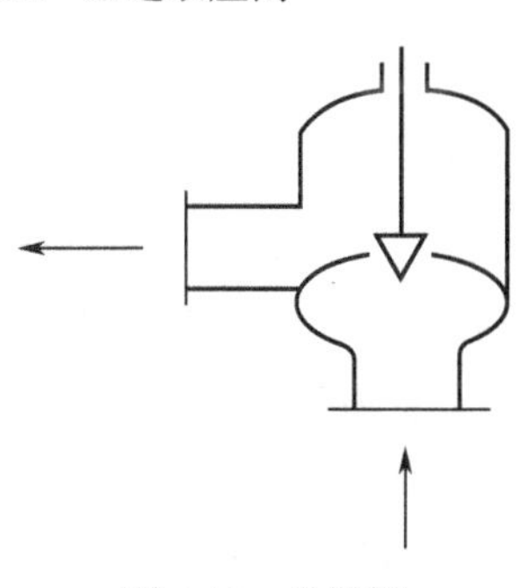

图 4.12　角形阀

（4）三通阀。三通阀按流体作用方式分为合流阀和分流阀两种。合流阀有两个入口，合流后从一个出口流出；分流阀有一个入口，经分流后由两个出口流出。三通阀阀体有三个口，一进两出或两进一出，如图 4.13 所示。

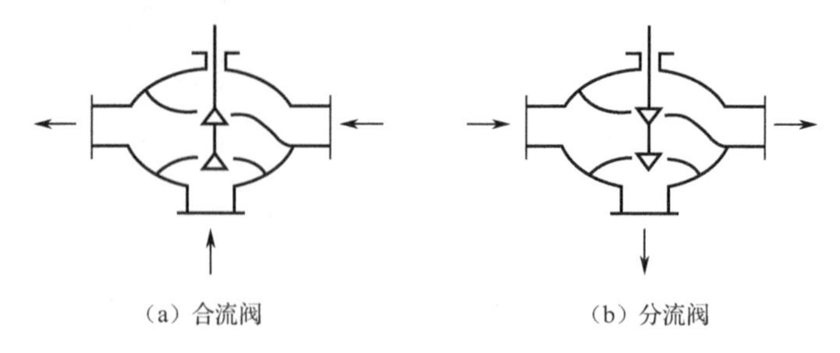


图 4.13　三通阀

（5）隔膜控制阀。隔膜把下部阀体内腔与上部阀盖内腔隔开，使位于隔膜上方的阀杆、阀瓣等零件不受介质腐蚀，省去了填料密封结构，且不会产生介质外漏。隔膜常用橡胶、塑料等弹性、耐腐蚀、非渗透性材料制成，特别适用于要求耐腐蚀、剧毒场合，如图 4.14 所示。

（6）蝶阀。蝶阀又称翻板阀，是一种结构简单的调节阀。用于低压管道介质开关控制的蝶阀是指关闭件（阀瓣或蝶板）为圆盘，围绕阀轴旋转来完成开启与关闭的一种阀。它在管道上主要起切断和节流的作用，如图 4.15 所示。

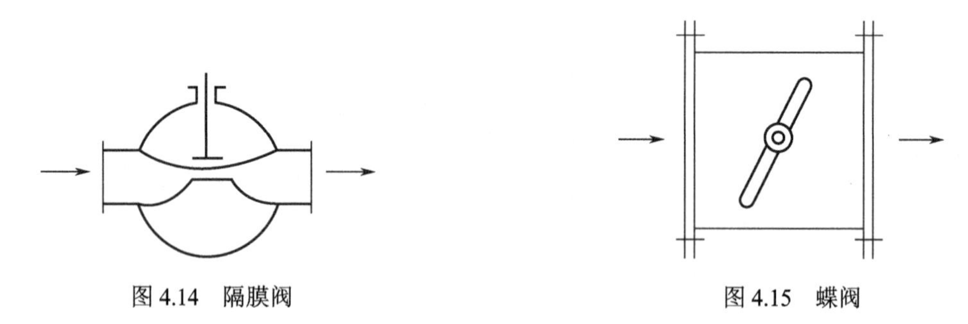

图 4.14　隔膜阀　　　图 4.15　蝶阀

（7）球阀。球阀是指启闭件（球体）由阀杆带动，并绕球阀轴线做旋转运动的阀。球阀在管路中主要用来切断、分配和改变介质的流动方向，它只需要用旋转 90° 的操作和很小的转动力矩就能完全关闭管路。球阀适宜作为开关、切断阀使用，如图 4.16 所示。

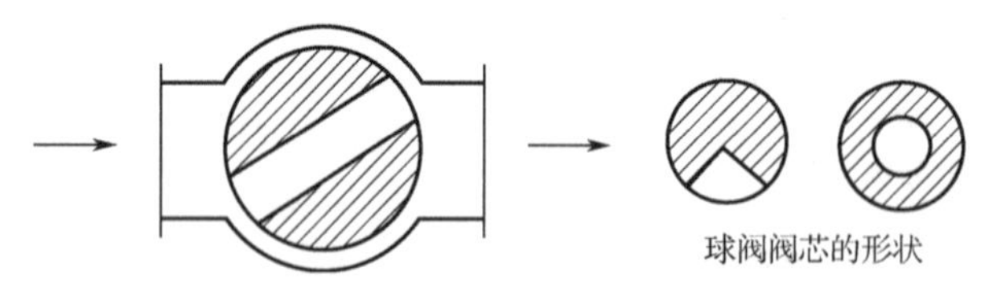


图 4.16　球阀

（8）笼式阀。笼式阀内有一个圆柱状套筒（笼子）。套筒壁上有一个或几个不同形状的孔（窗口），利用套筒导向，阀芯在套筒内上下移动，改变阀的节流孔面积。它的特点为：可调比大、不平衡力小，以及更换开孔不同的套筒，就可以得到不同的流量特性。笼式阀如图 4.17 所示。

（9）凸轮挠曲阀。凸轮挠曲阀又叫偏心旋转阀。其阀芯呈扇形球面状，与挠曲臂及轴套一起铸成，固定在转动轴上。它的特点为磨损少、使用寿命长、流量大、可调范围广等。凸轮挠曲阀广泛应用于石油、化工、电力、冶金、钢铁、造纸、医药、食品、纺织、轻工等行业。凸轮挠曲阀如图 4.18 所示。

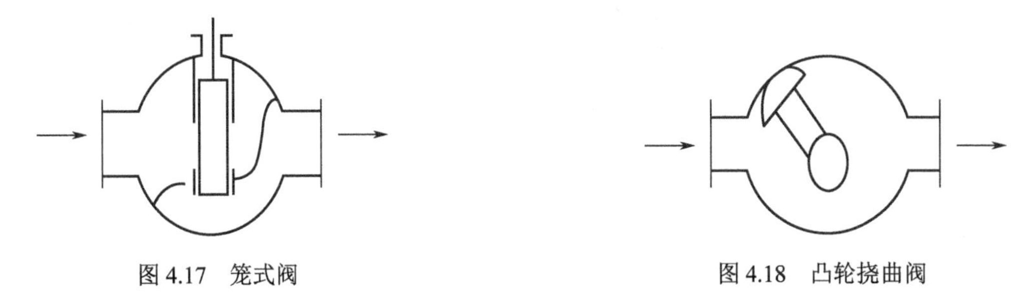

图 4.17　笼式阀　　　　图 4.18　凸轮挠曲阀

## 4.1.2　调节阀的流量特性

流量特性是调节阀的重要特性，理解和掌握流量特性，在调节阀的选型及应用过程中具有重要指导意义。首先，我们来看一下流量特性的定义。

调节阀的阀芯位移与流量之间的关系对控制系统的调节品质有很大的影响。被控介质流过阀门的相对流量与阀门的相对开度（相对位移，$0 \leqslant l \leqslant 1$）之间的关系称为调节阀的流量特性。

$$\frac{Q}{Q_{\max}} = f\left(\frac{X}{X_{\max}}\right) = f(l)$$

相对流量为$\frac{Q}{Q_{\max}}$，相对开度为$l$，其定义为阀杆的位移$X$与位移的最大值$X_{\max}$之比。这里需要指出的是，相对流量和相对开度都是相对值，是相对于最大值而言的，因此是无量纲的，并且大小都为 0～1，$l=0$代表阀门全关，$l=1$代表阀门全开。

### 1. 常用的流量特性

在工业过程控制系统中，常用的阀的流量特性有 3 种，分别是快开、线性和等百分比，在图 4.19 所示的曲线中，上面的曲线是快开特性，中间的曲线为线性特性、下面的曲线为等百分比特性。

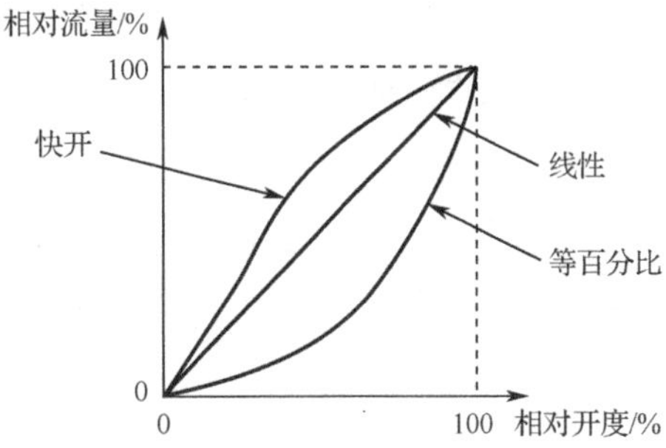

图 4.19　常用的阀的流量特性

接下来具体讲述各种流量特性。

快开阀：开度较小时就有较大的流量，它主要用于断续控制，流经快开阀的相对流量和相对开度满足关系式

$$\frac{Q}{Q_{\max}} = f(l) = \sqrt{l}$$

线性阀：相对流量随着阀相对开度线性变化，符合这个特性的阀称为线性阀，相对流量和相对开度满足关系式

$$\frac{Q}{Q_{\max}} = f(l) = l$$

等百分比阀：对于给定百分比的相对开度（阀杆相对位移）的变化量，相对流量产生相

同的百分比的变化，满足关系式

$$\frac{Q}{Q_{max}} = f(l) = R^{l-1}$$

我们通过计算的方式来理解等百分比阀的特点。假定等百分比阀特性曲线方程中的 $R=30$，以相对开度 $l=10\%$、$l=50\%$、$l=80\%$ 的 3 个点为例，可以计算出这 3 个点上的相对流量分别约为4.68%、18.26%、50.65%。

$$l=10\%,\ f(l)=R^{l-1}=30^{0.1-1}\approx 4.68\%$$

$$l=50\%,\ f(l)=R^{l-1}=30^{0.5-1}\approx 18.26\%$$

$$l=80\%,\ f(l)=R^{l-1}=30^{0.8-1}\approx 50.65\%$$

接下来将相对开度在这 3 个点上分别增加10%开度，即将 $l$ 改变为20%、60%、90%，此时对应的相对流量分别是

$$l=20\%,\ f(l)=R^{l-1}=30^{0.2-1}\approx 6.58\%$$

$$l=60\%,\ f(l)=R^{l-1}=30^{0.6-1}\approx 25.65\%$$

$$l=90\%,\ f(l)=R^{l-1}=30^{0.9-1}\approx 71.17\%$$

根据以上数据，计算出 3 个点相对流量变化的比值分别为

$$l=10\%,\ \frac{6.58\%-4.68\%}{4.68\%}\approx 41\%$$

$$l=50\%,\ \frac{25.65\%-18.26\%}{18.26\%}\approx 41\%$$

$$l=80\%,\ \frac{71.17\%-50.65\%}{50.65\%}\approx 41\%$$

很明显，在相对开度的每个点上，相同开度变化所引起的相对流量变化的百分比是相等的。等百分比阀的优点是：流量小时，流量变化小；流量大时，流量变化大；在不同的开度上，具有相同的调节精度。

### 2．可调比

下面介绍等百分比阀的一个特性参数——可调比。可调比就是调节阀所能控制的最大流量与最小流量之比。在等百分比特性方程中：

当 $l=0$ 时，流量最小，最小流量为

$$Q=Q_{min}=Q_{max}R^{0-1}=Q_{max}/R$$

当 $l=1$ 时，流量最大，最大流量为

$$Q=Q_{max}R^{1-1}=Q_{max}$$

因此可以推导出 $R=\dfrac{Q_{max}}{Q_{min}}$。可调比的范围一般为20～50。

例如，等百分比阀控制的最大流量为100gal/min、最小流量为2gal/min，求出其可调比 $R$。

$$R=\frac{Q_{max}}{Q_{min}}=\frac{100\text{gal/min}}{2\text{gal/min}}=50$$

### 3．选型系数（流量系数）

下面讲解调节阀的另一个参数——选型系数。对于湍流、非闪蒸的液体，根据伯努利方

程，我们可以得到流量公式

$$Q = f(l)Q_{\max} = C_{\mathrm{v}} N f(l)\sqrt{\frac{\Delta P_{\mathrm{v}}}{g_{\mathrm{s}}}}$$

式中，$Q$ 为体积流量；$\Delta P_{\mathrm{v}}$ 为阀两端的压降；$g_{\mathrm{s}}$ 为液体的比重（相对密度）；$C_{\mathrm{v}}$ 为阀的选型系数，无量纲，决定调节阀的口径及流通能力，由制造商给出；$N$ 为量纲转换因数，取决于 $Q$ 和 $\Delta P_{\mathrm{v}}$ 的量纲，如果 $Q$ 和 $\Delta P_{\mathrm{v}}$ 量纲为 gal/min 和 psi，则 $N=1$，如果 $Q$ 和 $\Delta P_{\mathrm{v}}$ 量纲为 $\mathrm{m^3/h}$ 和 kPa，则 $N=0.0865$。

根据流量公式，可以得到选型系数

$$C_{\mathrm{v}} = \frac{Q}{Nf(l)\sqrt{\dfrac{\Delta P_{\mathrm{v}}}{g_{\mathrm{s}}}}}$$

设计条件时，假定设计流量为 $Q_{\mathrm{d}}$，阀两端设计的压差为 $\Delta P_{\mathrm{vd}}$，如果希望此时阀的开度是半开（即 $l=0.5$，线性阀时，$f(l)=0.5$），则此时

$$C_{\mathrm{v}} = \frac{Q_{\mathrm{d}}}{0.5N\sqrt{\dfrac{\Delta P_{\mathrm{vd}}}{g_{\mathrm{s}}}}}$$

按照设计条件，计算出 $C_{\mathrm{v}}$，通过查找产品手册就可以完成阀的选型。下面举一个例子计算选型系数 $C_{\mathrm{v}}$。

计算 $C_{\mathrm{v}}$ 并从表 4.1 中选择合适的阀。阀两端压降为 100psi 时，最大能调节 300gal/min 的酒精流量，酒精的比重 $g_{\mathrm{s}}=0.8$。

**表 4.1　$C_{\mathrm{v}}$ 选型表（某制造商）**

| 阀的尺寸/in | $C_{\mathrm{v}}$ |
|---|---|
| 1/4 | 0.3 |
| 1/2 | 3.0 |
| 1 | 15 |
| $1\frac{1}{2}$ | 35 |
| 2 | 55 |
| 3 | 110 |
| 4 | 175 |
| 6 | 400 |
| 8 | 750 |

根据题意，设计条件为

$$\Delta P_{\mathrm{vd}} = 100\mathrm{psi},\ Q_{\mathrm{d}} = 300\mathrm{gal/min},\ g_{\mathrm{s}} = 0.8,\ f(l)=1$$

将设计条件代入，可以求出

$$C_{\mathrm{v}} = \frac{Q}{Nf(l)\sqrt{\dfrac{\Delta P_{\mathrm{v}}}{g_{\mathrm{s}}}}} = \frac{300}{\sqrt{\dfrac{100}{0.8}}} \approx 26.8$$

根据 $C_{\mathrm{v}}=26.8$，查找后，选择 $C_{\mathrm{v}}=35$ 的阀。

**4．调节阀的安装特性（实际特性）**

下面讲解如何在实际的系统中选择调节阀的流量特性，由于阀两端的压差$\Delta P_{\rm v}$会随流量变化，往往非线性特性的阀安装在管道中比线性特性的阀具有更好的线性流量关系。调节阀流量特性选择的目标就是要使管道流量$Q$与相对开度$l$之间符合较为近似的线性关系。我们通过一个具体的案例来说明调节阀的流量特性在安装到实际管道中发生的变化。

例如，假定泵在整个工作范围内提供常压力$\Delta P=40\text{psi}$，设备的压降$\Delta P_{\rm s}=30\text{psi}$，在设计条件下，$Q_{\rm d}=200\text{gal/min}$，液体的比重$g_{\rm s}=1$，假定$\Delta P_{\rm s}$与流量的平方$Q^2$成正比。确定选型系数$C_{\rm v}$，并画出以下情况的$Q-l$曲线图。

（a）线性阀，设计流量点时半开。

（b）等百分比阀（$R=50$），在110%设计流量点处全开。

（c）与（b）条件相同，但$C_{\rm v}$比计算值高20%。

（d）与（b）条件相同，但$C_{\rm v}$比计算值低20%。

解：

（a）线性阀，设计流量点时半开，此时$f(l)=0.5$，$\Delta P_{\rm v}=\Delta P-\Delta P_{\rm s}=40-30=10\text{psi}$，设计流量点$Q_{\rm d}=200\text{gal/min}$。可以计算出：

$$C_{\rm v}=\frac{Q_{\rm d}}{0.5N\sqrt{\dfrac{\Delta P_{\rm v}d}{g_{\rm s}}}}=\frac{200}{0.5\sqrt{10}}\approx 126.5$$

通过查标准阀门手册，选定$C_{\rm v}=125$。接下来求出$f(l)$与$l$之间的关系

$$Q=C_{\rm v}Nf(l)\sqrt{\frac{\Delta P_{\rm v}}{g_{\rm s}}}=C_{\rm v}l\sqrt{\Delta P_{\rm v}}=C_{\rm v}l\sqrt{\Delta P-\Delta P_{\rm s}}=C_{\rm v}l\sqrt{\Delta P-kQ^2}$$

式中，$k$是常数，可以通过设计条件$\Delta P_{\rm s}=kQ_{\rm d}^2$求出，将$Q_{\rm d}=200$、$\Delta P_{\rm s}=30$代入该式，求出

$$k=\frac{\Delta P_{\rm s}}{Q_{\rm d}^2}=\frac{30}{200^2}=7.5\times10^{-4}$$

再根据流量公式，代入$k$和$C_{\rm v}$数值，得到

$$Q=C_{\rm v}l\sqrt{\Delta P-kQ^2}=125l\sqrt{40-7.5\times10^{-4}Q^2}$$

画出$Q-l$曲线，如图4.20所示。

（b）等百分比阀（$R=50$），在110%设计流量点处全开，先求出

$$\Delta P_{\rm v}=\Delta P-\Delta P_{\rm s}=\Delta P-kQ^2=40-7.5\times10^{-4}\times(1.1\times200)^2=3.7\text{psi}$$

计算$C_{\rm v}$

$$C_{\rm v}=\frac{Q}{Nf(l)\sqrt{\dfrac{\Delta P_{\rm v}}{g_{\rm s}}}}=\frac{1.1\times200}{\sqrt{3.7}}\approx 114.4$$

选取$C_{\rm v}=115$。根据流量公式求出$Q-l$之间的关系，并画出此时的$Q-l$曲线，如图4.21所示。

$$Q=C_{\rm v}Nf(l)\sqrt{\frac{\Delta P_{\rm v}}{g_{\rm s}}}=C_{\rm v}\times R^{l-1}\sqrt{\frac{\Delta P_{\rm v}}{g_{\rm s}}}=115\times50^{l-1}\sqrt{40-7.5\times10^{-4}Q^2}$$

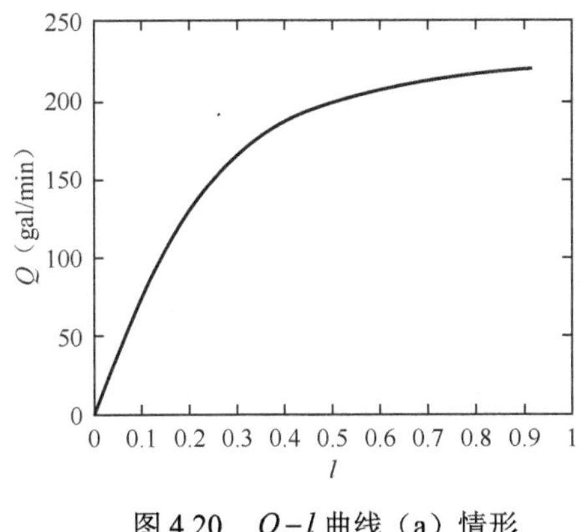


图 4.20　$Q-l$ 曲线（a）情形

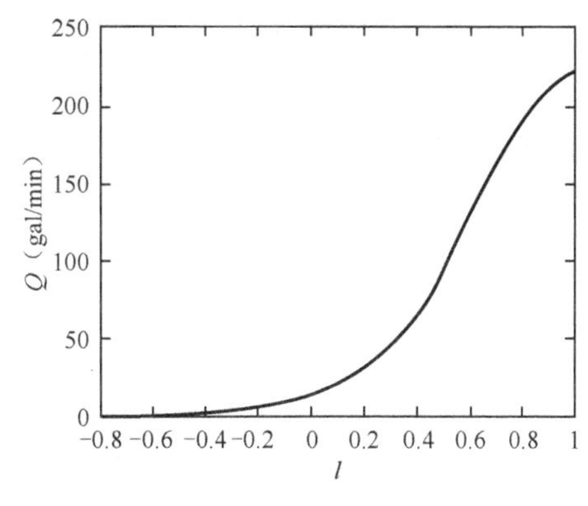


图 4.21　$Q-l$ 曲线（b）情形

（c）与（b）条件相同，但 $C_{\mathrm{v}}$ 比计算值高 20%。

根据题意，直接计算 $C_{\mathrm{v}}=115\times1.2=138$，再利用流量公式

$$Q=C_{\mathrm{v}}Nf(l)\sqrt{\frac{\Delta P_{\mathrm{v}}}{g_{\mathrm{s}}}}=C_{\mathrm{v}}\times R^{l-1}\sqrt{\frac{\Delta P_{\mathrm{v}}}{g_{\mathrm{s}}}}=138\times50^{l-1}\sqrt{40-7.5\times10^{-4}Q^{2}}$$

同样可以得到 $Q-l$ 曲线，如图 4.22 所示。

（d）与（b）条件相同，但 $C_{\mathrm{v}}$ 比计算值低 20%。

计算出 $C_{\mathrm{v}}=115\times0.8=92$，代入流量公式，画出 $Q-l$ 曲线，如图 4.23 所示。

$$Q=C_{\mathrm{v}}Nf(l)\sqrt{\frac{\Delta P_{\mathrm{v}}}{g_{\mathrm{s}}}}=C_{\mathrm{v}}\times R^{l-1}\sqrt{\frac{\Delta P_{\mathrm{v}}}{g_{\mathrm{s}}}}=92\times50^{l-1}\sqrt{40-7.5\times10^{-4}Q^{2}}$$

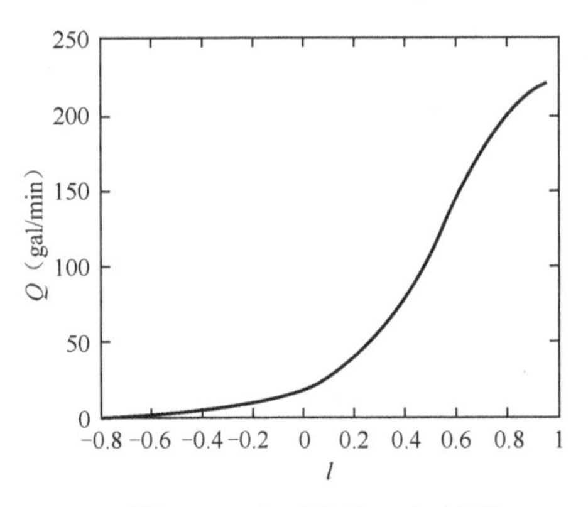


图 4.22　$Q-l$ 曲线（c）情形

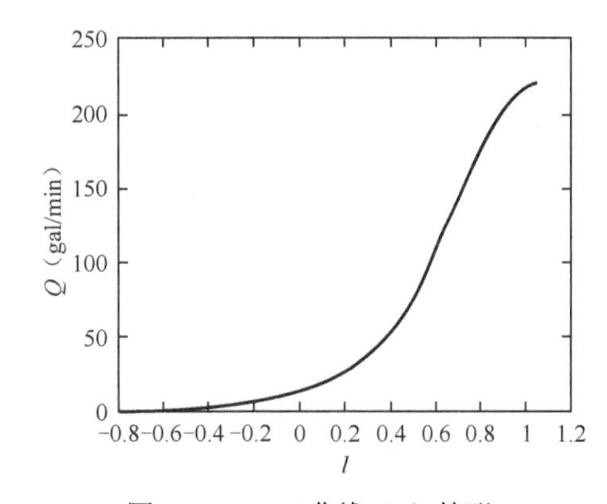


图 4.23　$Q-l$ 曲线（d）情形

将以上 4 种情况得到的 $Q-l$ 曲线画到同一张图下，如图 4.24 所示。曲线 1 是线性阀的特性曲线，曲线 2、曲线 3、曲线 4 分别是不同 $C_{\mathrm{v}}$ 值下等百分比阀的流量特性。

从上述工作流量特性可以看出，线性阀实际流量特性畸变成为快开特性，等百分比阀的实际流量特性更接近线性流量特性，并且可以调节到比设计流量更高的值。

最后，我们给出阀流量特性选择的一般原则。

（1）如果泵的特性曲线（排放压力对流量）很平坦，并且在整个工作区域的系统摩擦损失很小，则选择线性阀，但这种情况很少发生。

（2）选择等百分比阀分为以下 3 步。

① 绘制泵和 $\Delta P_{\mathrm{s}}$ 特性曲线。

② 计算阀的选型系数 $C_v$。

③ 根据流量公式，画出 $Q-l$ 曲线，在设计流量点应该是线性的，如果不是线性的，需要反复调整选型系数 $C_v$。

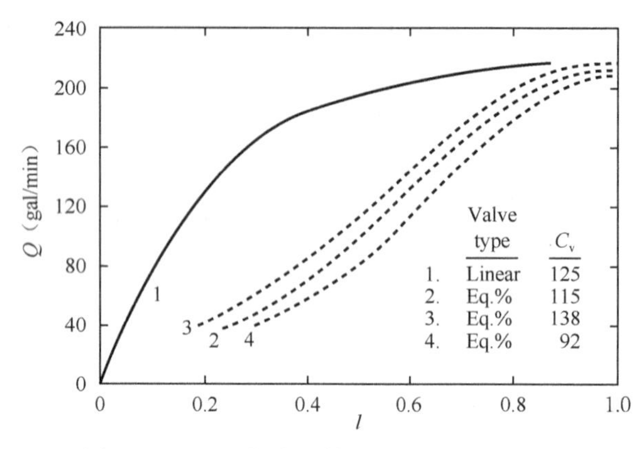


图 4.24　不同 $C_v$ 值下等百分比阀的流量特性

## 4.1.3　闪蒸、气蚀、阻塞流

如上所述，调节阀的选型系数 $C_v$ 是随着阀的尺寸和类型而变化的。影响调节阀选型的另外两个条件就是闪蒸和气蚀。这两个条件在某些物理情况下限制了调节阀的流通能力。

如图 4.25 所示，低压力出现在颈缩处，这里流速最大；如果颈缩处压力低于液体的蒸汽压力，则会产生气泡，压力越低，产生气泡的速度越快。如果阀出口的压力仍然低于液体的蒸汽压力，则气泡将在下游一直存在，这个现象就叫“闪蒸”。闪蒸会对阀芯产生严重的冲刷破坏。

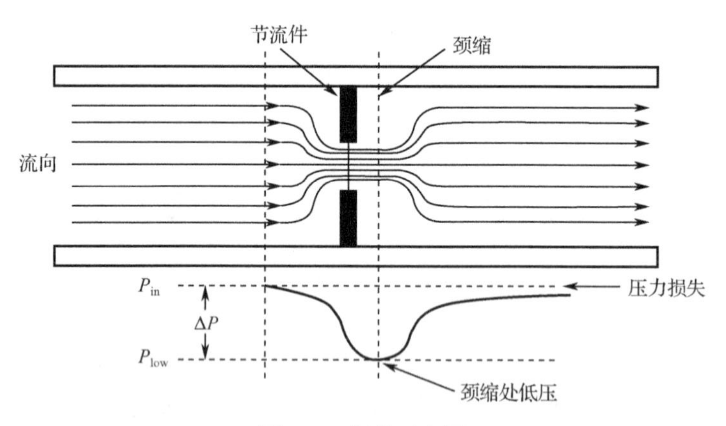


图 4.25　闪蒸示意图

如果阀出口恢复的压力高于蒸汽压力，则气泡将会破裂或爆裂，这就产生了“气蚀”。高恢复力的阀更可能产生气蚀。气泡的爆裂会释放能量，使得气泡对阀体产生噪声和物理损害。上百万个气泡在阀芯表面裂开会逐渐老化材料，并对阀体和内部部件产生严重损害。

当压力降到蒸汽压力以下时，气泡在流体中开始生成，气泡会在颈缩处发生拥挤，使得流经阀的流量减少。最终，流量饱和或产生阻塞，不能再增加。此时，阀的流量公式在闪蒸或气蚀条件下就不成立了。

$$Q = C_v N f(l)\sqrt{\frac{\Delta P_v}{g_s}}$$

这个公式表明，如果阀两端的压力 $\Delta P_v$ 增加，流量 $Q$ 也会增加。但是，这个公式只有在无闪蒸或气蚀条件下才成立。当压差 $\Delta P_v$ 大于容许的压差 $\Delta P_a$ 时，阻塞流出现。此时的流量不再增加，如图 4.26 所示。

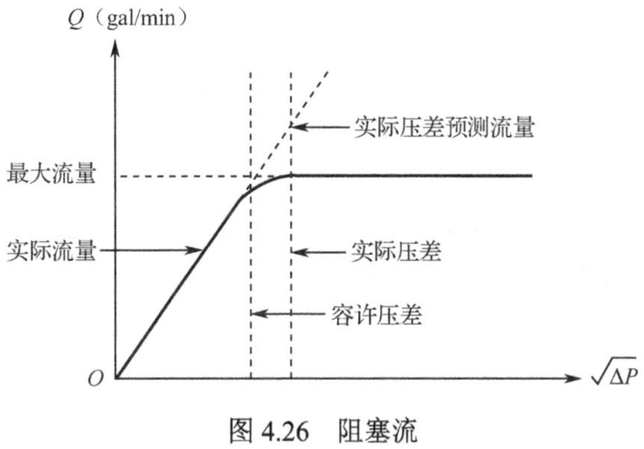


图 4.26　阻塞流

阻塞流时

$$Q = C_v N f(l)\sqrt{\frac{\Delta P_a}{g_s}}$$

这里

$$\Delta P_a = K_m (P_1 - r_c P_v)$$

式中，$K_m$ 是阀的恢复系数，一般通过实验得到；$r_c$ 是流体的临界压力比；$P_v$ 是液体蒸汽压力。

### 4.1.4　调节阀的气开式和气关式

调节阀在气压信号中断后阀门会复位。当控制系统失去连接或执行器丢失电源时，即无压力信号时阀全开（Fail Open，FO），随着信号增大，阀门逐渐关小的称为气关式（Air to Close，AC）调节阀。反之，无压力信号时阀全闭（Fail Close，FC），随着信号增大，阀门逐渐开大的称为气开式（Air to Open，AO）调节阀。如图 4.27 所示为气开式调节阀（故障关式气动薄膜调节阀）。

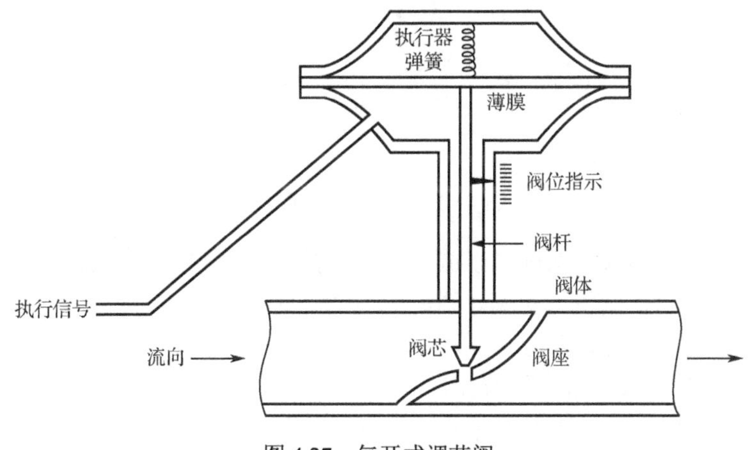


图 4.27　气开式调节阀

图 4.28 所示为 4 种安装方式下的气开式和气关式调节阀的示意图。

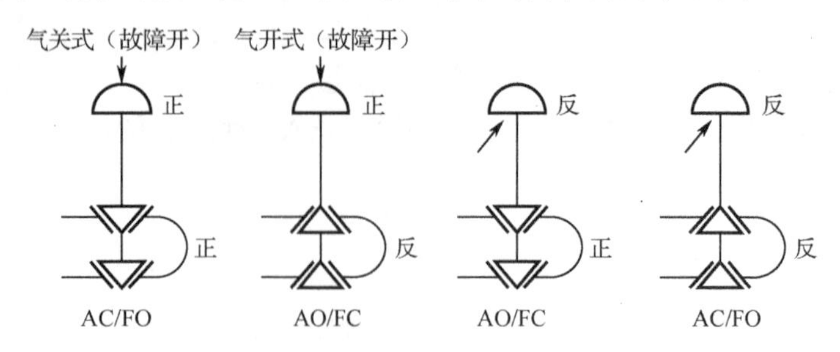


图 4.28　气开式和气关式调节阀

气开式和气关式调节阀的选择在生产中至关重要，直接关系到生产的安全，其选择原则是：当控制信号中断时，阀门的位置能使工艺设备处于安全状态。

例如，图 4.29 所示的蒸汽锅炉，选择蒸汽锅炉的调节阀时，为保证在失控状态下锅炉的安全：

给水阀应选气关式（故障开）；

燃气阀应选气开式（故障关）。

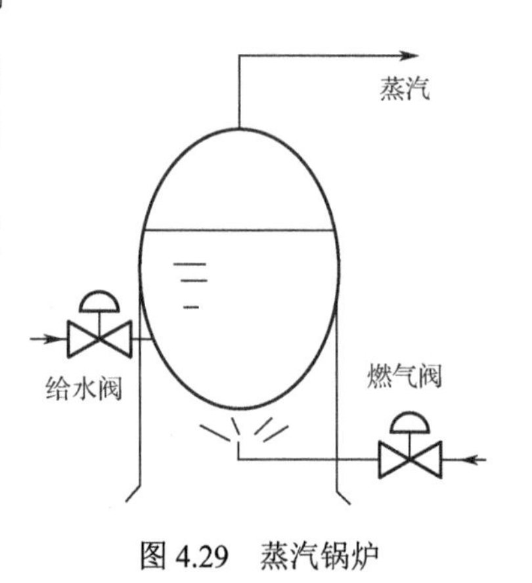


图 4.29　蒸汽锅炉

# 4.2　其　他　阀

## 4.2.1　电动阀

电动阀接收来自调节器的电流信号，阀门开度连续可调，其实物照片如图 4.30 所示。

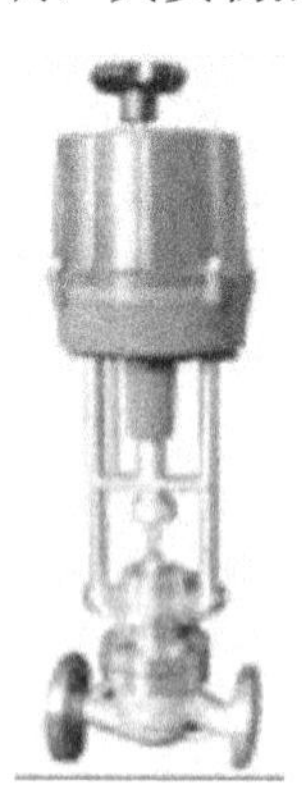

图 4.30　电动阀实物照片

电动阀由执行机构和阀门两部分组成。执行机构是调节阀的推动装置，它将输入信号转换成相应的动力，带动控制机构动作。阀门是调节阀的控制机构，它与气动调节阀的阀门是通用的。电动执行机构以控制电动机作为动力装置，其输出形式如下。

角行程：电动机转动经减速器后输出。

直行程：电动机转动经减速器减速并转换为直线位移输出。

多转式：转角输出，功率比较大，主要用来控制闸阀、截止阀等多转式阀门。

这几种执行机构的电气原理基本相同，只是减速器不一样。

## 4.2.2　电磁阀

电磁阀接收来自调节器的电流信号，阀门开度为位式调节。图 4.31 所示为直动式电磁阀：线圈通电时，产生电磁力，吸引阀芯上移，阀门打开；线圈断电后，电磁力消失，阀芯落下。在弹簧压力下阀门紧闭。电磁阀是位式阀，只有全开和全关两个位置。

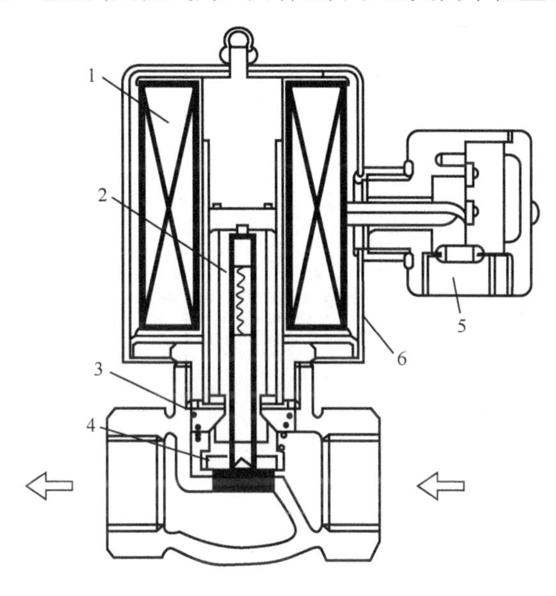


1—线圈；2—阀芯；3—弹簧；4—圆盘；
5—接线盒；6—外罩

图 4.31　直动式电磁阀

## 4.2.3　安全阀

安全阀起保护作用，当压力超过设定值时，安全阀会释放压力以保证安全。在气体介质和液体介质中都有安全阀，如图 4.32 所示。

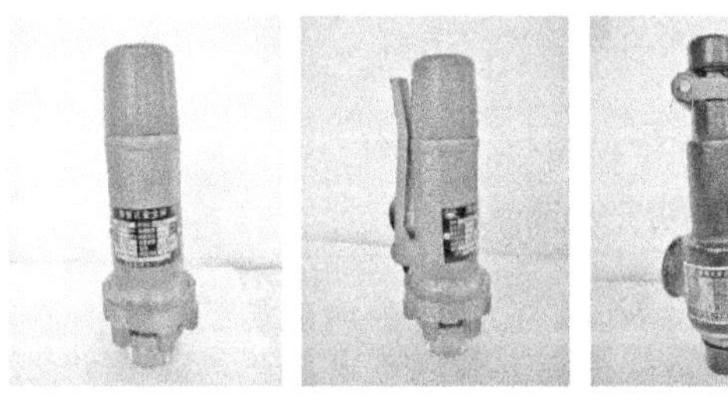

（a）气体介质

（b）液体介质

图 4.32　安全阀

## 4.2.4　减压阀、止回阀、手动球阀

减压阀、止回阀、手动球阀分别如图 4.33、图 4.34、图 4.35 所示。

图 4.33　减压阀

图 4.34　止回阀

图 4.35　手动球阀

# 4.3　步进电动机

## 4.3.1　步进电动机的工作原理与驱动方式

步进电动机的运转状态与普通电动机不同，它随着供给电源的脉冲一步一步地转动，是一种数字电动机。步进电动机能随着供给的电源脉冲数转动相应步数，而每一步的角度是固定的，所以步进电动机能控制转动所需的圈数、角度，广泛应用在数控机床、自动化设备、仪器及仪表中。步进电动机是一种能将电脉冲信号直接转变成与脉冲数成正比的角位移或直线位移量的执行元件，其速度与脉冲频率成正比。

通常，步进电动机如果按励磁方式可以分为三大类。

（1）反应式：转子无绕组，开小齿，步距角小，应用最广。

（2）永磁式：转子的极数=每相定子极数，不开小齿，步距角较大，力矩较大。

（3）感应子式（混合式）：开小齿，力矩大，动态性能好，步距角小。

这里介绍应用最广的反应式步进电动机。

三相反应式步进电动机的结构如图 4.36 所示。步进电动机的定子由硅钢片叠成，每相有一对磁极（N 极、S 极），每个磁极的内表面分布着多个小齿，它们的大小相同、间距相同。该定子上共有 3 对磁极，每对磁极都缠有同一绕组，即形成一相，这样 3 对磁极有 3 个绕组，形成三相。可以得出，四相步进电动机有 4 对磁极、4 相绕组；五相步进电动机的有 5 对磁极、5 相绕组；以此类推。

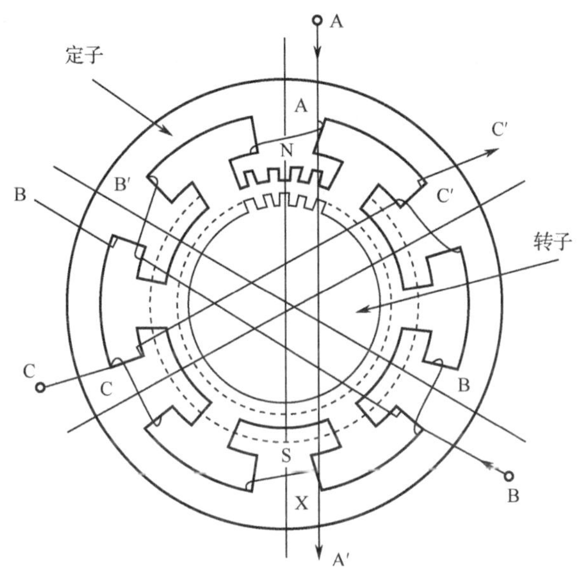


图 4.36　三相反应式步进电动机的结构

步进电动机的转子由软磁材料制成，其外表面也均匀分布着小齿，这些小齿的齿距与定子磁极上小齿的齿距相同，形状相似。

为了分析简便，给出一个三相反应式步进电动机，其定子有三相，转子有 4 个齿。该三相反应式步进电动机接线如图 4.37 所示。电子控制开关 $S_A$、$S_B$、$S_C$。以 A 相为例，当 $S_A$ 闭合时，A 相绕组通电。当 $S_A$ 断开时，A 相绕组不通电。

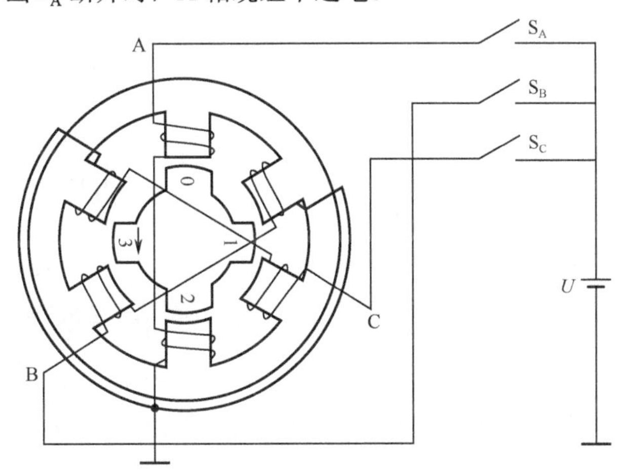


图 4.37　三相反应式步进电动机接线

步进电动机有多种工作方式，以三相步进电动机为例，其工作方式有三相单三拍、三相六拍、三相双三拍。

首先介绍三相单三拍工作方式，此种工作方式的特点如下。

（1）三相绕组连接方式为Y形，最后有1点共地。

（2）三相绕组中的通电顺序为A→B→C→A。当然通电顺序也可以为A→C→B→A。两种通电的顺序一种是逆时针通电，另一种是顺时针通电。

三相单三拍的工作过程如下。如图4.38所示，A相通电，A方向的磁通经转子形成闭合回路。若转子和磁场轴线方向有一定的角度，则在磁场的作用下，转子被磁化，吸引转子，由于磁力线总是要通过磁阻最小的路径闭合，因此会在磁力线扭曲时产生切向力而形成磁阻转矩，使转子转动，直到转子转动到磁阻转矩为0时停止。

A相通电使转子1、3齿和 AA' 对齐。

B相通电时，转子2、4齿和B相轴线对齐，相对A相通电位置转30°，如图4.39所示。

C相通电时，转子会再转30°，如图4.40所示。

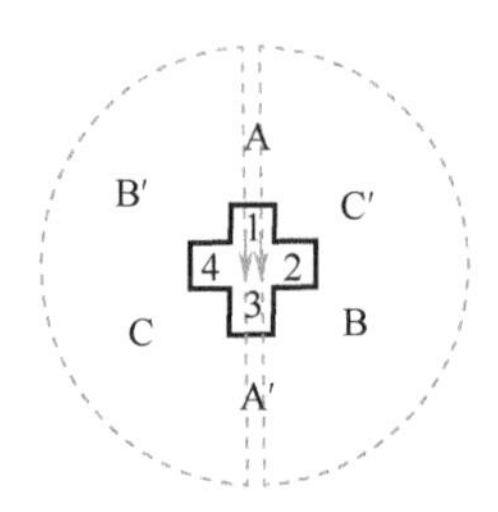


图4.38　三相单三拍的工作过程（A相通电）

图4.39　三相单三拍的工作过程（B相通电）

这种工作方式，因三相绕组中每次只有一相通电，而且一个循环周期共包括3个脉冲，所以称为三相单三拍。三相单三拍的特点如下。

（1）每通过一个脉冲，转子就转过30°。此角度称为步距角，用$\theta_s$表示。

（2）转子的旋转方向取决于三相线圈通电的顺序，改变通电顺序即可改变转向。

三相步进电动机第2种工作方式：三相六拍。在这种工作方式下，三相绕组的通电顺序为A→AB→B→BC→C→CA→A，共6拍，下面分析其工作过程。当A相通电时，转子1、3齿和A相对齐，如图4.41所示。

图4.40　三相单三拍的工作过程（C相通电）

图4.41　三相六拍的工作过程（A相通电）

当A、B相通电时，BB' 磁场对2、4齿有拉力，该拉力使转子按顺时针方向转动。AA' 磁场继续对1、3齿有拉力，所以转子转到两个拉力平衡的位置上。相对 AA' 通电时的位置，转子转了15°，如图4.42所示。

B相通电，转子2、4齿和B相对齐，又转了15°，如图4.43所示。以此类推，每个循环周期有 6 种通电状态，所以称为三相六拍，步距角为 15°。

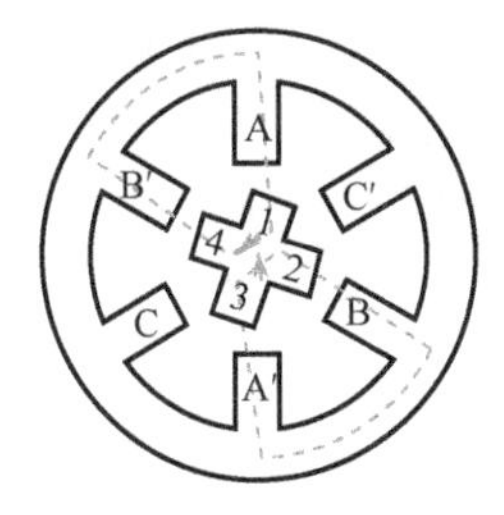

图 4.42　三相六拍的工作过程（A、B 相通电）

图 4.43　三相六拍的工作过程（B 相通电）

步进电动机第 3 种工作方式：三相双三拍。三相绕组的通电顺序为 AB → BC → CA → AB，共 3 拍。A、B 相通电，B、C 相通电，C、A 相通电分别如图 4.44 至图 4.46 所示。工作方式为三相双三拍时，每通过一个脉冲，转子转 30°，即 $\theta_s$=30°。在以上 3 种工作方式中，三相双三拍和三相六拍比三相单三拍稳定，因此经常被采用。

图 4.44　三相双三拍的工作过程（A、B 相通电）

图 4.45　三相双三拍的工作过程（B、C 相通电）

下面进一步给出齿距角和步距角的概念。对于步进电动机而言，如果转子的齿数为 $z$，则齿距角 $\theta_z = 2\pi/z = 360^\circ/z$。根据前面的分析，步进电动机运行 $n$ 拍可使转子转动一个齿距位置，步进电动机的步距角 $\theta = \theta_z / n = 360^\circ/(nz)$。对于三相步进电动机而言，若采用三拍方式，则它的步距角为

$$\theta = 360^\circ/(3\times 4) = 30^\circ$$

对于转子有 40 个齿且采用三拍方式的步进电动机而言，其步距角为

$$\theta = 360^\circ/(3\times 40) = 3^\circ$$

步进电动机的控制在现代制造业生产中非常重要，计算机数控技术为步进电动机提供控制，使控制功能增强、电路简化、成本降低，而且可靠性也大大提高。步进电动机控制框图如图 4.47 所示。控制计算机输出控制信号经过 I/O 接口板转换后，驱动步进电动机驱动器，实现步进电动机转速、转向，进而实现轨迹的控制。

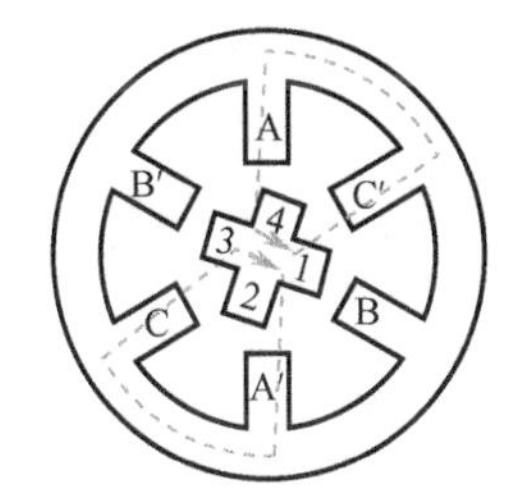


图 4.46　三相双三拍的工作过程（C、A 相通电）

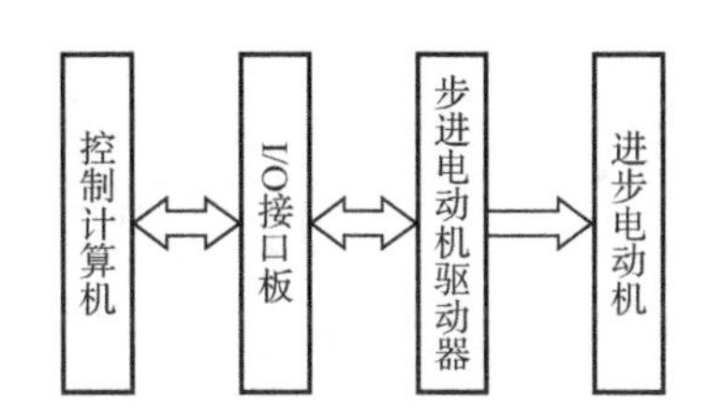


图 4.47　步进电动机控制框图

接下来介绍一种步进电动机的驱动模块，高耐压、大电流达林顿阵列——ULN2003。如图 4.48 所示，ULN2003 的每对达林顿都串联一个 2.7kΩ的基极电阻，在 5V 的工作电压下它能与 TTL 和 CMOS 电路直接相连，可以直接处理原先需要标准逻辑缓冲器来处理的数据。当来自计算端的 TTL 电平输入到 1B 为高电平时，此时输出 1C 对地导通，起到开关的作用，如果把电源和 1C 之间接入电动机的绕组，则当 1B 为高电平时，绕组导通得电，当 1B 为低电平时，绕组不得电。ULN2003 可以提供 8 路的开关控制，最多可以实现八相电动机的控制。ULN2003 的特点是工作电压高，工作电流大，灌电流可达 500mA，并且能够在关闭状态时承受 50V 的电压，输出还可以在高负载电流中并行运行。

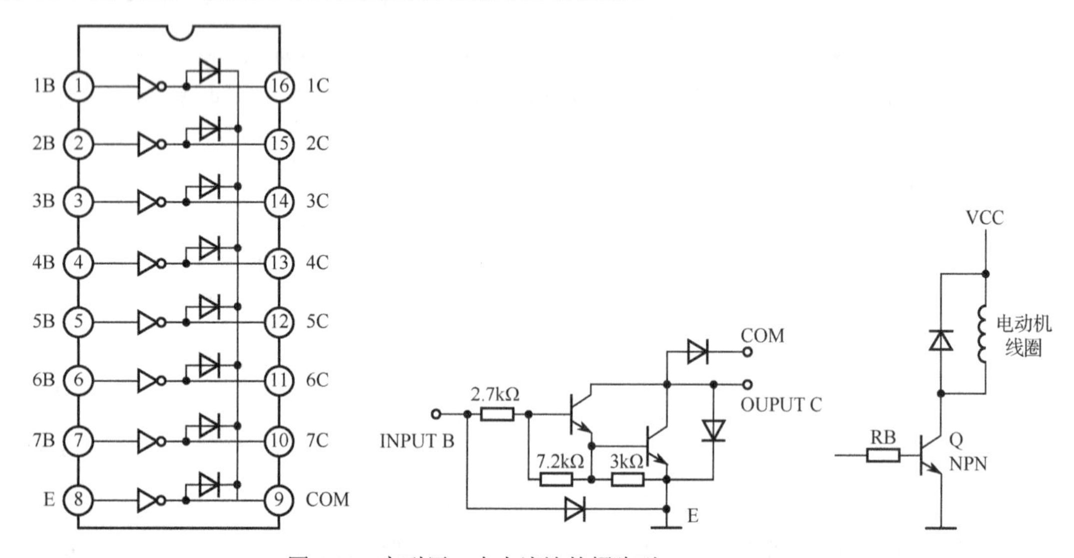


图 4.48　高耐压、大电流达林顿阵列——ULN2003

图 4.49 给出了 51 单片机经 ULN2003 模块驱动四相步进电动机的接线图。图中，步进电动机四相绕组的导通与关闭的控制由单片机的 P1.0～P1.3 来实现。当 P1.0 为高电平时，A 相导通，当 P1.1 为高电平时，B 相导通，以此类推。根据该接线及步进电动机控制原理，可以给出四相八拍工作方式下步进电动机的输出控制字表（见表 4.2）。

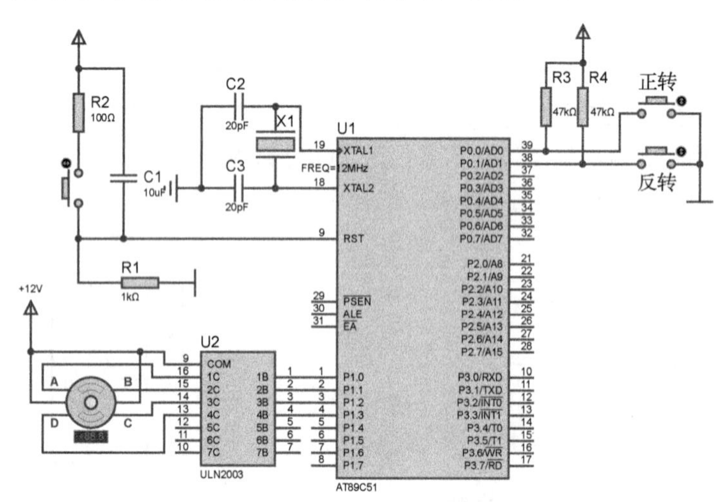


图 4.49　51 单片机经 ULN2003 模块驱动四相步进电动机的接线图

表 4.2　步进电动机的输出控制字表

| P1 口 | 输　出　字 |
| --- | --- |
| AB | 00000011＝03H |
| B<br>BC | 00000010＝02H<br>00000110＝06H |
| C | 00000100＝04H |
| CD | 00001100＝0CH |
| D | 00001000＝08H |
| DA<br>A | 00001001＝09H<br>00000001＝01H |
| AB | 00000011＝03H |

## 4.3.2　数字程序控制

数字程序控制主要应用于机床的自动控制中，如用于铣床、车床、加工中心、线切割机及焊接机、气割机等的自动控制。采用数字程序控制的机床称为数控机床，它具有能加工形状复杂的零件、加工精度高、生产效率高、便于改变加工零件品种等优点，是实现机床自动化的一个重要发展方向。

世界上第一台数控机床是 1992 年由 MIT 伺服机构实验室开发出来的，主要目的是为了满足高精度和高效率加工复杂零件的需要。一般来说，三维轮廓零件，甚至二维轮廓零件的加工也是很困难的，而数控机床则很容易实现。早期的数控（NC）以数字电路技术为基础，现在的数控（CNC）以计算技术为基础。

数字程序控制是指能够根据数据和预先编制好的程序，控制生产机械按规定的工作顺序、运动轨迹、运动距离和运动速度等规律自动地完成工作。数字程序控制系统一般由输入装置、输出装置、控制器、伺服驱动装置等组成。数字程序控制系统中的轨迹控制策略包括插补和位置控制。

接下来说明数字程序控制的原理，要完成图 4.50 所示的加工曲线 $abcd$，则需要三个步骤。

（1）曲线分割。可以根据曲线的形式将其分为三段，显然 $ab$、$bc$ 可用直线逼近，而 $cd$ 可用圆弧逼近。

（2）插补计算。当给定 $a$、$b$、$c$、$d$ 各点坐标 $x$、$y$ 值后可用插补的方法来求各中间点的坐标。

（3）脉冲分配。将插补运算过程中求出的各中间点，以脉冲信号的形式控制 $x$、$y$ 方向上的步进电动机，带动绘图笔刀具等，从而绘出图形或加工出所要求的轮廓。

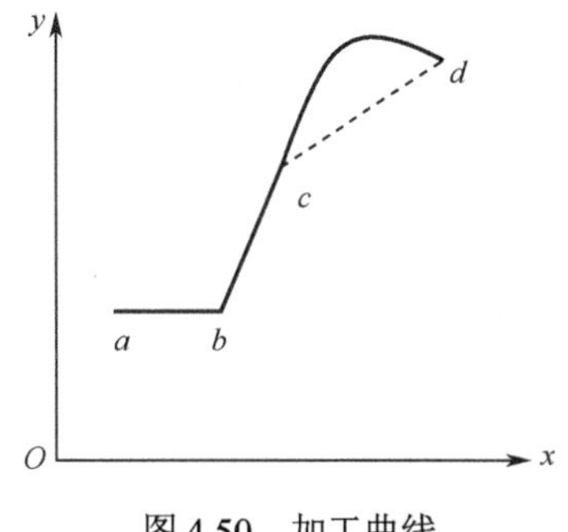

图 4.50　加工曲线

数字程序的控制方式按控制对象的运动轨迹分为以下 3 类。

（1）点位控制。这种控制只要求控制刀具行程终点的坐标，不管过程。采用这种控制的有钻床、镗床、冲床等。

（2）直线切削控制。这种控制除控制行程终点的坐标外，还要求刀具相对于工件平行某一个直角坐标轴做直线运动。采用这种控制的有铣床、车床、磨床等。

（3）轮廓的切削控制。这种控制能控制刀具沿工件轮廓曲线不停地运动，并且将工件加工为某种形状，它是借助于插补器来进行的。采用这种控制的有钻铣床、车床、磨床、齿轮加工机床等。

按照有无反馈元件分类，计算机数控系统主要分为闭环数字程序控制与开环数字程序控制，由于它们的控制原理不同，因此其系统结构差异很大。

（1）闭环数字程序控制。

如图 4.51 所示，这种结构的执行机构多采用直流电动机（小惯量伺服电动机和宽调速力矩电动机）作为驱动元件，反馈测量元件采用光电编码器、光栅、感应同步器等。该控制方式主要用于大型精密加工机床，但由于其结构复杂、难于调整和维护，所以一些常规的数控系统很少采用。

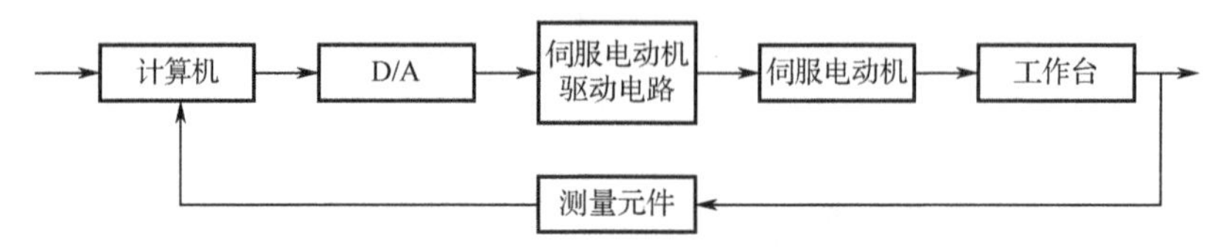


图 4.51　闭环数字程序控制结构

（2）开环数字程序控制。

随着计算机技术的发展，开环数字程序控制得到了广泛的应用，如各类数控机床、线切割机、低速小型数字绘图仪等，它们都是利用开环数字程序控制原理实现控制的设备。其结构如图 4.52 所示。

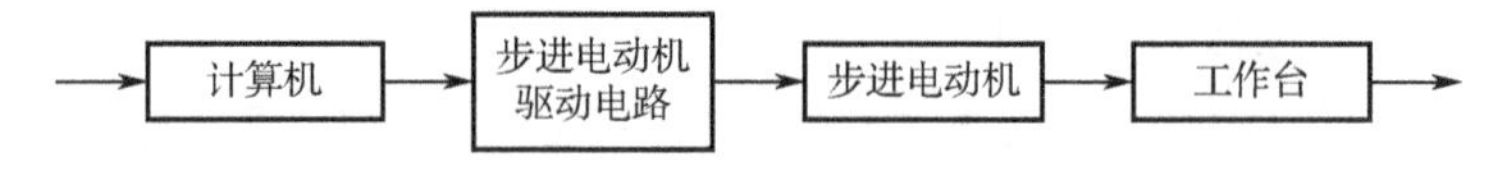


图 4.52　开环数字程序控制结构

这种结构没有反馈检测元件，工作台由步进电动机驱动。步进电动机接收驱动电路发来的指令进行相应的运动，把刀具移到与指令脉冲相当的位置，而刀具是否到达了指令脉冲规定的位置，开环数字程序控制不做任何检查，因此这种控制的可靠性和精度基本上由步进电动机和传动装置来决定。开环数字程序控制的优点是结构简单、可靠性高、成本低、易于调整和维护等，应用最为广泛。

### 4.3.3　逐点比较法

插补算法是实现数字程序控制较为关键的步骤，是运用特定的算法对工件加工轨迹进行运算并根据运算结果向相应的坐标发出运动指令的过程。插补算法通常就是用一系列的折线逼近理想直线、圆弧等。在诸多的插补算法中，较为常用的一种算法为逐点比较法。

逐点比较法是指刀具或绘图笔每走一步都要和给定轨迹上的坐标进行比较，判断该点在轨迹的上（外）或下（内），从而决定下一步的进给方向。若该点在给定点上（外），下一步就向下（内）走；若该点在给定点下（内），下一步就向上（外）走。如此走一步，比较一次，决定进给方向，逐步逼近给定轨迹。由于采用的是“一点一比较，一步步逼近”方法，因此称为逐点比较法。

逐点比较法的特点如下。

逐点比较法是以阶梯折线来逼近直线或圆弧等曲线的，它与规定的加工直线或圆弧之间的最大误差为一个脉冲当量；只要把脉冲当量取得足够小，即可达到加工精度的要求。

首先来看直线插补，为了分析方便，仅考虑第 1 象限内的直线插补。通俗地讲，直线插补就是希望刀具沿直线运动，但作为刀具本身，要形成平面上的直线运动，需要 $x$、$y$ 两个轴上运动的叠加，通过控制沿 $x$ 轴、$y$ 轴的走步控制，逼近直线轨迹。因此，直线插补需要考虑刀具现在的位置，在直线上方还是在下方，或者在直线上。如果在直线上方，下一步应该怎么走？在下方又该怎么走？如何判断已走到终点？

首先需要解决的问题是，当前刀具的位置与直线轨迹的位置关系，这个问题通过定义偏差公式来解决。如图 4.53 所示，直线 $OA$，如果刀具需要从起点 $O$ 运动到终点 $A$，则先要考虑刀具与直线的位置关系。

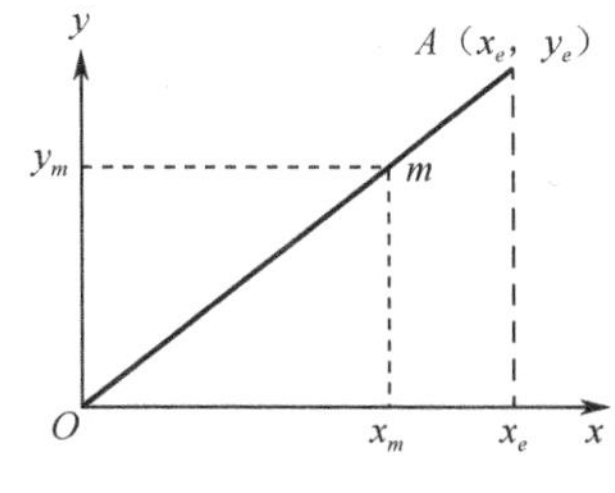

图 4.53　第 1 象限直线

根据逐点比较法插补原理，必须把每个插值点的实际位置与给定轨迹 $OA$ 的理想位置间的误差（偏差）计算出来，根据偏差的正、负决定下一步的走向来逼近给定轨迹。因此偏差计算非常关键。如图 4.53 所示，显然三角形 $mOx_m \cong AOx_e$，由相似三角形原理有

$$\frac{x_m}{y_m} = \frac{x_e}{y_e}$$

即

$$y_m x_e - x_m y_e = 0$$

由此可以定义偏差为

$$F_m = y_m x_e - x_m y_e$$

接下来根据偏差 $F_m$ 的大小判断位置后决定走步方向，并且再计算出下一个位置的偏差 $F_{m+1}$。

若 $F_m \geqslant 0$，则表明 $m$ 点在直线段 $OA$ 上或 $OA$ 上方；应沿+$x$ 方向走一步至 $m$+1，下一点坐标

$$x_{m+1} = x_m + 1, \ y_{m+1} = y_m$$

该点的偏差

$$F_{m+1} = y_{m+1}x_e - x_{m+1}y_e = y_m x_e - (x_m + 1)y_e = F_m - y_e$$

若 $F_m < 0$，则表明 $m$ 点在直线段 $OA$ 下方，为逼近给定曲线，应沿+$y$ 方向走一步至 $m+1$，下一点坐标

$$x_{m+1} = x_m, \ y_{m+1} = y_m + 1$$

该点的偏差

$$F_{m+1} = y_{m+1}x_e - x_{m+1}y_e = (y_m + 1)x_e - x_m y_e = F_m + x_e$$

每走一步，需要判断是否到达终点，逐点比较法的终点判断方法有多种，下面介绍两种。

（1）设置 $N_x$、$N_y$ 两个计数器，初值设为 $x_e$、$y_e$，在不同的坐轴进给时对应的计数器减 1，两个计数器均减到 0 时，到达终点。

（2）用一个计数器，初值设为 $N_{xy} = x_e + y_e$，无论在哪个坐标轴进给，$N_{xy}$ 计数器都减 1，计数器减到 0 时，到达终点。

直线插补计算时，每走一步，都要进行 4 个步骤的插补计算过程，即偏差判断、坐标进给、偏差计算、终点判断。

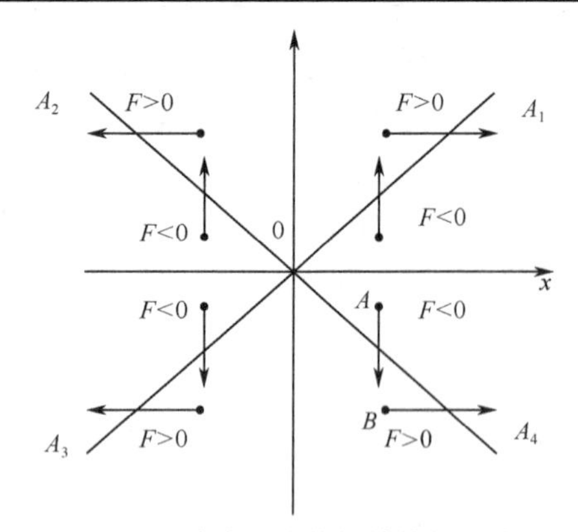


图 4.54　4 个象限直线插补的偏差符号及坐标进给方向

4 个象限直线插补的偏差符号及坐标进给方向如图 4.54 所示。由图可以推导得出，4 个象限直线插补的坐标进给和偏差计算公式（见表 4.3）。该表中 4 个象限的终点值取绝对值代入计算式。例如，第 3 象限 $OA_3$，$F<0$ 时，按 $-y$ 方向进给；$F>0$ 时，按 $-x$ 方向进给。注意，如果不是第 1 象限，计算偏差公式时，需要代入 $x_e$ 和 $y_e$ 的绝对值。

举个例子，设给定的加工轨迹为第 1 象限的直线 $OP$，起点为坐标原点，终点坐标 $A(x_e,y_e)$，其值为(5,4)，试进行插补计算并画出走步轨迹图。

由题可知：

**表 4.3　4 个象限直线插补的坐标进给和偏差计算公式**

| $F_m \geqslant 0$ | | | $F_m<0$ | | |
|---|---|---|---|---|---|
| 所在象限 | 坐标进给 | 偏差计算 | 所在象限 | 坐标进给 | 偏差计算 |
| 1、4 | $+x$ | $F_{m+1}=F_m-\|y_e\|$ | 1、2 | $+y$ | $F_{m+1}=F_m+\|x_e\|$ |
| 2、3 | $-x$ | | 3、4 | $-y$ | |

$x_e=5$、$y_e=4$，起点 0 时 $F_0=0$；总步数 $N_{xy}=5+4=9$；按照前面讲的 4 个步骤，偏差判断、坐标进给、偏差计算、终点判断，做出每一步的计算结果，如表 4.4 所示，根据表画出第 1 象限走步轨迹图，如图 4.55 所示。

**表 4.4　第 1 象限直线插补计算**

| 步　数 | 偏差判断 | 坐标进给 | 偏差计算 | 终点判断 |
|---|---|---|---|---|
| 起点 | | | $F_0=0$ | $N_{xy}=9$ |
| 1 | $F_0=0$ | $+x$ | $F_1=F_0-y_e=-4$ | $N_{xy}=8$ |
| 2 | $F_1=-4<0$ | $+y$ | $F_2-F_1+x_e-1$ | $N_{xy}=7$ |
| 3 | $F_2=1>0$ | $+x$ | $F_3=F_2-y_e=-3$ | $N_{xy}=6$ |
| 4 | $F_3=-3<0$ | $+y$ | $F_4-F_3+x_e-2$ | $N_{xy}=5$ |
| 5 | $F_4=2>0$ | $+x$ | $F_5=F_4-y_e=-2$ | $N_{xy}=4$ |
| 6 | $F_5=-2<0$ | $+y$ | $F_6-F_5+x_e-3$ | $N_{xy}=3$ |
| 7 | $F_6=3>0$ | $+x$ | $F_7=F_6-y_e=-1$ | $N_{xy}=2$ |
| 8 | $F_7=-1<0$ | $+y$ | $F_8-F_7+x_e-4$ | $N_{xy}=1$ |
| 9 | $F_8=4>0$ | $+x$ | $F_9=F_8-y_e=0$ | $N_{xy}=0$ |

举个第 2 象限的例子。试用逐点比较法插补第 2 象限直线 $OA$，起点 $O$ 在坐标原点，终点坐标为 $(-3,5)$，写出插补运算过程，并画出插补轨迹。定计数长度 $\Sigma=8$，刀具在起点 $O$，$F_0=0$、$x_e=-3$，运算时按绝对值计算。第 2 象限直线插补计算如表 4.5 所示。画出走步轨迹图，如图 4.56 所示。

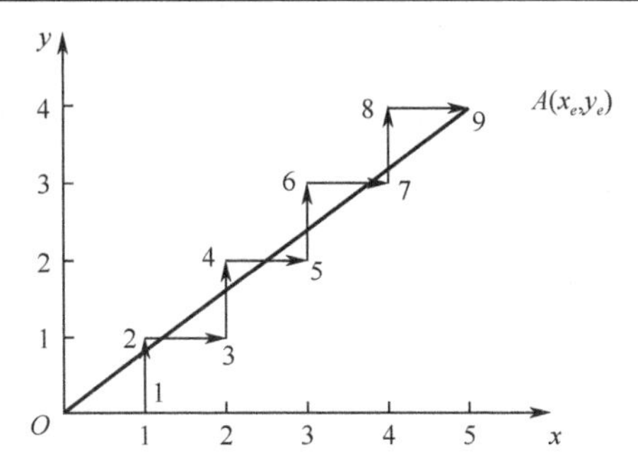


图 4.55　第 1 象限走步轨迹图

**表 4.5　第 2 象限直线插补计算**

| 序　号 | 偏差判断 | 坐标进给 | 偏差计算 | 终点判别 |
|---|---|---|---|---|
| 1 | $F_0=0$ | $-x$ | $F_1=F_0-y_e=0-5=-5$ | $\Sigma_1=\Sigma_0-1=8-1=7$ |
| 2 | $F_1=-5<0$ | $+y$ | $F_2=F_1+x_e=-5+3=-2$ | $\Sigma_2=\Sigma_1-1=7-1=6$ |
| 3 | $F_2=-2<0$ | $+y$ | $F_3=F_2+x_e=-2+3=1$ | $\Sigma_3=\Sigma_2-1=6-1=5$ |
| 4 | $F_3=1>0$ | $-x$ | $F_4=F_3-y_e=1-5=-4$ | $\Sigma_4=\Sigma_3-1=5-1=4$ |
| 5 | $F_4=-4<0$ | $+y$ | $F_5=F_4+x_e=-4+3=-1$ | $\Sigma_5=\Sigma_4-1=4-1=3$ |
| 6 | $F_5=-1<0$ | $+y$ | $F_6=F_5+x_e=-1+3=2$ | $\Sigma_6=\Sigma_5-1=3-1=2$ |
| 7 | $F_6=2>0$ | $-x$ | $F_7=F_6-y_e=2-5=-3$ | $\Sigma_7=\Sigma_6-1=2-1=1$ |
| 8 | $F_7=-3<0$ | $+y$ | $F_8=F_7+x_e=-3+3=0$ | $\Sigma_8=\Sigma_7-1=1-1=0$ |

接下来讲解直线插补计算的程序实现。根据 4 个象限直线插补图（见图 4.54）及坐标进给和偏差计算公式（见表 4.3），计算机程序实现的目的就是要用计算机语言来描述表所对应的各种情况。首先是设定初始偏差、终点坐标和象限、总步数，接着根据偏差和象限计算下一步偏差，然后调用走步控制程序，直至总步数为 0。直线插补计算机程序实现的流程图如图 4.57 所示。

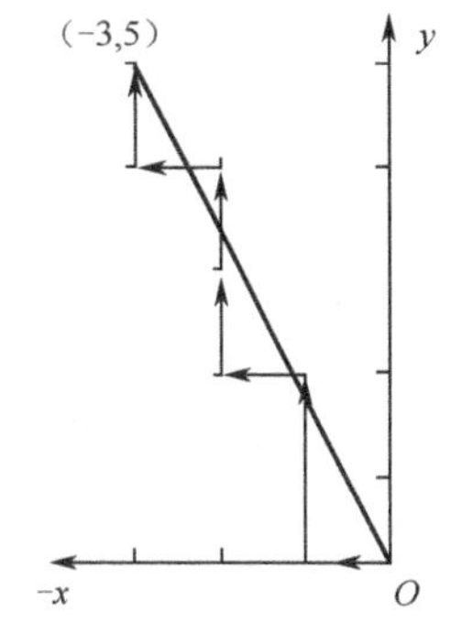


图 4.56　第 2 象限走步轨迹图

接下来讲解圆弧插补算法，还是考虑第 1 象限。

第 1 步，同样也要先进行偏差计算及判断，如图 4.58 所示，假设要加工逆圆弧 $AB$，圆心在原点，起点坐标 $A(x_0,y_0)$，终点坐标 $B(x_e,y_e)$，半径为 $R$。瞬时加工点 $m(x_m,y_m)$，它到圆心的距离为 $R_m$，则可用 $R$ 与 $R_m$ 来反映偏差。

$$R_m^2=X_m^2+Y_m^2,\ R^2=X_0^2+Y_0^2$$

由此定义偏差公式：

$$F_m=R_m^2-R^2=x_m^2+y_m^2-R^2$$

$F_m=0$ 时，点在圆弧上；

$F_m>0$ 时，点在圆弧外；

$F_m<0$ 时，点在圆弧内。

第 2 步，坐标进给。

当 $P$ 点在圆弧外时，$F>0$，向圆（$-x$ 方向）进给 1 步；

当 $P$ 点在圆弧内时，$F<0$，向圆（$+y$ 方向）进给 1 步；

当 $P$ 点在圆弧上时，$F=0$，按 $F>0$ 处理，即向圆（$-x$ 方向）进给 1 步。

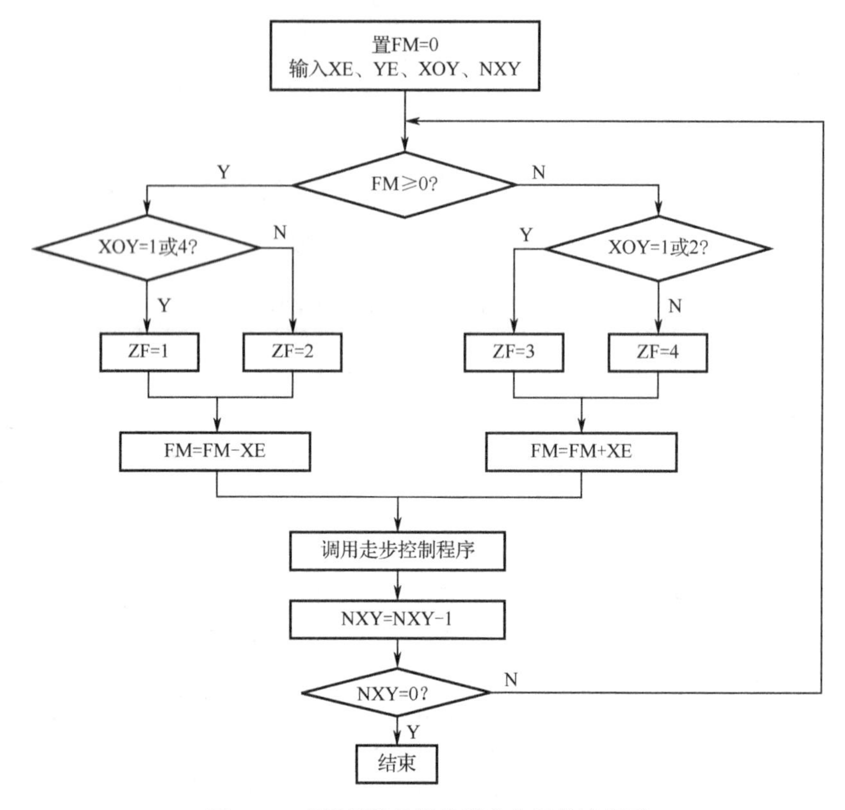


图 4.57　直线插补计算机程序实现的流程图

第 3 步，偏差计算。设定 $P$ 点在圆外

$$F>0,\ F=(x-1)^2+y^2-R^2=x^2-2x+1+y^2-R^2=(x^2+y^2-R^2)-2x+1=F-2x+1$$

设定 $P$ 点在圆内

$$F<0,\ F=x^2+(y+1)^2-R^2=x^2+y^2+2y+1-R^2=(x^2+y^2-R^2)+2y+1=F+2y+1$$

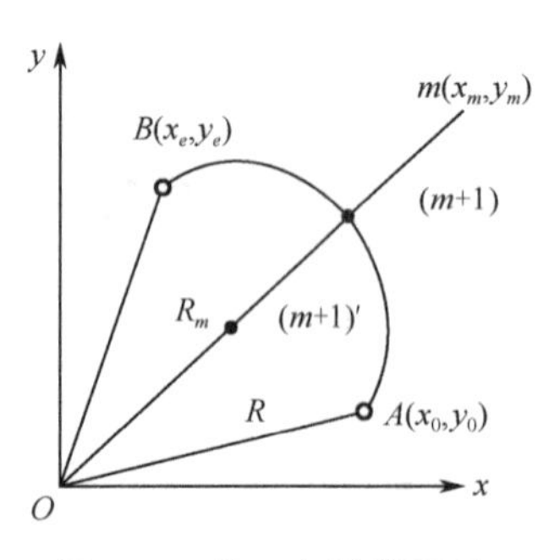


图 4.58　第 1 象限逆圆弧

第 4 步，与直线插补偏差计算不同，每次偏差计算都需要计算当前的坐标。

第 5 步，终点判断。

（1）设置 $N_x$、$N_y$ 两个计数器，初值设为 $|X_e-X_0|$、$|Y_e-Y_0|$，在不同的坐标轴进给时对应的计数器减 1，两个计数器均减到 0 时，到达终点。

（2）用一个计数器 $N_{xy}$，初值设为 $N_x+N_y$，无论在哪个坐标轴进给，$N_{xy}$ 计数器都减 1，计数器减到 0 时，到达终点。

总结圆弧插补计算过程，圆弧插补计算过程比直线插补计算过程多一个环节，即要计算加工瞬时坐标。故圆弧插补计算过程为 5 个步骤，即偏差计算及判断、坐标进给、偏差计算、坐标计算、终点判断。

4 个象限的逆、顺圆弧插补的偏差符号及坐标进给方向如图 4.59 所示。利用图形对称可方便地求出各个象限的逆、顺圆弧插补偏差计算公式和坐标进给方向。

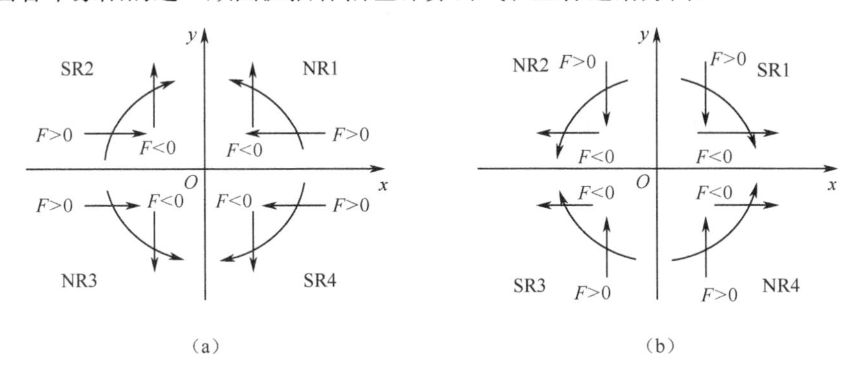


图 4.59　4 个象限的逆、顺圆弧插补的偏差符号及坐标进给方向

假设欲加工第 1 象限逆圆弧 *AE*，起点 *A* 的坐标为(4,3)，终点 *E* 的坐标为(0,5)，用逐点比较法进行插补。

终点判别法采用双向计数法，其终点判别值为$\Sigma=6$，开始时刀具处于圆弧起点 $A(4,3)$，$F_0=0$。圆弧插补计算如表 4.6 所示，对应的逆圆弧走步轨迹如图 4.60 所示。

**表 4.6　圆弧插补计算**

| 序　号 | 偏差判断 | 坐标进给 | 偏差计算 | 坐标计算 | 终点判断 |
|---|---|---|---|---|---|
| 1 | $F_0=0$ | $-\Delta x$ | $F_1=0-2\times4+1=-7$ | $x_1=3,y_1=3$ | $\Sigma_1=6-1=5$ |
| 2 | $F_1=-7<0$ | $-\Delta y$ | $F_2=-7+2\times3+1=0$ | $x_2=3,y_2=4$ | $\Sigma_2=5-1=4$ |
| 3 | $F_2=0$ | $-\Delta x$ | $F_3=0-2\times3+1=-5$ | $X_3=2,y_3=4$ | $\Sigma_3=4-1=3$ |
| 4 | $F_3=-5<0$ | $-\Delta y$ | $F_4=-5+2\times4+1=4$ | $x_4=2,y_4=5$ | $\Sigma_4=3-1=2$ |
| 5 | $F_4=+4>0$ | $-\Delta x$ | $F_5=4-2\times2+1=1$ | $x_5=1,y_5=5$ | $\Sigma_5=2-1=1$ |
| 6 | $F_5=+1>0$ | $-\Delta x$ | $F_6=1-2\times1+1=0$ | $x_6=0,y_6=5$ | $\Sigma_6=1-1=0$ |

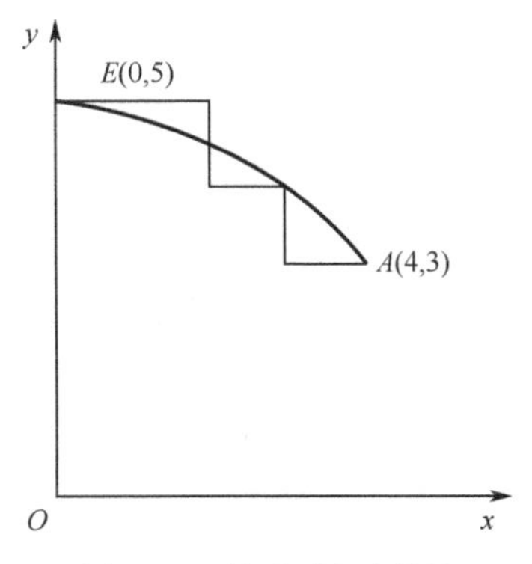


图 4.60　逆圆弧走步轨迹

# 习　题　4

1．调节阀的基本组成有哪几部分？阀门定位器的作用是什么？

2．调节阀的流量特性有哪些？如果安装到管道中，调节阀的实际工作特性将如何变化？

3．什么是闪蒸和气蚀？有哪些危害？

4．什么是调节阀的气开式和气关式？选择原则是什么？

5．计算 $C_v$ 并从表4.7中选择阀的尺寸。阀两端压降为100psi时，最大能调节到300gal/min的酒精流量，酒精的比重 $g_s = 0.8$。

表4.7 调节阀 $C_v$

| 阀的尺寸/in | $C_v$ |
|---|---|
| 1/4 | 0.3 |
| 1/2 | 3.0 |
| 1 | 15 |
| $1\frac{1}{2}$ | 35 |
| 2 | 55 |
| 3 | 110 |
| 4 | 175 |
| 6 | 400 |
| 8 | 750 |

6．闪蒸罐的过程仪表图如图4.61所示。蒸汽在蒸汽盘管中被冷凝，以液体产品通过泵排出。有控制热蒸汽流量、水蒸气产品、液体产品、进料流量和热蒸汽流出量（在紧急情况下允许热蒸汽迅速排空）的控制阀。确定这5个阀在3种情况下的气开式和气关式。

（1）最安全的条件确保闪蒸罐中最低的温度和压力。

（2）水蒸气流向下游设备会造成危险的情况。

（3）液体流向下游设备会造成危险的情况。

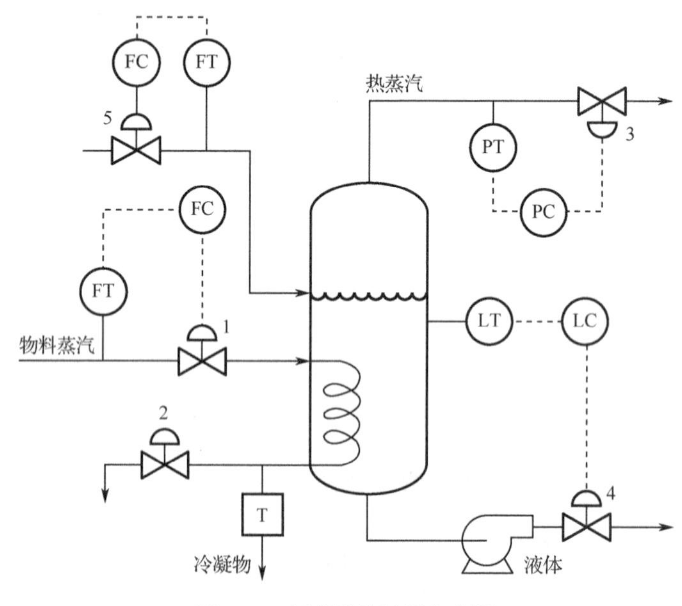


图4.61 闪蒸罐的过程仪表图

7．有一台四相反应式步进电动机，其步距角为1.8°/0.9°，求：

（1）转子齿数是多少？

（2）写出四相八拍的一个通电顺序。

（3）A 相绕组的电流频率为 400Hz 时，电动机的转速是多少？

8．四相步进电动机与 51 单片机接口电路如图 4.62 所示，ULN2003 为驱动器，写出四相八拍控制方式的程序，并调试运行，输出结果。

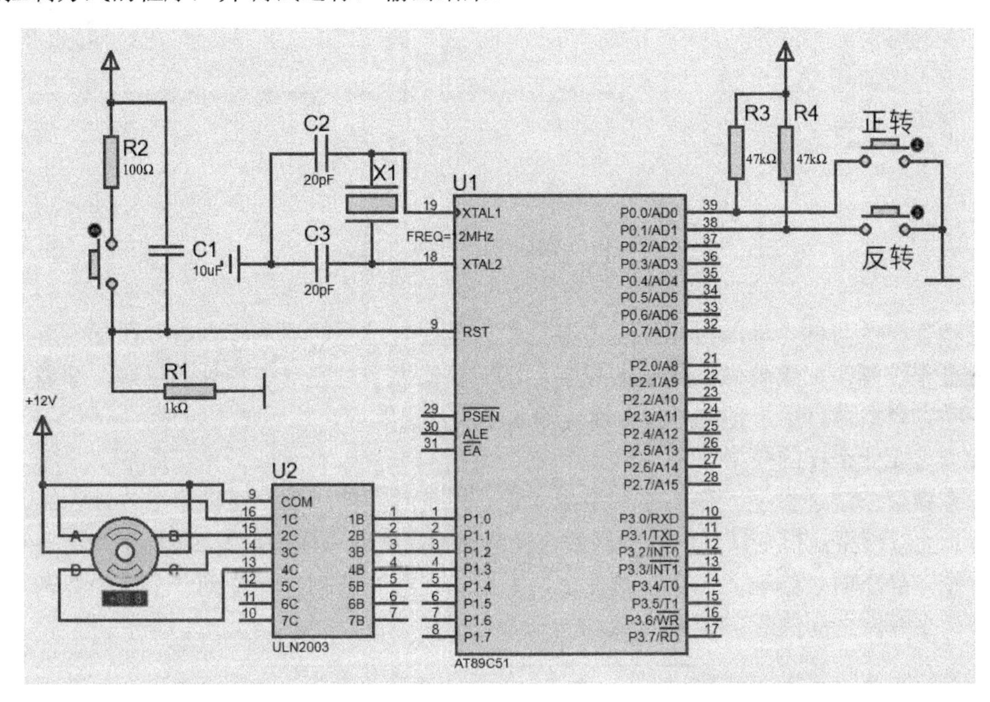


图 4.62　四相步进电动机与 51 单片机接口电路

9．加工第 1 象限直线 $OA$，起点 $O(0,0)$，终点 $A(3,2)$，要求：

（1）按逐点比较法插补进行列表计算；

（2）画出走步轨迹图，并标明进给方向和步数。

10．加工第 1 象限逆圆弧 $AB$，起点 $A(6,0)$，终点 $B(0,6)$，要求：

（1）按逐点比较法插补进行列表计算；

（2）画出走步轨迹图，并标明进给方向和步数。

第5章

# 过程

## 5.1 机理建模

过程建模的目的是理解过程原理，并且根据模型与过程的观测行为进行匹配，有助于设计优化过程控制。如果要做到优越的控制，则需要致力于过程动态特性的描述，即需要动态模型，动态模型可以用于预测过程在给定输入下的输出响应，指示如何反应。

我们需要什么样的模型？

稳态模型和动态模型。稳态模型是指变量不再是时间的函数，可以用于设计计算、设备选型等。动态模型是指变量是时间的函数，反馈控制需要动态模型。图5.1所示为动态和静态的示意图。静态时，给输入一个阶跃变化，系统输出开始波动，最终到一个新的静态。动态描述了两个静态之间的暂态行为。

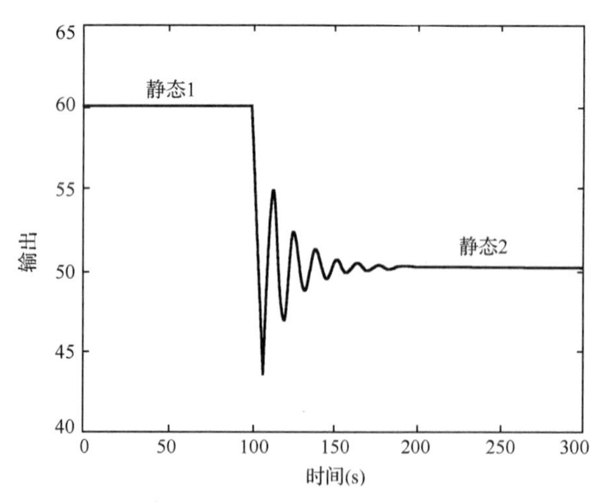


图5.1 动态和静态示意图

经验模型和理论模型。经验模型是指通过对实际过程测试后得出的模型，是比较简单的模型，便于操作。经验模型仅是过程在局部区域的表示（无外推），模型仅反映了已知点的数据。经验模型不依赖潜在的机理，而是用具体的函数或数学曲线拟合的过程，如图5.2所示。而理论模型依赖于对过程的理解，根据基本的物理和化学定律推导出来，利用质量、能量或动量守恒定律得到，可以用于仿真，并可以外推到新的工作点，其难点在于可能包含一些未知的参数需要估计。动态模型更为复杂但易于理解，往往在控制器和控制结构设计阶段需要动态模型。

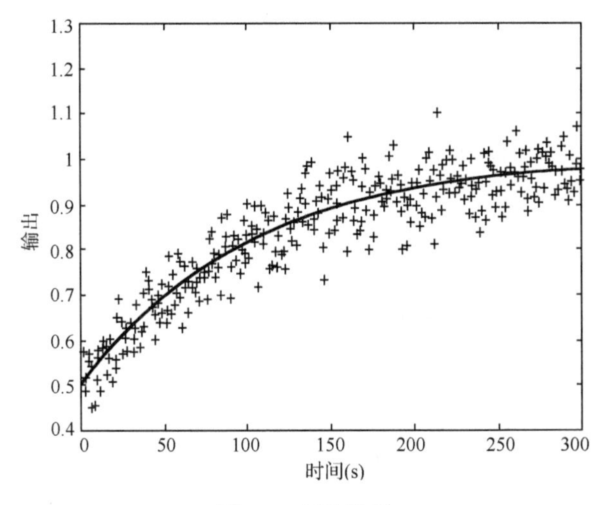


图 5.2　经验模型

线性模型和非线性模型。线性模型是大多数工业控制的基础模型，是简化的模型，易于辨识，易于设计控制器，通常在特定条件下能够满足控制需求。而非线性模型更符合实际，能更好地预测与控制，但更为复杂，难于辨识，需要高水平的控制器设计技术来完成控制任务。在大多数传统过程控制中，往往从实验中获得动态模型，建立线性模型。随着工业过程控制的要求越来越高，在许多新的应用问题中，往往致力于机理建模，由理论推导出动态模型，这一般都是非线性的模型。

建模过程。建模过程通常有以下几步。

（1）明确建模的目标，即模型用处，如果用于控制，则要明确输入/输出变量。

（2）明确基本的物理量，即涉及哪些物理量的守恒，如质量、能量、动量。

（3）明确边界条件，如过程的初始条件。

（4）运用基本物理、化学定理，如质量、能量、动量守恒。

（5）制定合理假设（简化），适当理想化（如恒温、隔热、理想气体、无摩擦、定常空气动力作用等）。

（6）列写能量、质量和动量守恒关系式（建立等式）。

（7）检查模型一致性，是否含有比方程更多的未知数。

（8）确定未知常数，如摩擦系数、流体密度和黏度。

（9）求解模型方程，通常是非线性常（偏）微分方程，列写方程初值。

（10）对模型有效性验证，并将它与过程行为比较。机理建模被控过程的建模方法——机理法，是基于化学、物理等基本定律发展而来的，基于机理法的模型可以描述被控过程的动态特性，使控制更加精准。动态模型的建立，在过程控制中起到重要的作用。

（1）有助于增加对过程的理解。

（2）根据过程模型可以建立软件仿真环境，因此有助于在模拟环境下训练工厂的操作人员。

（3）基于模型可以设计出显示表达式的控制策略。

（4）可以用于优化过程工作条件，以便获得最高效益或最小成本。

机理法是基于基本定律、利用守恒方程来推导出动态模型的。守恒的变量包括质量、能量和动量。守恒方程满足条件：

增加量=流入−流出+生成−消耗

### 5.1.1　质量守恒方程

下面讲述质量守恒方程的列写，并给出一个例子。图 5.3 所示是单容水箱，它是一个圆柱形水箱，有一个流入口和一个流出口，流入口的流量和密度分别为 $F_0(t)$ 和 $\rho_0(t)$，流出口的流量和密度分别为 $F_1(t)$ 和 $\rho_1(t)$，水箱内流体的体积和密度分别为 $V(t)$ 和 $\rho(t)$，水箱内的液位为 $h(t)$，水箱的横截面积为 $A_c$。同时满足以下条件：

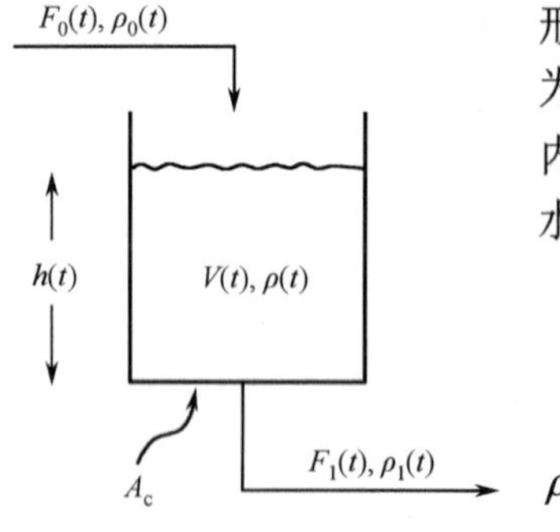


图 5.3　单容水箱

（1）液体只能从水箱的流动管道进出（不考虑蒸发）；

（2）水箱横截面积随高度保持不变，即 $V(t)=A_c h(t)$；

（3）液体不可压缩，且密度保持不变，即 $\rho_0(t)=\rho_1(t)=\rho(t)=\rho$。

根据假设条件和质量守恒方程，我们列出很小的一段时间 $\Delta t$ 内的质量守恒方程为

水箱质量增加量=流入质量−流出质量+生成质量−消耗质量

流入质量为

$$\rho_0(t)F_0(t)\Delta t=\rho F_0(t)\Delta t$$

流出质量为

$$\rho_1(t)F_1(t)\Delta t=\rho F_1(t)\Delta t$$

产生质量：没有生成的质量，为 0。

消耗质量：没有蒸发等消耗，为 0。

水箱质量增加量为

$$\rho(t)V(t)|_{t+\Delta t}-\rho(t)V(t)|_t=\rho V(t)|_{t+\Delta t}-\rho V(t)|_t$$

根据质量守恒方程，有

$$\rho V(t)|_{t+\Delta t}-\rho V(t)|_t=\rho_0 F_0(t)\Delta t-\rho_1(t)F_1(t)\Delta t$$

将方程两边除以 $\Delta(t)$，当 $\Delta(t)\to 0$ 时，可以得到微分方程为

$$\frac{\mathrm{d}\rho V(t)}{\mathrm{d}t}=\rho F_0(t)-\rho F_1(t)$$

将 $\rho$ 消掉，得到

$$\frac{\mathrm{d}V(t)}{\mathrm{d}t}=F_0(t)-F_1(t)$$

进而得到

$$A_c\frac{\mathrm{d}h(t)}{\mathrm{d}t}=F_0(t)-F_1(t)$$

列出初始条件 $h(0)=h_s$。

进一步讲，如果水箱排出液体流量 $F_1(t)$ 与液体压力成正比，则有

$$F_1(t)=\alpha_1 h(t)$$

将其代入质量守恒方程，可以得到线性微分方程为

$$\frac{A_c}{\alpha_1}\frac{\mathrm{d}h(t)}{\mathrm{d}t}+h(t)=\frac{1}{\alpha_1}F_0(t),\quad h(0)=hs$$

假定排出液体流量 $F_1(t)$ 与压力的平方根成正比，则有 $F_1(t)=\alpha_1\sqrt{h(t)}$，代入质量守恒方程，可以得到非线性的微分方程为

$$A_c\frac{dh(t)}{dt}+\alpha_1\sqrt{h(t)}=F_0(t),\ \ h(0)=hs$$

图 5.4 所示是双容水箱，由两个单容水箱串联而成，其中由于第 2 个水箱对第 1 个水箱的无影响，所以它是非耦合的双水箱。假设条件与前面所述类似。

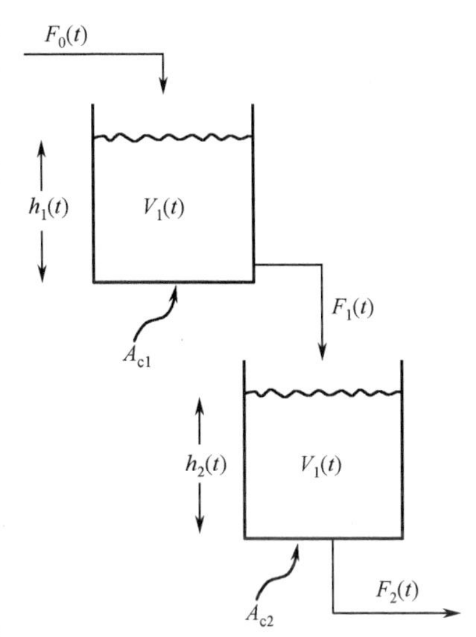


图 5.4　双容水箱

同样根据质量守恒方程，可以分别写出两个水箱的质量守恒方程。

水箱 1

$$A_{c1}\frac{dh_1(t)}{dt}=F_0(t)-F_1(t),\ \ h_1(0)=h_1s$$

水箱 2

$$A_{c2}\frac{dh_2(t)}{dt}=F_1(t)-F_2(t),\ \ h_2(0)=h_2s$$

如果排出流量 $F_1(t)$ 和 $F_2(t)$ 与压力平方根成正比，即

$$F_1(t)=\alpha_1\sqrt{h_1(t)},\ \ F_2(t)=\alpha_2\sqrt{h_2(t)}$$

同样将 $F_1(t)$ 和 $F_2(t)$ 代入质量守恒方程，分别可以得到水箱 1 和水箱 2 的非线性微分方程。

水箱 1

$$A_{c1}\frac{dh_1(t)}{dt}+\alpha_1\sqrt{h_1(t)}=F_0(t),\ \ h_1(0)=h_1s$$

水箱 2

$$A_{c2}\frac{dh_2(t)}{dt}+\alpha_2\sqrt{h_2(t)}=\alpha_1\sqrt{h_1(t)},\ \ h_2(0)=h_2s$$

### 5.1.2　能量守恒方程

接下来以搅拌加热水箱为例，介绍基于能量守恒原理列写过程的能量守恒方程。图 5.5 所示是一个搅拌加热水箱，入口流量和温度分别用 $F_0(t)$ 和 $T_0(t)$ 表示，出口流量和温度分别用 $F_1(t)$ 和 $T_1(t)$ 来表示，水箱内部的加热功率为 $Q(t)$，水箱内液体体积为 $V(t)$，温度为 $T(t)$，液位高度为 $h(t)$。此外水箱的横截面积为 $A_c$，液体的比热为 $c_p$。

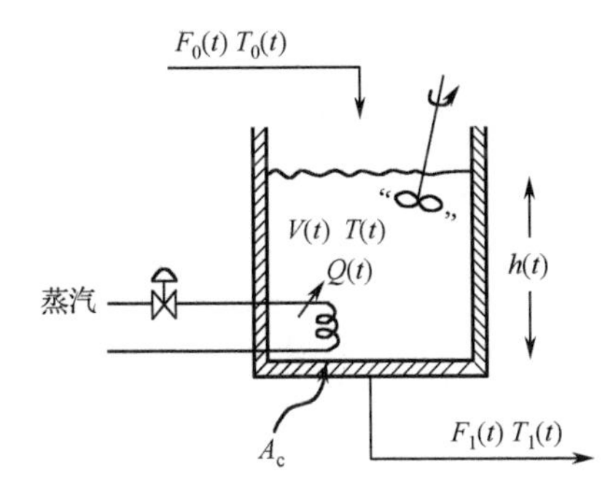


图 5.5　搅拌加热水箱

假设条件为：

（1）水箱的横截面积随高度保持不变；

（2）密度 $\rho$ 和比热 $c_p$ 是常值；

（3）没有蒸发；

（4）除已标出的流体外，没有其他流体进入或离开容器；

（5）容器完美绝缘；

（6）液体完美混合，即 $T_1(t)=T(t)$；

（7）没有摩擦损失，没有压力损失；

（8）没有化学反应；

（9）仅考虑液体能量。

根据$\Delta t$时间段内能量守恒，即

能量增加量=流入能量-流出能量+生成能量-消耗能量

列出$\Delta t$时间段内（$\Delta t$足够小，变量在$[t,t+\Delta t]$这段时间内的值与$t$时刻的值相等）的参数。

流入能量：$\rho c_p F_0 T_0 \Delta t$。

流出能量：$\rho c_p F_1 T_1 \Delta t$。

蒸汽加热输入能量：$Q(t)\Delta t$。

容器能量变化：$E|_{t+\Delta t} - E|_t = \rho A_c c_p [h(t)T(t)|_{t+\Delta t} - h(t)T(t)|_t]$。

于是可以列出能量守恒方程为

$$\rho A_c c_p [h(t)T(t)|_{t+\Delta t} - h(t)T(t)|_t] = \rho c_p F_0(t) T_0(t)\Delta t - \rho c_p F_1(t) T_1(t)\Delta t + Q(t)\Delta t$$

当$\Delta t \to 0$时，方程两边除以$\Delta t$和$\rho c_p$，则可以得到微分方程为

$$A_c \frac{\mathrm{d}[h(t)T(t)]}{\mathrm{d}t} = F_0(t)T_0(t) - F_1(t)T(t) + \frac{Q(t)}{\rho c_p}$$

$$A_c h(t)\frac{\mathrm{d}[T(t)]}{\mathrm{d}t} + A_c T(t)\frac{\mathrm{d}[h(t)]}{\mathrm{d}t} = F_0(t)T_0(t) - F_1(t)T(t) + \frac{Q(t)}{\rho c_p}$$

此外，对于该过程，仍然可以列写质量守恒方程为

$$A_c \frac{\mathrm{d}h(t)}{\mathrm{d}t} = F_0(t) - F_1(t)$$

将质量守恒方程代入能量守恒方程，能量守恒方程则可以写成

$$A_c h(t)\frac{\mathrm{d}T(t)}{\mathrm{d}t} + T(t)F_0(t) = T_0(t)F_0(t) + \frac{Q(t)}{\rho c_p},\quad T(0) = T_s$$

$$A_c \frac{\mathrm{d}h(t)}{\mathrm{d}t} = F_0(t) - F_1(t),\quad h(0) = h_s$$

### 5.1.3　物种（成分）守恒方程

接下来我们讲物种守恒，物种守恒在某些化学反应过程中会用到。化学反应器如图 5.6 所示，流入流量、流入温度、流入 A 物质的浓度分别为$F_0(t)$、$T_0(t)$、$C_{A0}(t)$，流出流量、流出温度、流出 A 物质的浓度分别为$F_1(t)$、$T_1(t)$、$C_A(t)$，反应器内流体体积为$V(t)$，温度为$T(t)$，A 物质的浓度为$C_A(t)$，反应器的横截面积为$A_c$，反应器内液体高度为$h(t)$。此外，流体比热为$c_p$，化学反应率常数为$k$，A 物质的摩尔数用$N_A$来表示，$R$为气体常数，$E$为激活能量，反应率为$r$，具体这些变量的量纲已经给出。

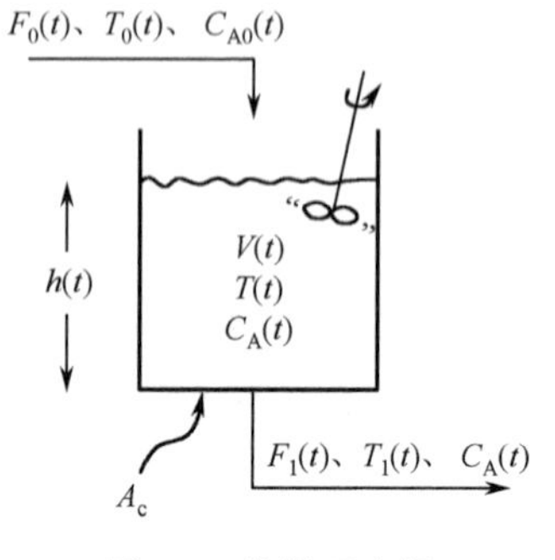


图 5.6　化学反应器

A 物质的浓度：$C_A$，gmol/cm$^3$。

A 物质的摩尔数：$N_A$，gmol。

激活能量：$E$，cal/gmol。

气体常数：$R$，cal/(gmol·K)。

化学反应率常数：$k$，1/s。

液体流量：$F(t)$，cm$^3$/s。

液体密度：$\rho(t)$，$g/m^3$。

液体高度：$h(t)$，cm。

反应器横截面积：$A_c$，$cm^2$。

流体体积：$V(t)$，$cm^3$。

液体温度：$T(t)$，K。

流体比热：$c_p$，$cal/(g\cdot K)$。

反应率：$r$，$gmol/(cm^3\cdot s)$。

时间：$t$，s。

假设条件：

没有反应热量（没有放热也没有吸热）；

A 转换成 B 为一阶反应，即满足 $r(t)=k(t)C_A(t)$；

化学反应率常数与温度满足 $k(t)=k_0 e^{-E/RT(t)}$。

根据 $\Delta t$ 时间段内的物种守恒原理有

反应器内 A 的增加量=流入 A 的摩尔数-流出 A 的摩尔数+生成 A 的摩尔数-消耗掉 A 的摩尔数

流入 A 的摩尔数为 $F_0(t)C_{A0}(t)\Delta t$。

流出 A 的摩尔数为 $F_1(t)C_A(t)\Delta t$。

生成的 A 的摩尔数为 0。

消耗的 A 的摩尔数为 $r(t)V(t)\Delta t$。

容器中 A 的增加摩尔数为

$$n_A(t)|_t+\Delta t-n_A(t)|_t=V(t)C_A(t)|_{t+\Delta t}-V(t)C_A(t)|_t=A_c[h(t)C_A(t)|_{t+\Delta t}-h(t)C_A(t)|_t]$$

根据 $\Delta t$ 时间段内物种守恒，且方程两边同除以 $\Delta t$，当 $\Delta t\to 0$ 时，可以列写出守恒微分方程为

$$A_c\frac{dh(t)C_A(t)}{dt}=C_{A0}(t)F_0(t)-C_A(t)F_1(t)-A_ch(t)r(t)$$

对方程左边积分，得

$$A_ch(t)\frac{dC_A(t)}{dt}+A_cC_A(t)\frac{dh(t)}{dt}=C_{A0}(t)F_0(t)-C_A(t)F_1(t)-A_ch(t)C_A(t)k_0e^{-E/RT(t)}$$

化简为

$$A_ch(t)\frac{dC_A(t)}{dt}+C_A(t)[F_0(t)+A_ch(t)k_0e^{-E/RT(t)}]=C_{A0}(t)F_0(t),\quad C_A(0)=C_{AS}$$

此外，同样还可以写出能量守恒方程为

$$A_ch(t)\frac{dT(t)}{dt}+T(t)F_0(t)=T_0(t)F_0(t),\quad T(0)=T_s$$

质量守恒方程为

$$A_c\frac{dh(t)}{dt}=F_0(t)-F_1(t),\quad h(0)=h_s$$

### 5.1.4　动量守恒方程

最后，我们讲解动量守恒方程

动量增加量=输入动量−输出动量+生成动量−消耗动量

以汽车行驶过程为例，如图 5.7 所示，汽车在摩擦力和发动机产生的牵引力 $u(t)$ 的作用下前进，速度为 $v$，该过程的目的是控制车速，守恒变量为动量，假设摩擦力和速度成正比。

图 5.7　汽车行驶过程

发动机产生的牵引力为 $u$，外部摩擦力为 $bv$。在 $\Delta t$ 时间段内动量守恒如下：

输入的动量为 $u(t)\Delta t$；

输出动量为 $bv(t)\Delta t$；

动量增加为 $Mv(t)|_{t+\Delta t} - Mv(t)|_t$。

写出动量守恒方程，且两边除以 $\Delta t$，当 $\Delta t \to 0$ 时，可以得到微分方程

$$\frac{\mathrm{d}Mv(t)}{\mathrm{d}t} = M\frac{\mathrm{d}v(t)}{\mathrm{d}t} = u(t) - bv(t)$$

这与用牛顿第 2 定律求出的方程一致。

## 5.2　增量法线性化

5.1 节的主要内容是基于机理法对过程进行建模，通过守恒方程往往会写出非线性常微分方程或线性不定常微分方程，如果用于控制，则通常期望过程模型是线性的，此时可以设计性能优越的控制器。于是我们会面临这样的问题：

过程控制中如何处理非线性过程？

本节讲解将非线性过程线性化，并且应用基于偏差变量的增量法将过程描述成传递函数表达式，以利于控制系统分析与设计。

过程控制理论研究与控制器设计往往需要线性定常的微分过程，但实际的过程往往是非线性常微分方程或线性不定常的微分方程，因此，要将这些方程转化为线性方程。常微分方程有以下 4 种。

线性定常微分方程，即

$$A\frac{\mathrm{d}y(t)}{\mathrm{d}t} + By(t) = t^2\sin t$$

参数 $A$、$B$ 为常数，对于 $y(t)$ 变量而言，是线性方程。

线性非定常微分方程，即

$$A(t)\frac{\mathrm{d}y(t)}{\mathrm{d}t} + B(t)y(t) = u(t)$$

参数 $A(t)$、$B(t)$ 是时变的、非定常的，是 $y(t)$ 的线性方程。

非线性定常微分方程，即

$$A\frac{\mathrm{d}x(t)}{\mathrm{d}t} + \frac{B}{x(t)} = Cu(t)$$

参数 $A$、$B$ 为常数，$x(t)$ 具有非线性项 $1/x(t)$，因此是非线性定常。

非线性非定常微分方程，即

$$A(t)\left[\frac{\mathrm{d}x(t)}{\mathrm{d}t}\right]^2 + B(t)x(t) = C(t)u(t)$$

参数 $A(t)$、$B(t)$ 是非定常的，$x(t)$ 的导数有平方项，因此是非线性非定常方程。

线性化可将上述非线性非定常方程线性化为线性定常方程。线性化是用简单线性函数去近似非线性函数的方法，通常我们会选择某一点，在该点附近线性化，在该点周围的范围内线性化后的函数与原有非线性函数有很好的一致性。当我们远离线性化点时，近似效果变差，非线性函数如图 5.8 所示。

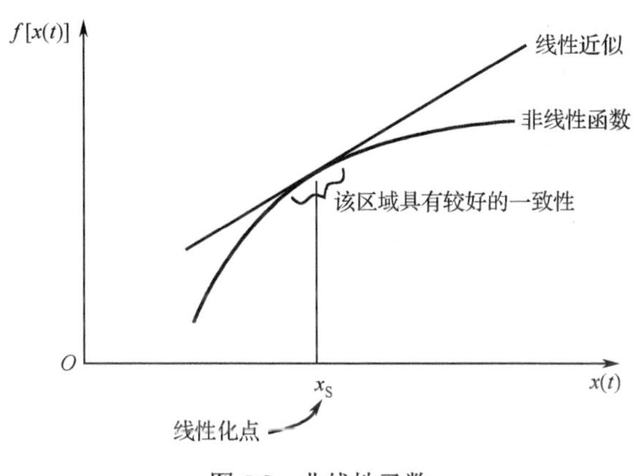


图 5.8 非线性函数

首先，介绍一元函数如何线性化。高等数学知识告诉我们，函数 $f(x)$ 可以在某一点 $x_S$ 附近进行泰勒级数展开，可以得到

$$f[x(t)] = f[x_S] + [x(t) - x_S]\frac{\mathrm{d}}{\mathrm{d}x}f[x(t)]\bigg|_{x=x_S} + \frac{[x(t)-x_S]^2}{2!}\frac{\mathrm{d}^2}{\mathrm{d}x^2}f[x(t)]\bigg|_{x=x_S} + \cdots$$

当 $x(t)$ 与 $x_S$ 距离足够小时，将 $x(t) - x_S$ 的平方以上的高阶项全部忽略。忽略高阶项得到

$$f[x(t)] = f[x_S] + [x(t) - x_S]\frac{\mathrm{d}}{\mathrm{d}x}f[x(t)]\bigg|_{x=x_S}$$

这就是线性方程。完成了一元函数的线性化。

以前面讲的单容水箱为例，当排水量和静压力平方根成正比时，即

$$f_1(t) = \alpha_1\sqrt{h(t)}$$

根据质量守恒方程有

$$A_c\frac{\mathrm{d}h(t)}{\mathrm{d}t} = F_0(t) - F_1(t)$$

将 $F_1(t)$ 代入，有

$$A_c\frac{\mathrm{d}h(t)}{\mathrm{d}t} + \alpha_1\sqrt{h(t)} = F_0(t)$$

且初始条件为 $h(0) = h_S$。

很明显，这个方程里出现了 $\sqrt{h(t)}$，是非线性方程。

我们将方程里出现的非线性项$\sqrt{h(t)}$在$h_{\rm s}$点进行泰勒级数展开，并且去掉2次以上的高阶项，可以得到

$$A_{\rm c}\frac{{\rm d}h(t)}{{\rm d}t}+\alpha_1\sqrt{h(t)}=F_0(t)$$

$$h^{\frac{1}{2}}(t)=h_{\rm S}^{\frac{1}{2}}+[h(t)-h_{\rm S}]\frac{\rm d}{{\rm d}h}[h^{\frac{1}{2}}(t)]\bigg|_{h=h_{\rm S}}$$

$$h^{\frac{1}{2}}(t)=h_{\rm S}^{\frac{1}{2}}+[h(t)-h_{\rm S}]\frac{1}{2h_{\rm S}^{\frac{1}{2}}}$$

$$h^{\frac{1}{2}}(t)=\frac{1}{2}h_{\rm S}^{\frac{1}{2}}+\frac{1}{2h_{\rm S}^{\frac{1}{2}}}h(t)$$

可以看出，这里不再含有非线性项，只有$h(t)$的线性项，将其代入原方程，有

$$A_{\rm c}\frac{{\rm d}h(t)}{{\rm d}t}+\frac{\alpha}{2h_{\rm S}^{\frac{1}{2}}}h(t)=F_0(t)-\frac{\alpha}{2}h_{\rm S}^{\frac{1}{2}}$$

该方程的形式为$A\frac{{\rm d}y(t)}{{\rm d}t}+By(t)=Cu(t)+E$，是线性方程。

二元函数的线性化。对于方程

$$\frac{{\rm d}x(t)}{{\rm d}t}=f[x(t),y(t)],\frac{{\rm d}y(t)}{{\rm d}t}=g[x(t),y(t)]$$

如果函数中有两个变量$x(t)$和$y(t)$，则一样通过泰勒级数将函数在$(x_{\rm S},y_{\rm S})$点展开，则有

$$f[x(t),y(t)]=f(x_{\rm S},y_{\rm S})+[x(t)-x_{\rm S}]\frac{\partial f}{\partial x}\bigg|_{x_{\rm S},y_{\rm S}}+[y(t)-y_{\rm S}]\frac{\partial f}{\partial y}\bigg|_{x_{\rm S},y_{\rm S}}$$

$$g[x(t),y(t)]=g(x_{\rm S},y_{\rm S})+[x(t)-x_{\rm S}]\frac{\partial g}{\partial x}\bigg|_{x_{\rm S},y_{\rm S}}+[y(t)-y_{\rm S}]\frac{\partial g}{\partial y}\bigg|_{x_{\rm S},y_{\rm S}}$$

以前面讲的物种守恒模型为例（见图5.6）

$$A_{\rm c}h(t)\frac{{\rm d}C_{\rm A}(t)}{{\rm d}t}+C_{\rm A}(t)[F_0(t)+A_{\rm c}h(t)k_0{\rm e}^{-E/RT(t)}]=C_{\rm A0}(t)F_0(t)$$

在这个方程中，非线性项${\rm e}^{-E/RT(t)}C_{\rm A}(t)$有两个变量$T(t)$和$C_{\rm A}(t)$，因此应用二元函数泰勒级数在$T_{\rm S}$，$C_{\rm AS}$处展开为

$${\rm e}^{-E/RT(t)}C_{\rm A}(t)={\rm e}^{-E/RT_{\rm S}}C_{\rm AS}(E/RT_{\rm S}^2)+[C_{\rm A}(T)-C_{\rm AS}]{\rm e}^{-E/RT_{\rm S}}$$

$$\frac{{\rm d}C_{\rm A}(t)}{{\rm d}t}=\frac{F}{V}[C_{\rm A0}-C_{\rm A}(T)]-$$
$$k_0\{{\rm e}^{-E/RT_{\rm S}}+[T(t)-T_{\rm S}]{\rm e}^{-E/RT_{\rm S}}C_{\rm AS}(E/RT_{\rm S}^2)+[C_{\rm A}(t)-C_{\rm AS}]{\rm e}^{-E/RT_{\rm S}}\}$$

它具有下列形式

$$A\frac{{\rm d}y(t)}{{\rm d}t}+By(t)=Cu(t)+Dd(t)+E$$

将非线性方程线性化为线性方程后，方程还带有常数项，并且方程初始条件不是0，这对控制系统分析设计来说不是很方便，因此引入偏差变量来简化方程。偏差变量有助于控制系统分析，有两个重要的原因：

（1）使用偏差变量可以消除常数项。

（2）可以使常微分方程的初始条件为 0。

偏差变量的定义为相对固定点 $x_S$ 的偏差，如图 5.9 所示，即

$$x^P(t)=x(t)-x_S$$

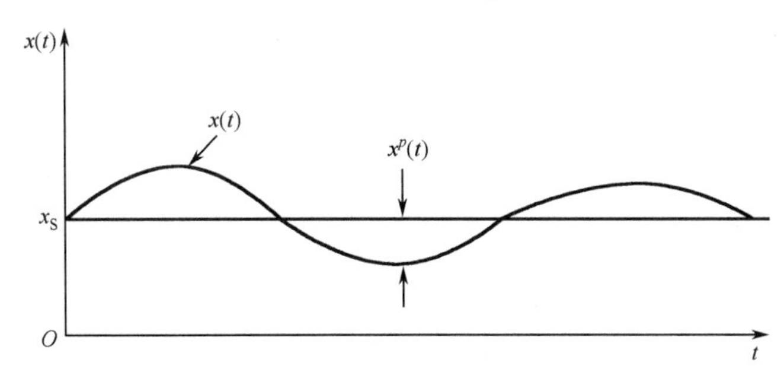


图 5.9　偏差定义

接下来具体解释如何利用偏差变量消除常数项，并且可以使系统初始条件变为 0。

考虑一个线性化后的方程为

$$\frac{\mathrm{d}x(t)}{\mathrm{d}t}=Ax(t)+B,\ \ x(0)=x_S$$

$x_S$ 这个点的方程为

$$\frac{\mathrm{d}x_S}{\mathrm{d}t}=Ax_S+B,\ \ x(0)=x_S$$

将前面的方程与之相减，有

$$\frac{\mathrm{d}}{\mathrm{d}t}[x(t)-x_S]=A[x(t)-x_S]+(B-B),\ \ x(0)-x(0)=x_S-x_S=0$$

令 $x^P(t)=x(t)-x_S$，则可以得到

$$\frac{\mathrm{d}x^P(t)}{\mathrm{d}t}=Ax^P(t),\ \ x^P(0)=0$$

再来看一下前面讲的水箱液位过程，线性化后的方程为

$$A_c\frac{\mathrm{d}h(t)}{\mathrm{d}t}+\frac{\alpha}{2h_S^{\frac{1}{2}}}h(t)=F_0(t)-\frac{\alpha}{2}h_S^{\frac{1}{2}},\ \ h(0)=h_S$$

$h_S$ 点的方程为

$$A_c\frac{\mathrm{d}h_S}{\mathrm{d}t}+\frac{\alpha}{2h_S^{\frac{1}{2}}}h_S=F_{0,S}-\frac{\alpha}{2}h_S^{\frac{1}{2}},\ \ h(0)=h_S$$

两式相减得

$$A_c\frac{\mathrm{d}}{\mathrm{d}t}[h(t)-h_S]+\frac{\alpha}{2h_S^{\frac{1}{2}}}[h(t)-h_S]=[F_0(t)-F_{0,S}]-\left[\frac{\alpha}{2}h_S^{\frac{1}{2}}-\frac{\alpha}{2}h_S^{\frac{1}{2}}\right],\ \ h(0)-h(0)=0$$

定义误差变量为

$$h^P(t)=h(t)-h_S$$

$$F_0^P(t) - F_0(T) - F_{0,\mathrm{S}}$$

可以得到线性常微分方程为

$$A_\mathrm{c}\frac{\mathrm{d}h^P(t)}{\mathrm{d}t} + \frac{\alpha}{2h_\mathrm{S}^{\frac{1}{2}}}h^P(t) = F_0^P(t),\ \ h^P(0) = 0$$

$$\tau_\mathrm{P}\frac{\mathrm{d}y(t)}{\mathrm{d}t} + y(t) = K_\mathrm{p}u(t),\ \ y(0) = 0$$

## 5.3 过程动态特性

过程动态特性描述了过程在输入信号作用下的动态响应。可以这样说，过程模型是过程的本质，而过程动态特性是过程的一种现象，可以通过现象去认识过程的本质。本节讲解最常见也是最简单的过程，一阶过程和二阶过程的动态特性。

### 5.3.1 一阶过程

在分析过程动态和设计控制系统时，重要的是要知道过程输出如何响应过程输入的变化。在给定输入下过程输出响应则反映了过程的动态特性。以一阶过程为例。单容水箱如图 5.10 所示，根据质量守恒定律，在考虑输出流量与压力差成正比的条件下，写出守恒方程

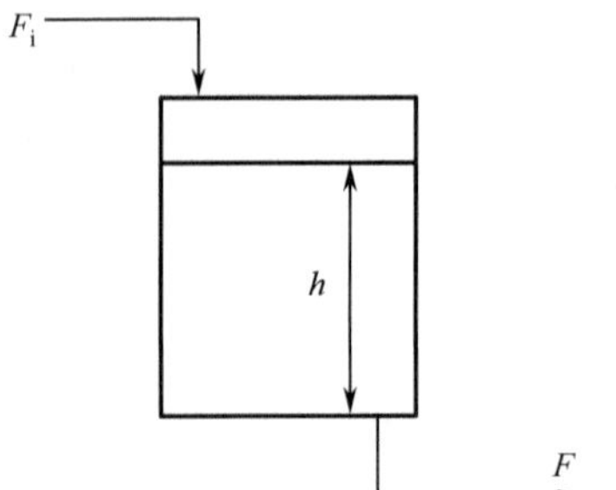


图 5.10 单容水箱

$$\rho A\frac{\mathrm{d}h}{\mathrm{d}t} = \rho F_\mathrm{i} - \rho F = \rho F_\mathrm{i} - \beta F$$

$$\frac{\rho A}{\beta}\frac{\mathrm{d}h}{\mathrm{d}t} = \frac{\rho}{\beta}F_\mathrm{i} - h$$

$$\tau\frac{\mathrm{d}h}{\mathrm{d}t} + h = K_\mathrm{p}F_\mathrm{i}$$

令输出 $h(t) = y(t)$，输入 $F_\mathrm{i}(t) = u(t)$，$K_\mathrm{p} = K$，则一般的一阶过程为

$$\frac{Y(s)}{U(s)} = \frac{K}{\tau s + 1}$$

式中，$K$ 是稳态增益；$\tau$ 是时间常数。

考虑在幅值为 $M$ 的阶跃信号作用下，即 $U(s) = \dfrac{M}{s}$，代入一阶过程，得到输出为

$$Y(s) = \frac{K}{\tau s + 1}\frac{M}{s}$$

取拉普拉斯反变换，得到输出时域响应为

$$y(t) = KM(1 - \mathrm{e}^{-t/\tau})$$

取时间 $t$ 分别为 0、$\tau$、$2\tau$、$3\tau$、$4\tau$、$5\tau$，分别求出 $y(t)$ 值，如表 5.1 所示。

**表 5.1 一阶过程阶跃响应表**

| $t$ | $y(t)/KM = 1 - \mathrm{e}^{-t/\tau}$ |
|---|---|
| 0 | 0 |
| $\tau$ | 0.6321 |

续表

| $t$ | $y(t)/KM = 1-\mathrm{e}^{-t/\tau}$ |
|---|---|
| $2\tau$ | 0.8647 |
| $3\tau$ | 0.9502 |
| $4\tau$ | 0.9817 |
| $5\tau$ | 0.9933 |

图 5.11 所示为标准化后的一阶过程响应曲线。

需要注意的是，当 $t=\tau$ 时，过程输出 $y(t)$为稳态值 $KM$ 的 0.6321 倍。根据这个原理，如果已知过程响应曲线，则可以找出稳态值 0.6321 倍的点所对应的时间点，也可以求出时间常数 $\tau$ 。

可以用过程的阶跃响应曲线来求取过程的静态增益和时间常数。

过程静态增益，其稳态响应为

$$\lim_{s\to 1}\left[\frac{K}{\tau s+1}\right]=K=\frac{\Delta y}{\Delta u}$$

式中，$\Delta y$ 是过程稳态变化量；$\Delta u$ 是输入的变化量。

最终值的 63.21%所需要的时间就是时间常数。

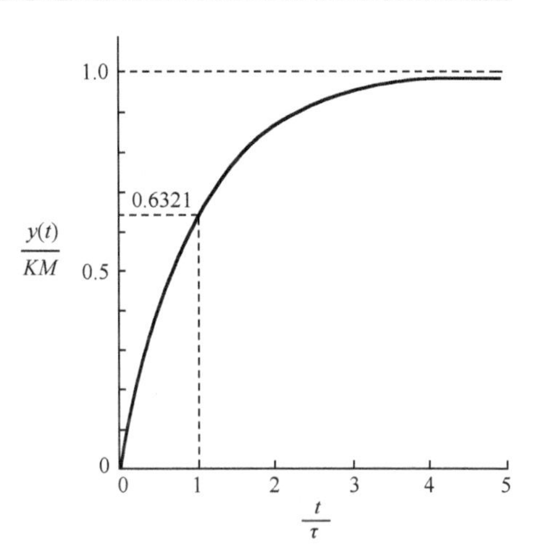


图 5.11　标准化后的一阶过程响应曲线

积分过程如下。

我们来看单容水箱，与前面的水箱过程略有不同，这个水箱的排水口连接在水泵上，因此其排出水的流量是固定的常数。同样根据质量守恒定律，列写方程为

$$\rho A\frac{\mathrm{d}h}{\mathrm{d}t}=\rho F_{\mathrm{i}}-\rho F$$

得到

$$A\frac{\mathrm{d}h}{\mathrm{d}t}=F_{\mathrm{i}}-F$$

利用偏差变量代换

$$F_{\mathrm{i}'}=F_{\mathrm{i}}-F_{\mathrm{is}}$$
$$F'=F-F_{\mathrm{s}}$$

因此得到基于偏差变量的方程

$$A\frac{\mathrm{d}h'}{\mathrm{d}t}=F_{\mathrm{i}'}-F'$$

因为 $F=F_{\mathrm{s}}$ 保持不变，所以 $F'=0$ 。于是将上式进行拉普拉斯变换，得到

$$\frac{H'(s)}{F'(s)}=\frac{1/A}{s}$$

很明显，这个过程是纯积分器。

接下来看积分过程的阶跃响应，同样是幅值为 $M$ 的阶跃信号，输出为

$$Y(s)=\frac{K}{s}\frac{M}{s}=\frac{KM}{s^2}$$

它取拉普拉斯反变换，得到 $t\geqslant 0$， $y(t)=KMt$ ，阶跃响应曲线如图 5.12 所示，从图中可

以看出，积分过程在阶跃作用下会一直上升，且上升斜率为 $KM$ ，这个过程是不稳定的过程，如果是积分过程水箱，则表示水会从容器中一直溢出。

二阶过程如下。

常见的二阶过程主要有这样几种情况。

（1）串联的两个水箱，即双容过程。

（2）固有二阶过程如流体或固体机械过程具有惯性并会受到外力，常见的二阶过程如气动阀。

（3）带有控制器的反馈控制系统。

双容过程串联，两个一阶过程串联后，其传递函数相乘，此时就得到二阶过程传递函数，如图 5.13 所示。

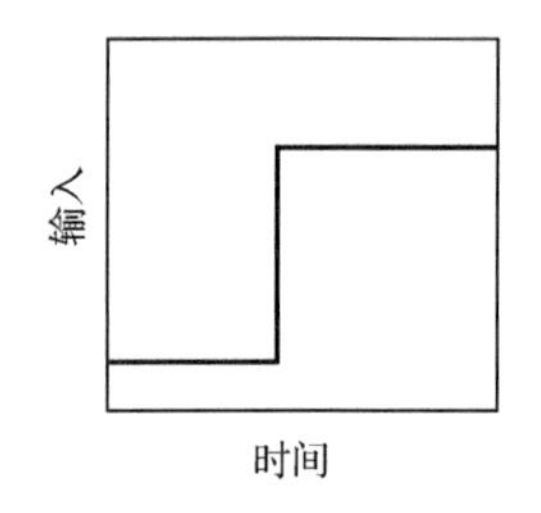


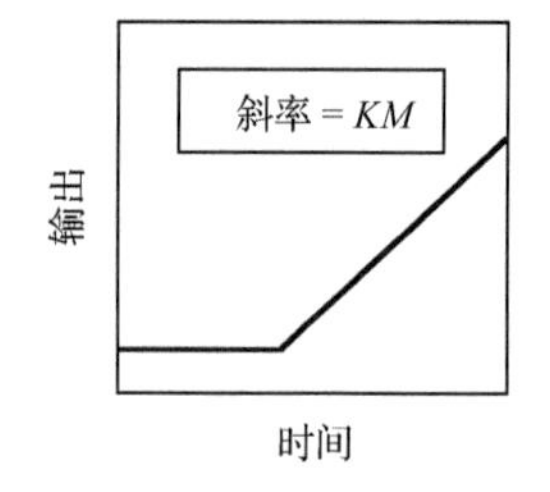


图 5.12　阶跃响应曲线

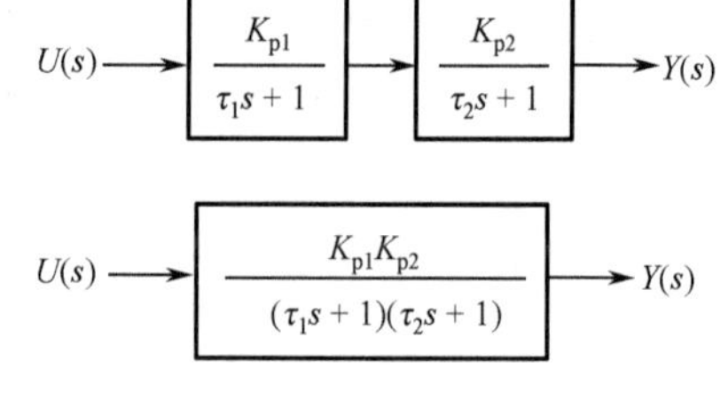


图 5.13　二阶过程传递函数

## 5.3.2　二阶过程

图 5.14 所示为气动阀调节过程，通过动量守恒定律，写出守恒方程

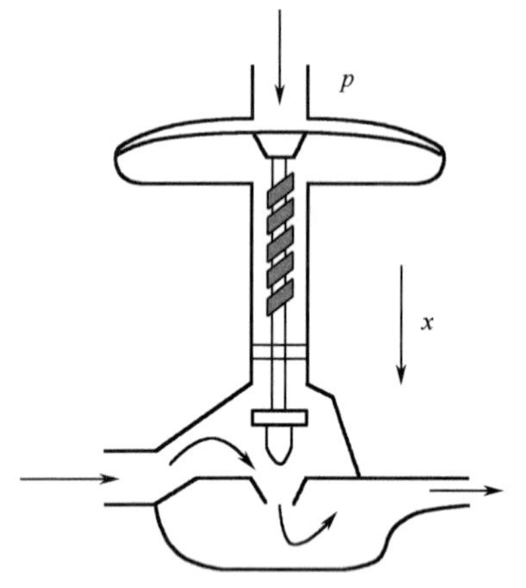


图 5.14　气动阀调节

$$M\frac{\mathrm{d}}{\mathrm{d}t}\frac{\mathrm{d}x}{\mathrm{d}t}=pA-Kx-C\frac{\mathrm{d}x}{\mathrm{d}t}$$

$$\frac{M}{K}\frac{\mathrm{d}x}{\mathrm{d}t}+\frac{C}{K}\frac{\mathrm{d}x}{\mathrm{d}t}+x=\frac{A}{K}p$$

得到其过程传递函数也为二阶过程为

$$\frac{x'(t)}{p'(x)}=\frac{A/K}{M/Ks^2+C/Ks+1}$$

二阶过程可以写成微分方程，即

$$\tau_n^2\frac{\mathrm{d}^2y(t)}{\mathrm{d}t^2}+2\tau_n\xi\frac{\mathrm{d}y(t)}{\mathrm{d}t}+y(t)=K_\mathrm{p}u(t)$$

初值 $y(0)=0$ 。$y(t)$ 是测量的过程变量，$u(t)$ 是控制器输出，$K_\mathrm{p}$ 是过程静态增益，$\tau_n$ 是固有振荡周期，$\xi$ 是阻尼系数。可以通过求特征方程的根来分析其动态特性。该二阶方程取拉普拉斯变换，并求其特征根，其特征根 $p_1,p_2$ 为

$$p_1,p_2=\frac{-2\tau_n\xi\pm\sqrt{4\tau_n^2\xi^2-4\tau_n^2}}{2\tau_n^2}=\frac{-\xi\pm\sqrt{\xi^2-1}}{\tau_n}$$

从特征根的表达式可以看出，$\xi$ 和 0、1 的关系非常关键，$\xi>1$ 或 $\xi<1$ 直接关系到特征根是否有虚部，如果 $\xi=0$，则关系到特征根是否有实部。

当 $\xi>1$ 时，为过阻尼，特征根为两个不同的具有负实部的特征根，其输出响应 $y(t)$ 为两

个负实部的特征根主导的指数单调上升或下降行为，即

$$-p_1,-p_2=\frac{-\xi\pm\sqrt{\xi^2-1}}{\tau_n}$$

$$y(t)=y_{\mathrm{p}}+c_1\mathrm{e}^{-p_1t}+c_2\mathrm{e}^{-p_2t}$$

当 $\xi=1$ 时，为临界阻尼，特征根为两个相同的负实部的特征根，$\xi=1$ 是不发生振荡的最大值，因此称为临界阻尼，即

$$-p_1,-p_2=\frac{-\xi\pm\sqrt{\xi^2-1}}{\tau_n}=-\frac{1}{\tau_n}$$

$$y(t)=y_{\mathrm{p}}+(c_1+c_2t)\mathrm{e}^{-t/\tau_n}$$

当 $0<\xi<1$ 时，特征根为具有负实部的共轭特征根，因此此时的响应具有振荡特性，但由于特征根具有负实部，因此响应曲线呈现振荡衰减特性，即

$$-p_1,-p_2=\frac{-\xi\pm\sqrt{\xi^2-1}}{\tau_n}=\frac{-\xi\pm i\sqrt{1-\xi^2}}{\tau_n}$$

$$y(t)=y_{\mathrm{p}}+\mathrm{e}^{-\xi t/\tau_n}\left[c_{\mathrm{R}}\cos\left(\frac{\sqrt{1-\xi^2}}{\tau_n}t\right)-c_{\mathrm{I}}\sin\left(\frac{\sqrt{1-\xi^2}}{\tau_n}t\right)\right]$$

当 $\xi=0$ 时，特征根为两个虚轴上的特征根，由于此时特征根实部为了响应曲线振幅既不会增加也不会减少，因此响应曲线是等幅振荡过程曲线，即

$$-p_1,-p_2=\frac{-\xi\pm\sqrt{\xi^2-1}}{\tau_n}=\pm\frac{\sqrt{-1}}{\tau_n}=\pm\frac{i}{\tau_n}$$

$$y(t)=y_{\mathrm{p}}+\mathrm{e}^{-\xi t/\tau n}\left[c_{\mathrm{R}}\cos\left(\frac{t}{\tau_n}\right)-c_{\mathrm{I}}\sin\left(\frac{t}{\tau_n}\right)\right]$$

当 $\xi<0$ 时，特征根具有正实部，因此此时响应是不稳定的。如果 $-1<\xi<0$，即 $\xi$ 的模在 0 和 1 之间时，特征根虚部不为 0，因此响应曲线是振荡发散的，即

$$y(t)=y_{\mathrm{p}}+\mathrm{e}^{+\xi t/\tau_n}\left[c_{\mathrm{R}}\cos\left(\frac{\sqrt{1-\xi^2}}{\tau_n}t\right)-c_{\mathrm{I}}\sin\left(\frac{\sqrt{1-\xi^2}}{\tau_n}t\right)\right]$$

当 $\xi\leqslant-1$ 时，特征根虚部为 0，此时响应曲线呈现单调发散过程。

$\xi=-1$ 时为

$$y(t)=y_{\mathrm{p}}+(c_1+c_2t)\mathrm{e}^{+t/\tau_n}$$

$\xi<-1$ 时为

$$y(t)=y_{\mathrm{p}}+c_1\mathrm{e}^{+p_1t}+c_2\mathrm{e}^{+p_2t}$$

如图 5.15 和图 5.16 所示，给出了在以上各种情况下，二阶过程的响应曲线，从各个曲线过程可以看出，其与理论分析完全吻合。

对于二阶过程 $G(s)=\dfrac{K_{\mathrm{p}}}{\tau_n^2s^2+2\xi\tau_n^2s+1}$ 欠阻尼的情形可以获得振荡衰减的响应曲线，这种过程由于调节速度较快，在实践中广泛应用。为了更好地描述这种过程，给定阶跃输入作用，

即 $U(s)=\dfrac{M}{s}$，可以得到输出响应为

$$y(t)=KM\left\{1-\mathrm{e}^{-\xi t/\tau_n}\left[\cos\left(\frac{\sqrt{1-\xi^2}}{\tau_n}t\right)+\frac{\xi}{\sqrt{1-\xi^2}}\sin\left(\frac{\sqrt{1-\xi^2}}{\tau_n}t\right)\right]\right\}$$

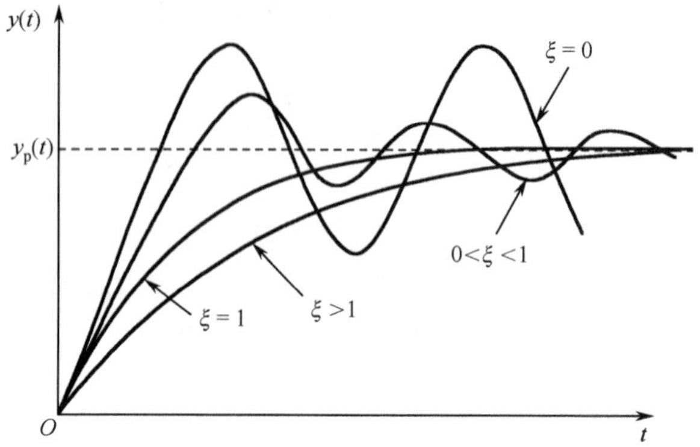

图 5.15　$\xi\geqslant 0$

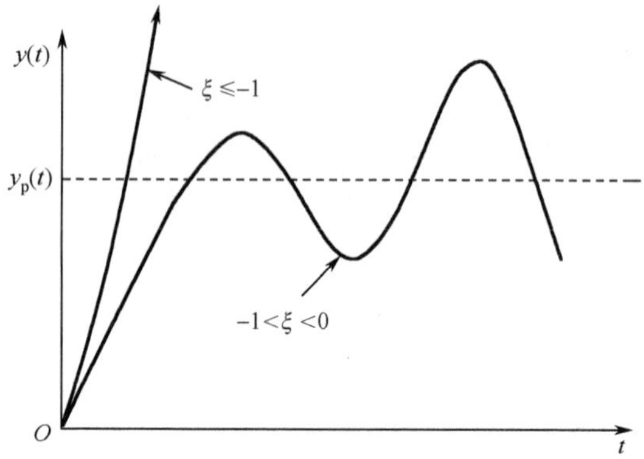

图 5.16　$\xi<0$

根据欠阻尼二阶过程的阶跃响应可以画出 $\dfrac{K}{M}$ 与 $\dfrac{t}{\tau}$ 之间的曲线，如图 5.17 所示，分别画出了 $\xi$ =0.2～0.8 的响应曲线。

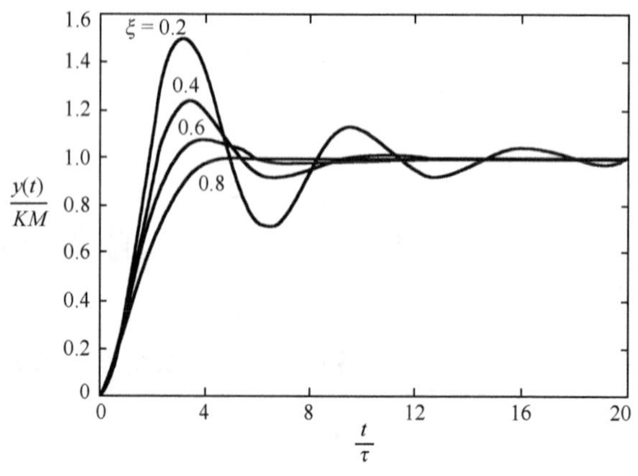


图 5.17　欠阻尼二阶系统阶跃响应曲线

控制系统的很多单项性能指标就是根据欠阻尼过程响应曲线定义出来的。

上升时间 $t_r$ 定义为输出第一次到达稳态值所对应的时间。

峰值时间 $t_p$ 定义为输出到达最大值所用的时间，这个值可以通过方程 $y(t)$ 的表达式求出，即

$$t_p = \frac{\pi \tau_n}{\sqrt{1-\xi^2}}$$

调节时间 $t_s$ 为输出进入稳态值 ±5% 区域所对应的时间。衰减比为

$$\mathrm{DR} = \frac{a}{c} = \mathrm{e}^{2\pi\xi/\sqrt{1-\xi^2}}$$

超调量为

$$\mathrm{OS} = \frac{a}{b} = \mathrm{e}^{-\pi\xi/\sqrt{1-\xi^2}}$$

振荡周期为

$$p = \frac{2\pi \tau_n}{\sqrt{1-\xi^2}}$$

本小节主要讲解了一阶过程和二阶过程的动态响应，主要讨论了在阶跃信号作用下一阶过程和二阶过程的响应，详细分析了二阶过程在各种阻尼条件下特征根的特点和响应曲线的特点，并且给出了欠阻尼条件下系统单项指标的定义和计算方法。上述内容对系统分析和控制器设计具有指导意义。

### 5.3.3　滞后特性

大多数过程都带有某种类型的滞后时间，滞后时间是输入变化和过程响应之间的时间差，滞后环节具有传递函数 $\mathrm{e}^{-\tau_d s}$，一阶过程加纯滞后环节的阶跃响应曲线如图 5.18 所示。

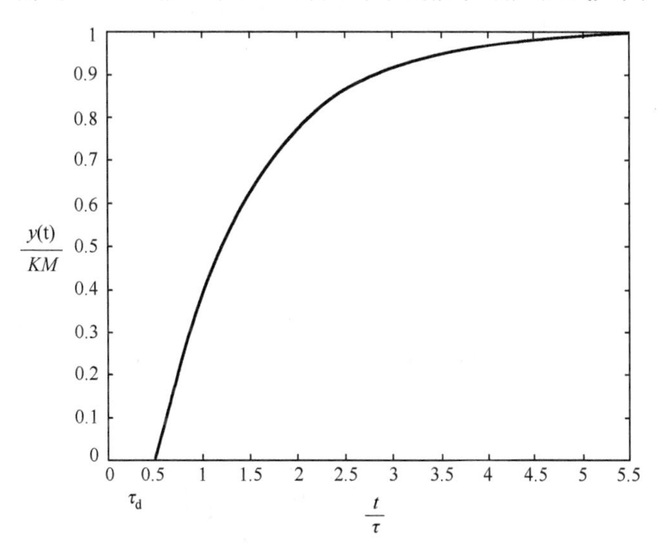


图 5.18　一阶过程加纯滞后环节的阶跃响应曲线

滞后特性使系统分析变得更加困难了，因为在过程的传递函数 $G(s) = \dfrac{\mathrm{e}^{-\tau_d s} K_p}{\tau s + 1}$ 中含有 $\mathrm{e}^{-\tau_d s}$

项，如果闭环特征方程中含有该项，则是超越方程，难以求解，难以分析。于是可以用有理（多项式）函数近似滞后特性，最常见的是 Pade 近似，即

$$\mathrm{e}^{-\theta s} \approx G_1(s) = \frac{1-\frac{\theta}{2}s}{1+\frac{\theta}{2}s}$$

$$\mathrm{e}^{-\theta s} \approx G_2(s) = \frac{1-\frac{\theta}{2}s+\frac{\theta^2}{12}s^2}{1+\frac{\theta}{2}s+\frac{\theta^2}{12}s^2}$$

单纯用 Pade 近似去近似一个滞后环节，效果不是很好，并且 Pade 近似在传递函数中引入了右半平面零点，在实际应用中有限制。当近似一个一阶惯性加纯滞后过程时，Pade 逼近效果更好，即

$$G(s) = \frac{\mathrm{e}^{-\theta s}K_{\mathrm{p}}}{\tau s+1} \approx \frac{1-\frac{\theta}{2}s}{1+\frac{\theta}{2}s}\frac{K_{\mathrm{p}}}{\tau s+1}$$

复杂过程通常可以采用一阶惯性加滞后模型来近似。如图 5.19 所示，过阻尼二阶过程阶跃响应曲线与一阶惯性加纯滞后特性曲线近似。

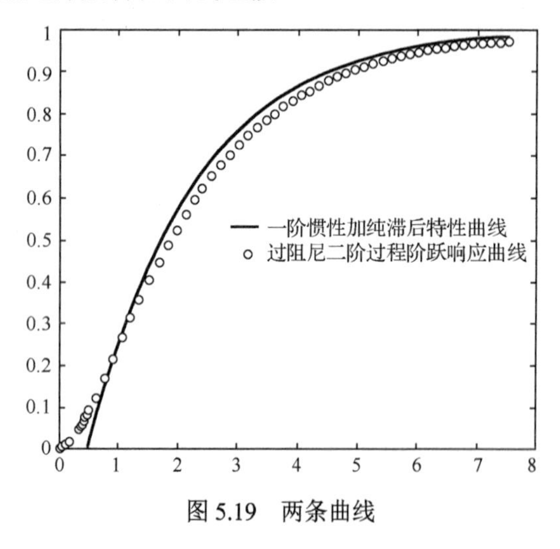


图 5.19　两条曲线

与二阶过阻尼过程模型相比，一阶惯性加纯滞后过程模型更容易识别。典型的滞后系统有一阶惯性加纯滞后、二阶惯性加纯滞后，其传递函数分别为

$$Y(s) = \frac{\mathrm{e}^{-\theta s}K_{\mathrm{p}}}{\tau s+1}U(s)$$

$$Y(s) = \frac{\mathrm{e}^{-\theta s}K_{\mathrm{p}}}{\tau^2 s^2+2\xi\tau s+1}U(s)$$

对于更复杂的过程，如高阶过程（$n$ 个水槽串联），其传递函数如图 5.20 所示。

针对该高阶过程，将时间常数按从大到小排列。如果采用两个主时间常数 $\tau_1$ 和 $\tau_2$，可以根据下式近似该过程。

$$G(s) \approx \frac{e^{-\theta s}K_p}{(\tau_1 s+1)(\tau_2 s+1)} \tag{5.1}$$

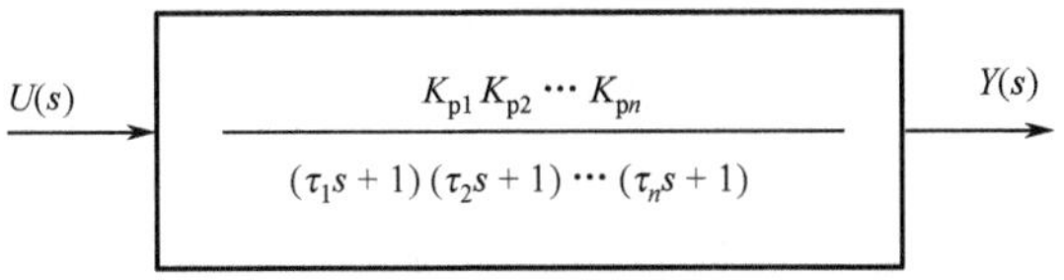

$U(s)$ → $\dfrac{K_{p1}K_{p2}\cdots K_{pn}}{(\tau_1 s+1)(\tau_2 s+1)\cdots(\tau_n s+1)}$ → $Y(s)$

图 5.20　高阶过程传递函数

这里

$$\theta = \sum_{i=3}^{n}\tau_i$$

如果采用单个时间常数 $\tau_1$，则可以按下式近似，即

$$G(s) \approx \frac{e^{-\theta s}K_p}{\tau_1 s+1} \tag{5.2}$$

这里

$$\theta = \sum_{i=2}^{n}\tau_i$$

最后我们给出一个例子，通过测试阶跃输入信号响应，近似效果如图 5.21 所示。

$$G(s) = \frac{1}{(10s+1)(25s+1)(s+1)^2}$$

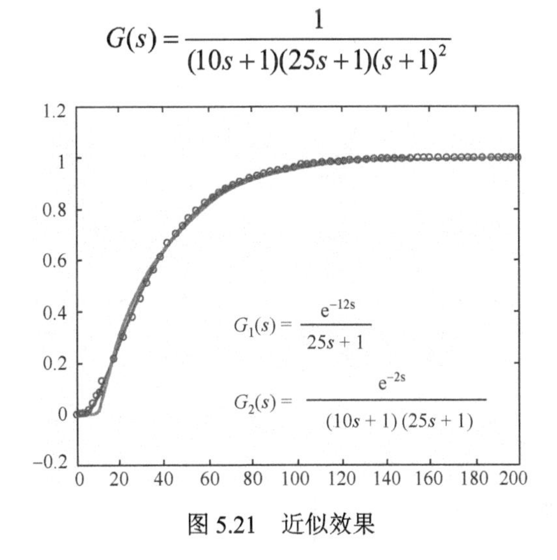


图 5.21　近似效果

# 5.4　经 验 建 模

前面的内容介绍了机理建模，机理建模基于过程的物理和化学基本定律推导出数学模型。如果过程模型非常复杂，如有大量的方程、变量及未知的参数，机理建模就不好用了。此时，需要另一种方法，使其不依赖于过程的机理模型，而通过实验数据来建立模型，即经验建模。

经验建模目标有两个：

一个是识别过程动态行为，通常是一阶或二阶这样的低阶过程传递函数模型；

另一个是识别模型的过程参数，如静态增益 $K_p$、时间常数 $\tau$ 和阻尼系数 $\xi$ 等。

经验建模的实现方法有很多，如最小二乘法、过程响应曲线法、神经网络法等。我们主要讲解最小二乘法和过程响应曲线法。

图 5.22 所示为输入/输出过程模型，输入控制变量为 $u$，输出变量为 $y$，扰动输入为 $d$。经验建模的目标就是根据 $u$、$y$ 和 $d$ 这些数据来确定过程模型。如果模型结构假定为已知结构，那么需要确定的就是模型的参数，模型的参数可以通过回归方法来确定。

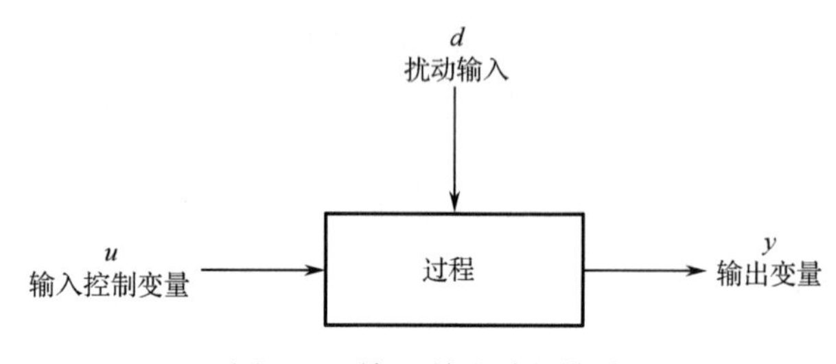


图 5.22　输入/输出过程模型

首先，我们考虑静态模型。$u$ 和 $y$ 的散点图如图 5.23 所示。输入/输出数据点以小圆点表示，有 5 个数据点。1 号曲线为直线模型，2 号和 3 号曲线为高阶的多项式模型，与直线模型相比，拟合的误差更小，但其需要更多的模型参数，因此复杂度更高。模型结构通常可以基于系统运动规律、数据及其他方面的已有知识确定。

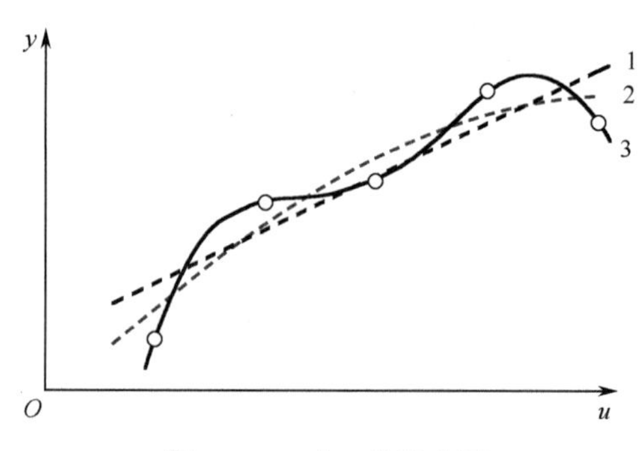


图 5.23　$u$ 和 $y$ 的散点图

## 5.4.1　最小二乘法

线性模型可以应用最小二乘法来估计模型参数。考虑单输入、单输出模型，即二维平面模型，如图 5.23 所示的 1 号曲线对应的直线模型。

该直线对应模型为我们预测的模型，即要建立的模型为

$$E[y] = \beta_0 + \beta_1 \boldsymbol{x}$$

而真实的过程模型为

$$\boldsymbol{Y} = \beta_0 + \beta_1 \boldsymbol{x} + \varepsilon$$

这里 $\boldsymbol{Y}$ 是过程的输出向量，$\boldsymbol{x}$ 是输入向量，$\beta_0$ 和 $\beta_1$ 则为过程模型参数。

由于模型结构确定为线性，所以接下来建模问题为找到 $\beta_0$、$\beta_1$，使得预测模型在每个数据点上预测的误差平方和最小，即使得 SSR 最小，则

$$\text{SSR} = \sum_{i=1}^{n}(y_i - \beta_0 - \beta_1 x_i)$$

式中，$i=1 \sim n$，代表有 $n$ 个数据点，$y_i - \beta_0 - \beta_1 x_i$ 代表实际输出数据 $y_i$ 与预测输出 $\beta_0 + \beta_1 x_i$ 之间的差，也就是在某个数据点上的预测误差。

要使得模型预测误差平方和 SSR 最小，将 SSR 分别对参数 $\beta_0$ 和 $\beta_1$ 求导，并分别令导数等于零，可以求出 $\beta_0$ 和 $\beta_1$ 的解，分别是 $\hat{\beta}_0$ 和 $\hat{\beta}_1$。于是有

$$\frac{\delta \text{SSR}}{\delta \beta_0} = -2\sum_{i=1}^{n}(y_i - \hat{\beta}_0 - \hat{\beta}_1 x_i) = 0$$

$$\frac{\delta \text{SSR}}{\delta \beta_1} = -2\sum_{i=1}^{n}x_i(y_i - \hat{\beta}_0 - \hat{\beta}_1 x_i) = 0$$

$$\hat{\beta}_0 = \overline{y} - \hat{\beta}_1 \overline{x}$$

$$\hat{\beta}_1 = \frac{\sum_{i=1}^{n} x_i y_i - n\overline{xy}}{\sum_{i=1}^{n} x_i^2 - n\overline{x}^2}$$

其中

$$\overline{x} = \sum_{i=1}^{n}\frac{x_i}{n}\overline{y} = \sum_{i=1}^{n}\frac{x_i}{n}$$

为了计算机计算方便，通常可以将上述计算过程写成通用的矩阵形式，即 $\boldsymbol{Y}$ 向量，$\boldsymbol{X}$ 向量，$\boldsymbol{\beta}$ 参数向量。误差 $\boldsymbol{E} = \boldsymbol{Y} - \boldsymbol{X}\boldsymbol{\beta}$。

$$\boldsymbol{Y} = \begin{bmatrix} y_1 \\ y_2 \\ \vdots \\ y_n \end{bmatrix} \boldsymbol{X} = \begin{bmatrix} 1 & y_1 \\ 1 & y_2 \\ \vdots & \vdots \\ 1 & x_n \end{bmatrix} \boldsymbol{\beta} = \begin{bmatrix} \beta_0 \\ \beta_1 \end{bmatrix}$$

$$\boldsymbol{E} = \begin{bmatrix} y_1 - \beta_0 - \beta_1 x_1 \\ y_2 - \beta_0 - \beta_1 x_2 \\ \vdots \\ y_n - \beta_0 - \beta_1 x_n \end{bmatrix} = \boldsymbol{Y} - \boldsymbol{X}\boldsymbol{\beta}$$

此时问题变成找到 $\boldsymbol{\beta}$ 向量，使得 SSR 最小。此时 SSR 写成矩阵表达式，即

$$\text{SSR} = \boldsymbol{E}^{\text{T}}\boldsymbol{E}$$

同样，将 SSR 对 $\boldsymbol{\beta}$ 求导，可以得到

$$\frac{\delta \boldsymbol{E}^{\text{T}}\boldsymbol{E}}{\delta \boldsymbol{\beta}} = 0$$

最终 $\boldsymbol{\beta}$ 向量也可以求出

$$\boldsymbol{X}^{\text{T}}\boldsymbol{X}\hat{\boldsymbol{\beta}} = \boldsymbol{X}^{\text{T}}\boldsymbol{Y}$$

或者

$$\hat{\boldsymbol{\beta}} = (\boldsymbol{X}^{\text{T}}\boldsymbol{X})^{-1}\boldsymbol{X}^{\text{T}}\boldsymbol{Y}$$

如果考虑一般的线性模型，则此时的期望模型为

$$E[y] = \beta_0 + \beta_1 x_1 + \cdots + \beta_p x_p$$

多项式模型为

$$E[y]=\beta_0+\beta_1x_1+\beta_2x_1^2+\cdots+\beta_px_1^p$$

注意，如果将多项式模型中的 $x_1$ 的平方用 $x_2$ 表示，$x_1$ 的 $p$ 次方用 $x^p$ 表示，则多项式模型转化为一般线性模型。因此，多变量输入的情形或某个高阶多项式模型，本质上都可以用一般线性模型表示，可以用最小二乘法来对模型参数进行估计。

接下来我们举例来说明最小二乘法的应用。

实验得到汽轮机输出的稳态功率 $Y_i$ 是蒸汽流量 $u_i$ 的函数，并且得到数据，如表 5.2 所示。

**表 5.2　汽轮机输入、输出数据表**

| $u_i$ | $Y_i$ |
|---|---|
| 1.0 | 2.0 |
| 2.3 | 4.4 |
| 2.9 | 5.4 |
| 4.0 | 7.5 |
| 4.9 | 9.1 |
| 5.8 | 10.8 |
| 6.5 | 12.3 |
| 7.7 | 14.3 |
| 8.4 | 15.8 |
| 9.0 | 16.8 |

用最小二乘法（线性回归）推导出线性和二次模型的参数。

线性模型为

$$\hat{y}_{1i}=\hat{\beta}_1+\hat{\beta}_2u_i$$

二次模型为

$$\hat{y}_{2i}=\hat{\beta}_1+\hat{\beta}_2u_i+\hat{\beta}_3u_i^2$$

通过题意我们知道，这是一个单输入、单输出的过程，需要建立稳态功率 $Y_i$ 和蒸汽流量 $u_i$ 之间的关系。分两种情况，一种是 $Y_i$ 和 $u_i$ 之间是线性关系，另一种是 $Y_i$ 和 $u_i$ 之间是二次函数关系。

我们写出线性模型和二次函数模型。于是通过表 5.2 中的 10 个数据点，将 10 个数据点的输入数据 $u_i$ 和输出数据 $Y_i$ 分别代入前面讲的 $\boldsymbol{\beta}$ 求解公式，可以分别求出两种情况下的模型参数，求解的结果如表 5.3 所示。

**表 5.3　线性模型和二次模型计算结果表**

| $u_i$ | $y_i$ | $\hat{y}_{1i}=\hat{\beta}_1+\hat{\beta}_2u_i$ | $\hat{y}_{2i}=\hat{\beta}_1+\hat{\beta}_2u_i+\hat{\beta}_3u_i^2$ |
|---|---|---|---|
| 1.0 | 2.0 | 1.94 | 1.99 |
| 2.3 | 4.4 | 4.36 | 4.36 |
| 2.9 | 5.4 | 5.47 | 5.46 |
| 4.0 | 7.5 | 7.52 | 7.49 |
| 4.9 | 9.1 | 9.19 | 9.16 |

续表

| $u_i$ | $y_i$ | $\hat{y}_{1i}=\hat{\beta}_1+\hat{\beta}_2u_i$ | $\hat{y}_{2i}=\hat{\beta}_1+\hat{\beta}_2u_i+\hat{\beta}_3u_i^2$ |
|---|---|---|---|
| 5.8 | 10.8 | 10.86 | 10.83 |
| 6.5 | 12.3 | 12.16 | 12.14 |
| 7.7 | 14.3 | 14.40 | 14.40 |
| 8.4 | 15.8 | 15.70 | 15.72 |
| 9.0 | 16.8 | 16.81 | 16.85 |
| | | SSE=0.0613 | SSE=0.0540 |

以上内容主要讲解了经验建模方法中的最小二乘法。该方法基于输入和输出的实验数据建立模型，不需要对过程进行机理分析。这种方法可以用于一般的线性模型或多项式模型，通过最小二乘法可以估计出误差平方和最小的模型参数。

### 5.4.2　过程响应曲线法

下面讲解经验建模方法中的过程响应曲线法，这种方法也是利用实验测试的方式，输入阶跃或方波信号，测量其输出，得到输出变量的数据或曲线，应用经验模型，如一阶或二阶过程模型来匹配这些数据。这种方法可以识别过程的动态模型。

首先，我们解释一下过程响应曲线方法的原理。

过程流程图如图 5.24 所示，将控制器输出和传感器输出断开，手动给过程输入一个测试（通常是阶跃）信号，此时将传感器输出 $Y_m$ 响应曲线画出。通过观察过程响应曲线，可以建立对应的一阶或二阶模型来描述该过程。

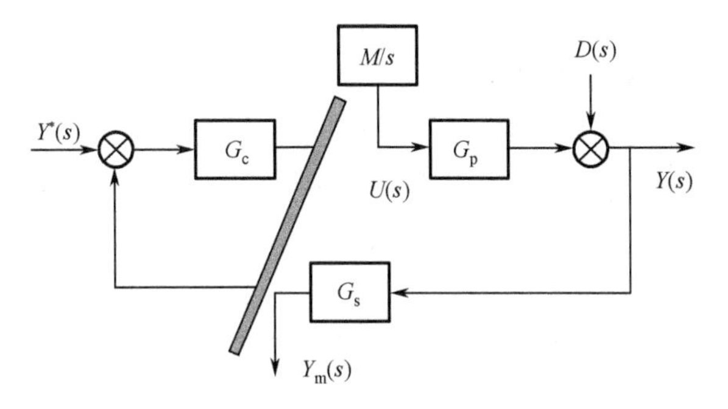


图 5.24　过程流程图

我们回顾一下一阶过程动态特性。一阶过程阶跃响应曲线如图 5.25 所示。根据一阶过程动态方程，可以求出曲线在 $t=0$ 时的导数，即该点的切线斜率为 $1/\tau$ 。由此可知，当 $t=\tau$ 时，响应曲线输出达到稳态值。根据这个特性，得到过程的阶跃响应曲线后，在初始时刻 $t=0$ 点画曲线切线，按照这个速度上升到稳态所对应的时间即为时间常数 $\tau$ 。稳态增益 $K$ 的求取，可以利用阶跃响应的稳态值的变化值 $KM$ 除以阶跃输入幅值变化值 $M$ 得到。

一阶过程为

$$\tau\frac{\mathrm{d}y}{\mathrm{d}t}+y=K_{\mathrm{u}}$$

$$\frac{\mathrm{d}}{\mathrm{d}t}\left(\frac{y}{KM}\right)_{t=0}=\frac{1}{\tau}$$

根据以上分析，我们看一个一阶过程建模实例。

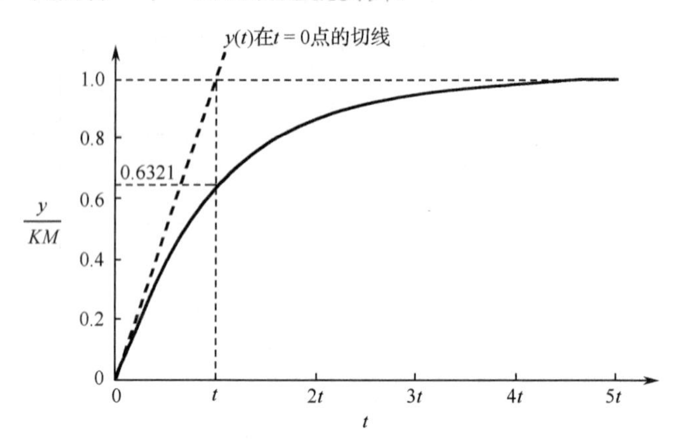


图 5.25　一阶过程阶跃响应曲线

图 5.26 所示为连续搅拌反应器的温度过程响应曲线，其输入进料流量$\omega$为 120～125kg/min 的阶跃变化。应用一阶过程模型近似该过程。根据响应曲线图，可以确定阶跃输入的变化幅值为

$$\Delta\omega = M = 125 - 120 = 5\text{kg/min}$$

输出变量的变化量为

$$\Delta T = T(\infty) - T(0) = 160 - 140 = 20$$

则稳态增益$K$可以求出为

$$K = \frac{\Delta T}{\Delta\omega} = \frac{20℃}{5\text{kg/min}} = 4\frac{℃}{\text{kg/min}}$$

另一个参数时间常数$\tau$的求取办法是，在曲线初始时刻$t = 0$时画切线，以该切线斜率速度上升到达稳态所对应的时间为$5\text{min}$。

于是，根据上述响应曲线就可以建立起过程模型。

$$\frac{T'(s)}{W'(s)} = \frac{4}{5s+1}$$

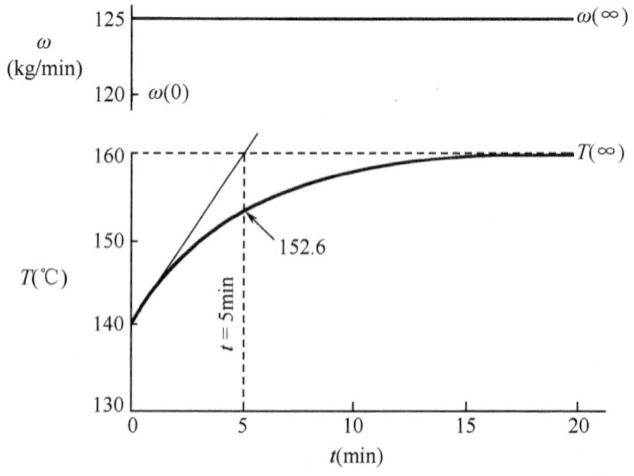

图 5.26　用一阶过程模型拟合温度过程响应曲线

实际上，很少有实验过程用一阶过程模型拟合的，其主要原因如下。

（1）实际过程既不是一阶也不是线性的，除非是特别简单的过程。

（2）实验输出数据通常会被噪声破坏，如自相关随机噪声等。

（3）阶跃响应测试过程中可能会进入其他未知扰动。

（4）理想的阶跃信号在实际系统中很难生成。

为了解释高阶动态，通常要在模型中考虑滞后项，滞后项的引入可以使模型与实验响应更加吻合。因此，在实践中应用较广泛的模型为一阶惯性加纯滞后模型，即

$$G(s)=\frac{K\mathrm{e}^{-\theta s}}{\tau s+1}$$

其阶跃响应曲线如图 5.27 所示。用一阶惯性加纯滞后环节拟合步骤如下。

（1）过程增益 $K$：输出 $y$ 的稳态变化量与输入阶跃幅值的变化值 $M$ 之比。

（2）在响应曲线拐点处画切线，切线与时间轴的交点即为滞后时间 $\theta$。

（3）切线与稳态值的交点对应的时间点为 $t=\tau+\theta$，则时间常数 $\tau=t-\theta$。

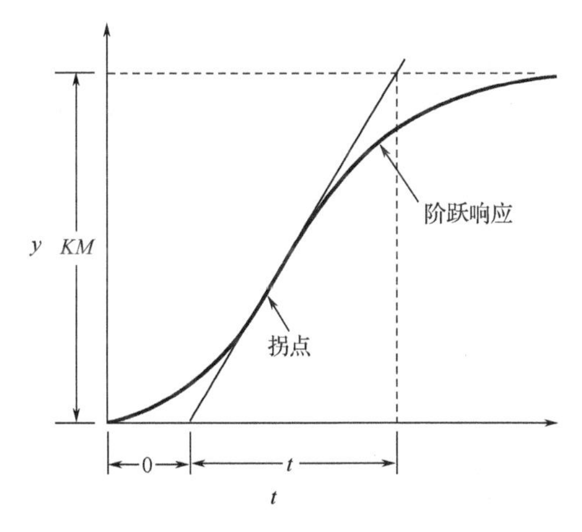


图 5.27　一阶惯性加纯滞后模型的阶跃响应曲线

用一阶惯性加纯滞后近似模型的特点如下。

（1）很容易估计稳态增益。

（2）时间常数和滞后时间的估计更困难。

如图 5.28 所示，分布的散点为通过实验得到的阶跃响应数据，根据这些数据可以较为容易地估计出稳态值，但时间常数和滞后时间的确定偶然性会比较大，因为它们依赖于画图的准确性，因此估计较为困难。

为了提高估计时间常数和滞后时间的准确性，查找两个特殊点所对应的时间用来求解两个未知数，可以选取过程输出达到稳态值 35.3% 和 85.3% 的两个时间点，分别为 $t_1$ 和 $t_2$。

根据计算公式有

$$\ln\left[\frac{y(\infty)-y_i}{y(\infty)}\right]=\frac{t_i-\theta}{\tau}$$

可以求出

$$\theta=1.3t_1-0.29t_2$$
$$\tau=0.67(t_2-t_1)$$

过程响应曲线如图 5.29 所示。

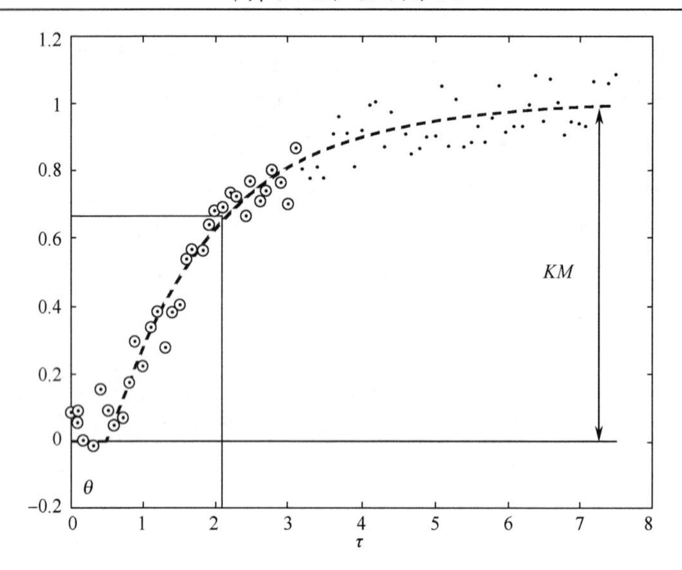


图 5.28　一阶惯性加滞后近似模型图

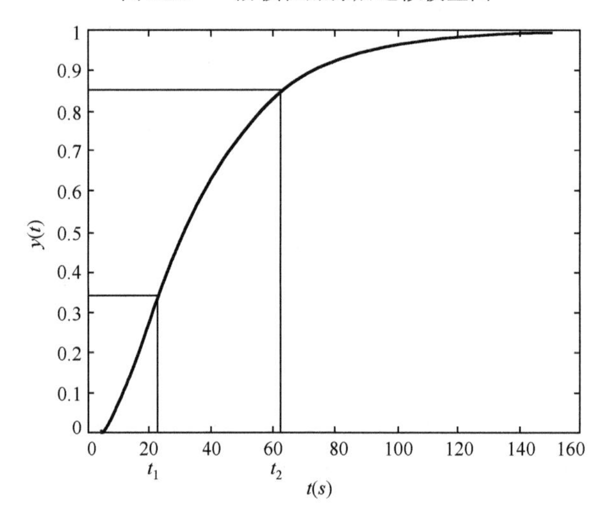


图 5.29　过程响应曲线

举个例子，对于一个三阶过程

$$G(s)=\frac{1}{(10s+1)(25s+1)(s+1)^2}$$

利用过程响应曲线法，取上述两个特殊点，可以求出

$$t_1=23,\quad t_2=62.5,\quad \theta=11.78,\quad \tau=26.46$$

最终可以得到这个三阶过程的一阶惯性加纯滞后的近似模型为

$$G_1(s)=\frac{1.00\mathrm{e}^{-11.78s}}{(26.46s+1)}$$

有些工艺对象不允许长时间施加较大幅值的阶跃信号，那么施加脉宽为 $\Delta t$ 的方波脉冲，得到的响应曲线称为“方波响应”。图 5.30 所示为有自衡对象和无自衡对象的方波响应特性曲线。

方波响应曲线可以转换为飞升曲线。

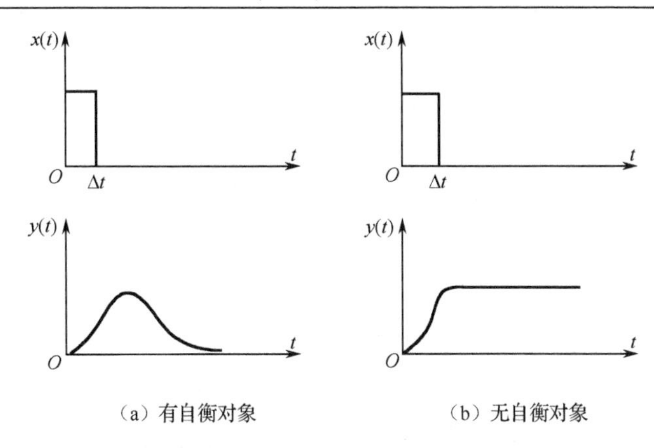


（a）有自衡对象　　　　（b）无自衡对象

图 5.30　方波响应特性曲线

原理：方波信号是两个阶跃信号的代数和，如图 5.31 所示。

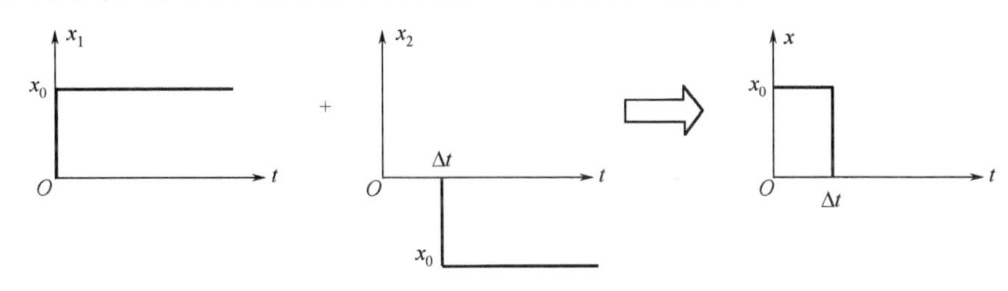


图 5.31　阶跃信号的代数和

一个是在 $t=0$ 时加入的正阶跃信号 $x_1(t)$，另一个是在 $t=\Delta t$ 时加入的负阶跃信号 $x_2(t)$，则方波信号

$$x(t)=x_1(t)+x_2(t)$$

其中

$$x_2(t)=-x_1(t-\Delta t)$$

根据线性系统的叠加定理，方波响应为两个阶跃响应之和，即

$$y(t)=y_1(t)+y_2(t)=y_1(t)-y_1(t-\Delta t)$$

可以得到其过程的阶跃响应曲线为

$$y_1(t)=y(t)+y_1(t-\Delta t)$$

根据此式：

当 $t\leqslant\Delta t$ 时，$y_1(t)=y(t)$；

当 $t>\Delta t$ 时，$y_1(t)=y(t)+y_1(t-\Delta t)$。

图 5.32 所示为 $x(t)$、$x_1(t)$、$x_2(t)$、$y_1(t)$、$y_2(t)$ 和 $y(t)$ 的曲线。已知的输入为矩形脉冲 $x(t)$，其输出响应为 $y(t)$，可以画图得到 $y_1(t)=y(t)+y_1(t-\Delta t)$。

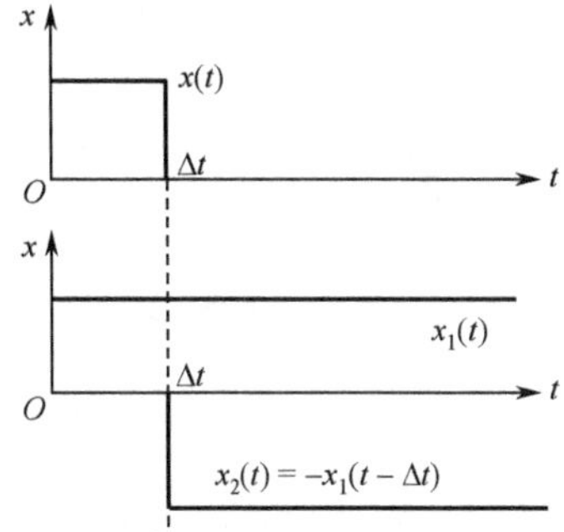


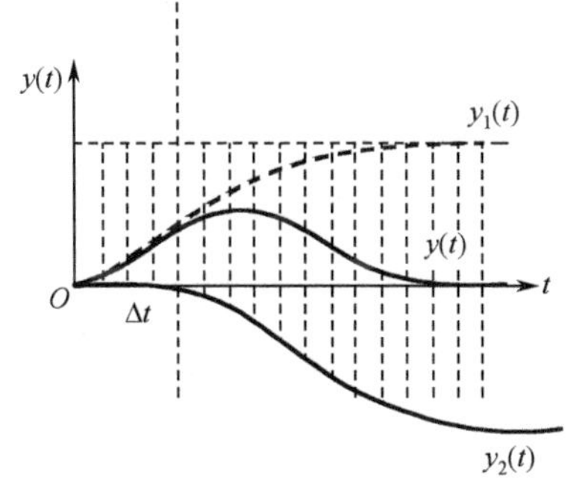


图 5.32　输入/输出曲线

本小节讲解了经验建模方法中的过程响应曲线法。该方法通过过程的阶跃响应曲线来确定过程的数学模型。通常可以用一阶惯性加纯滞后模型来近似高阶过程模型，当不能得到过程的阶跃响应曲线时，还可以通过方波响应曲线间接求出阶跃响应曲线。

# 习　题　5

1．常见的建模方法可以分为哪几类？各自特点是什么？

2．什么样的系统可以用传递函数表示？为什么？

3．非线性系统线性化的方法是什么？有什么前提条件？

4．什么是有自衡特性的过程？其传递函数有什么特点？

5．对于一阶或二阶过程，采用 PID 控制器控制时，闭环输出响应的超调量、振荡频率等参数与 PID 控制器参数的关系是什么？

6．基于方波输入测试法进行过程建模时，如何获得过程的阶跃响应曲线？

7．对图 5.33 所示的液位过程，输入量为$Q_1$，流出量为$Q_2$和$Q_3$，液位$h$为被控参数，水箱横截面积为$A$，并设$R_2$、$R_3$为线性液阻。

（1）列写液位过程的微分方程组。

（2）画出液位过程的框图。

（3）求出传递函数，并写出放大倍数$K$和时间常数$T$的表达式。

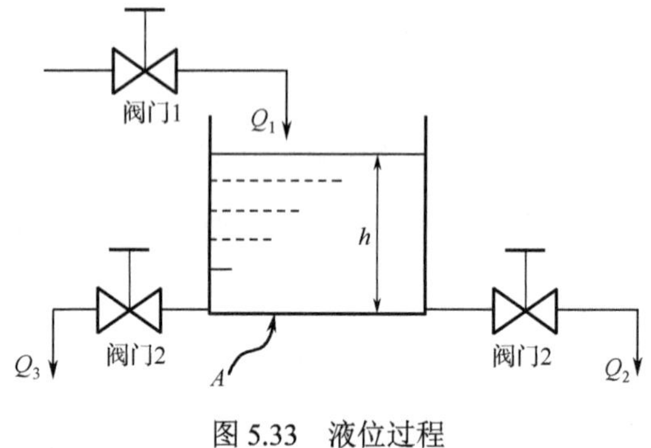


图 5.33　液位过程

8．带槽堰水箱如图 5.34 所示。输出质量流量$\omega$与液位高度$h^{1.5}$成正比，也就是$\omega = Rh^{1.5}$。这里，$R$是常数。如果流入质量流量为$\omega_{\rm i}$，求出传递函数$\dfrac{H'(s)}{W_{\rm i}'(s)}$。确定增益和时间常数。水箱横截面积为$A$，液体密度$\rho$为常数。

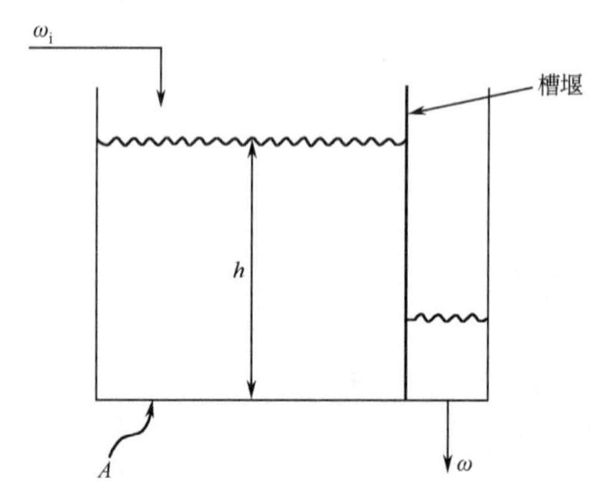


图 5.34　带槽堰水箱

9．某压力过程，实际输入压力阶跃变化为 15～31psi，其输出响应曲线如图 5.35 所示。

（1）假定二阶动态过程为

$$\frac{R'(s)}{P'(s)}=\frac{K}{\tau^2 s^2+2\xi\tau s+1}$$

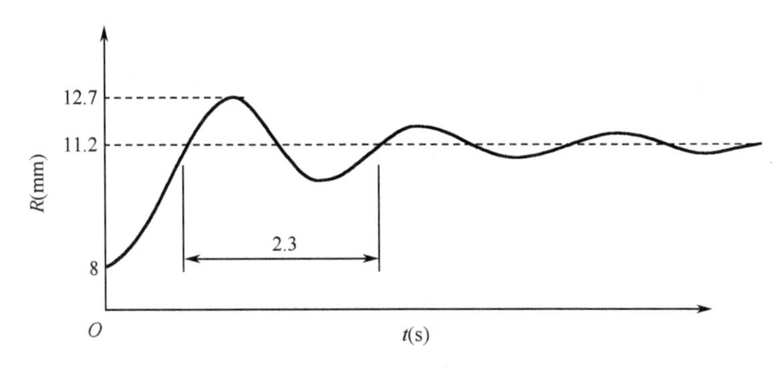


图 5.35　某压力过程输出响应曲线

计算所有重要参数，写出该过程的传递函数，上式中 $R'$是仪表输出偏差变量（mm），$P'$是实际压力偏差变量（psi）。

（2）写出等效的原始微分方程模型（非偏差变量）。

第 6 章

# 反馈控制器

## 6.1 反馈控制与闭环系统

在过程控制中，我们关心闭环过程的动态行为。反馈控制系统框图如图 6.1 所示。

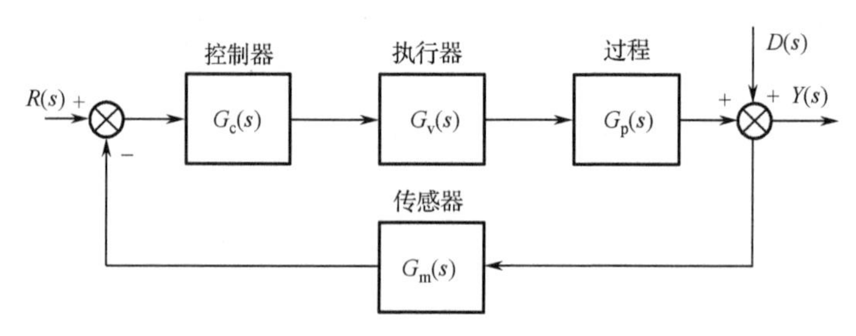


图 6.1 反馈控制系统框图

在该系统中：

$G_p(s)$ 为过程传递函数；

$G_c(s)$ 为控制器传递函数；

$G_m(s)$ 为传感器传递函数；

$G_v(s)$ 为执行器传递函数。

在反馈控制中，我们分析两种闭环系统的动态特性：一种是设定值改变时系统的跟踪响应，也称伺服响应。系统输出跟踪设定值输入的能力越强，证明系统的控制性能越好；另一种是扰动输入作用下系统的输出响应，也称系统的调节响应。很明显，系统输出跟踪扰动的能力越差，证明系统的抗干扰能力越强。因此，伺服响应对应系统的控制性能；调节响应对应系统的抗干扰能力，即鲁棒性。系统的控制性能和鲁棒性是矛盾的，控制的目标就是追求设定值良好的跟踪能力和对扰动的抑制能力。

闭环的伺服响应：当 $D(s)=0$ 时，$Y(s)$ 对 $R(s)$ 的传递函数为

$$Y(s)=\frac{G_p(s)G_v(s)G_c(s)}{1+G_p(s)G_v(s)G_c(s)G_m(s)}R(s)$$

闭环的调节响应：当 $R(s)=0$ 时，$D(s)$ 到 $Y(s)$ 的传递函数为

$$Y(s)=\frac{1}{1+G_p(s)G_v(s)G_c(s)G_m(s)}D(s)$$

如果考虑有干扰通道的传递函数 $G_d(s)$（见图 6.2），则

$$Y(s)=\frac{G_d(s)}{1+G_p(s)G_v(s)G_c(s)G_m(s)}D(s)$$

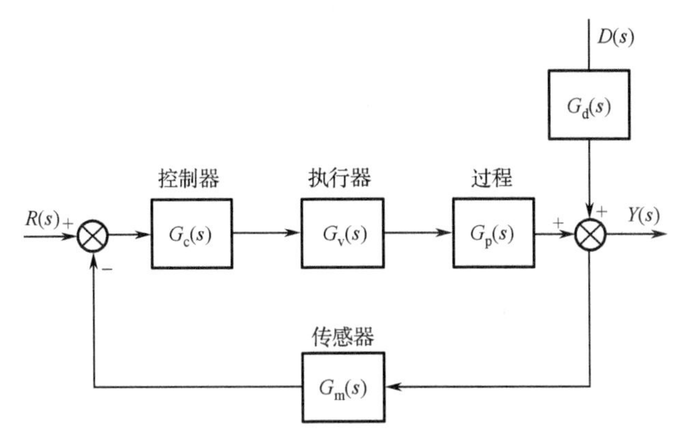


图 6.2　有干扰通道的反馈控制系统

设定值和扰动同时存在时，系统的闭环传递函数为

$$Y(s)=\frac{G_p(s)G_v(s)G_c(s)}{1+G_p(s)G_v(s)G_c(s)G_m(s)}R(s)+\frac{G_d(s)}{1+G_p(s)G_v(s)G_c(s)G_m(s)}D(s)$$

写出系统的闭环传递函数可用于设计控制器；断续控制中的开关控制和连续控制中的比例积分微分（PID）控制是反馈控制器的主要类型。

## 6.2　断 续 控 制

在过程控制系统中，控制器将系统被控变量的测量值 $y(t)$ 与设定值 $r(t)$ 进行比较，如果存在偏差 $e(t)$，即 $e(t)=y(t)-r(t)$，则按预先设置的不同控制规律，发出控制信号 $u(t)$，去控制生产过程，使被控变量的测量值与设定值相等。

开关控制是最简单的控制算法，控制器的输出不连续，也称二位控制。图 6.3 所示为开关控制。通常，开关控制对于大多数实验室和生产应用来说是不够的。

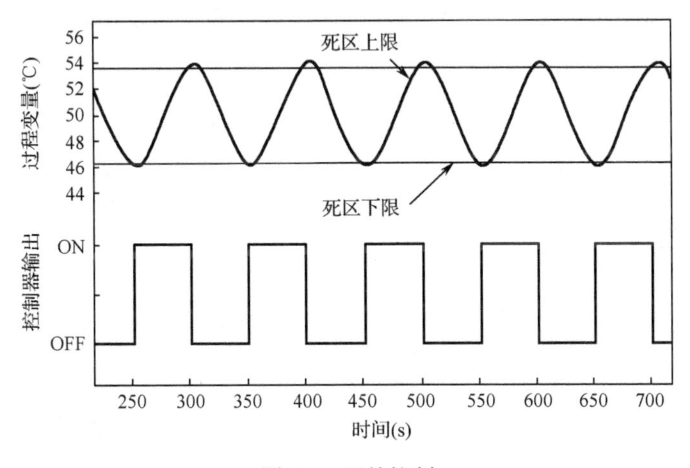


图 6.3　开关控制

温度二位控制系统如图 6.4 所示。温度低于给定值时，温控器输出高电平，继电器吸合，加热器通电加热；温度高于给定值时，温控器输出低电平，继电器断开，加热器断电。

二位控制器电路原理如图 6.5 所示，它是一种最简单的调节器，根据被调量偏差符号的正、负，输出只有两个位置，高电平或低电平，可以当一个电子开关使用。

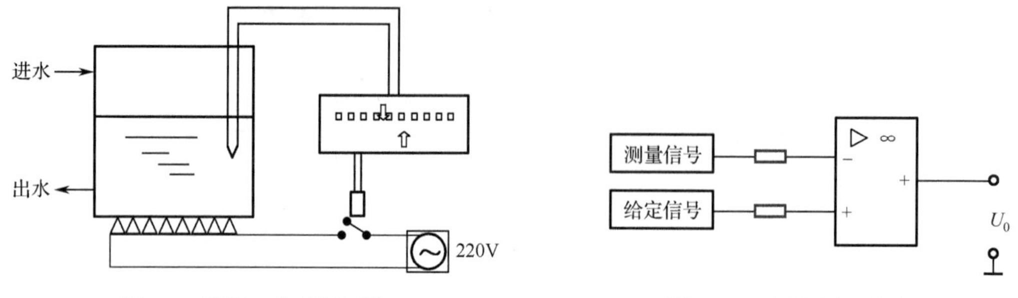


图 6.4　温度二位控制系统　　　　图 6.5　二位控制器电路原理

三位控制：控制器有三个输出位值，可以控制两个继电器。三位控制如图 6.6 所示。三位控制器电路原理如图 6.7 所示。

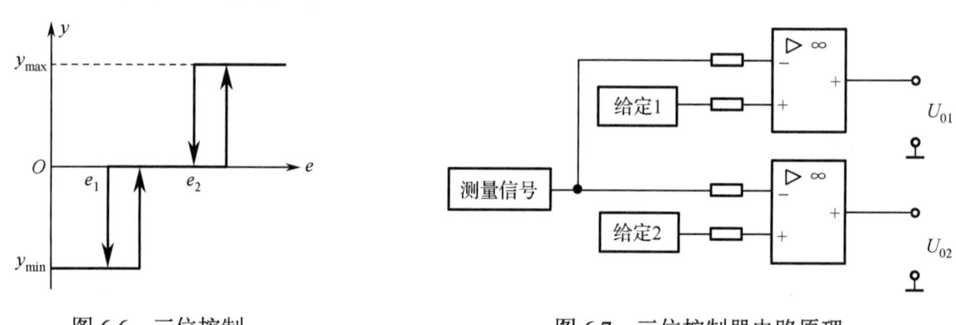


图 6.6　三位控制　　　　图 6.7　三位控制器电路原理

例如，温度三位控制系统如图 6.8 所示。温度低于 $T_1$ 时，温控器使继电器 1、2（$J_1$、$J_2$）都吸合，加热器 1、2 都通电加热；温度高于 $T_1$ 低于 $T_2$ 时，温控器使继电器 1 吸合、继电器 2 断开，只有加热器 1 通电；温度高于 $T_2$ 时，继电器 1、2 都断开。

温度三位控制效果：温度偏差大时，升温速度快；温度偏差小时，小幅调整，如图 6.9 所示。

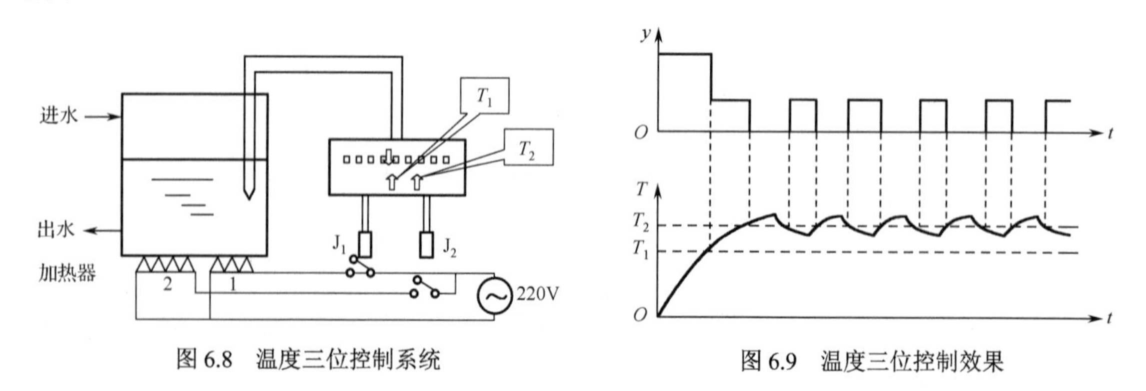


图 6.8　温度三位控制系统　　　　图 6.9　温度三位控制效果

要使调节过程平稳准确，必须使用输出值能连续变化的调节器，如 PID 控制器。

# 6.3 连续控制

## 6.3.1 PID（比例积分微分）控制

下面主要介绍反馈控制器中的比例积分微分控制器，即 PID 控制器。PID 控制器在工业生产过程中占有统治地位，应用非常广泛。例如，有调查显示，大规模连续过程通常具有 500～5000 个反馈控制器用于单变量过程控制，如流量和液位控制。在这些控制器中，97%的控制器采用某种形式的 PID 控制。

PID 控制器是比例积分微分控制器的缩写，其中 P 代表比例，I 代表积分，D 代表微分。PID 控制器的特点如下。

（1）超过 90%的工业场合应用。

（2）使用历史悠久，可以追溯到 20 世纪 30 年代。

（3）便于学习和理解。

（4）一阶和二阶过程的最优选择（在某些假设条件下）。

（5）设计控制系统时总是第一选择。

PID 控制器的表达式为$u(t)$，即

$$u(t)=K_{\mathrm{c}}\left[e(t)+\frac{1}{\tau_{\mathrm{I}}}\int_{0}^{t}e(\xi)\mathrm{d}\xi+\tau_{\mathrm{D}}\frac{\mathrm{d}e}{\mathrm{d}t}\right]+u_{\mathrm{R}}$$

式中，$e(t)$为比例项；$e(\zeta)$为积分项；$e$的导数项为微分项。由 PID 控制器表达式可以写出 PID 控制器的传递函数$U'(s)$为

$$U'(s)=K_{\mathrm{c}}\left(1+\frac{1}{\tau_{\mathrm{I}}s}+\tau_{\mathrm{D}}s\right)E(s)$$

或者可以写成

$$U'(s)=\left(P+\frac{I}{s}+Ds\right)E(s)$$

PID 控制器的参数如下。$K_{\mathrm{c}}$为比例增益，$\tau_{\mathrm{I}}$为积分时间常数，$\tau_{\mathrm{D}}$为微分时间常数，$u_{\mathrm{R}}$为控制器输出偏置。

## 6.3.2 比例控制

在 PID 控制器中，最简单的是比例控制，比例控制的表达式为

$$u(t)-u_{\mathrm{R}}=K_{\mathrm{c}}e(t)$$

写成传递函数为

$$U'(s)=K_{\mathrm{c}}E(s)$$

这里，比例控制器$G_{\mathrm{c}}(s)=K_{\mathrm{c}}$，$K_{\mathrm{c}}$代表比例增益。

当$K_{\mathrm{c}}$无量纲时，可以定义比例带 PB 为比例增益的倒数，即

$$\mathrm{PB}\triangleq\frac{100\%}{K_{\mathrm{c}}}$$

理想比例作用和实际比例作用效果分别如图 6.10 和图 6.11 所示。

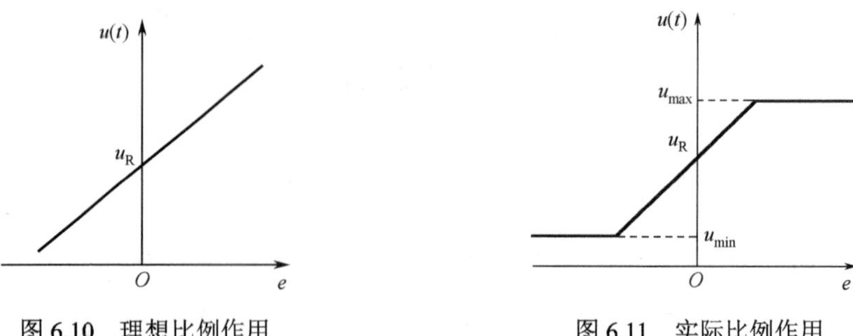


图 6.10　理想比例作用　　　　图 6.11　实际比例作用

考虑典型闭环系统，$G_p(s)$代表过程传递函数，$G_v(s)$代表执行器，$K_c$为比例控制器，$G_m(s)$为变送器传递函数，则可以得到闭环输出$Y(s)$为

$$Y(s)=\frac{G_p(s)G_v(s)K_c}{1+G_p(s)G_v(s)K_cG_m(s)}R(s)+\frac{1}{1+G_p(s)G_v(s)K_cG_m(s)}D(s)$$

假定一阶过程为$G_p(s)=\dfrac{K_p}{\tau s+1}$，且$G_v(s)=G_m(s)=1$，则得到$Y(s)$为

$$Y(s)=\frac{\dfrac{K_pK_c}{1+K_pK_c}}{\dfrac{\tau}{1+K_pK_c}s+1}R(s)+\frac{\dfrac{\tau}{1+K_pK_c}s+\dfrac{1}{1+K_pK_c}}{\dfrac{\tau}{1+K_pK_c}s+1}D(s)$$

此时的$Y(s)$由两项组成，前一项为伺服响应，后一项为调节响应，伺服响应的目标是跟踪$R(s)$，而调节响应的目标是抵制扰动$D(s)$。在$Y(s)$的表达式中，闭环过程时间常数由$\tau$变成了$\tau/(1+K_pK_c)$，很明显，时间常数大大减小了，这也就意味着比例作用加快了过程的响应速度。

利用终值定理有

$$\lim_{t\to\infty}y_{\text{servo}}(t)=\frac{K_pK_c}{1+K_pK_c}\quad\lim_{t\to\infty}y_{\text{reg}}(t)=\frac{1}{1+K_pK_c}$$

可以得到伺服响应稳态值$y_{\text{servo}}$和调节响应稳态值$y_{\text{reg}}$。为了获取0稳态误差，期望伺服响应稳态值$\lim_{t\to\infty}y_{\text{servo}}(t)=1$，扰动调节响应稳态值$\lim_{t\to\infty}y_{\text{reg}}(t)=0$。从两个表达式可以看出，如果使得$\lim_{t\to\infty}y_{\text{servo}}(t)=1$和$\lim_{t\to\infty}y_{\text{reg}}(t)=0$，则需要比例增益$K_c$取无限大，而这是不可能的。因此比例作用难以消除稳态误差，如果要消除稳态误差则需要其他控制作用，但增加比例作用可以减小稳态误差。

图6.12给出了在比例作用下某一阶过程的单位阶跃伺服响应，可以看出，随着比例增益$K_c$的增加，稳态误差减小了。

如图6.13所示，对于某二阶欠阻尼过程，比例增益$K_c$增加时，同样可以减小稳态误差，增加响应速度，但也使得系统的振荡加剧，稳定性变差。

总结比例控制的特点如下。

比例反馈不改变系统的阶数，因为特征方程的阶数没有变化。

比例作用的增加可以减小闭环系统的时间常数，加快响应速度。

可以减小稳态误差。

缺点是比例作用的增加会加剧振荡，使稳定性下降。

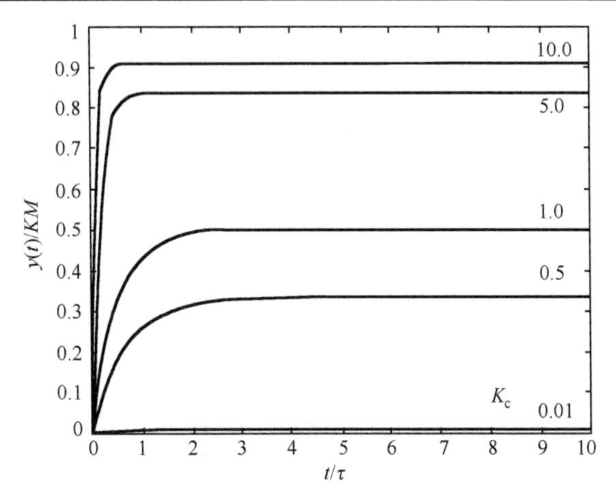


图 6.12　一阶过程的单位阶跃伺服响应

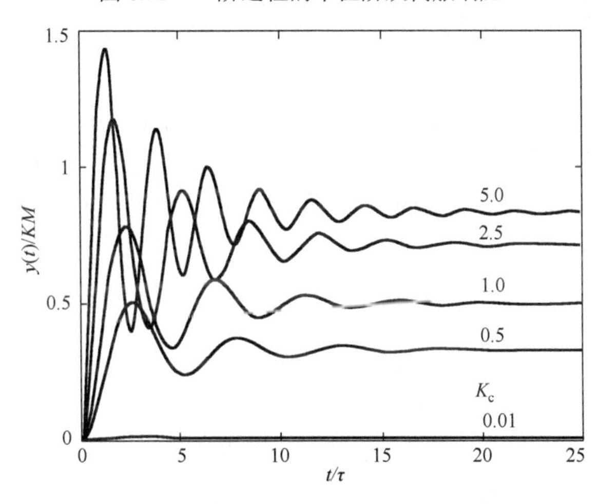


图 6.13　二阶欠阻尼过程

### 6.3.3　积分控制

积分器用于消除稳态误差，其控制器表达式和传递函数分别为$u(t)$和$U'(s)$，即

$$u(t)=K_{\mathrm{c}}\left[e(t)+\frac{1}{\tau_{\mathrm{I}}}\int_{0}^{t}e(\xi)\mathrm{d}\xi\right]+u_{\mathrm{R}}\qquad U'(s)=K_{\mathrm{c}}\left(1+\frac{1}{\tau_{\mathrm{I}}s}\right)E(s)$$

积分器提供积分作用，通常与比例控制器一起构成 PI 控制器。PI 控制器是行业应用最广泛的控制器，是一阶过程的最优选择。PI 控制器的阶跃响应输出如图 6.14 所示。

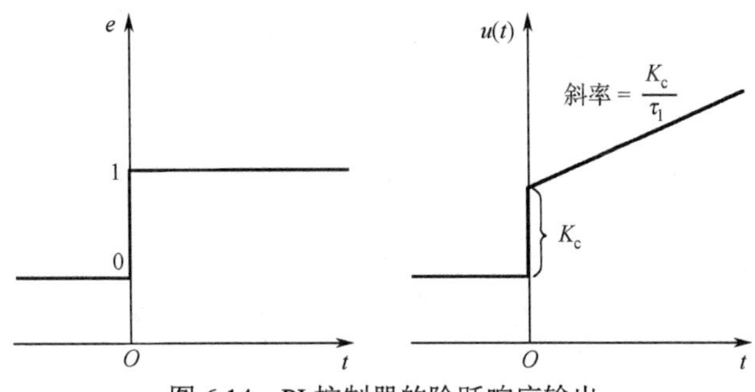


图 6.14　PI 控制器的阶跃响应输出

### 6.3.4　比例积分控制

在 PI 控制器的作用下，得到闭环响应 $Y(s)$，即

$$Y(s)=\frac{G_{\mathrm{p}}(s)G_{\mathrm{v}}(s)K_{\mathrm{c}}\left(\frac{\tau_{\mathrm{I}}s+1}{\tau_{\mathrm{I}}s}\right)}{1+G_{\mathrm{p}}(s)G_{\mathrm{v}}(s)K_{\mathrm{c}}\left(\frac{\tau_{\mathrm{I}}s+1}{\tau_{\mathrm{I}}s}\right)G_{\mathrm{m}}(s)}R(s)+\frac{1}{1+G_{\mathrm{p}}(s)G_{\mathrm{v}}(s)K_{\mathrm{c}}\left(\frac{\tau_{\mathrm{I}}s+1}{\tau_{\mathrm{I}}s}\right)G_{\mathrm{m}}(s)}D(s)$$

从 $Y(s)$ 表达式可以看出，输出表达式更为复杂，并且闭环传递函数分母阶数增加了 1。

同样，还是以之前的一阶过程为例，写出此时的输出 $Y(s)$

$$Y(s)=\frac{\tau_{\mathrm{I}}s+1}{\left(\frac{\tau_{\mathrm{I}}\tau}{K_{\mathrm{c}}K_{\mathrm{p}}}\right)s^2+\left(\frac{1+K_{\mathrm{c}}K_{\mathrm{p}}}{K_{\mathrm{c}}K_{\mathrm{p}}}\tau_{\mathrm{I}}s+1\right)}R(s)+\frac{\left(\frac{\tau_{\mathrm{I}}\tau}{K_{\mathrm{c}}K_{\mathrm{p}}}\right)s^2+\left(\frac{\tau_{\mathrm{I}}}{K_{\mathrm{c}}K_{\mathrm{p}}}\right)s}{\left(\frac{\tau_{\mathrm{I}}\tau}{K_{\mathrm{c}}K_{\mathrm{p}}}\right)s^2+\left(\frac{1+K_{\mathrm{c}}K_{\mathrm{p}}}{K_{\mathrm{c}}K_{\mathrm{p}}}\right)\tau_{\mathrm{I}}s+1}D(s)$$

可以看出闭环系统为二阶过程，如果用终值定理分析可得伺服响应传递函数的稳态值为 1，即误差为 0，可以消除稳态误差：通过此时的闭环特征方程可以看出，闭环固有振荡周期 $\tau_{\mathrm{cl}}$ 和阻尼系数 $\xi$ 与积分时间常数及比例增益 $K_{\mathrm{c}}$ 都有关系，即

$$\tau_{\mathrm{cl}}=\sqrt{\frac{\tau_{\mathrm{I}}\tau}{K_{\mathrm{c}}K_{\mathrm{p}}}}$$

$$\xi=\frac{1}{2}\frac{\sqrt{K_{\mathrm{p}}\tau}}{\tau}\sqrt{K_{\mathrm{c}}\tau_{\mathrm{I}}}\left(\frac{K_{\mathrm{c}}K_{\mathrm{p}}+1}{K_{\mathrm{c}}K_{\mathrm{p}}}\right)$$

因此，积分时间常数 $\tau_{\mathrm{I}}$ 和控制器比例增益 $K_{\mathrm{c}}$ 对闭环系统的固有振荡周期 $\tau_{\mathrm{cl}}$ 及阻尼系数 $\xi$ 都有影响。另外，根据二阶动态特性行为可知：

上升时间为 $t_{\mathrm{r}}$

峰值时间为 $t_{\mathrm{p}}=\dfrac{\pi\tau_{\mathrm{n}}}{\sqrt{1-\xi^2}}$

调节时间为 $t_{\mathrm{s}}=3\dfrac{\tau_{\mathrm{cl}}}{\xi}$

衰减比为 $\mathrm{DR}=\dfrac{a}{c}=\exp\left(\dfrac{2\pi\xi}{\sqrt{1-\xi^2}}\right)$

超调量为 $\mathrm{OS}=\dfrac{a}{b}=\exp\left(\dfrac{-\pi\xi}{\sqrt{1-\xi^2}}\right)$

振荡周期为 $P=\dfrac{2\pi\tau_{\mathrm{cl}}}{\sqrt{1-\xi^2}}$

峰值时间、衰减比、超调量、振荡周期等多个动态特性参数都间接受到积分时间常数和比例增益的影响，因此积分时间常数和控制器比例增益可以引起振荡并能改变振荡周期，同时可以较全面地调整闭环动态行为。

为了说明积分作用对伺服响应的影响，将 PI 控制器的比例增益 $K_{\mathrm{c}}$ 设定为 1，同时将积分

时间常数由大变小，也就是将积分的作用逐渐增强，如图 6.15 所示。在积分时间常数由 1 逐渐减小到 0.01 的过程中，积分作用逐渐增强，系统的振荡加剧，超调量增加，稳定性变差。还可以看出，无论积分时间大小，稳态误差都为 0。

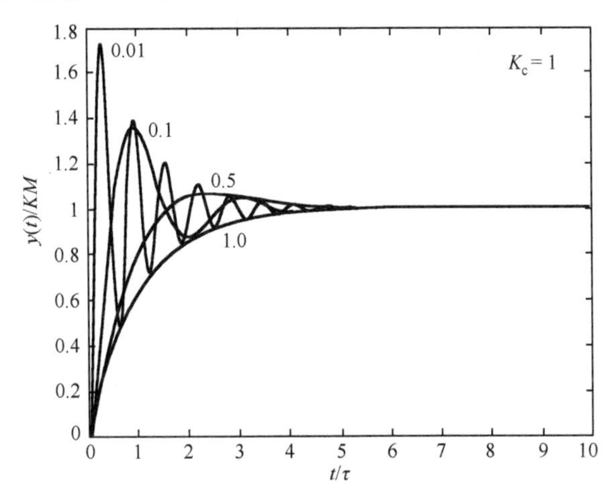


图 6.15　单位阶跃伺服响应

如图 6.16 所示，将积分时间固定，将比例作用增强，系统响应速度增加，消除稳态误差的速度更快了。

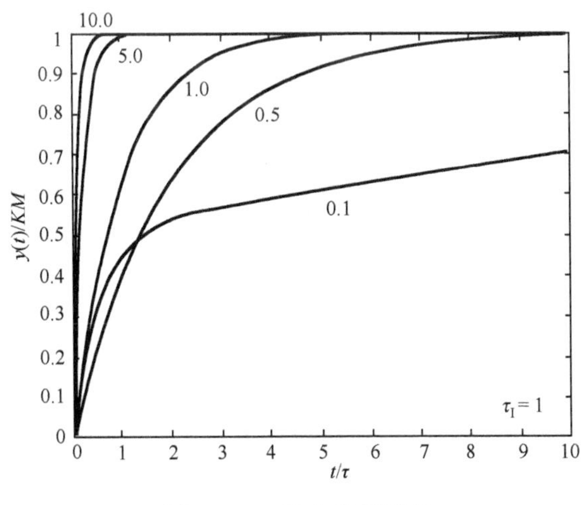


图 6.16　二阶欠阻尼过程

总结 PI 控制器的特点如下。

积分作用增加了闭环系统的阶数。

PI 控制器有两个独立可调的参数，可以影响响应速度和消除稳态误差。

积分作用应调节到比比例增益的作用小。

调整到缓慢消除偏差的状态。

可能增加或引起振荡，可以使系统不稳定。

### 6.3.5　微分控制

微分控制是指对误差信号的微分，它可以检测出误差变化的速度和趋势，可用于补偿输

出的变化趋势，因此能够提供预期或预测的作用。而 P 和 I 的作用是只响应过去和当前的误差。微分控制的表达式为

$$u(t)=u_{\mathrm{R}}+\tau_{\mathrm{D}}\frac{\mathrm{d}e(t)}{\mathrm{d}t}$$

如果误差增加，则会增加控制动作；如果误差减少，则会减少控制动作。微分控制通常与比例和积分一起使用构成 PD 控制器，即

$$\frac{u'(s)}{E(s)}=K_{\mathrm{c}}(1+\tau_{\mathrm{D}}s)$$

以及 PID 控制器，即

$$u(t)=K_{\mathrm{c}}\left[e(t)+\frac{1}{\tau_{\mathrm{I}}}\int_{0}^{t}e(\xi)\mathrm{d}\xi+\tau_{\mathrm{D}}\frac{\mathrm{d}e}{\mathrm{d}t}\right]+u_{\mathrm{R}}$$

由于理想微分针对阶跃变化输出的作用持续时间十分短暂，执行器还来不及响应其作用可能就会消失，因此在实际中可以应用实际微分作用，在理想微分的基础上增加了一阶惯性，起到将微分作用保留一段时间的作用。实际微分表达式为

$$\frac{U'(s)}{E(s)}=K_{\mathrm{c}}\left(1+\frac{\tau_{\mathrm{D}}s}{\alpha\tau_{\mathrm{D}}s+1}\right)$$

可以写出 PID 控制器传递函数 $U'(s)$，以及闭环系统传递函数 $Y(s)$，此时得到的 $Y(s)$ 比 PI 控制器的更为复杂一些。

$$U'(s)=K_{\mathrm{c}}\left(1+\frac{1}{\tau_{\mathrm{I}}s}+\tau_{\mathrm{D}}s\right)E(s)$$

$$Y(s)=\frac{G_{\mathrm{p}}(s)G_{\mathrm{v}}(s)K_{\mathrm{c}}\left(\dfrac{\tau_{\mathrm{D}}\tau_{\mathrm{I}}s^{2}+\tau_{\mathrm{I}}s+1}{\tau_{\mathrm{I}}s}\right)}{1+G_{\mathrm{p}}(s)G_{\mathrm{v}}(s)K_{\mathrm{c}}\left(\dfrac{\tau_{\mathrm{D}}\tau_{\mathrm{I}}s^{2}+\tau_{\mathrm{I}}s+1}{\tau_{\mathrm{I}}s}\right)G_{\mathrm{m}}(s)}R(s)+\frac{1}{1+G_{\mathrm{p}}(s)G_{\mathrm{v}}(s)K_{\mathrm{c}}\left(\dfrac{\tau_{\mathrm{D}}\tau_{\mathrm{I}}s^{2}+\tau_{\mathrm{I}}s+1}{\tau_{\mathrm{I}}s}\right)G_{\mathrm{m}}(s)}D(s)$$

### 6.3.6　比例积分微分控制

还是以一阶过程为例

$$G_{\mathrm{p}}(s)=\frac{K_{\mathrm{p}}}{\tau s+1},\quad G_{\mathrm{v}}(s)=1,\quad G_{\mathrm{m}}(s)=1$$

得到此时的闭环传递函数为

$$Y(s)=\frac{\tau_{\mathrm{D}}\tau_{\mathrm{I}}s^{2}+\tau_{\mathrm{I}}s+1}{\left(\dfrac{\tau_{\mathrm{I}}\tau}{K_{\mathrm{c}}K_{\mathrm{p}}}+\tau_{\mathrm{D}}\tau_{\mathrm{I}}\right)s^{2}+\left(\dfrac{1+K_{\mathrm{c}}K_{\mathrm{p}}}{K_{\mathrm{c}}K_{\mathrm{p}}}\right)\tau_{\mathrm{I}}s+1}R(s)+$$

$$\frac{\left(\frac{\tau_I \tau}{K_c K_p}\right)s^2 + \left(\frac{\tau_I}{K_c K_p}\right)s}{\left(\frac{\tau_I \tau}{K_c K_p} + \tau_D \tau_I\right)s^2 + \left(\frac{1 + K_c K_p}{K_c K_p}\right)\tau_I s + 1} D(s)$$

可以看出，比例增益 $K_c$、时间常数 $\tau_I$ 还有微分时间 $\tau_D$ 对闭环系统的固有振荡周期、阻尼系数都造成了影响，因此可以较为全面地改变被控过程的动态行为，与 PI 控制相比，这里多了一个微分时间可以调节，自由度更大。

如图 6.17 和图 6.18 所示，微分作用增加时，伺服响应减慢，过程振荡加剧，但减少了扰动对输出的影响。适当的微分作用可以全面提高系统的动态响应。

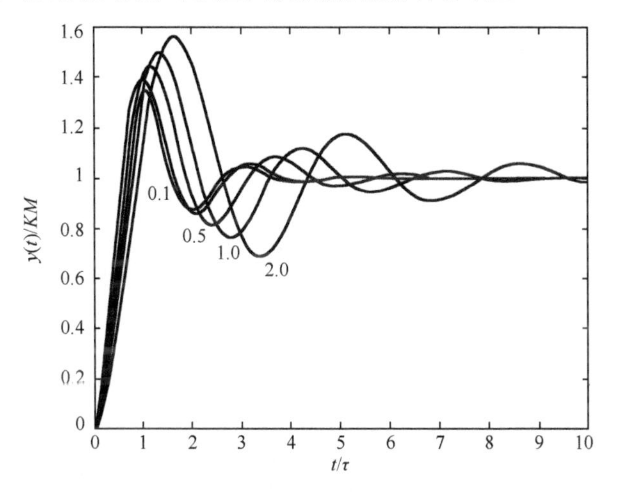


图 6.17　微分作用对伺服响应的影响

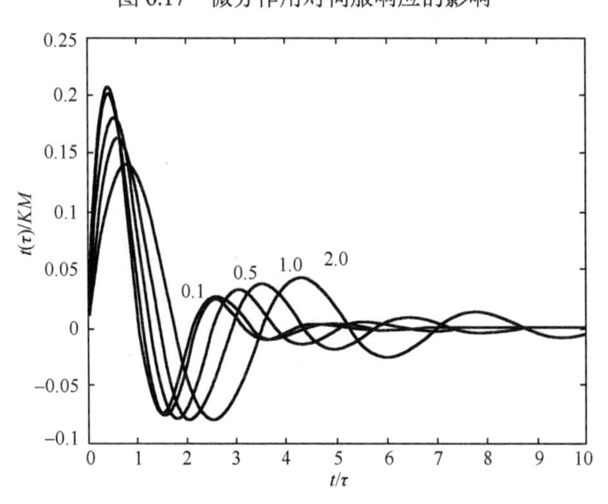


图 6.18　微分作用对调节响应的影响

三种常见的 PID 有并联式 PID、串联式 PID 和扩展式 PID。并联式 PID 的表达式为 $u(t)$，即

$$u(t) = u_R + K_c\left[e(t) + \frac{1}{\tau_I}\int_0^t e(t^*)\mathrm{d}t^* + \tau_D \frac{\mathrm{d}e(t)}{\mathrm{d}t}\right]$$

其结构如图 6.19 所示。

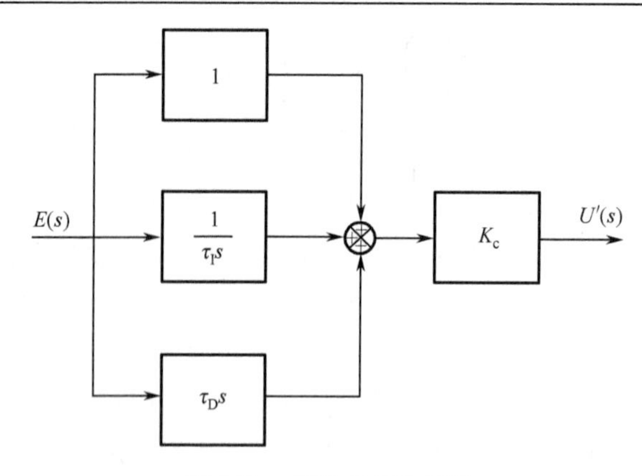


图 6.19　并联式 PID 结构

传递函数为

$$\frac{U'(s)}{E(s)}=K_c\left(1+\frac{1}{\tau_I s}+\tau_D s\right)$$

串联式 PID 的传递函数为

$$\frac{U'(s)}{E(s)}=K_c\left(\frac{\tau_I s+1}{\tau_I s}\right)\left(\frac{\tau_D s+1}{\alpha\tau_D s+1}\right)$$

串联式 PID 结构如图 6.20 所示。扩展式 PID 的表达式为

$$u(t)=u_R+K_c e(t)+K_I\int_0^t e(t^*)\mathrm{d}t^*+K_D\frac{\mathrm{d}e(t)}{\mathrm{d}t}$$

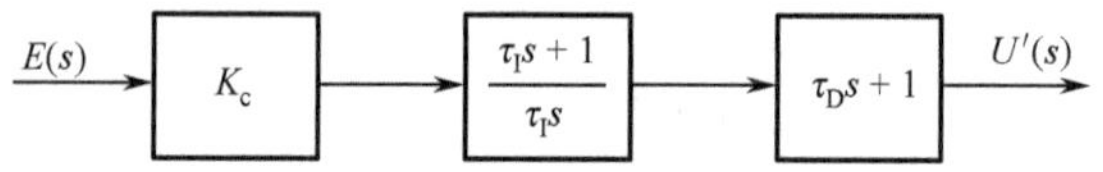

图 6.20　串联式 PID 结构

应用 PID 控制的闭环特征多项式与应用 PI 时类似，但多了一个自由度，即微分时间可以调节。

微分作用不会增加系统阶数。

微分作用会影响过程振荡周期，有利于抵制扰动，但跟踪给定效果变差。

PID 有 3 个可调参数，可以独立调节响应速度、稳态误差、伺服和调节特性。

微分作用对稳定性有影响；微分作用难以用于被控变量含有高频噪声信号的情形；微分作用应该小于积分作用的影响；因为理想微分持续时间非常短且难以物理实现，所以通常在实际中使用实际微分。

以上内容主要讲解了 PID 控制器，分别给出了 P、I、D、PI、PD、PID 控制器的表达式，分析了控制器参数对系统伺服响应和扰动作用下调节响应的影响。

### 6.3.7　改进型 PID

前面介绍了 PID 控制器，并且分别分析了比例、积分、微分的控制特点。

我们知道，PID 控制器应用广泛，简单可靠，但 PID 控制器也面临着一些问题，如微分冲击、比例冲击、积分饱和，为了解决这些问题，有必要对 PID 控制器做一些改进。

首先，我们解释微分冲击。当闭环系统给定值突然变化时，偏差 $e$ 也会突然变化，于是微分项变得很大，因此对执行器就会输出很大的冲击。

某过程控制系统，给定值为周期方波 $r_i$，其过程输出 $y$ 和控制器输出 $u$ 的响应分别如图 6.21 和图 6.22 所示。可以看出，过程输出 $y$ 和控制器输出 $u$ 在给定值突变时，输出也有突变，控制信号还会出现尖峰，而这就是由于微分作用引起的冲击。

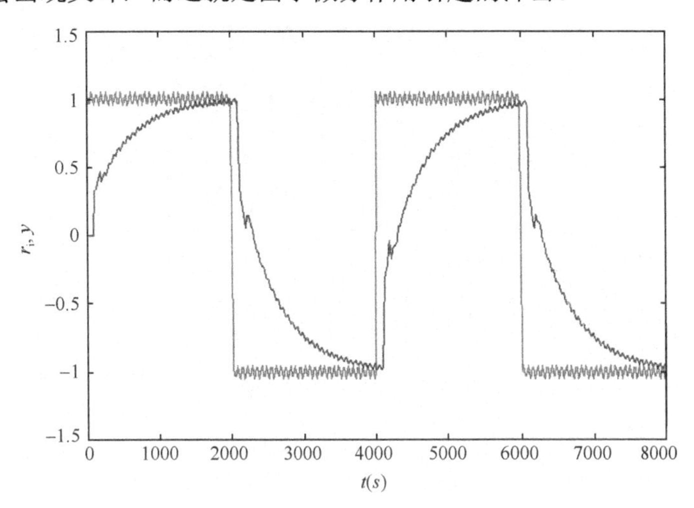


图 6.21　过程输出 $y$ 的响应

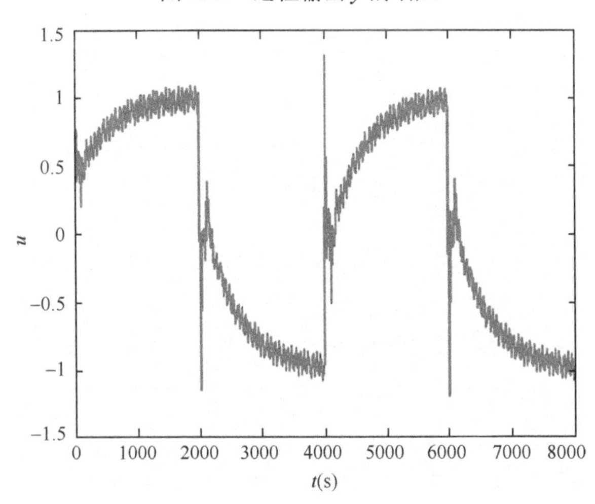


图 6.22　控制器输出 $u$ 的响应

其原因是偏差 $e = r_i - y$，偏差的微分 $\mathrm{d}e/\mathrm{d}t = \mathrm{d}r_i/\mathrm{d}t - \mathrm{d}y/\mathrm{d}t$，这样，给定值 $r_i$ 的突变就在 PID 控制器中引入了微分冲击。

为了避免微分冲击，只对测量值微分，而不是对偏差信号 $e$ 微分，就可以避免由于给定值突变而引起微分冲击。

在 PID 控制器中，将 $\mathrm{d}e/\mathrm{d}t$ 用 $-\mathrm{d}y/\mathrm{d}t$ 代替，只对测量值微分，对给定值不微分，这种方法称为微分先行 PID，简写为 PI − D。

此时 PID 控制器的输出为

$$u(t) = K_c\left[e(t) + \frac{1}{\tau_I}\int_0^t e(t^*)\mathrm{d}t^* - \tau_D\frac{\mathrm{d}y_m(t)}{\mathrm{d}t}\right]$$

图 6.23（a）所示为基本 PID 控制器原理框图，图 6.23（b）所示为微分先行 PID 框图，从 $u(t)$ 的公式和图 6.23（b）框图中都可以看出该控制器只对输出值微分，而没有对给定值微分，这有效地避免了给定值突变引入的微分冲击。

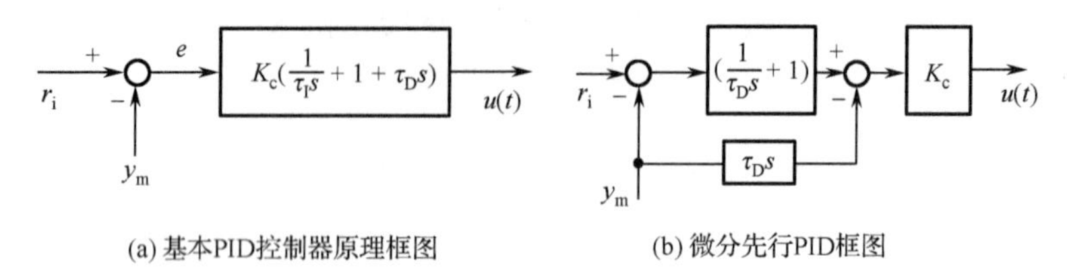


图 6.23　给定值突变

微分先行 PID 控制效果如图 6.24 和图 6.25 所示，同样是先前的过程系统，当使用了微分先行 PID 后，在给定值发生突变时，过程输出 $y$ 和控制器输出 $u$ 比较平滑，不存在先前的尖峰或突变，这证明了微分先行 PID 的有效性。

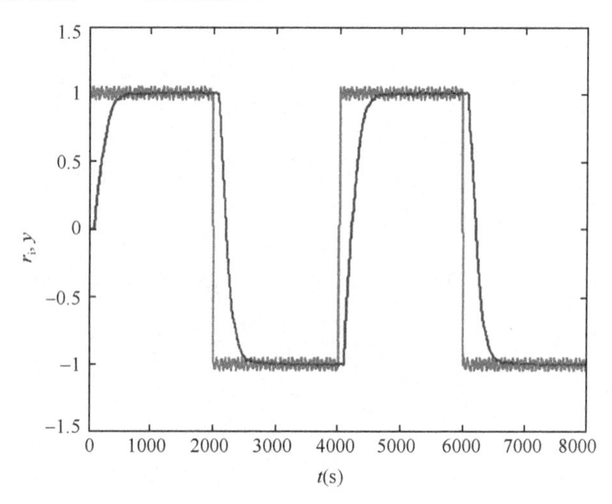


图 6.24　微分先行 PID 控制效果（过程输出 $y$）

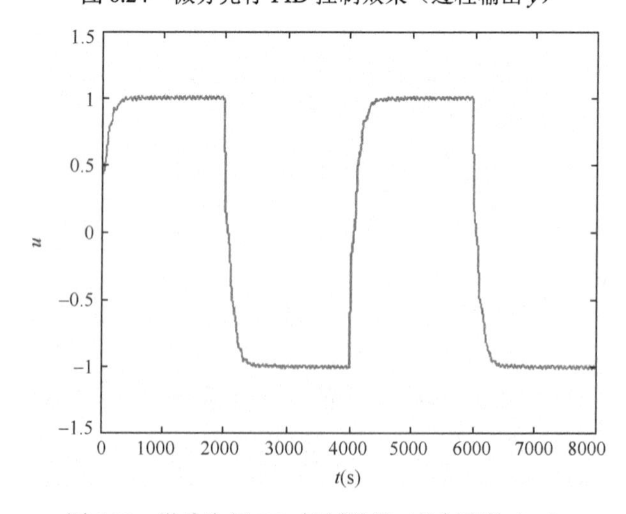


图 6.25　微分先行 PID 控制效果（控制器输出 $u$）

微分先行 PID 为什么可以克服给定值的微分冲击呢？我们进一步分析其原理。

图 6.26 所示的微分先行 PID 的等效图如图 6.27 所示，比较图 6.23（a）与图 6.27，可见微分先行 PID 算法相当于在 PID 的给定值通道中，增加了一个一阶惯性滤波器，从而当给定值快速变化时，缓解对输出的冲击。

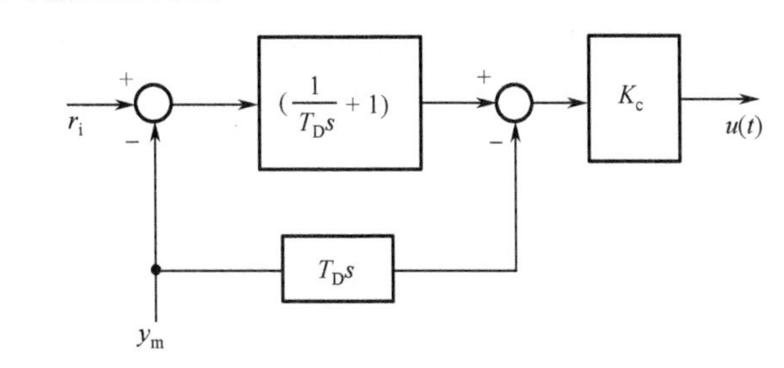


图 6.26　微分先行 PID

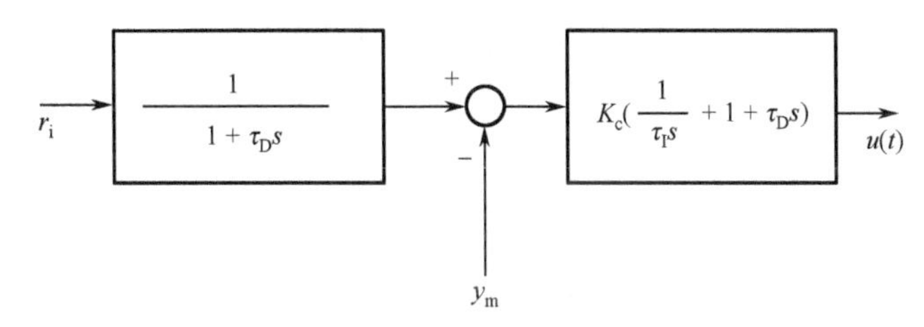


图 6.27　微分先行 PID 的等效图

同理，比例作用也能传递阶跃扰动。由微分先行 PID 得到启示，若对比例作用进行同样的改动，则比例冲击也能消除。此时比例作用只对输出比例，对给定值不比例，即可实现比例微分先行 PID，简写为 I − PD，其表达式为

$$u(t)=K_c\left[-y_m+\frac{1}{\tau_I}\int_0^t e(t^*)\mathrm{d}t^*-\tau_D\frac{\mathrm{d}y_m(t)}{\mathrm{d}t}\right]$$

比例微分先行 PID 如图 6.28 所示。

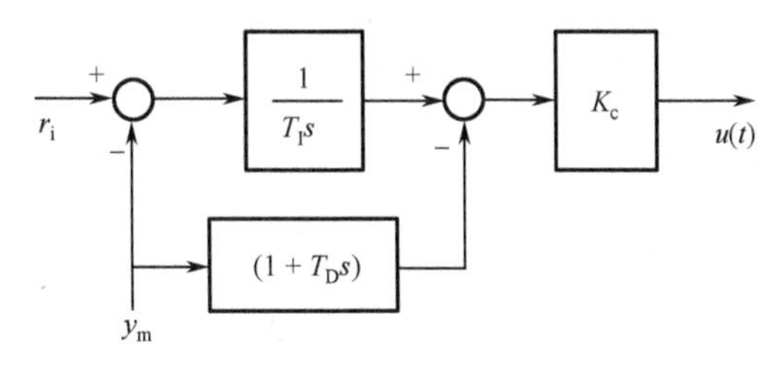


图 6.28　比例微分先行 PID

图 6.28 所示的比例微分先行 PID 的等效图如图 6.29 所示。

比较图 6.23（a）与图 6.29 可知，比例微分先行 PID 算法相当于在 PID 的给定值通道中增加了一个二阶惯性滤波器，从而给定值快速变化时，缓解对输出的冲击。

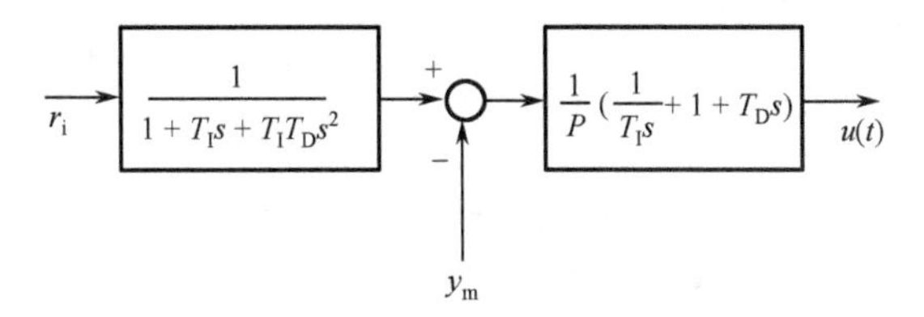


图 6.29　比例微分先行 PID 的等效图

微分先行 PID 算法相当于在给定值通道上加了一个一阶滤波器，比例微分先行 PID 算法相当于在给定值通道上加了一个二阶滤波器。

把两者结合在一起，针对不同的对象特性和控制要求，可以进行柔性调整，实现最佳控制。带可变型设定值滤波器的 PID 算法正是根据这一思路设计而成的。

其原理框图如图 6.30 所示。

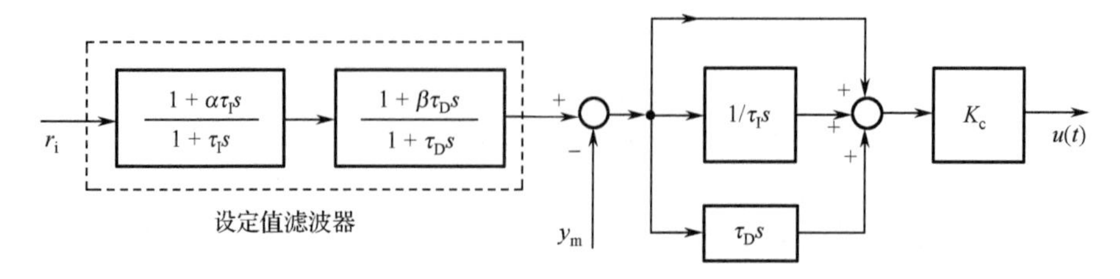


图 6.30　可变型设定值滤波器的 PID 原理框图

设定值滤波器算法在给定值通道中设置了一个二阶滤波器，即

$$\frac{1+\alpha\tau_{\mathrm{I}}s}{1+\tau_{\mathrm{I}}s}\cdot\frac{1+\beta\tau_{\mathrm{D}}s}{1+\tau_{\mathrm{D}}s}$$

$\alpha$、$\beta$ 为控制器给定值通道整定参数，$\alpha$、$\beta$ 的数值都为 0～1。当 $\alpha=0$、$\beta=0$ 时，为比例微分先行 PID；当 $\alpha=1$、$\beta=0$ 时，为微分先行 PID。

当 $\alpha$、$\beta$ 在 0 到 1 之间任意取值时，可得到由微分先行 PID 到比例微分先行 PID 连续变化的响应变化，因此有可能实现二维的最佳整定。图 6.31 所示为给定值阶跃跳变时，某系统在微分先行 PID 和比例微分先行 PID 作用及介于两者之间控制的响应图。

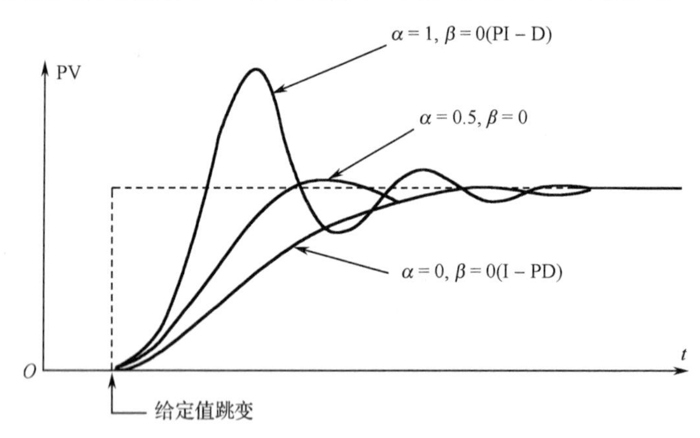


图 6.31　响应图

接下来讲解积分饱和及抗积分饱和的措施。从 PID 控制器 $u(t)$ 表达式可以看出，当误差持续存在时，积分项变得相当大，控制器输出值越来越大，执行器由于物理限制而达到饱和状态。

$$u(t)=K_{\mathrm{c}}\left[e(t)+\frac{1}{\tau_{\mathrm{I}}}\int_{0}^{t}e(t^{*})\mathrm{d}t^{*}\right]$$

当控制器输出继续增加时，积分项的进一步增加并不会导致执行器输出的增加（阀已经全开或全关），这时就会出现积分饱和现象。此时执行器输出保持恒定，控制器暂时失去调节作用。

如图 6.32 所示，0 时刻开始，由于误差的存在，积分项会一直增加，如果某一时刻执行器饱和，控制器输出仍然不断累加，直到 $t=t_1$ 时，误差反向，那么此时应反向调节，但由于积分项之前累加量足够大，并不能改变执行器输出，所以只有当积分项减到足够小，使得控制器的输出值小于执行器的饱和值时，反向调节才会起作用，但这时调节就不及时了，会造成调节过程缓慢，甚至会导致不稳定。

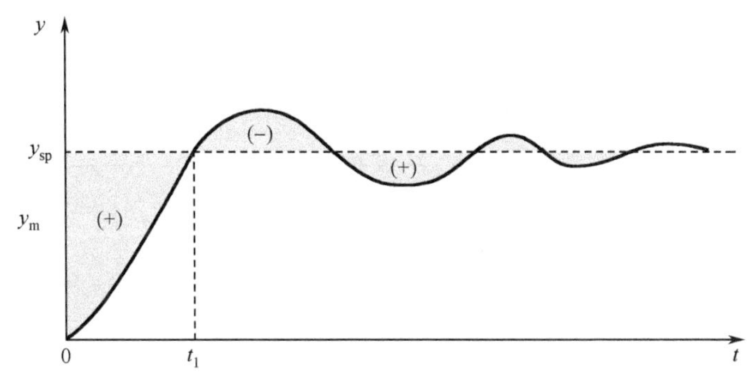


图 6.32　输出响应曲线图

很明显，当执行器输出饱和时，我们不希望控制器的输出再增加（因为执行器已经达到最大能力，控制信号增加也没有调节作用，反而会造成积分饱和）。因此，针对 PI 或 PID 控制器限制其积分项输出以避免积分饱和的措施就称为抗积分饱和方法。

常用的抗积分饱和方法有以下几种。

限幅法。限制控制器输出，当控制器输出大于给定值时，将其输出限制在某个值（执行器饱和时的值），使其不再增加。这样有可能在正常操作中不能消除系统的余差。

积分分离法。误差大于给定值时，改用纯比例，这样既不会造成积分饱和，又能在小偏差时利用积分作用消除余差。

遇限削弱积分法。当控制器输出大于给定值时，只累加负偏差，当其输出小于设定的最小值时，只累加正偏差。这种方法可以避免控制器输出长时间停留在饱和区。

正反馈回路积分作用法。正反馈回路积分作用原理如图 6.33 所示，原来的积分环节用正反馈回路来代替。当控制器没有饱和时，该控制器就是标准 PI 控制器；当控制器饱和时，控制器输出 $U$ 在一定时间后（$t=5\tau_I$）稳定到常值不会再增加。

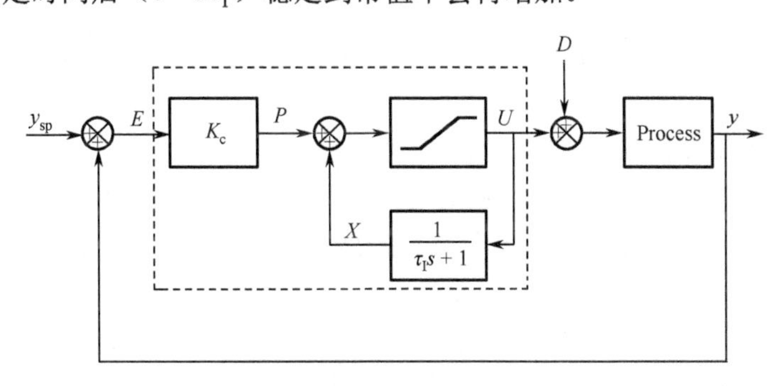


图 6.33　正反馈回路积分作用原理

图 6.34 和图 6.35 所示为应用遇限削弱积分法前后某系统的响应图。通过对比可以看出，遇限削弱积分法可以避免控制器输出长时间在饱和区，控制性能得到改善。

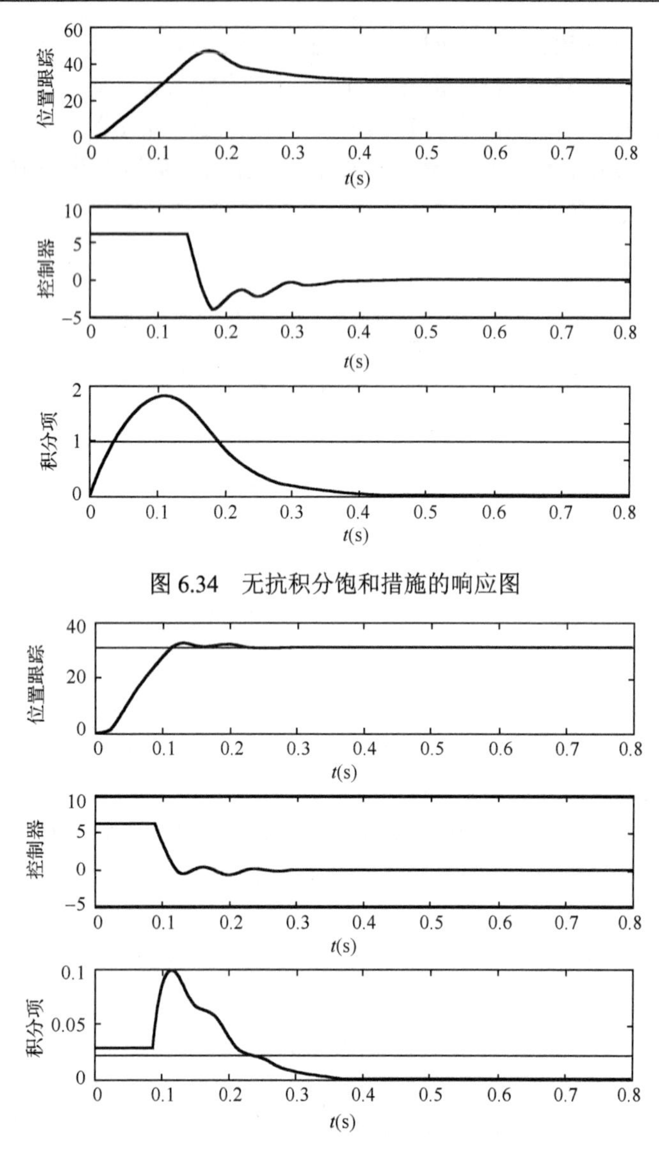


图 6.34　无抗积分饱和措施的响应图

图 6.35　抗积分饱和（遇限削弱积分法）的响应图

图 6.36 和图 6.37 所示为应用积分分离方法的效果对比，显然应用后系统的快速性和稳定性都得到了提高。

某控制系统，模型和控制器及控制饱和值分别给出，通过普通 PID（见图 6.38）和应用正反馈回路积分作用（见图 6.39）及输出曲线对比（见图 6.40），可以看出，应用了正反馈回路积分作用后，过程输出 $y$ 的超调量更小了，并且响应速度更快了，其原因在于控制器的输出饱和时间更短了。

本节主要讲解了普通 PID 控制器的改进方法，为了避免比例、微分冲击，可以采用比例微分先行 PID、微分先行 PID 及带设定值滤波器的 PID。为了抗积分饱和，介绍了常用的抗积分饱和措施，并通过仿真结果验证了效果。

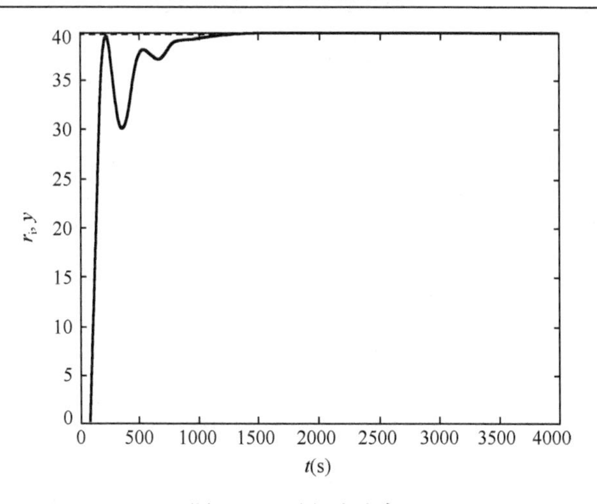


图 6.36　无积分分离

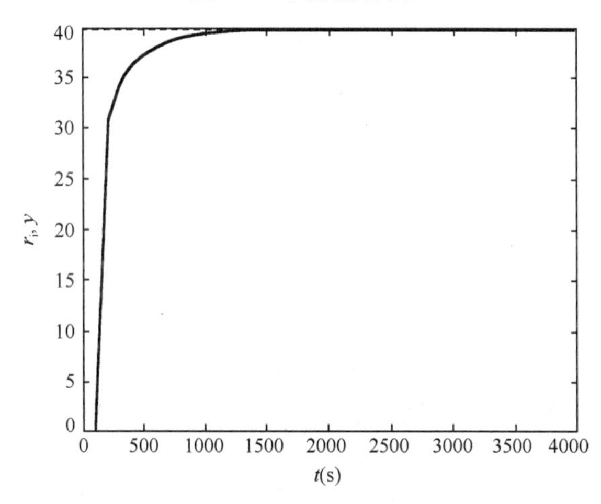


图 6.37　积分分离

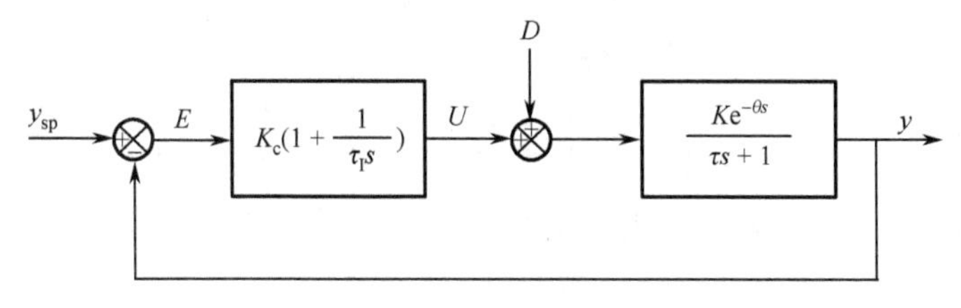


图 6.38　普通 PID

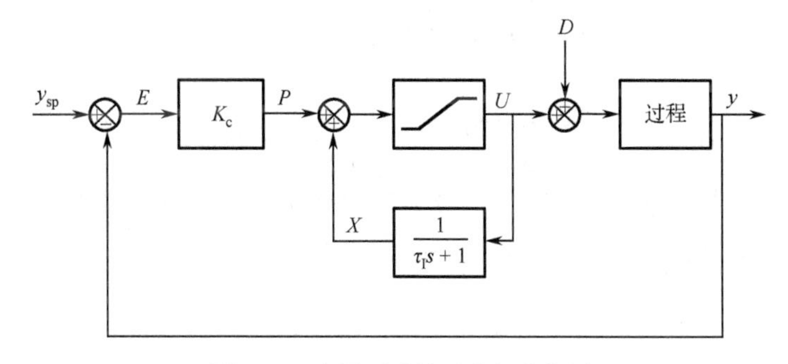


图 6.39　应用正反馈回路积分作用

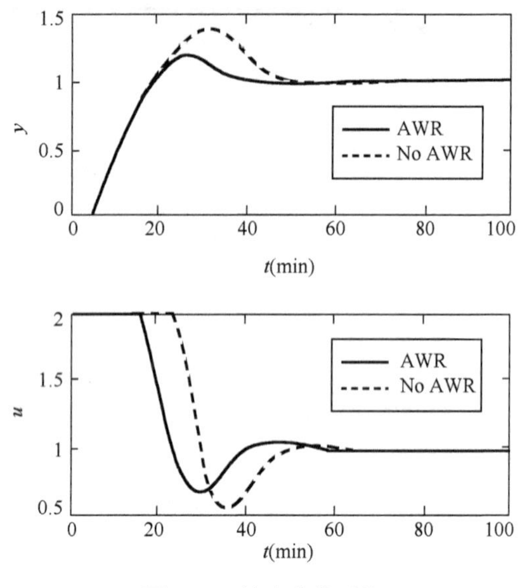


图 6.40　输出曲线对比

# 6.4　数字控制器

## 6.4.1　差分方程

下面讲解差分方程。首先讲解如何将连续的微分方程转换为离散的差分方程，并介绍差分方程的类型。我们看一个例子，水箱控制系统。水箱如图 6.41 所示，通过调节输入流量来维持液位不变，建立水箱数学模型，并考虑分段常数输入流量 $q_{\mathrm{i}}$，获取该过程离散时间模型。

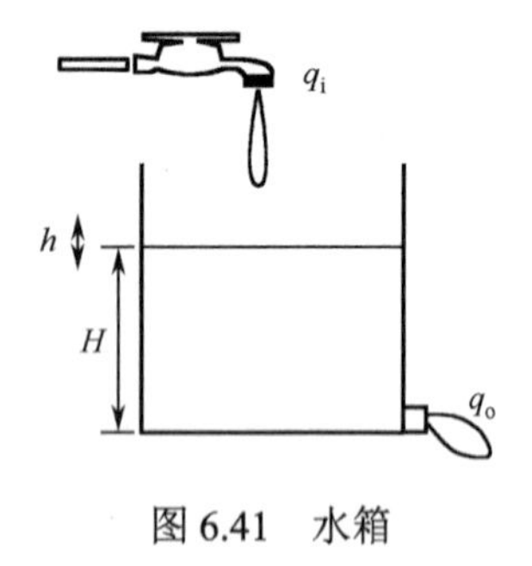


图 6.41　水箱

这里假定输出流量和液位是非线性关系，如果液位在某个平衡点附近小范围变化，则适用线性模型。

$H$：水箱静态工作点。

$h$：液位的变化量。

$q_{\mathrm{i}}$：输入流量在稳态值 $Q$ 附近的摄动值。

$q_{\mathrm{o}}$：输出流量在稳态值 $Q$ 附近的摄动值。

$R$：阀的流体阻力。

列出质量守恒方程为

体积流量增加量=输入流量−输出流量

得到微分方程为

$$\frac{\mathrm{d}C(H+h)}{\mathrm{d}t}=(q_{\mathrm{i}}+Q)-(q_{\mathrm{o}}+Q)$$

式中，$C$ 为水箱截面积，称为容量系数；$H$ 为稳态或标称的液位；$Q$ 为稳态或标称流量。设 $\tau=RC$ 是水箱的时间常数。考虑线性阀方程时，得到微分方程

$$\frac{\mathrm{d}h}{\mathrm{d}t}=-\frac{h}{\tau}+\frac{q_{\mathrm{i}}}{C}$$

求出微分方程的解

$$h(t)=\mathrm{e}^{-\frac{(t-t_0)}{\tau}}h(t_0)+\frac{1}{C}\int_{t_0}^{t}\mathrm{e}^{-\frac{(t-\lambda)T}{\tau}}q_{\mathrm{i}}(\lambda)\mathrm{d}\lambda$$

$$q_{\mathrm{i}}(t)=q_{\mathrm{i}}(k)=\text{常数},\quad t\in[kT,(k+1)T]$$

在任意一个采样周期内的解

$$t_0=kT,\quad t=(k+1)T$$

$$h(k+1)=\mathrm{e}^{-T/\tau}h(k)+R[1-\mathrm{e}^{-T/\tau}]q_{\mathrm{i}}(k)=ah(k)+bq_{\mathrm{i}}(k)$$

注意，$h(k)$ 代表 $h(kT)$。

该例子中获得的离散时间模型称为差分方程，对于线性时不变模拟过程，可以得到线性时不变差分方程。

## 6.4.2 数字控制系统建模

图 6.42 所示为计算机控制系统，可以等效转化为图 6.43。$R(z)$ 是给定值；$E(z)$ 是偏差；计算机实现数字控制器，用 $C(z)$ 表示；$U(z)$ 为控制器输出；DAC 为数模转换器；$G(s)$ 为被控过程；ADC 为模数转换器。在这个控制系统中，$G(s)$ 是被控过程传递函数；$C(z)$ 是需要设计的控制器；而 ADC 和 DAC 需要我们给出其数学模型。

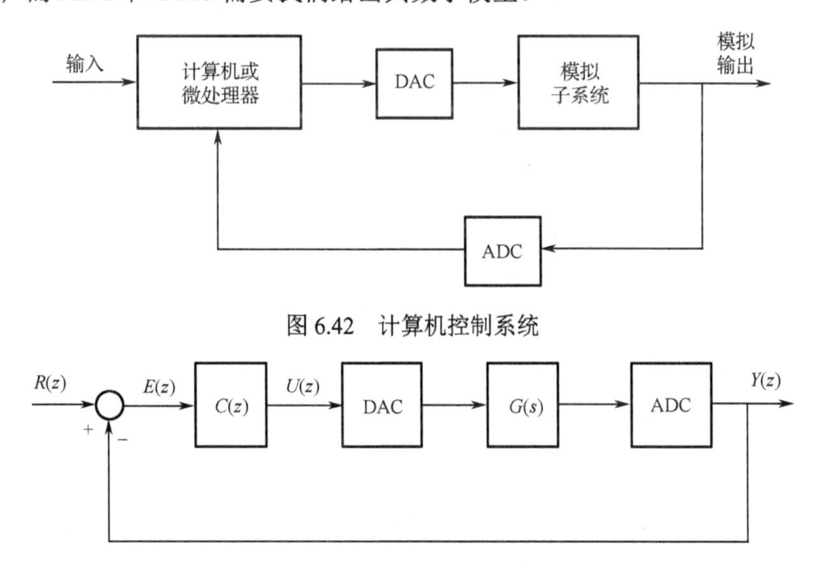


图 6.42　计算机控制系统

图 6.43　计算机控制等效系统

首先来看 ADC 的模型，假设：

ADC 输出在幅值上与输入完全相同（量化误差可以忽略）；

ADC 瞬时产生数字输出（转换时间非常短）；

采样过程完美一致（固定的采样周期）。

此时 ADC 可以建模成理想的采样器，采样周期为 $T$，如图 6.44 所示。理想的采样器模型在大多数工程应用上是可接受的。

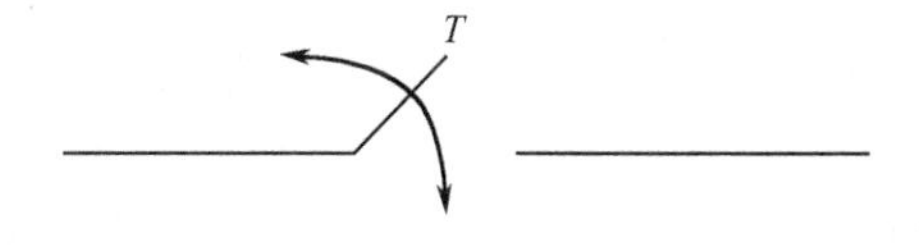


图 6.44　理想采样

接下来建立 DAC 模型，假设：

DAC 输出在幅值上与输入完全相同；

DAC 瞬时产生模拟输出（转换时间非常短）；

DAC 输出在每个采样周期内保持常值。

零阶保持器的原理如图 6.45 所示。

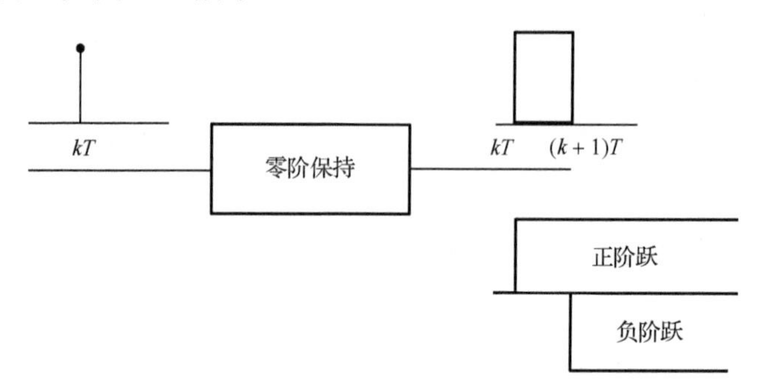


图 6.45　零阶保持器的原理

此时 DAC 输入、输出关系为$u(t)=u(kT)$，$kT\leqslant t<(k+1)T$ 。

实际上，DAC 需要一个时间间隔生成输出，其输出也会有轻微的波动，但上述模型在大多数工程应用中都是足够的。

如图 6.45 所示，零阶保持器可以等价为两个阶跃信号的叠加。于是根据阶跃传递函数的特点，可以写出零阶保持器传递函数为

$$L[1(t)]=\frac{1}{s},\quad L[1(t-T)]=\frac{\mathrm{e}^{-sT}}{s}$$

$$G_{\mathrm{ZOH}}(s)=G_0(s)=\frac{1-\mathrm{e}^{-sT}}{s}$$

事实上，如果将$u(t)$在$t=kT$点进行泰勒级数展开，则有

$$u(t)=u(kT)+u'(kT)(t-kT)+\frac{1}{2!}u''(kT)(t-kT)^2+L\,,\quad kT\leqslant t<(k+1)T$$

此时，如果只保留泰勒级数展开后的第 1 项常数项，则$u(t)$近似为$u(kT)$，为零阶保持器模型。如果保留前两项，则可以得到 DAC 的一阶保持器的模型，如果保留到 2 次项，则可以称为二阶保持器。一阶保持器的模型可以写为

$$u(t)=u(kT)+u'(kT)(t-kT)$$

一阶保持器传递函数$G_1(s)$为

$$G_1(s)=T(Ts+1)\left(\frac{1-\mathrm{e}^{-sT}}{Ts}\right)^2$$

进一步可以得到其频率响应$G_1(\mathrm{j}\omega)$为

$$G_1(\mathrm{j}\omega)=T\sqrt{1+(\omega T)^2}\left(\frac{\sin(\omega T/2)}{\omega T/2}\right)^2\mathrm{e}^{-\mathrm{j}(\omega T-\arctan\omega T)}$$

可以画出零阶保持器和一阶保持器的频率特性图，如图 6.46 所示。可以得出以下结论。

零阶保持器：简单且易于实现。

一阶保持器：从信号重构的精度来看，一阶保持器高，但其对高频信号的滤波性能不如

零阶保持器，且相位滞后角度大。

从稳定性和动态特性考虑，采用零阶保持器更为有利。

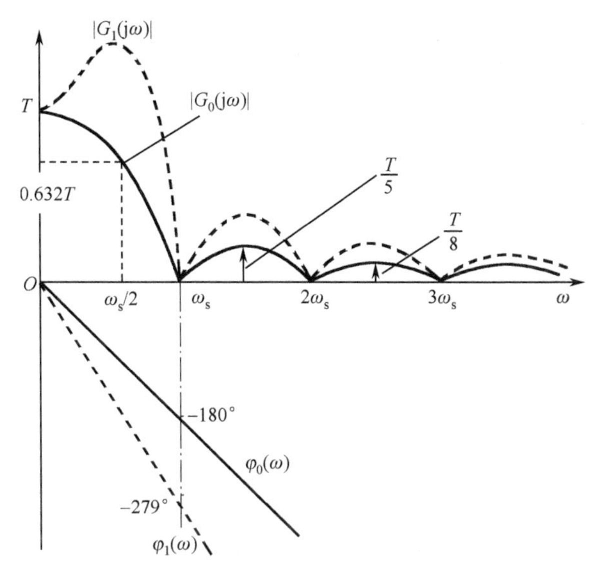


图 6.46　零阶保持器和一阶保持器的频率特性图

如图 6.47 所示，在建立了 ADC 和 DAC 模型的基础上，可以给出 DAC 模拟系统、ADC 组合传递函数为

$$G_{ZA}(s) = G(s)G_{ZOH}(s) = (1-e^{-sT})\frac{G(s)}{s}$$

$$g_{ZA}(t) = g(t)^* g_{ZOH}(t) = g_s(t) - g_s(t-T)$$

$$g_s(t) = L^{-1}\left[\frac{G(s)}{s}\right]$$

组合时域输出为 $g_{ZA}(t)$，这里 $g_s(t)$ 为 $G(s)$ 的单位阶跃响应。

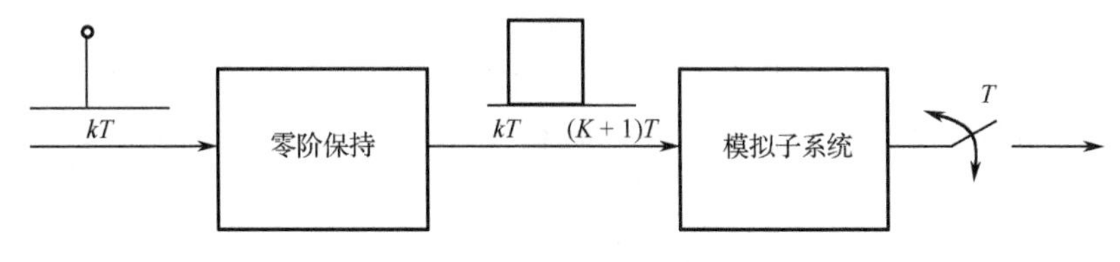


图 6.47　组合框图

根据前面单位阶跃响应 $g_s(t)$ 可以写出采样阶跃响应为

$$g_{ZA}(kT) = g_s(kT) - g_s(kT-T)$$

进一步写出 DAC（零阶保持）、模拟子系统、ADC（理想采样器）级联后 $Z$ 传递函数 $G_{ZAS}(z)$，即

$$G_{ZAS}(z) = (1-z^{-1})Z\left\{L^{-1}\left[\frac{G(s)}{s}\right]^*\right\}$$

接下来给出传输延时系统的脉冲传递函数。延时系统的脉冲传递函数为

$$G(s) = G_a(s)e^{-T_d s}$$

这里 $T_d = lT - mT$，$0 \leqslant m < 1$，$l$ 是正整数。

例如，滞后时间 $T_d = 3.1\text{s}$，$T = 1\text{s}$ 时，取 $l = 4$、$m = 0.9$，此时可以得出 $G_{ZAS}(z)$

$$G_{ZAS}(z) = (1 - z^{-1})Z\left\{L^{-1}\left[\frac{G_a(s)e^{-T(l-m)s}}{s}\right]^*\right\}$$

根据延时定理，改成

$$G_{ZAS}(z) = z^{-l}(1 - z^{-1})Z\left\{L^{-1}\left[\frac{G_a(s)e^{mTs}}{s}\right]^*\right\}$$

并定义传递函数为

$$G_s(s) = \frac{G_a(s)}{s}$$

再应用拉普拉斯变换超前定理，得到

$$G_{ZAS}(z) = z^{-l}(1 - z^{-1})z\{L^{-1}[G_s(s)e^{mTs}]^*\} = z^{-l}(1 - z^{-1})z[g_s(kT + mT)]$$

由于

$$g_s(t) = A_0 + \sum_{i=1}^{n} A_i e^{-p_i t}$$

利用

$$g_s(kT + mT) = A_0 1(kT + mT) + \sum_{i=1}^{n} e^{-p_i(kT+mT)}$$

$$z_m[g_s(kT)] = \frac{A_0}{z-1} + \sum_{i=1}^{n} \frac{A_i e^{-p_i mT}}{z - e^{-p_i T}}$$

则可以求出

$$G_{ZAS}(z) = z^{-(l-l)}\left(\frac{z-1}{z}\right)\left(\frac{A_0}{z-1} + \sum_{i=1}^{n} \frac{A_i e^{-p_i mT}}{z - e^{-p_i T}}\right) = z^{-l}(z-1)\left(\frac{A_0}{z-1} + \sum_{i=1}^{n} \frac{A_i e^{-p_i mT}}{z - e^{-p_i T}}\right)$$

例如，已知模拟传递函数

$$G(s) = \frac{3e^{-0.31s}}{s+3}$$

如果采样周期为 0.1s，确定 ADC、DAC 及模拟传递函数的 $z$ 传递函数：

由题意有

$$T_d = lT - mT$$

整数为

$$l = \lceil T_d \rceil = \lceil 3.1 \rceil = 4,\ \ m = l - \frac{T_d}{T} = 4 - \frac{0.31}{0.1} = 0.9$$

$$G_s(s) = \frac{3}{s(s+3)} = \frac{1}{s} - \frac{1}{s+3}$$

$z$ 传递函数为

$$G_{ZAS}(z) = z^{-4}(z-1)\left(\frac{1}{z-1} - \frac{e^{-0.3\times0.9}}{z - e^{-0.3}}\right)$$

$$\approx z^{-4}\left(\frac{0.2366z + 0.02256}{z - 0.741}\right)$$

通过上述过程建模，数字控制系统等价为图 6.48 所示的系统。此时可以写出闭环系统传递函数为

$$G_{\mathrm{cl}}(z)=\frac{C(z)G_{\mathrm{ZAS}}(z)}{1+C(z)G_{\mathrm{ZAS}}(z)}$$

得到闭环特征方程为

$$1+C(z)G_{\mathrm{ZAS}}(z)=0$$

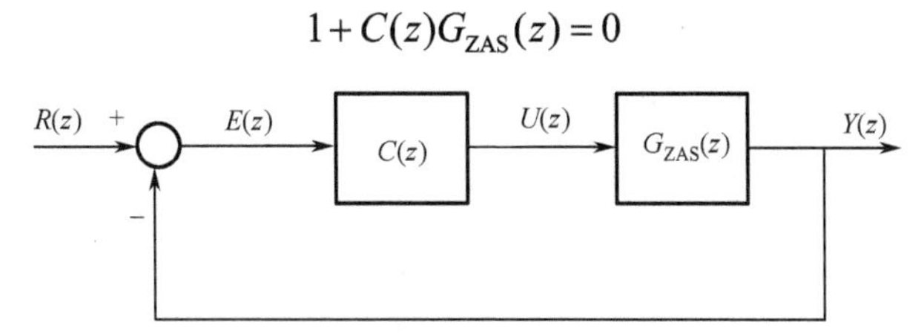


图 6.48　等价数字控制系统

在对数字控制系统建模时，可以使用 MATLAB 软件来计算闭环系统脉冲传递函数。ADC、DAC 和模拟系统 $z$ 传递函数可以通过以下代码得到。

ADC、DAC 和模拟系统 $z$ 传递函数：

```
>>g=tf(num,den)\%输入模拟传递函数
>>gd=c2d(g,T,'method')\%采样周期 T, 'method'=获取数字传递函数的方法
```

例如，已知

$$G(s)=\frac{(2s^2)+4s+3}{s^3+4s^2+6s+8}$$

可以通过指令求出各种条件下脉冲传递函数，即：

```
>>g=tf([2, 4, 3], [1, 4, 6, 8])
>>gd=c2d(g, 0.1, 'zoh')\%zero-order hold
>>gd=c2d(g, 0.1, 'foh')\%first-order hold
>>gd=c2d(g, 0.1, 'impulse')\%z-transform $\times T
```

如果是延时系统，给出求取其脉冲传递函数的代码，即：

```
>>g=tf(3, [1, 3], 'InputDelay', 0.31)
>>c2d(g, .1)
```

运行结果为

$$z^{-4}\left(\frac{0.2366z+0.02256}{z-0.741}\right)$$

### 6.4.3　数字控制器连续化设计

数字控制器的设计方法有很多，常用的有模拟化设计方法，离散化设计方法及状态空间设计法。

连续化设计方法是，先设计控制器的模拟传递函数 $D(s)$，然后采用某种离散化方法将它变成计算机算法。

离散化设计方法是，已知被控对象的传递函数或特性 $G(z)$，根据所要求的性能指标，利用根轨迹法、频域法、综合法、有限拍设计法设计数字控制器。

状态空间设计法基于现代控制理论，利用离散状态空间表达式，根据性能指标要求，设计数字控制器。

数字控制器的连续化设计是忽略控制回路中所有的零阶保持器和采样器，在 $s$ 域中按连续系统进行初步设计，求出连续控制器，然后通过某种近似，将连续控制器离散化为数字控制器，并且由计算机来实现。由于广大工程技术人员对 $s$ 平面比 $z$ 平面更为熟悉，因此数字控制器的连续化设计技术被广泛采用。

数字控制器连续化设计的步骤如下。

（1）设计模拟过程的模拟控制器。

（2）选择采样周期（要尽可能短）。

（3）将所设计的模拟控制器转换成数字控制器。

（4）用计算机实现数字控制器。

（5）校验。

第（1）步，设计模拟过程的模拟控制器。由于人们对连续系统的设计方法比较熟悉，因此可先对如图 6.49 所示的假想连续控制系统进行设计，如利用连续系统的频域法、根轨迹法等设计出假想的连续控制器 $D(s)$，根据 $D(s)$ 再完成图 6.50 所示的计算机控制系统的设计。关于连续控制系统设计 $D(s)$ 的各种方法可参考有关自动控制原理方面的资料，这里不再讨论。

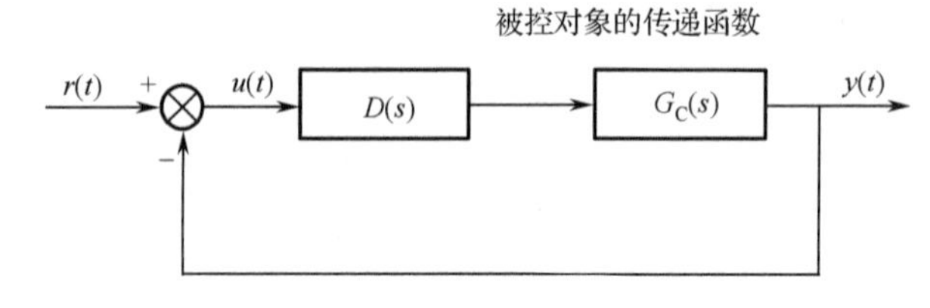


图 6.49　假想连续控制系统

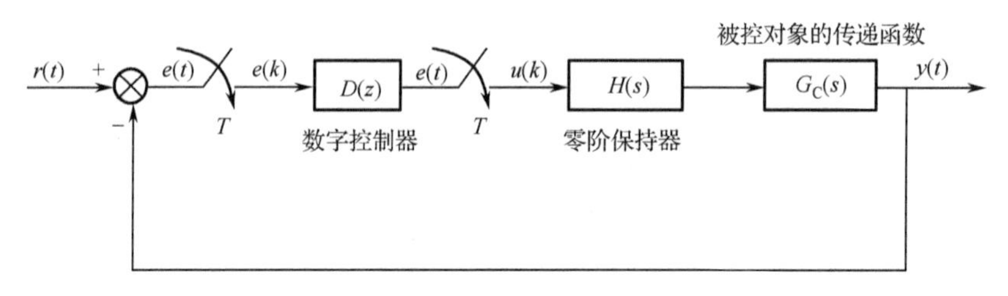


图 6.50　计算机控制系统

第（2）步，选择采样周期。关于采样周期的上、下限值：每次采样间隔不应小于设备输入/输出及计算机执行程序的时间，这是采样周期的下限值 $T_{\min}$；而采样周期的上限值可以根据采样定理来确定。故采样周期应满足关系式，即

$$T_{\min} \leqslant T \leqslant T_{\max}$$

采样周期的选择要兼顾系统的动态性能指标、抗干扰能力、计算机的运算速度及给定值的速率、执行机构的动作快慢等因素综合考虑。

第（3）步，将模拟控制器转换成数字控制器。采用差分变换法，对设计出的模拟控制器进行差分变换。将微分方程转化为差分方程，最后求 $z$ 传递函数，常用的差分变换方法有前向差分、后向差分和双线性变换。

首先介绍前向差分，利用微分近似，转换，并做变量替换。

微分近似

$$\dot{y}(k) \approx \frac{1}{T}[y(k+1) - y(k)]$$

转换

$$sY(s) \to \frac{1}{T}[z-1]Y(z)$$

替换

$$s \to \frac{z-1}{T}$$

如果换种方式

$$z = \mathrm{e}^{sT} = 1 + sT + \cdots \approx 1 + sT$$

保留前两项，同样也可以得到

$$s = \frac{z-1}{T}$$

将其代入连续控制器 $D(s)$ 中可以得到 $D(z)$

$$D(z) = D(s)\big|_{s=\frac{z-1}{T}}$$

根据 $s$ 和 $z$ 的关系可以知道，对于整个 $s$ 左半平面，即 $\mathrm{Re}\left\{s = \frac{z-1}{T}\right\} < 0$，映射到 $z$ 平面则 $\mathrm{Re}\left\{\frac{z-1}{T}\right\} < 0$，即 $\mathrm{Re}\{z\} < 1$，1 为右边缘的整个 $z$ 平面。

可以得出结论：连续系统稳定时，前向差分后可能不稳定，稳定性不能得到保证，很少应用。

下面介绍后向差分。

微分近似

$$\dot{y}(k) \approx \frac{1}{T}[y(k) - y(k-1)]$$

转换

$$sY(s) \to \frac{1}{T}[1 - z^{-1}]Y(z)$$

替换

$$s \to \frac{z-1}{zT}$$

如果换种方式

$$z = \mathrm{e}^{sT} = \frac{1}{\mathrm{e}^{-sT}} \approx \frac{1}{1-sT}$$

同样也可以得到

$$s = \frac{z-1}{Tz}$$

将其代入连续控制器 $D(s)$ 中可以得到 $D(z)$

$$D(z) = D(s)\big|_{s=\frac{z-1}{Tz}}$$

此时，$s$ 平面的点可以用映射 $z$ 平面的点以 $\frac{1}{2}$ 为圆心，$\frac{1}{2}$ 为半径的圆：

$$z=\frac{1}{2}+\left(\frac{1}{1-sT}-\frac{1}{2}\right)=\frac{1}{2}+\left(\frac{1}{2}\frac{1+sT}{1-sT}\right)$$

$$\Rightarrow\left|z-\frac{1}{2}\right|=\frac{1}{2}$$

可以得出结论：连续系统稳定时，后向差分后的离散系统一定稳定。

最后介绍双线性变换。

$$z=\mathrm{e}^{sT}=\frac{\mathrm{e}^{sT}2}{\mathrm{e}^{-\frac{sT}{2}}}=\frac{1+\frac{sT}{2}+\cdots}{1-\frac{sT}{2}+\cdots}=\frac{1+\frac{sT}{2}}{1-\frac{sT}{2}},\quad s=\frac{2}{T}\frac{z-1}{z+1}$$

可得到此时的 $D(z)$

$$D(z)=D(s)\big|_{s=\frac{2}{T}\frac{z-1}{z+1}}$$

接着分析 $s$ 左半平面的点，即

$$\mathrm{Re}\{s\}=\mathrm{Re}\left\{\frac{2}{T}\frac{z-1}{z+1}\right\}<0$$

将 $z=R+\mathrm{j}I$ 代入

$$\mathrm{Re}\left\{\frac{R+\mathrm{j}I-1}{R+\mathrm{j}I+1}\right\}=\mathrm{Re}\left\{\frac{R^2-1+I^2+\mathrm{j}2I}{(R+1)^2+I^2}\right\}<0$$

得到

$$R^2-1+I^2<0$$

或

$$R^2+I^2<1$$

这是个单位圆，说明 $s$ 左半平面的点映射到了 $z$ 平面的单位圆内，如图 6.51 所示。双线性变换不改变系统的稳定性。

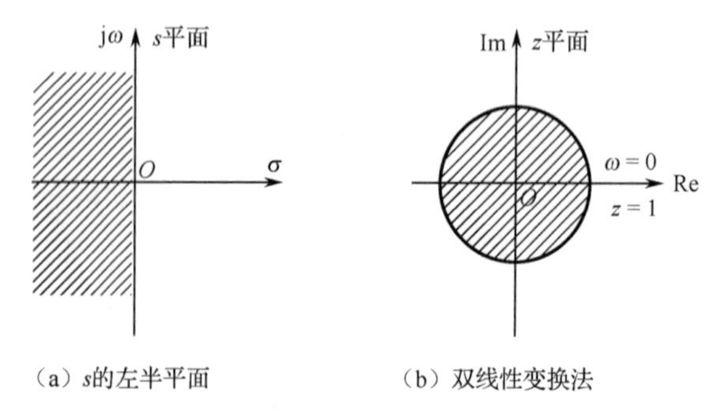


图 6.51　双线性映射

接下来分析双线性变换前后控制器频率响应。根据 $s$ 与 $z$ 的关系，写出 $C(z)$ 与 $C_{\mathrm{a}}(s)$ 的关系

$$s=c\left[\frac{z-1}{z+1}\right],\quad c=\frac{2}{T}$$

$$C(z)=C_a(s)\big|_{s=c\left[\frac{z-1}{z+1}\right]}$$

$$C(e^{j\omega T})=C_a(s)\big|_{s=c\left[\frac{e^{j\omega T}-1}{e^{j\omega T}+1}\right]}$$

$$=C_a\left(c\left[\frac{e^{j\omega T/2}-e^{-j\omega T/2}}{e^{j\omega T/2}+e^{-j\omega T/2}}\right]\right)=C_a\left(j\arctan\left[\frac{\omega T}{2}\right]\right)$$

折叠频率 $\omega_s/2$ 处

$$C(e^{j\omega_s T/2})=C_a\left(j\arctan\left[\frac{\omega_s T}{4}\right]\right)=C_a\left(j\arctan\left[\frac{2\pi}{4}\right]\right)=C_a(j\infty)$$

这说明，双线性变换将全频率的模拟滤波器映射到的频率范围为 $0\sim\omega_s/2$。双线性变换会引起频率响应畸变，但消除了混叠效应。

为了弥补双线性变换在某些频率点处的畸变，可以采样预畸变的方法。假定在单点频率 $\omega_0$ 处消除频率响应畸变，则有

$$C(e^{j\omega_0 T/2})=C_a\left(j\arctan\left[\frac{\omega_0 T}{2}\right]\right)=C_a(j\omega_0)$$

即使得数字域频点 $\omega_0$ 和模拟域的频点相等，如果使模拟滤波器 $C_a(s)$ 和数字滤波器 $C(z)$ 相等，则

$$C=\frac{\omega_0}{\tan\left[\frac{\omega_0 T}{2}\right]}$$

如果 $\omega_0 T/2$ 比较大，则不同的 $\omega_0$ 需要有不同的 $C$ 值。

如果 $\omega_0 T/2$ 比较小，则 $C\approx\dfrac{\omega_0}{\omega_0 T/2}=2/T$ 。

例如，设计数字滤波器，如果模拟滤波器 $C_a(s)=\dfrac{1}{0.1s+1}$，采样周期 $T=0.1s$ 。画出畸变效应，并采用预畸变方法消除 $-3$dB 频点处的畸变。

① 无预畸变方法时，即无论哪个频点，都令 $C=2/T=20$，可以得出此时的 $C(z)$

$$C(z)=\frac{1}{0.1s+1}\bigg|_{s=20\left[\frac{z-1}{z+1}\right]}=\frac{z+1}{3z-1}$$

② 采用预畸变时，则 $C$ 要根据频点 $\omega_0$ 的变化而改变，即有

$$C=\frac{\omega_0}{\tan\left[\frac{\omega_0 T}{2}\right]},\quad \omega_0=10(-3\text{dBpoint})$$

$$C(z)=\frac{1}{0.1s+1}\bigg|_{s=c\left[\frac{z-1}{z+1}\right]}=0.35\frac{z+1}{z-0.29}$$

根据以下代码：

```
>>g=tf([1], [0.1, 1])
>>gd1=c2d(g, 0.1, 'tustin')
>>gd2=c2d(g, 0.1, 'prewarp', w)
>>bode(g, gd1, gd2)
```

画出模拟滤波器 g，无预畸变数字滤波器 gd1，采用预畸变数字滤波器 gd2，波特图如图 6.52 所示。gd1 与 g 相比是有畸变的，gd2 与 g 相比也是有畸变的，但由于采用了预畸变的方法，使得在频点 $\omega=10$ 处两者重合，证明在该点处无畸变。

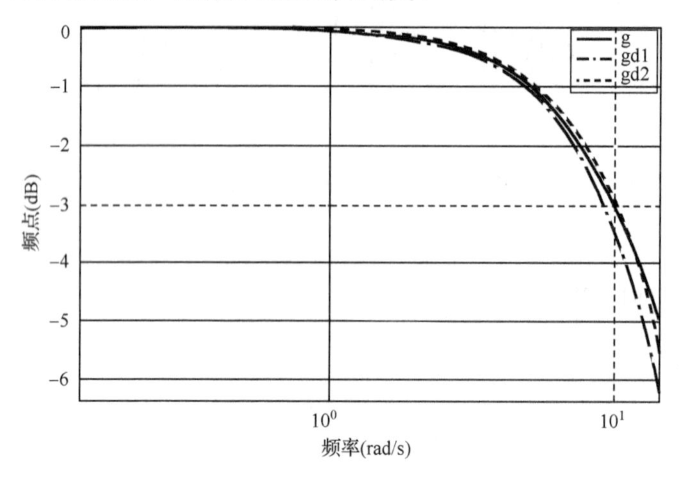


图 6.52　波特图

综上所述，采样周期与离散化方法对离散化后的数字调节器 $D(z)$ 有很大的影响。将各种离散化方法在不同采样频率下得到的数字调节器代入系统中，并对构成的闭环系统的性能进行实验比较，得出以下结论。

① 前向差分变换法会使系统不稳定，不宜采用。

② 后向差分变换法会使 $D(z)$ 的频率特性发生畸变，但提高采样频率可以减小畸变。

③ 双线性变换法最好，对频率压缩现象可以通过提高采样频率及采用频率预畸变的双线性变换法改善。

④ 所有离散化方法采样周期的选择必须满足条件，否则系统达不到较好的性能指标。

前面已经讲了控制器连续化设计的 3 个步骤。

第（4）步，用计算机实现数字控制器 $C(z)$。根据 $C(z)$，将 $u(z)$ 提出来，根据 $U(z)$ 写出控制序列 $u(k)$。

$$D(z)=\frac{U(z)}{E(z)}=\frac{b_0+b_1z^{-1}+\cdots+b_mz^{-m}}{1+a_1z^{-1}+\cdots+a_nz^{-n}}$$

$$U(z)=(-a_1z^{-1}-\cdots-a_nz^{-n})U(z)+(b_0+b_1z^{-1}+\cdots+b_mz^{-m})E(z)$$

$$u(k)=-a_1u(k-1)-\cdots-a_nu(k-n)U(z)+b_0e(k)+b_1e(k-1)+\cdots+b_me(k-m)$$

第（5）步，校验。控制器 $C(z)$ 设计完成并求出控制算法后，必须检验其闭环特性是否符合设计要求。这一步可由计算机控制系统的数字仿真计算来验证，如果满足设计要求则设计结束，否则修改设计。

### 6.4.4　数字式 PID

模拟 PID 控制器为

$$u(t)=K_{\mathrm{P}}\left[e(t)+\frac{1}{T_{\mathrm{I}}}\int_0^t e(t^*)\mathrm{d}t^*+T_{\mathrm{D}}\frac{\mathrm{d}e(t)}{\mathrm{d}t}\right]\quad u(s)=K_{\mathrm{P}}\left[1+\frac{1}{T_{\mathrm{I}}s}+T_{\mathrm{D}}s\right]E(s)$$

$$=K\frac{(s+a)(s+b)}{s}E(s)$$

式中，$u(t)$ 为控制器的输出信号；$e(t)$ 为偏差信号，为给定值与测量值之差；$K_{\mathrm{P}}$ 为控制器的比例系数；$T_{\mathrm{I}}$ 为积分时间；$T_{\mathrm{D}}$ 为微分时间。

根据模拟 PI 控制器表达式，如果对其进行双线性变换，则可以得到数字 PI 控制器的脉冲传递函数 $C(z)$。

$$C(z)=K\frac{s+a}{s}\bigg|_{s=c\left[\frac{z-1}{z+1}\right]}=K\left(\frac{a+c}{c}\right)\frac{z+\left(\dfrac{a-c}{a+c}\right)}{z-1}$$

对模拟 PD 控制器进行双线性变换，同样也可以得到数字 PD 控制器 $C(z)$。

$$C(z)=K(s+a)\big|_{s=c\left[\frac{z-1}{z+1}\right]}=K(a+c)\frac{z+\left(\dfrac{a-c}{a+c}\right)}{z+1}$$

此时 $C(z)$ 包含−1 处极点，−1 处极点对应折叠频率点 $\omega_{\mathrm{s}}T/2$，这是因为 $\mathrm{e}^{\mathrm{j}\omega_{\mathrm{s}}T/2}=\mathrm{e}^{\mathrm{j}\pi}=-1$，注意，此点数字控制器频率响应无界。如 PD 控制器 $C(z)=s+1$，在 MATLAB 环境下画出其对应数字控制器的幅频特性曲线，波特图如图 6.53 所示。可以看出，折叠频率 π 处的幅值无界。代码为

```
>>g=tf([1 1], [1])
>>gd1=c2d(g, 1, 'tustin')
>>bode(gd1)
```

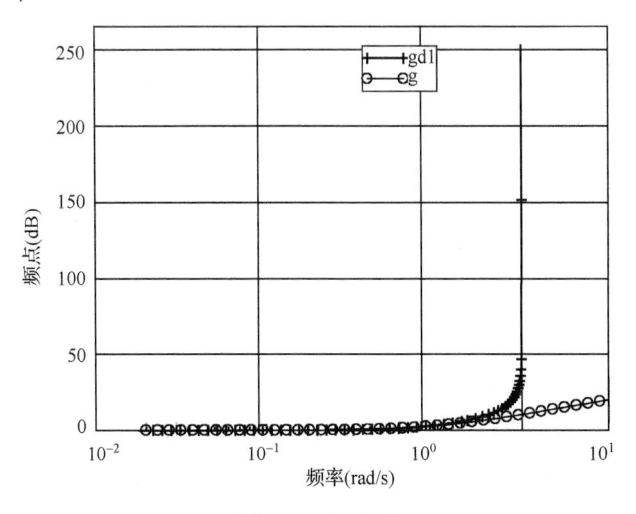


图 6.53　波特图

为了消除−1 处极点影响，要对双线性变换下的 PD 控制器进行近似变换，用近似的可实现的数字控制器代替，遵循原则如下。

分母阶数等于分子阶数保持不变，因为原点处极点的动态特性最快速，且对控制器的动态的影响最小，因此用 0 处极点代替−1 处极点。即用分母 $z+1$ 代替 $z$，则可得到近似的 PD 控制器 $C(z)$。

$$C(z)=K(a+c)\frac{z+\left(\dfrac{a-c}{a+c}\right)}{z}$$

对模拟 PID 控制器进行双线性变换，得到 $C(z)$

$$C(z)=K\frac{(s+a)(s+b)}{s}\bigg|_{s=c\left[\frac{z-1}{z+1}\right]}=K\frac{(a+c)(b+c)}{c}\frac{\left[z+\left(\dfrac{a-c}{a+c}\right)\right]\left[z+\left(\dfrac{b-c}{b+c}\right)\right]}{(z+1)(z-1)}$$

可以看出，$C(z)$ 有两个 0 点可提高过渡响应。为保证折叠频率处有界响应，−1 处极点用 0 处极点代替，于是可以得到近似可实现的传递函数

$$C(z)=K\frac{(a+c)(b+c)}{c}\frac{\left[z+\left(\dfrac{a-c}{a+c}\right)\right]\left[z+\left(\dfrac{b-c}{b+c}\right)\right]}{z(z-1)}$$

写出模拟 PID 控制器的常用表达式

$$C_{\mathrm{a}}(s)=K_{\mathrm{P}}\left(1+\frac{1}{T_{\mathrm{I}}s}+T_{\mathrm{D}}s\right)$$

对其进行双线性变换，并且取 $C=2/T$，且将−1 处极点用 0 处极点代替，则

$$C(z)=\frac{K_{\mathrm{P}}}{2}\left(1+\frac{T}{2T_{\mathrm{I}}}\frac{z+1}{z-1}+\frac{2T_{\mathrm{D}}}{T}\frac{z-1}{z}\right)$$

如果采用后向差分对模拟控制进行转换，则

$$\dot{y}(k)\approx\frac{1}{T}[y(k)-y(k-1)]$$

$$\int_0^t e(t^*)\mathrm{d}t^*=\sum_{j=0}^{k}e(j)T$$

控制器输出为

$$u(k)=K_{\mathrm{P}}\left\{e(k)+\frac{T}{T_{\mathrm{I}}}\sum_{j=0}^{k}e(j)+\frac{T_{\mathrm{D}}}{T}[e(k)-e(k-1)]\right\}$$

或者还可以直接应用 $s=\dfrac{z-1}{zT}$：

$$C(z)=\frac{U(z)}{E(z)}=C_{\mathrm{a}}(s)\big|_{s=\frac{z-1}{zT}}=K_{\mathrm{P}}\left(1+\frac{T}{T_{\mathrm{I}}}\frac{z}{z-1}+\frac{T_{\mathrm{D}}}{T}\frac{z-1}{z}\right)$$

位置式 PID 控制器算法为

$$u(k)=K_{\mathrm{P}}\left\{e(k)+\frac{T}{T_{\mathrm{I}}}\sum_{j=0}^{k}e(j)+\frac{T_{\mathrm{D}}}{T}[e(k)-e(k-1)]\right\}$$

控制器输出 $u(k)$ 如果用于控制一个调节阀，则每个 $u(k)$ 对应一个阀门的开度位置，因此这种 PID 算法表达式称为位置式 PID 控制算法。

位置式 PID 控制算法的特点如下。

（1）与各次采样值有关，需要知道所有的历史值，占用较多的存储空间。

（2）要做误差值的累加，容易产生较大的累加误差，且容易产生累加饱和现象。

（3）控制量以全量输出，误动作影响大。

速度式 PID 控制算法也称增量式 PID 控制算法，可以根据位置式 PID 控制算法得出。根据位置式 PID 控制算法，写出第 $k$ 个采样时刻控制器输出 $u(k)$

$$u(k)=K_{\mathrm{P}}\left\{e(k)+\frac{T}{T_{\mathrm{I}}}\sum_{j=0}^{k}e(j)+\frac{T_{\mathrm{D}}}{T}[e(k)-e(k-1)]\right\}$$

第 $k-1$ 个采样时刻控制器输出 $u(k-1)$

$$u(k-1)=K_{\mathrm{P}}\left\{e(k-1)+\frac{T}{T_{\mathrm{I}}}\sum_{j=0}^{k-1}e(j)+\frac{T_{\mathrm{D}}}{T}[e(k-1)-e(k-2)]\right\}$$

则可以得到第 $k$ 个采样时刻控制器的输出增量 $\Delta u(k)$

$$\begin{aligned}\Delta u(k)&=u(k)-u(k-1)\\&=K_{\mathrm{P}}\left\{[e(k)-e(k-1)]+\frac{K_{\mathrm{P}}T}{T_{\mathrm{I}}}e(k)+\frac{K_{\mathrm{P}}T_{\mathrm{D}}}{T}[e(k)-2e(k-1)+e(k-2)]\right\}\\&=\left(K_{\mathrm{P}}+\frac{K_{\mathrm{P}}T}{T_{\mathrm{I}}}+\frac{K_{\mathrm{P}}T_{\mathrm{D}}}{T}\right)e(k)-\left[K_{\mathrm{P}}+\frac{2K_{\mathrm{P}}T_{\mathrm{D}}}{T}\right]e(k-1)+\frac{K_{\mathrm{P}}T_{\mathrm{D}}}{T}e(k-2)\\&=q_0e(k)+q_1e(k-1)+q_2e(k-2)\end{aligned}$$

与位置式 PID 算法相比，增量式 PID 算法具有以下优点。

输出 $\Delta u(k)$ 是增量式，可以直接输出至执行器。每次输出增量值，误动作的影响小。

一旦调节器出现故障，则停止输出，阀位能保持在故障前的状态。

算式不需要累加，只需要记住 4 个历史数据，即 $e(k-2)$、$e(k-1)$、$e(k)$ 和 $u(k-1)$，占用内存少，计算方便，不易引起误差累积。

### 6.4.5　工程二阶法

二阶系统是工业生产过程中最常见的一种系统，在实际生产中，许多高阶系统可以简化为二阶系统来进行设计处理，二阶系统闭环传递函数的一般形式是

$$\phi(s)=\frac{1}{1+T_1s+T_2s^2}$$

将 $s$ 用 $\mathrm{j}\omega$ 代替，可以得到频率特性

$$\phi(\mathrm{j}\omega)=\frac{1}{1+T_1(\mathrm{j}\omega)+T_2(\mathrm{j}\omega)^2}=\frac{1}{(1-T_2\omega^2)+\mathrm{j}\omega T_1}$$

写出幅频特性

$$A(\mathrm{j}\omega)=|\phi(\mathrm{j}\omega)|=\frac{1}{\sqrt{(1-T_2\omega^2)^2+(\omega T_1)^2}}$$

要使二阶系统的输出获得理想的动态品质，必须使该系统的输出量完全跟踪给定量，应尽可能满足下列条件

$$A(\omega)=1,\quad \phi(\mathrm{j}\omega)=0$$

根据模的定义

$$A(\omega)=|\phi(\mathrm{j}\omega)|==\frac{1}{\sqrt{(1-T_2\omega^2)^2+(\omega T_1)^2}}\Rightarrow\begin{cases}T_1^2-2T_2=0\\T_2^{\ 2}\omega^4\to 0\end{cases}$$

解得

$$T_1 = \sqrt{2T_2}$$

将求得的结果代入二阶系统的一般表达式有

$$\phi(s) = \frac{1}{1+\sqrt{2T_2}s + T_2 s^2}$$

显然，已将前面的两个参数简化为了一个参数。设 $G(s)$为系统的开环传递函数，根据

$$\phi(s) = \frac{G(s)}{1+G(s)}$$

有

$$G(s) = \frac{\phi(s)}{1-\phi(s)}$$

将二阶系统的一般表达式代入并整理得到$G(s)$

$$G(s) = C(s)G_\text{p}(s) = \frac{1}{\sqrt{2T_2}s\left(1+\frac{1}{2}\sqrt{2T_2}s\right)}$$

这就是二阶品质最佳的系统开环传递函数的基本公式。其中$C(s)$为数字控制器的传递函数，$G_\text{p}(s)$为过程传递函数，可以求出$C(s)$

$$C(s) = \frac{G(s)}{G_\text{p}(s)} = \frac{1}{\sqrt{2T_2}s\left(1+\frac{1}{2}\sqrt{2T_2}s\right)} \frac{1}{G_\text{p}(s)}$$

当给定不同的$G_\text{p}(s)$时可以得到不同的控制器$C(s)$，然后通过离散化就可以得到数字控制器$C(z)$。

例如，设被控对象由两个惯性环节组成的传递函数为

$$G_\text{p}(s) = \frac{2}{2s+1}\frac{5}{0.5s+1}$$

采样周期$T = 0.1\text{s}$，试用工程二阶法设计数字控制器$C(z)$，采样周期$T = 0.2\text{s}$和$0.5\text{s}$，重新设计$C(z)$。

根据

$$G(s) = C(s)G_\text{p}(s) = \frac{1}{\sqrt{2T_2}s\left(1+\frac{1}{2}\sqrt{2T_2}s\right)} = \frac{\tau_1 s+1}{T_\text{I}s}\frac{2}{2s+1}\frac{5}{0.5s+1}$$

令 $\tau_1 = 2$，可以消掉分子中的因式，再将分子中的增益统一为 1，然后令分母中 $s$ 因子对应的系数相等

$$C(s)G_\text{p}(s) = \frac{1}{\sqrt{2T_2}s\left(1+\frac{1}{2}\sqrt{2T_2}s\right)} = \frac{2s+1}{T_\text{I}s}\frac{2}{2s+1}\frac{5}{0.5s+1} = \frac{2}{T_\text{I}s}\frac{5}{0.5s+1}$$

$$= \frac{1}{\frac{T_I}{10}s(0.5s+1)}$$

可以解出

$$\sqrt{2T_2} = \frac{T_\text{I}}{10}\frac{1}{2}\sqrt{2T_2} = 0.5 \Rightarrow T_\text{I} = 10T_2 = 0.5 \Rightarrow C(s) = \frac{2s+1}{10s}$$

接着利用差分法可以得到 $C(z)$ 。

为了说明这种方法控制器的特点，先给出工程二阶法得到连续控制器，在 Simulink 中搭建仿真模型，并画出系统的响应曲线，如图 6.54 和图 6.55 所示。

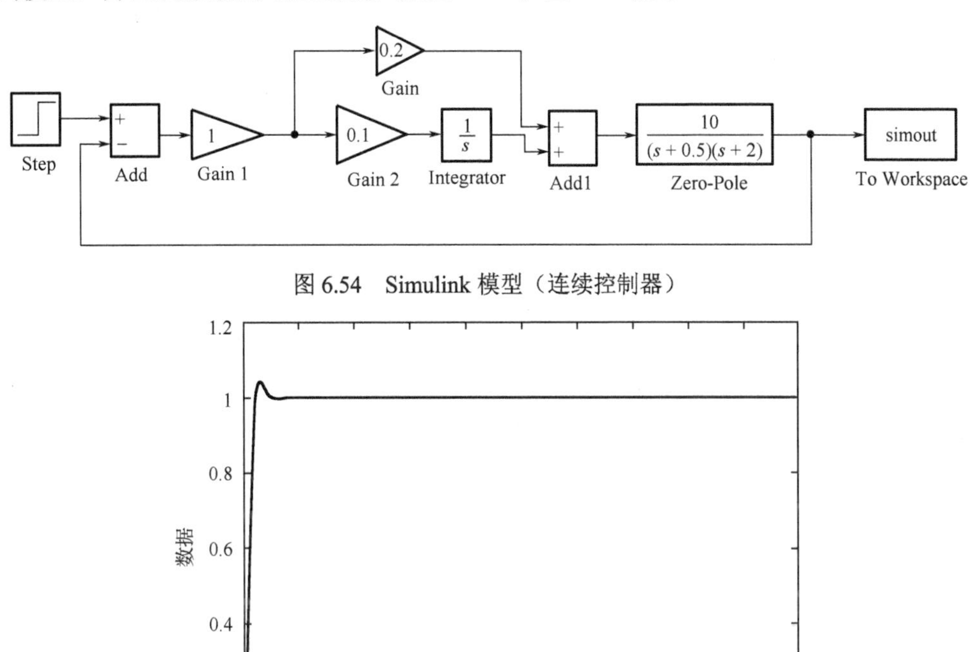


图 6.54　Simulink 模型（连续控制器）

图 6.55　响应曲线（连续控制器）

将连续控制器离散化后，采样周期 $T = 0.1\text{s}$ 时，仿真模型及响应曲线分别如图 6.56 和图 6.57 所示。此时得到的响应曲线和连续控制器时的基本相同，没有太大的差别。

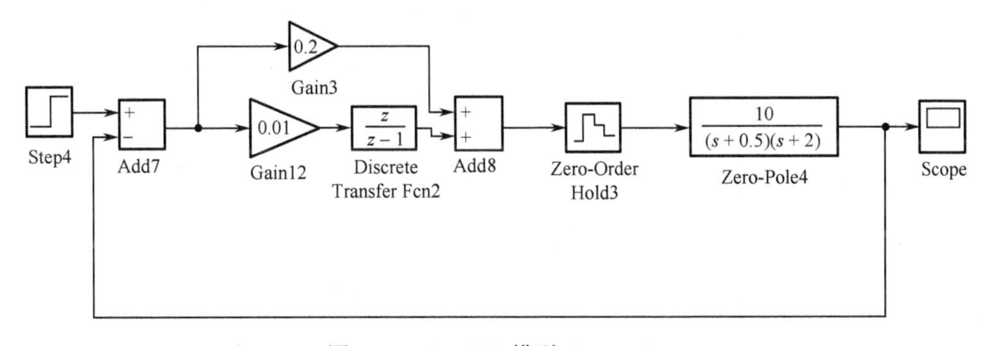


图 6.56　Simulink 模型（$T$=0.1s）

当采样周期 $T = 0.2\text{s}$ 时，仿真模型及响应曲线如图 6.58 和图 6.59 所示。可以看出，采样周期变大后，系统响应变差。

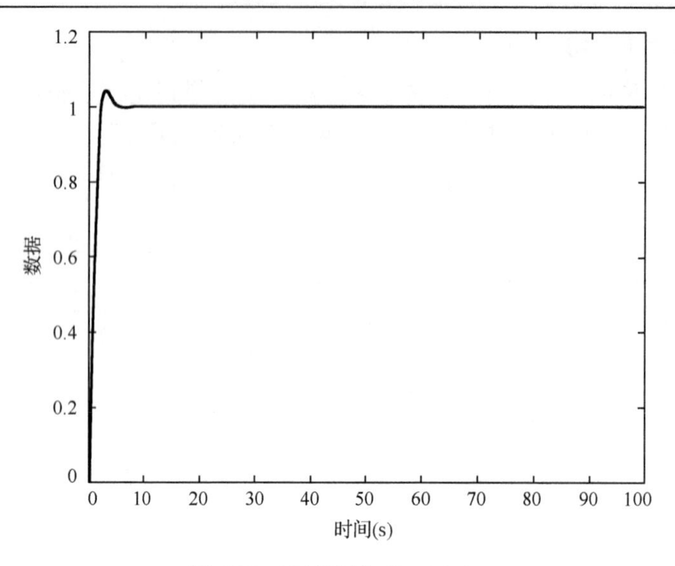


图 6.57　响应曲线（$T$=0.1s）

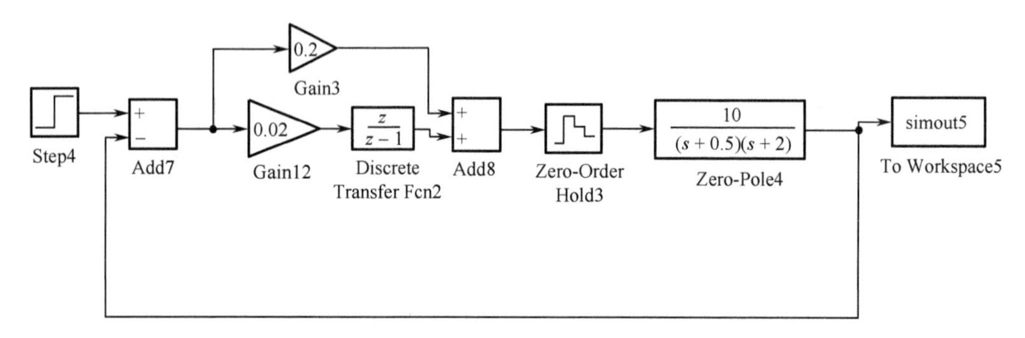


图 6.58　Simulink 模型（$T$=0.2s）

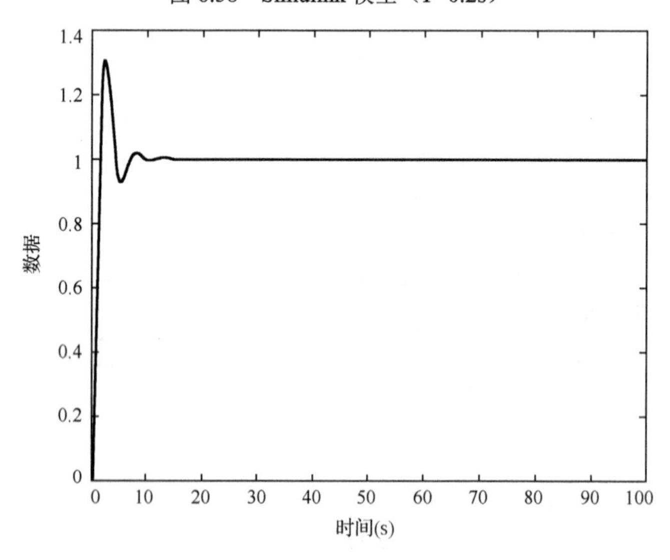


图 6.59　响应曲线（$T$=0.2s）

当 $T = 0.5\text{s}$ 时，仿真模型及响应曲线如图 6.60 和图 6.61 所示。很明显，采样周期过大时，系统响应曲线不再稳定。

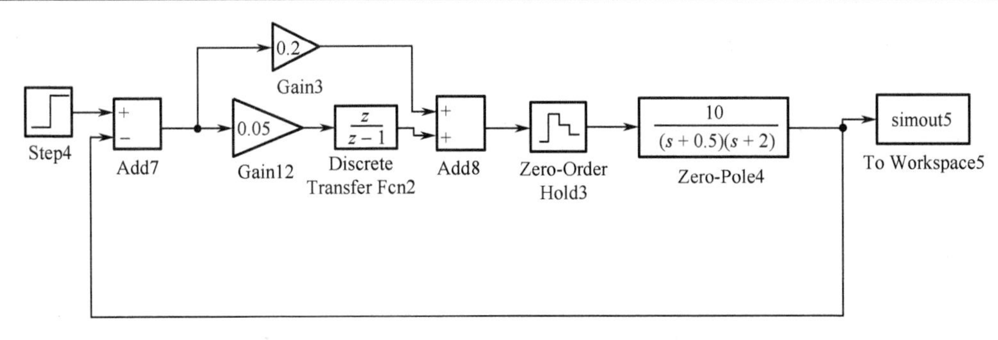


图 6.60　Simulink 模型（$T$=0.5s）

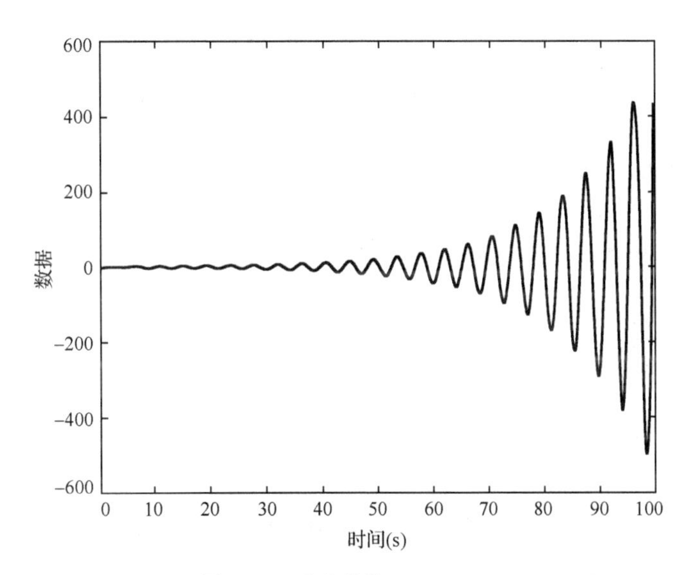


图 6.61　响应曲线（$T$=0.5s）

这个仿真例子说明工程二阶法本质上还是连续化设计方法，当采样周期较小时，数字控制器的控制效果与连续控制器的差别不大，但采样周期过大时，数字控制器的控制效果变差，无法保证稳定性和控制精度。

### 6.4.6　直接数字控制

数字控制器连续化设计方法的优点是与连续控制器设计方法类似，只是多了将连续控制器用差分法离散化的步骤，这种设计方法对于工程技术人员而言较为熟悉和简单。但连续化设计方法也存在以下缺点。

（1）离散化过程中控制器会发生畸变。

（2）应用 $z$ 代替 $z+1$ 来消除 $-1$ 处极点，使得折叠频率点有界，但产生了更多的控制器畸变。

（3）系统的动态性能与采样频率的选择关系很大。

采用直接设计方法则可以有效避免连续化设计的缺点，其优点如下。

（1）$z$ 平面上设计的方法，$z$ 域中直接设计出控制器，以采样控制理论为基础，$z$ 变换为工具，无近似。

（2）在采样频率给定的前提下设计，采样频率不必太高，比连续化设计方法更具有一般性的意义。

其缺点是，$z$ 平面对于工程人员而言很陌生，极点选择不直观。

直接设计方法从对象的特性出发，将被控对象以离散模型表示，直接基于采样系统理论，对离散系统进行分析与综合，寻求改善系统性能指标的各种控制规律，以保证设计出的数字控制器满足系统稳定性、准确性、快速性的要求。数字控制器的直接设计方法流程如图 6.62 所示。

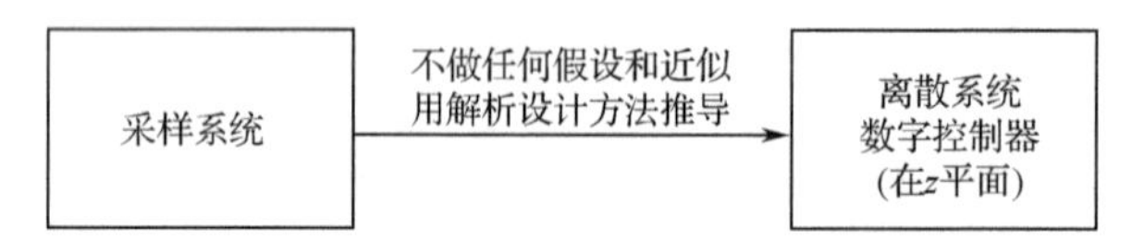


图 6.62　数字控制器的直接设计方法流程

直接 $z$ 域控制器设计有很多种方法，如根轨迹法，频域法、综合法、有限拍设计法等。这里先讲解综合法。综合法的思想是，给定期望的闭环传递函数 $G_{cl}(z)$，根据图 6.63 所示的数字闭环控制系统，给定被控过程 $G_{ZAS}(z)$，可以设计 $C(z)$ 使得闭环系统的传递函数为 $G_{cl}(z)$。

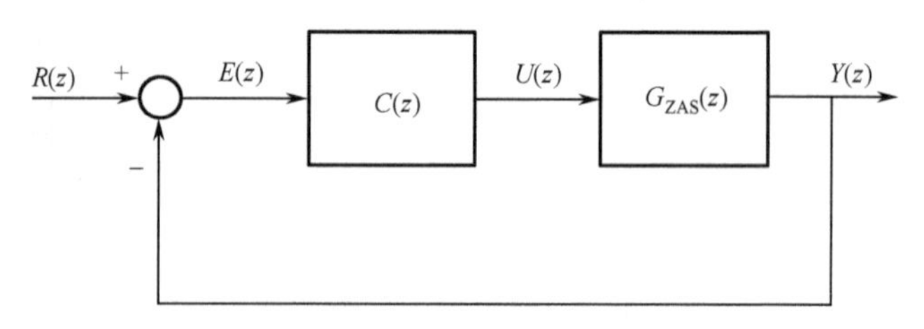


图 6.63　数字闭环控制系统

根据数字闭环控制系统传递函数

$$G_{cl}(z)=\frac{C(z)G_{ZAS}(z)}{1+C(z)G_{ZAS}(z)}$$

计算出 $C(z)$

$$C(z)=\frac{1}{G_{ZAS}(z)}\left[\frac{G_{cl}(z)}{1-G_{cl}(z)}\right]$$

这里 $C(z)$ 就是通过综合法计算出的控制器，其必须可实现，并且保证系统渐近稳定。首先来看控制器可实现问题。给定 $C(z)$

$$C(z)=\frac{U(z)}{E(z)}=\frac{z^4+1}{z^3+z^2+z+1}=\frac{z+z^{-3}}{1+z^{-1}+z^{-2}+z^{-3}}$$

写出控制器输出 $u(k)$ 表达式

$$u(k)=e(k+1)+e(k-3)-u(k-1)-u(k-2)-u(k-3)$$

可以看出，$u(k)$ 的输出与 $e(k-3)$、$u(k-1)$、$u(k-2)$、$u(k-3)$ 和 $e(k+1)$ 有关，这里要注意 $e(k+1)$ 所对应的时刻 $k+1$ 超前于 $k$ 时刻，也就意味着 $k$ 时刻的值由它的未来值决定，这在物理中是不可实现的。

接下来分别给出两个 $C(z)$，一个带有 $z^{-2}$，一个带有 $z^2$。很明显 $z^{-2}$ 使得分母阶数高于分子阶数，这是可实现的。但 $z^2$ 使得分子的阶数高于分母的阶数，也就是会出现现在时刻值要由未来时刻值决定的情形，因此这是不能实现的。

$$C(z)=\frac{U(z)}{E(z)}=\frac{z^3+1}{z^3+z^2+z+1}z^{-2}$$

$$C(z)=\frac{U(z)}{E(z)}=\frac{z^3+1}{z^3+z^2+z+1}z^{2}$$

可以总结出控制器可实现的一般性原则：必须是因果系统才是物理可实现的，也就是说，如果给定 $G_{ZAS}(z)$ 、 $G_{cl}(z)$

$$G_{ZAS}(z)=\frac{N_{ZAS}(z)}{D_{ZAS}(z)}z^{-l_1}\text{，}\quad G_{cl}(z)=\frac{N_{cl}(z)}{D_{cl}(z)}z^{-l_2}$$

则根据综合法计算出 $C(z)$

$$C(z)=\frac{1}{G_{ZAS}(z)}\left[\frac{G_{cl}(z)}{1-G_{cl}(z)}\right]=\frac{D_{ZAS}(z)}{N_{ZAS}(z)z^{-l_1}}\left[\frac{N_{cl}(z)z^{-l_2}}{D_{cl}(z)-N_{cl}(z)z^{-l_2}}\right]$$

要使 $C(z)$ 是因果控制器则必须满足：

极点的数量要大于或等于零点的数量；

没有时间超前；

闭环传递函数 $G_{cl}(z)$ 和过程传递函数 $G_{ZAS}(z)$ 必须有相同的零极点赤字（零极点赤字是指，若 $G_{ZAS}(z)$ 的分母比分子高 $N$ 阶，则 $G_{cl}(z)$ 分母比分子至少高 $N$ 阶）；

时间滞后（ $l_2 \geqslant l_1$ ）。

可以总结数字控制器直接设计方法的步骤如下。

由 $Z_{oh}$ 和 $G(s)$ 求取广义对象的脉冲传递函数 $G_{ZAS}(z)$ 。

根据控制系统性能指标及实现的约束条件构造闭环脉冲传递函数 $G_{cl}(z)$ 。

根据 $C(z)=\frac{1}{G_{ZAS}(z)}\left[\frac{G_{cl}(z)}{1-G_{cl}(z)}\right]$ 求解式确定数字控制器的脉冲传递函数 $C(z)$ 。

由 $C(z)$ 确定控制算法并编制程序实现。

### 6.4.7 最少拍有纹波控制

首先我们先给出有限时间控制的概念。对于连续系统而言，其输出渐近稳定于期望输出，这个稳定时间为无穷大。而对于离散系统而言，其输出经过有限的时间就能稳定于参考值。有限时间控制或许呈现不期望的采样点之间的纹波，因此在设计实现之前需要仔细检查。可以使用综合法来获取有限时间的期望控制器。

接下来介绍最少拍控制器的概念。在数字控制系统中，一个采样周期称为一拍，而最少拍控制是指控制器 $C(z)$ 能使闭环系统在典型输入作用下，经过最少拍数达到输出无稳态误差、时间最优控制、调节时间最短。

根据最少拍控制的定义写出误差 $E(z)$

$$E(z)=R(z)-Y(z)=R(z)-\frac{C(z)G_{ZAS}(z)}{1+C(z)G_{ZAS}(z)}R(z)$$

$$=R(z)\left(1-\frac{C(z)G_{ZAS}(z)}{1+C(z)G_{ZAS}(z)}\right)=R(z)\left(\frac{1}{1+C(z)G_{ZAS}(z)}\right)$$

误差传递函数 $G_e(z)$

$$G_e(z)=\frac{E(z)}{R(z)}=\frac{1}{1+C(z)G_{ZAS}(z)}，\quad E(z)=G_e(z)R(z)=e_0+e_1z^{-1}+e_2z^{-2}+\cdots$$

由$E(z)$表达式可知，要实现无稳态误差、最少拍，$E(z)$应在最短时间内趋近于0，$E(z)$应该为有限项。根据$E(z)$，$R(z)$为控制系统参考输入，可以分别写出单位阶跃输入、单位速度输入、单位加速度输入情形下的$R(z)$。

单位阶跃输入

$$R(z)=\frac{1}{1-z^{-1}}$$

单位速度输入

$$R(z)=\frac{Tz^{-1}}{(1-z^{-1})^2}$$

单位加速度输入

$$R(z)=\frac{T^2z^{-1}(1+z^{-1})}{2(1-z^{-1})^3}$$

3 种情况下的$R(z)$可以写成通式$R(z)$

$$R(z)=\frac{A(z^{-1})}{(1-z^{-1})^m}$$

式中，分子$A(z^{-1})$为$z^{-1}$的多项式，它不包含$1-z^{-1}$因子。

单位阶跃输入时，

$$e(\infty)=\lim_{z\to1}(1-z^{-1})E(z)=\lim_{z\to1}(1-z^{-1})G_e(z)R(z)$$
$$=\lim_{z\to1}(1-z^{-1})G_e(z)\frac{A(z^{-1})}{(1-z^{-1})^m}$$

可以根据$E(z)$表达式，利用终值定理计算稳态误差$e(\infty)$。要使稳态误差为0，则必须使$G_e(z)$含有$1-z^{-1}$因子，且幂次不能低于$m$，即

$$G_e(z)=(1-z^{-1})^MF(z^{-1})$$

这里的$M\geqslant m$，$F(z^{-1})$是$z^{-1}$的多项式，且不含有$1-z^{-1}$的因子。根据$G_e(z)$，为了实现最少拍控制，要求$G_e(z)$中关于$z^{-1}$的幂次尽可能低，则可以令$M=m$、$F(z^{-1})=1$。此时稳态误差

$$e(\infty)=\lim_{z\to1}(1-z^{-1})G_e(z)\frac{A(z^{-1})}{(1-z^{-1})^m}=\lim_{z\to1}(1-z^{-1})(1-z^{-1})^MF(z^{-1})\frac{A(z^{-1})}{(1-z^{-1})^m}$$
$$=\lim_{z\to1}(1-z^{-1})A(z^{-1})=0$$

此时最少需要$m$拍才能达到没有误差。此时对应的误差传递函数

$$G_e(z)=(1-z^{-1})^m$$

根据$R(z)$、$G_e(z)$，计算出闭环传递函数

$$G_{cl}(z)=1-G_e(z)=1-(1-z^{-1})^m$$

当单位阶跃输入时，$m=1$，$E(z)$经过 1 拍达到无稳态误差。

$$E(z)=R(z)G_e(z)=\frac{1}{1-z^{-1}}(1-z^{-1})=1z^0+0z^{-1}+0z^{-2}+\cdots$$

当单位速度输入时，$m=2$，$E(z)$经过 2 拍达到无稳态误差。

$$E(z)=R(z)G_e(z)=\frac{Tz^{-1}}{(1-z^{-1})^2}(1-z^{-1})^2=0z^0+Tz^{-1}+0z^{-2}+\cdots$$

当单位加速度输入时，$m=3$，$E(z)$ 经过 3 拍达到无稳态误差。

$$E(z)=R(z)G_e(z)=\frac{T^2z^{-1}(1+z^{-1})}{2(1-z^{-1})^3}(1-z^{-1})^3=0z^0+\frac{T^2}{2}z^{-1}+\frac{T^2}{2}z^{-2}+0z^3+\cdots$$

根据误差传递函数 $G_e(z)=(1-z^{-1})^m$，可以计算出闭环传递函数 $G_{cl}(z)=1-(1-z^{-1})^m$，计算 $C(z)$

$$C(z)=\frac{1}{G_{ZAS}(z)}\frac{G_{cl}(z)}{G_e(z)}=\frac{1}{G_{ZAS}(z)}\frac{1-(1-z^{-1})^m}{(1-z^{-1})^m}$$

例如，直流电动机速度控制系统传递函数 $G(s)=\dfrac{1}{(s+1)(s+10)}$，设计单位阶跃输入作用下最少拍控制器，采样时间 $T=0.02\text{s}$。

离散化过程传递函数

$$G_{ZAS}(z)=(1-z^{-1})Z\left\{\frac{G(s)}{s}\right\}=1.8604\times10^{-4}\frac{z+0.9293}{(z-0.8187)(z-0.9802)}$$

设计最少拍控制器

$$G_{cl}(z)=z^{-1},\ C(z)=\frac{1}{G_{ZAS}(z)}\left[\frac{1}{z-1}\right]$$

$$C(z)=5375.0533\frac{(z-0.8187)(z-0.9802)}{(z-1)(z+0.9293)}$$

在 Simulink 中搭建该闭环系统模型，利用设计的最少拍控制器 $C(z)$，该模型如图 6.64 所示。

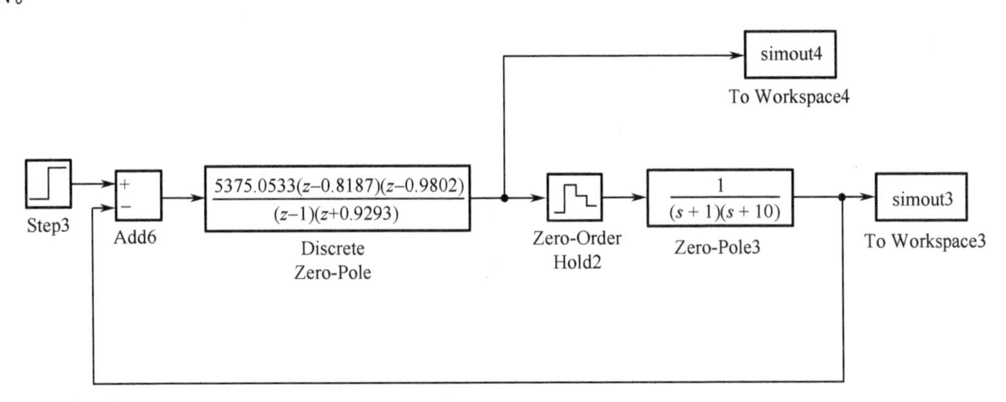


图 6.64　Simulink 模型

此时可以得出单位阶跃响应曲线，如图 6.65 所示。可以看出，经过 1 拍后，在每个采样时刻，系统输出都能跟随输入阶跃信号，没有稳态误差。

此时对应的控制器输出响应曲线如图 6.66 所示。

根据这个例子可以看出，控制器的作用会导致采样点之间产生纹波。虽然经过 1 拍后，系统输出在每个采样时刻都能跟踪给定无稳态误差，但采样点之间却存在纹波控制，此时的情形更加糟糕。

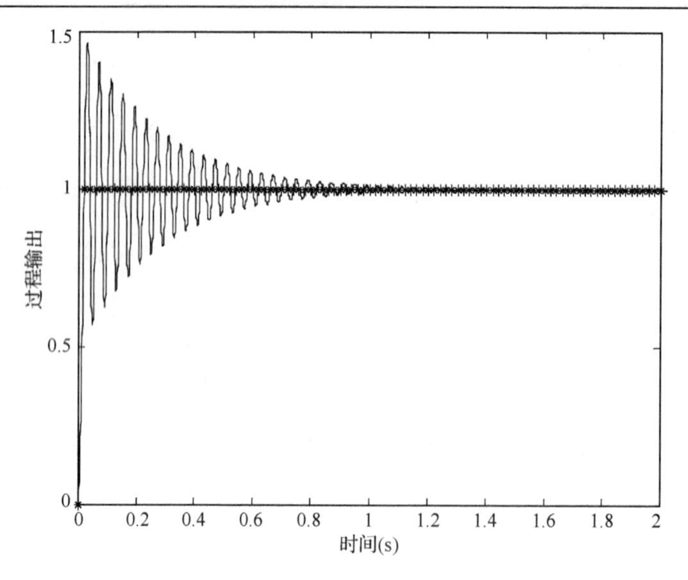


图 6.65　单位阶跃响应曲线

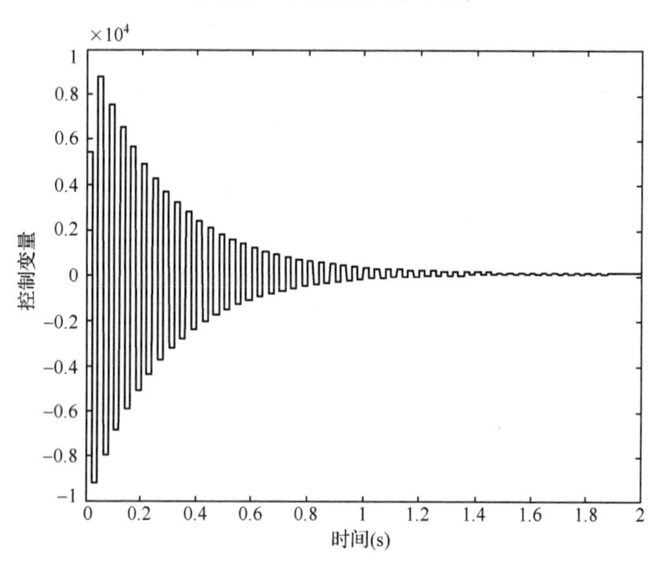


图 6.66　控制器输出响应曲线

### 6.4.8　最少拍无纹波控制

前面已经分析了，有纹波控制器会产生纹波，接下来我们分析纹波产生的原因。模拟输出控制系统方框图如图 6.67 所示。

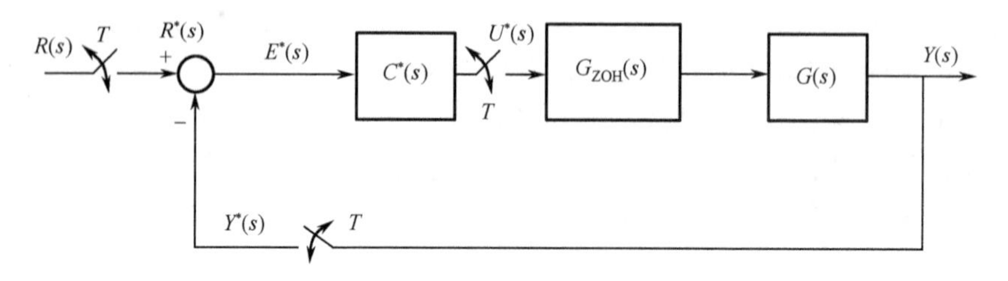


图 6.67　模拟输出控制系统方框图

使用零阶保持器传递函数，根据方框图可以写出采样传递函数 $E^*(s)$ 和模拟输出 $Y(s)$

$$E^*(s)=\frac{R^*(s)}{1+C^*(s)(1-\mathrm{e}^{-sT})\left(\dfrac{G(s)}{s}\right)^*}=\frac{R^*(s)}{1+C^*(s)G_{\mathrm{ZAS}}^*(s)}$$

$$Y(s)=\frac{1-\mathrm{e}^{-sT}}{s}\frac{G(s)C^*(s)R^*(s)}{1+C^*(s)G_{\mathrm{ZAS}}^*(s)}$$

根据 $C(z)$、$G_{\mathrm{ZAS}}(z)$、$R(z)$，再利用 $z=\mathrm{e}^{st}$ 可以写出 $Y(s)$

$$C(z)=5375.0533\frac{(z-0.8187)(z-0.9802)}{(z-1)(z+0.9293)}$$

$$G_{\mathrm{ZAS}}(z)=1.8604\times10^{-4}\frac{z+0.9293}{(z-0.8187)(z-0.9802)}$$

$$R(z)=\frac{z}{z-1}$$

$$Y(s)=\left(\frac{1-\mathrm{e}^{-sT}}{s}\right)\frac{G(s)C^*(s)R^*(s)}{1+C^*(s)G_{\mathrm{ZAS}}^*(s)}$$

$$=\frac{5375.0533}{s(s+1)(s+10)}\frac{(1-0.8187\mathrm{e}^{-sT})(1-0.9802\mathrm{e}^{-sT})}{1+0.9293\mathrm{e}^{-sT}}$$

将 $Y(s)$ 表达式展开

$$Y(s)=\frac{5375.0533}{s(s+1)(s+10)}(1-2.782\mathrm{e}^{-sT}+3.3378\mathrm{e}^{-2sT}-2.2993\mathrm{e}^{-3sT}+0.6930\mathrm{e}^{-4sT}+\cdots)$$

取拉普拉斯反变换，可以得到模拟输出 $Y(t)$

$$Y(t)=5375.0533\left(\begin{array}{c}\left(\dfrac{1}{10}-\dfrac{1}{9}\mathrm{e}^{-t}+\dfrac{1}{90}\mathrm{e}^{-10t}\right)1(t)\\ -0.2782\left(\dfrac{1}{10}-\dfrac{1}{9}\mathrm{e}^{-(t-T)}+\dfrac{1}{90}\mathrm{e}^{-10(t-T)}\right)1(t-T)\\ +3.3378\left(\dfrac{1}{10}-\dfrac{1}{9}\mathrm{e}^{-(t-2T)}+\dfrac{1}{90}\mathrm{e}^{-10(t-2T)}\right)1(t-2T)\\ -2.2993\left(\dfrac{1}{10}-\dfrac{1}{9}\mathrm{e}^{-(t-3T)}+\dfrac{1}{90}\mathrm{e}^{-10(t-3T)}\right)1(t-3T)+\cdots\end{array}\right)$$

通过 $Y(t)$，可以很容易验证 $Y(0.02)=Y(0.04)=Y(0.06)=1$。可以看出，经过 1 拍后，每个采样点处输出都是无稳态误差的，但在采样点之间是有稳态误差的，并且是波动变化的。

进一步讲，令采样周期 $T=0.1\mathrm{s}$，画出此时过程输出的响应曲线，如图 6.68 所示，可以看出，$Y(kT)=1$ 无差跟踪输入，但在采样点之间的输出波动剧烈。

总结最少拍控制的特点如下。

（1）最小相位传递函数 $G_{\mathrm{ZAS}}(z)$（所有零点在单位圆内），其零点是控制器的极点。

（2）控制器可以达到超高的增益，使 DAC 输出达到饱和。

（3）系统模拟量输出存在采样点之间的纹波。

如何消除纹波呢？可以采用无纹波控制。首先需要满足最少拍控制，即要选择闭环传递函数 $G_{\mathrm{cl}}(z)$，使得稳态误差 $e(kT)=0,\ k\geqslant m$。根据前面的知识点可知，误差传递函数 $G_{\mathrm{e}}(z)$ 必须满足$(1-z^{-1})^m F(z^{-1})$，这时的闭环传递函数$G_{cl}(z)=1-G_e(z)$。这里$F(z^{-1})$是$z^{-1}$的有限多项式，且不含$1-z^{-1}$因子。

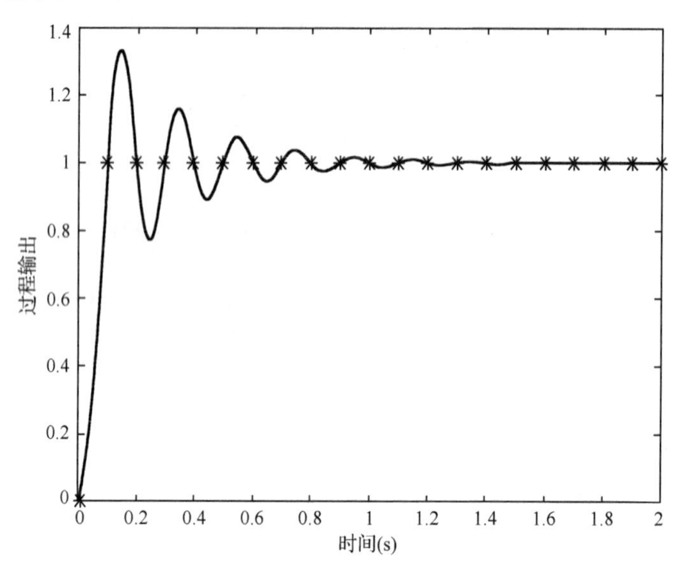


图 6.68　过程输出响应曲线（$T=0.1$s）

接下来介绍消除纹波的方法，当经过$m$拍后，$e(kT)=0$，此时如果将控制器输出保持不变，也就是说，$m$拍后误差为0时，控制器输出不再变化，那么这时过程输出就应该稳定输出且没有误差了，即实现了无纹波控制。

如何实现在$m$拍后控制器的输出保持不变呢？

先写出控制器表达式$U(z)=C(z)E(z)=C(z)G_e(z)R(z)$。可以证明，只要$C(z)G_e(z)$是关于$z^{-1}$的有限多项式，那么在确定的典型输入作用下经过有限拍$m$拍后，$U(z)$就能达到相对稳定，从而保证系统无纹波，即$u(kT)=$常数，$k\geqslant m$。

如何保证$C(z)G_e(z)$的输出是$z^{-1}$的有限项呢？根据

$$C(z)G_e(z)=\frac{1}{G_{ZAS}(z)}\frac{G_{cl}(z)}{1-G_{cl}(z)}G_e(z)=\frac{G_{cl}(z)}{G_{ZAS}(z)}$$

$$\frac{G_{cl}(z)}{G_{ZAS}(z)}=\frac{G_{cl}(z)}{\dfrac{N_{ZAS}(z)}{D_{ZAS}(z)}}=\frac{G_{cl}(z)D_{ZAS}(z)}{N_{ZAS}(z)}$$

可知$G_{ZAS}(z)$的极点不会响应$C(z)G_e(z)$成为$z^{-1}$的有限多项式，而$G_{ZAS}(z)$的零点可能使$C(z)G_e(z)$成为$z^{-1}$的无穷多项式。如果让$G_{cl}(z)$中包含$G_{ZAS}(z)$的全部零点，则可确保$C(z)G_e(z)$是关于$z^{-1}$的有限多项式，则$G_{cl}(z)$应该等于$G_{ZAS}(z)$的零点所构成的因子$N_{ZAS}(z)$乘以$B(z^{-1})$，这里$B(z^{-1})$是$z^{-1}$的有限多项式。

由上述分析可知，只要$G_{cl}(z)=N_{ZAS}(z)B(z^{-1})$，就可以保证控制在$m$拍后输出保持不变，即可以消除纹波，再根据最少拍控制的要求$G_{cl}(z)=1-(1-z^{-1})^m F(z^{-1})$。如果同时满足两个条件的$G_{cl}(z)$，则可以得到最少拍无纹波控制器。

例如，给定被控过程 $G(s)=\dfrac{1}{s(s+1)}$，单位阶跃输入，设计无纹波最少拍控制器，采样周期选为 $T=0.1\text{s}$。

离散化过程传递函数

$$G_{\text{ZAS}}(z)=(1-z^{-1})Z\left[\frac{G(s)}{s}\right]=0.0048374\left[\frac{z^{-1}(1+0.9672z^{-1})}{(1-z^{-1})(1-0.9048z^{-1})}\right]$$

根据无纹波要求，$G_{\text{cl}}(z)$ 满足 $N_{\text{ZAS}}(z)B(z^{-1})$ 包含 $G_{\text{ZAS}}(z)$ 所有零点对应的因式

$$G_{\text{cl}}(z)=N_{\text{ZAS}}(z)B(z^{-1})=z^{-1}(1+0.9672z^{-1})B(z^{-1})$$

根据最少拍控制要求，单位阶跃输入，$m=1$，$G_{\text{cl}}(z)$ 应满足

$$G_{\text{cl}}(z)=1-(1-z^{-1})^{1}F(z^{-1})$$

同时满足这两个约束的 $G_{\text{cl}}(z)$ 最简式可以写出

$$G_{\text{cl}}(z)=z^{-1}(1+0.9672z^{-1})a$$

$$G_{\text{cl}}(z)=1-(1-z^{-1})(b+cz^{-1})$$

解出 $a=0.5083$、$b=1$ 和 $c=0.4917$，进一步可以写出 $G_{\text{cl}}(z)$

$$G_{\text{cl}}(z)=0.5083z^{-1}(1+0.9672z^{-1})$$

根据过程传递函数 $G_{\text{ZAS}}(z)$ 和闭环传递函数 $G_{\text{cl}}(z)$，可以求出控制器传递函数 $C(z)$

$$C(z)=\frac{1}{G_{\text{ZAS}}(z)}\left[\frac{G_{\text{cl}}(z)}{1-G_{\text{cl}}(z)}\right]=\frac{105.1-95.08z^{-1}}{1+0.4917z^{-1}}$$

画出此时过程输出和控制器输出响应曲线，分别如图 6.69 和图 6.70 所示。可以看出，经过 2 拍后过程输出无稳态误差，并且采用点之间无纹波，这是由于经过 2 拍后控制器输出不再变化的原因。与前面有纹波控制相比，单位阶跃输入达到无稳态误差跟踪多了 1 拍，而正是牺牲了这 1 拍的时间换得了无纹波的性能。

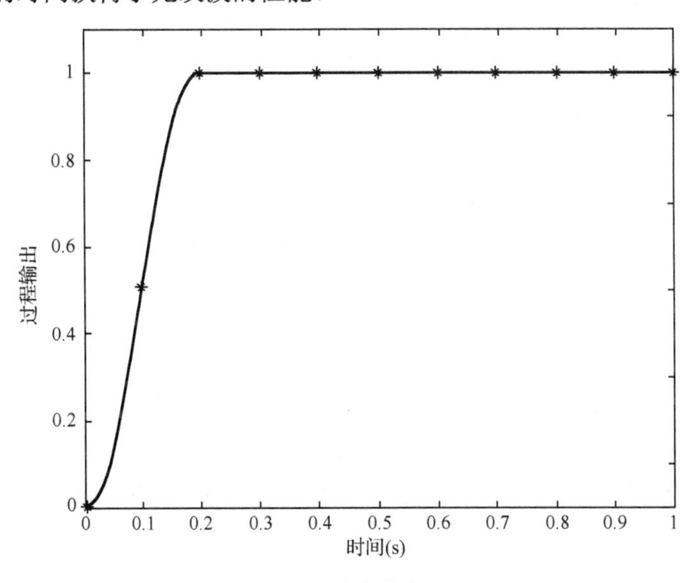


图 6.69　过程输出响应曲线（$T=0.1\text{s}$）

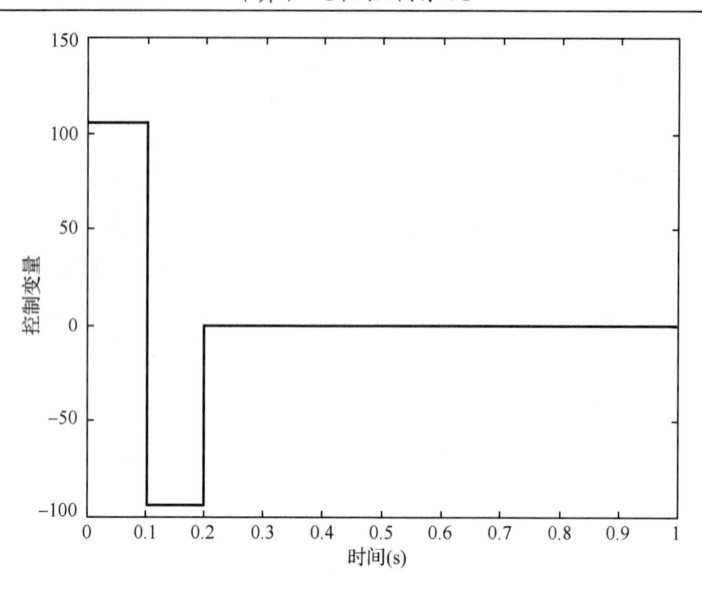


图 6.70　控制器输出响应曲线（$T = 0.1\text{s}$）

再看一个例子，设计最少拍无纹波控制器，给定过程为等温化学反应器 $G(s)$

$$G(s) = -\frac{1.1354(s-2.818)}{(s+2.672)(s+2.47)}, \quad T = 0.01\text{s}$$

写出 $G_{ZAS}(z)$

$$G_{ZAS}(z) = -\frac{0.01093(z-1.029)}{(z-0.9797)(z-0.9736)} = -\frac{0.01093(1-1.029z^{-1})z^{-1}}{(1-0.9797z^{-1})(1-0.9736z^{-1})}$$

利用最少拍无差约束和无纹波约束，分别写出 $G_{cl}(z)$

$$G_{cl}(z) = 1-(1-z^{-1})F(z^{-1})$$

$$G_{cl}(z) = z^{-1}(1-1.029z^{-1})B(z^{-1})$$

分别写出同时满足两个约束的 $G_{cl}(z)$ 的最简式

$$G_{cl}(z) = 1-(1-z^{-1})F(z^{-1}) = 1-(1-z^{-1})(a+cz^{-1})$$

$$G_{cl}(z) = z^{-1}(1-1.029z^{-1})B(z^{-1}) = z^{-1}(1-1.029z^{-1})b$$

解出

$$a = 1, \quad c = 35.4828, \quad b = -34.4828$$

于是

$$G_{cl}(z) = (-34.4828)z^{-1}(1-1.029z^{-1})$$

进一步得到

$$C(z) = 3200.34\frac{(z-0.9797)(z-0.9736)}{(z-1)(z+35.98)}$$

可以看出控制器并不稳定，但可以产生稳定的闭环系统。过程输出和控制器输出响应曲线分别如图 6.71 和图 6.72 所示。

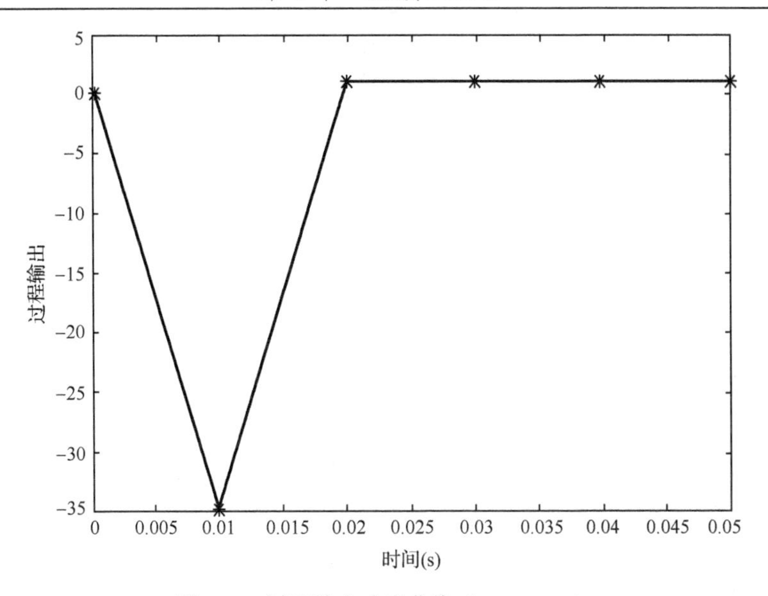


图 6.71　过程输出响应曲线（$T = 0.01$s）

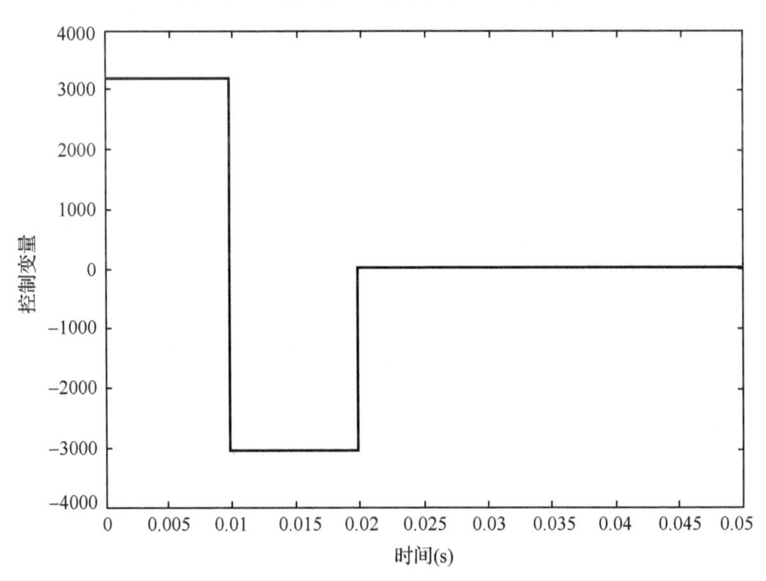


图 6.72　控制器输出响应曲线（$T = 0.01$s）

# 习　题　6

1．开关控制和连续控制的区别是什么？

2．在 PID 控制器中，比例度、积分时间、微分时间的大小对系统稳定性的影响是什么？对系统的准确性又有何影响？

3．什么是积分饱和现象？如何抗积分饱和？

4．什么是微分先行？什么是比例微分先行？各自特点是什么？应用在什么场合？

5．位置式 PID 控制算法表达式是什么？速度式 PID 控制算法有什么优点？

6．给定模拟系统

$$G(s)=\frac{10(s+2)}{s(s+5)}$$

采样周期 $T$=0.05s。

（1）求出 $G(s)$的 $z$ 变换后的传递函数。

（2）求出 DAC、模拟系统、ADC 的传递函数。

7．某系统的连续控制器设计为

$$D(s)=\frac{U(s)}{E(s)}=\frac{1+2s}{1+4s}$$

设采样周期 $T=1\text{s}$，试用双线性变换法、前向差分法、后向差分法分别求取数字控制器，并且分别给出对应的递推控制算法。

8．数字控制器离散化设计步骤是什么？

9．在图 6.73 所示的计算机控制系统中，被控过程的传递函数和零阶保持器的传递函数分别为

$$H_0(s)=\frac{1-\mathrm{e}^{-sT}}{s}\text{，}\quad G(s)=\frac{10}{s(s+1)}$$

采样周期 $T=1\text{s}$，针对单位速度输入函数，设计最少拍无纹波系统，给出数字控制器的输出波形。

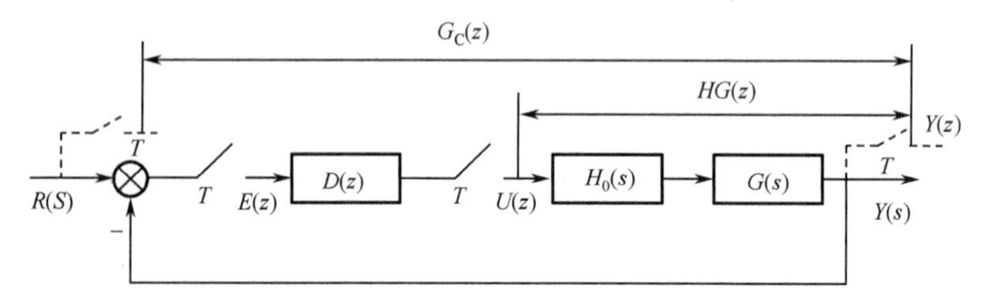


图 6.73　计算机控制系统

第 7 章

# 简单回路设计

## 7.1 控制器参数整定

控制器参数对系统的稳定性和性能有很大的影响，对于大多数控制问题而言，使系统稳定的控制器参数可供选择的范围较宽泛，因此，在这些使系统稳定的控制器参数中，可以继续选出最佳的控制器参数，这不仅可以使系统达到稳定状态，还可以使系统的性能达到最佳状态。

为了进一步说明控制器设置的影响，我们考虑一个由一阶过程加纯滞后环节和一个 PI 控制器组成的简单闭环系统。图 7.1 所示的仿真结果显示了控制器增益和积分时间的 9 种组合的扰动响应。

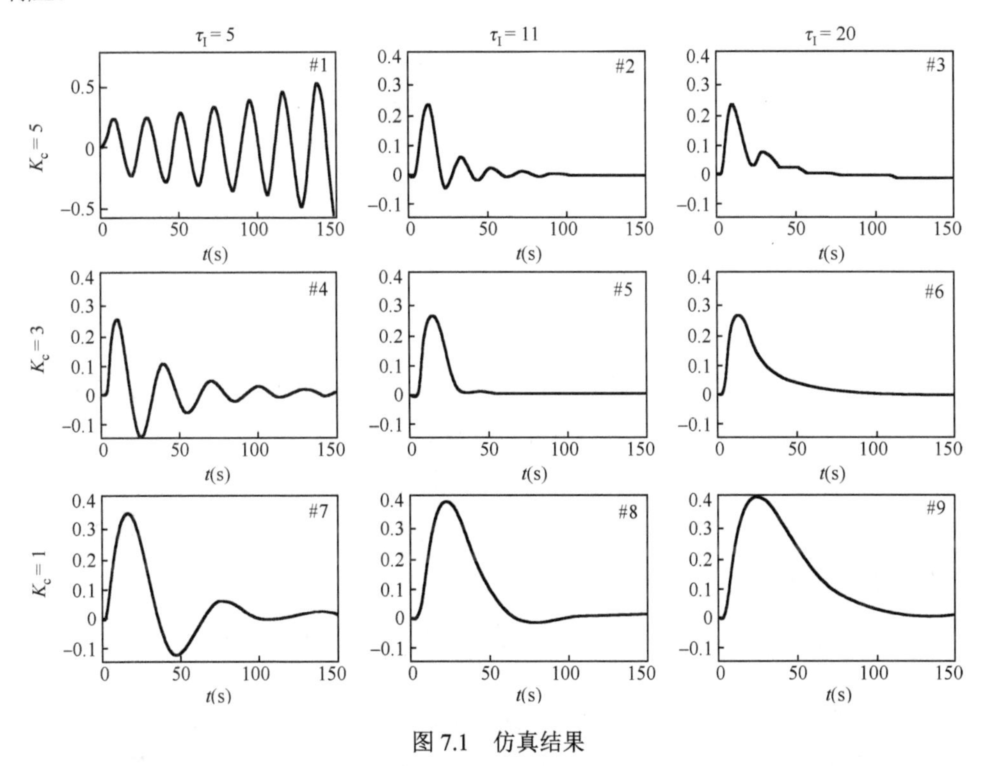


图 7.1　仿真结果

可以看出，第 1 个控制器获得不稳定响应，而第 5 个控制器获得最稳定的响应。这个例子表明，可以通过设置控制器参数达到预期的闭环系统性能，这个过程称为控制器参数整定。

控制器参数整定的方法可以分为两大类：一类是基于过程模型的方法，用于离线设计，具体包括直接综合法、内部模型法、频率响应法等；另一类是工程整定法，它是通过简单的实验测试方法来整定参数的。

### 7.1.1 直接综合法

控制器参数与控制系统性能密切相关，好的控制器参数可以使系统稳定、快速、准确，差的控制器参数可能会使响应慢、误差大，甚至会造成系统不稳定。因此，对控制器参数的选择非常重要，需要对控制器参数整定，在诸多参数整定方法中，基于模型的参数整定对系统分析与设计提供了重要的参考和依据。本小节主要介绍基于过程模型方法的直接综合法对控制器参数整定。

在图 7.2 所示的闭环控制系统中，其闭环传递函数可以写出，为了简单起见，定义 $G \triangleq G_v G_p G_m$，假定 $G_m = K_m = 1$。

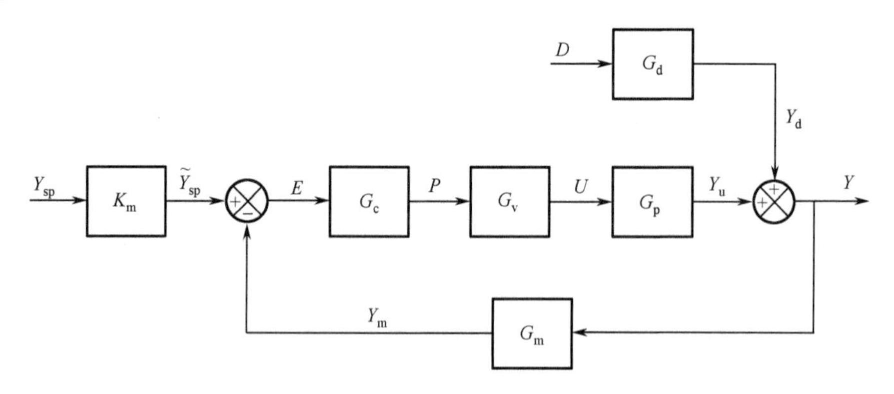


图 7.2 闭环控制系统

于是闭环传递函数可以写成

$$\frac{Y}{Y_{sp}} = \frac{K_m G_c G_v G_p}{1 + G_c G_v G_p G_m}$$

$$\frac{Y}{Y_{sp}} = \frac{G_c G}{1 + G_c G}$$

闭环传递函数 $Y / Y_{sp}$ 与控制器传递函数 $G_c$ 之间的关系可根据闭环传递函数推导得出

$$G_c = \frac{1}{G}\left(\frac{Y/Y_{sp}}{1 - Y/Y_{sp}}\right)$$

如果期望的闭环传递函数为 $Y / Y_{spd}$，过程的实际模型为 $G$，过程的近似模型为 $\tilde{G}$，则可以得到此时的控制器

$$G_c = \frac{1}{\tilde{G}}\left[\frac{(Y/Y_{sp})_d}{1 - (Y/Y_{sp})_d}\right]$$

理想闭环传递函数，$(Y / Y_{sp})_d = 1$ 可以实现完美控制，即误差总为 0，根据 $G_c$，要实现完美控制，求出 $G_c$ 的增益为无穷大，这在实际中是无法实现的。于是期望的闭环传递函数需要更加现实。对于无纯滞后的过程，期望的闭环传递函数为

$$\left(\frac{Y}{Y_{sp}}\right)_d = \frac{1}{\tau_c s + 1}$$

$\tau_c$ 是期望的闭环时间常数，将该表达式代入 $G_c$ 的表达式，可以得到此时的控制器

$$G_c = \frac{1}{\tilde{G}}\frac{1}{\tau_c s}$$

该控制器包含了积分项，可以消除稳态误差。

对于有纯滞后的过程，则期望闭环传递函数为

$$\left(\frac{Y}{Y_{sp}}\right)_d = \frac{e^{-\theta s}}{\tau_c s + 1}$$

同样根据 $G_c$ 的表达式，可以得到 $G_c$

$$G_c = \frac{1}{\tilde{G}}\left[\frac{(Y/Y_{sp})_d}{1-(Y/Y_{sp})_d}\right]$$

$$G_c = \frac{1}{\tilde{G}}\frac{e^{-\theta s}}{\tau_c s + 1 - e^{-\theta s}}$$

注意，$G_c$ 表达式分母含有纯滞后项，可以进行近似处理

$$e^{-\theta s} \approx 1 - \theta s$$

那么可以得到新的 $G_c$

$$G_c = \frac{1}{\tilde{G}}\frac{e^{-\theta s}}{(\tau_c + \theta)s}$$

此时控制器也包含积分项。

考虑一阶过程，一阶惯性加纯滞后过程的模型为 $\tilde{G}$，此时期望的闭环传递函数为

$$\tilde{G}(s) = \frac{Ke^{-\theta s}}{\tau s + 1}$$

可以计算出 $G_c$

$$G_c = \frac{1}{\tilde{G}}\frac{e^{-\theta s}}{(\tau_c + \theta)s}$$

将 $\tilde{G}$ 代入 $G_c$，此时得到的控制器为 PI 控制器

$$G_c = K_c(1 + 1/T_I s)$$

其中

$$K_c = \frac{1}{K}\frac{\tau}{\tau_c + \theta}, \quad \tau_I = \tau$$

考虑二阶惯性加纯滞后过程

$$\tilde{G}(s) = \frac{Ke^{-\theta s}}{(\tau_1 s + 1)(\tau_2 s + 1)}$$

根据

$$G_c = \frac{1}{\tilde{G}}\frac{e^{-\theta s}}{(\tau_c + \theta)s}$$

将 $\tilde{G}$ 代入 $G_c$，得到 $G_c$ 的表达式

$$G_c = K_c\left(1+\frac{1}{\tau_I s}+\tau_D s\right)$$

此时得到的控制器为 PID 控制器，控制器增益为

$$K_c = \frac{1}{K}\frac{\tau_1+\tau_2}{\tau_c+\theta}$$

时间常数

$$\tau_I = \tau_1 + \tau_2$$

微分时间

$$\tau_D = \frac{\tau_1\tau_2}{\tau_1+\tau_2}$$

例如，应用直接综合方法计算 PID 控制器参数，被控过程为

$$G = \frac{2e^{-s}}{(10s+1)(5s+1)}$$

考虑期望的闭环时间常数$\tau_c$为 1、3 和 10，假定扰动通道传递函数$G_d = G$。考虑在两种情况中控制器作用下的响应曲线。

（1）过程近似模型和实际模型完美匹配（$\tilde{G} = G$）。

（2）过程增益不准确，$\tilde{K} = 0.9$，而不是实际的$K = 2$，即近似模型为

$$\tilde{G} = \frac{0.9e^{-s}}{(10s+1)(5s+1)}$$

由于被控过程为

$$\tilde{G}(s) = \frac{Ke^{-\theta s}}{(\tau_1 s+1)(\tau_2 s+1)}$$

所以此时的控制器为 PID 控制器

$$G_c = \frac{1}{\tilde{G}}\frac{e^{-\theta s}}{(\tau_c+\theta)s}$$

将（1）和（2）两种情况下的$\tilde{G}$分别代入$G_c$，分别将$\tau_c = 1$、$\tau_c = 3$、$\tau_c = 10$代入，可以得到每种情况下的控制器参数。如表 7.1 所示的第 2 行，对应第 1 种情况，即 $K$=2 时的控制器增益；第 3 行为第 2 种情况的控制器增益；第 4 行和第 5 行分别是控制器积分时间和微分时间常数。值得一提的是，后面两种情况下的积分时间和微分时间都各自相同，这从它们的表达式中也可以看出，都只与$\tau_1$和$\tau_2$有关。

**表 7.1　控制器参数表**

| | $\tau_c$=1 | $\tau_c$=3 | $\tau_c$=10 |
|---|---|---|---|
| $K_c(K=2)$ | 3.75 | 1.88 | 0.68 |
| $K_c(\tilde{K}=0.9)$ | 8.33 | 4.17 | 1.51 |
| $\tau_I$ | 15 | 15 | 15 |
| $\tau_D$ | 3.33 | 3.33 | 3.33 |

建立该过程的 Simulink 模型，并且仿真，如图 7.3 所示。图 7.4 所示为第 1 种情况，即模型准确，图 7.5 所示为模型不准确，即第 2 种情况。这两个图给出了两种情况下的过程输出 $y$

的响应，每个图中分了 3 种不同闭环时间常数的情况。每个图在 $t$=80s 后又分别加了扰动 $G_d$，以便得到扰动响应。根据 $K_c$、$\tau_I$ 和 $\tau_D$，随着闭环时间常数 $\tau_c$ 的增加，得到的控制器增益 $K_c$ 减弱，跟踪响应变得更加和缓，但扰动响应变差，即鲁棒性变差；当过程模型不准确时，即过程增益由 2 变为 0.9 时，响应曲线出现了振荡。

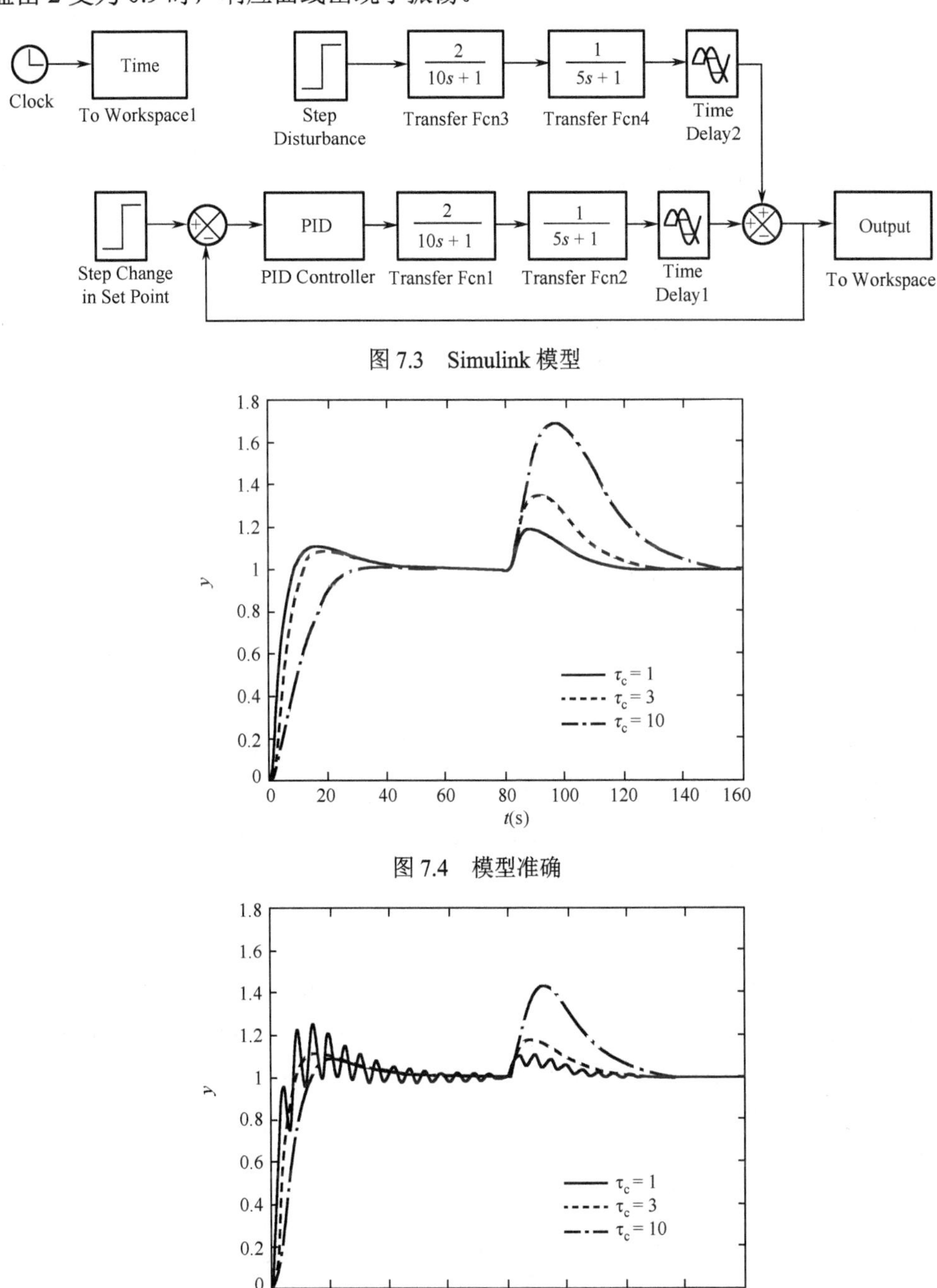


图 7.3　Simulink 模型

图 7.4　模型准确

图 7.5　模型不准确

在直接综合法中，一般期望闭环传递函数

$$\left(\frac{Y}{Y_{sp}}\right)_d = \frac{e^{-\theta s}}{\tau_c s + 1}$$

但当过程模型带有右半平面零点时，即分子中带有$1-\tau_a s$，且$\tau_a > 0$时，应期望闭环传递函数为

$$\left(\frac{Y}{Y_{sp}}\right)_d = \frac{(1-\tau_a s)e^{-\theta s}}{\tau_c s + 1}$$

即期望传递函数中不可避免地包含$1-\tau_a s$，其核心思想就是设定好期望的闭环传递函数，以计算控制器的参数。最好的闭环传递函数能实现完美控制，即

$$\left(\frac{Y}{Y_{sp}}\right)_d = 1$$

但这是无法实现的，因为需要有无穷大的增益。既然不能实现完美控制，那么实现有限时间闭环过程也很好，即期望闭环传递函数为

$$\left(\frac{Y}{Y_{sp}}\right)_d = \frac{1}{\tau_c s + 1}$$

对于一阶过程而言，计算出的控制器为 PI 控制器；对于二阶过程而言，计算出的控制器为 PID 控制器。

还有一种情况较常见，就是当过程有延时$\theta$，也就是有滞后$e^{-\theta_c s}$时，不可能期望闭环传递函数没有延时，因为这样的话需要有$e^{+\theta s}$才能补偿$e^{-\theta s}$，而$e^{+\theta s}$物理不可实现。因此，针对有滞后的过程，只能期望闭环传递函数带有延时$\theta_c$，且$\theta_c \geqslant \theta$，否则物理不可实现。同样，此时对于一阶过程而言，得到的还是 PI 控制器，二阶过程得到的还是 PID 控制器。

还有一种情况就是右半平面有零点，期望的闭环传递函数也需要包含右半平面零点，这样才可以与过程相抵消，从而设计出合理的控制器。

本小节主要讲解了基于过程模型方法的直接综合法整定控制器参数，这种方法是通过期望某种闭环传递函数来计算出所需要的控制器参数。

### 7.1.2　内部模型法

另一种基于过程模型方法的参数整定方法是内部模型法。与直接综合法类似，内部模型法如图 7.6 所示，根据过程模型导出控制器参数的表达式，过程模型$\tilde{G}$与控制器输出$P$用于计算模型响应$\tilde{Y}$。用实际响应$Y$减去模型响应$\tilde{Y}$，将差值输入内部模型控制器$G_c^*$，通常，模型误差$\tilde{G} \neq G$、$Y \neq \tilde{Y}$。

如果满足

$$G_c = \frac{G_c^*}{1 - G_c^* \tilde{G}}$$

则图 7.6 中的两个图是等价的。写出闭环输出

$$Y = \frac{G_c^* G}{1 + G_c^*(G - \tilde{G})} Y_{sp} + \frac{1 - G_c^* \tilde{G}}{1 + G_c^*(G - \tilde{G})} D$$

当模型准确时，即$\tilde{G} = G$

$$Y = G_c^* G Y_{sp} + (1 - G_c^* G) D$$

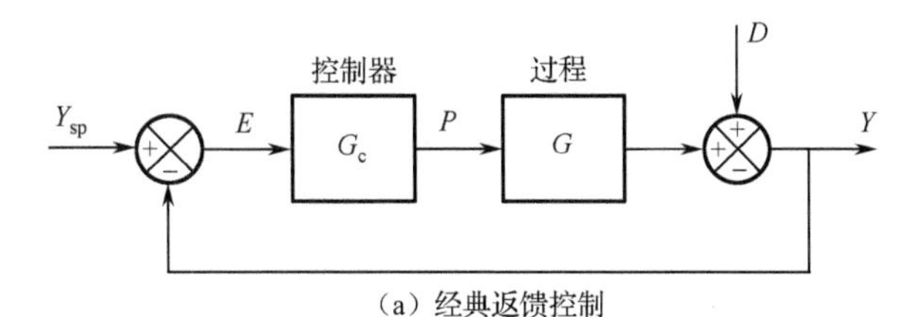


(a) 经典返馈控制

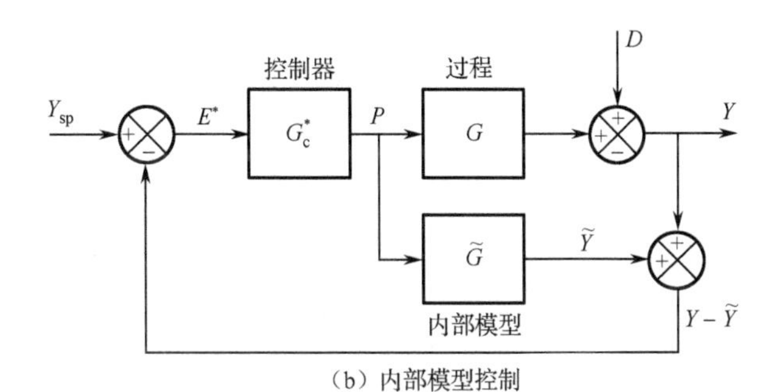


(b) 内部模型控制

图 7.6　内部模型法

内部模型控制器的设计步骤有两步。

(1) 将过程模型分解为两部分：$\tilde{G} = \tilde{G}_+ \tilde{G}_-$，其中 $\tilde{G}_+$ 包含滞后和右半平面零点，其稳态增益为 1。

(2) 内部模型控制器为 $G_c^* = \dfrac{1}{\tilde{G}_-} f$，其中 $f$ 是内部模型滤波器，$f = \dfrac{1}{(\tau_c s + 1)^r}$，$\tau_c$ 是期望的闭环时间常数，参数 $r$ 是小正数，通常 $r = 1$。

(3) 根据等效关系，得到 $G_c = \dfrac{G_c^*}{1 - G_c^* \tilde{G}}$。

内部模型控制器基于过程模型的一部分 $\tilde{G}_-$ 而设计，并非基于整个模型 $G$，这样可确保控制器物理可实现且是稳定的。因为 $\tilde{G}_+$ 包含滞后和不稳定零点，所以如果内部模型控制器设计时包含 $\tilde{G}_+$，则控制器会出现 $e^{+\theta s}$ 项或不稳定极点。

以一阶关系加纯滞后过程为例，根据内部模型法设计内部模型控制器。

(1) 首先，将被控过程的纯滞后特性取 Pade 近似，有

$$e^{-\theta s} \cong \frac{1 - \dfrac{\theta}{2} s}{1 + \dfrac{\theta}{2} s}$$

$$\tilde{G}(s) = \frac{K\left(1 - \dfrac{\theta}{2} s\right)}{\left(1 + \dfrac{\theta}{2} s\right)(\tau s + 1)}$$

将模型 $\tilde{G}$ 分成两部分

$$\tilde{G}_+(s) = 1 - \frac{\theta}{2} s$$

$$\tilde{G}_{-}(s)=\frac{K}{\left(1+\frac{\theta}{2}s\right)(\tau s+1)}$$

假定 $r=1$

$$f=\frac{1}{(\tau_{c}s+1)^{r}}=\frac{1}{\tau_{c}s+1}$$

则

$$G_{c}^{*}=\frac{1}{\tilde{G}_{-}}f=\frac{\left(1+\frac{\theta}{2}s\right)(\tau s+1)}{K(\tau_{c}s+1)}$$

进一步得到

$$G_{c}=\frac{\left(1+\frac{\theta}{2}s\right)(\tau s+1)}{K\left(\tau_{c}+\frac{\theta}{2}\right)s}$$

此时求出的控制器为 PID 控制器，且控制器参数为

$$K_{c}=\frac{1}{K}\frac{2\left(\frac{\tau}{\theta}\right)+1}{2\left(\frac{\tau_{c}}{\theta}\right)+1}$$

$$\tau_{I}=\frac{\theta}{2}+\tau\text{，}\quad \tau_{D}=\frac{\tau}{2\frac{\tau}{\theta}+1}$$

（2）如果对纯滞后过程进行一阶泰勒近似，则有

$$e^{-\theta s}\cong 1-\theta s$$

$$\tilde{G}(s)=\frac{K(1-\theta s)}{\tau s+1}$$

将模型 $\tilde{G}$ 分成两部分

$$\tilde{G}_{+}(s)=1-\theta s\text{，}\quad \tilde{G}_{-}(s)=\frac{K}{\tau s+1}$$

假定 $r=1$

$$f=\frac{1}{(\tau_{c}s+1)^{r}}=\frac{1}{\tau_{c}s+1}$$

则

$$G_{c}^{*}=\frac{1}{\tilde{G}_{-}}f$$

进一步得到 PI 控制器，参数为

$$K_{c}=\frac{1}{K}\frac{\tau}{\tau_{c}+1}\text{，}\quad \tau_{I}=\tau$$

取 $G_{p}(s)=\frac{e^{-9s}0.3}{30s+1}$，过程参数为 $k=0.3$、$\tau=30$、$\theta=9$。根据内部模型可以求出 PID 控制

器参数 $K_c = 6.97$、$\tau_I = 34.5$、$\tau_D = 3.93$（此时 $f = \dfrac{1}{12s+1}$）。如果采用直接综合法则可以得到 PI 控制器的参数 $K_c = 4.76$、$\tau_I = 30$（此时期望的闭环传递函数 $\dfrac{C}{R_d} = \dfrac{e^{-9s}}{12s+1}$）。画出两种情况下的伺服响应曲线，如图 7.7 所示。

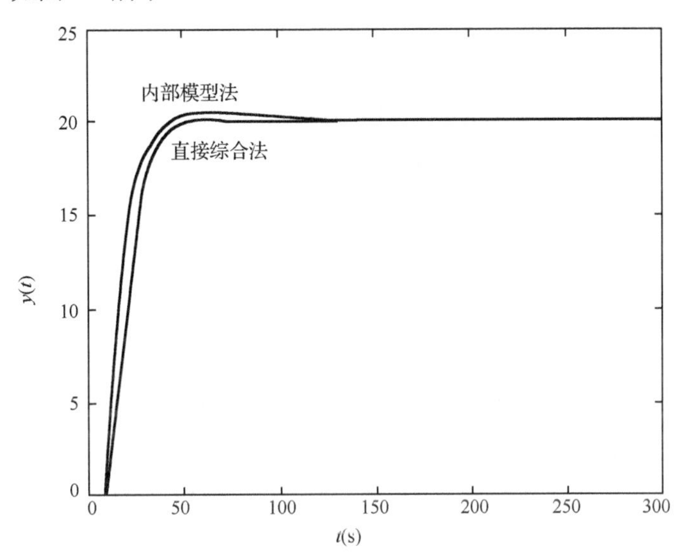


图 7.7　内部模型法和直接综合法的伺服响应曲线

可以看出，内部模型法和直接综合法的结果大致相同，内部模型法稍差，这是由于引入 Pade 近似引起的。

### 7.1.3　工程整定法

本小节将介绍控制器参数整定的另一种方法——工程整定法。通常，基于过程模型方法的参数整定在系统分析和设计阶段中使用，以便得到初步的控制器参数，在系统投入生产和使用后还要在实际应用中进一步整定，以适应实际需求。通常基于过程模型方法整定的参数不能在实际中得到很好的应用，但它提供了重要的参考。在工程实践过程中，专家、学者和工程师们总结出了很好的工程整定方法，简单而又实用。

当基于过程模型方法设计控制器难以取得满意的效果时，可以在线通过实验的方式整定，即工程上常用的整定方法。几种常用的工程整定方法如下。

（1）临界比例度法（稳定边界法，连续振荡法，Z-N 整定）。

（2）衰减曲线法。

（3）响应曲线法（阶跃测试法）。

（4）经验法。

#### 1．临界比例度法

临界比例度法属于闭环整定方法，根据纯比例控制系统临界振荡试验所得数据（临界比例度 $P_m$ 和临界振荡周期 $T_m$），按经验公式求出调节器的整定参数。该方法的步骤如下。

（1）将闭环系统控制器的时间常数置于无穷大（$T_I \to \infty$），微分时间常数置于 0（$T_D = 0$），

比例度 $P$ 置于较大值，注意，比例度 $P$ 是比例增益的倒数，也就是将比例作用置于很小的位置，将系统投入运行。

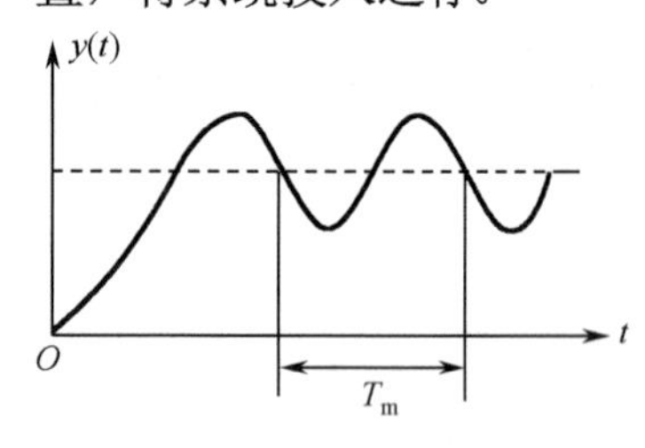


图 7.8　系统临界振荡曲线

（2）逐渐减小 $P$ 值，即逐渐增大比例作用，加阶跃观察，直到输出出现等幅振荡为止，记录此时的临界比例度值 $P_m$ 和临界振荡周期 $T_m$，如图 7.8 所示。

（3）根据 $P_m$ 和 $T_m$，按照经验公式计算出控制器的参数整定值。临界比例度法整定参数的经验计算公式如表 7.2 所示。例如，如果使用 PI 控制器，它的比例度可以整定为 $2.2P_m$，积分时间常数整定为 $0.85T_m$。

**表 7.2　临界比例度法整定参数的经验计算公式**

| 调 节 规 律 | 整 定 参 数 | | |
|---|---|---|---|
| | $P$（%） | $T_I$ | $T_D$ |
| P | $2P_m$ | — | — |
| PI | $2.2P_m$ | $0.85T_m$ | — |
| PID | $1.7P_m$ | $0.50T_m$ | $0.125T_m$ |

经验公式虽然是在实验基础上归纳出来的，但它有一定的理论依据。以表 7.2 中 PI 调节器整定数值为例，可以看出 PI 调节器的比例度比纯比例调节时增大，这是因为积分作用产生了滞后相位，降低了系统的稳定度，所以为了保证稳定性，将比例度适当加大，即减小比例作用。

临界比例度法在以下两种情况下不宜采用。

（1）临界比例度过小时，调节阀容易游移于全开或全关位置，对生产工艺不利或不容许。例如，一个用燃料加热的炉子，如果阀门发生全关状态就会熄火。

（2）工艺上的约束条件严格时，等幅振荡将影响生产的安全。

**2．衰减曲线法**

衰减曲线法也属于闭环整定方法，但不需要寻找等幅振荡状态，只要寻找最佳衰减振荡状态即可。该方法的步骤如下。

（1）把调节器设成比例作用（$T_I=\infty$、$T_D=0$），置较大的比例度，投入自动运行。

（2）在稳定状态下，阶跃改变给定值（给定值扰动幅值不能太大，一般是额定值的 5%左右），观察调节过程曲线。

（3）适当改变比例度，重复上述实验，直到出现满意的衰减曲线为止。

记录此时的比例度及振荡周期，按经验公式计算控制器参数。在工程中，通常希望得到衰减比 $n$=4∶1 或 10∶1 的曲线，当得到 $n$=4∶1 时，记录此时的比例度 $P_s$ 及振荡周期 $T_s$，如图 7.9 所示。如果 $n$=10∶1，则记录此时的比例度 $P_s'$ 及振荡周期 $T_s'$。

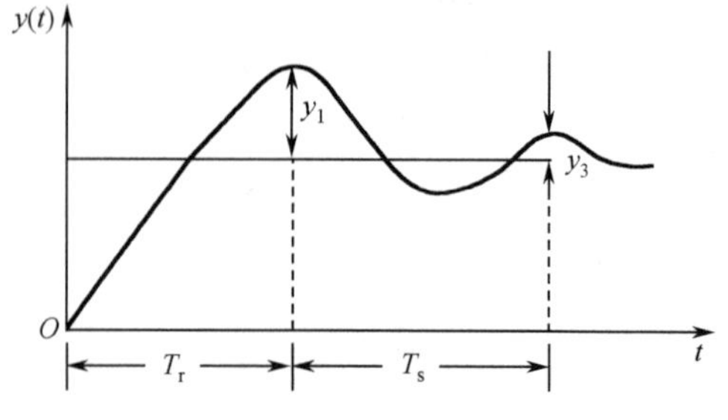


图 7.9　系统衰减曲线

根据 4∶1 或 10∶1 的衰减曲线可以分别查表后按相应公式计算。表 7.3 所示为衰减比为 4∶1 时整定参数计算表。表 7.4 所示为衰减比为 10∶1

时整定参数的计算表。

表 7.3　整定参数的计算表（4：1）

| 调节规律 | 整定参数 | | |
|---|---|---|---|
| | $P$（%） | $T_{\mathrm{I}}$ | $T_{\mathrm{D}}$ |
| P | $P_{\mathrm{s}}$ | — | — |
| PI | $1.2P_{\mathrm{s}}$ | $0.5T_{\mathrm{s}}$ | — |
| PID | $0.8P_{\mathrm{s}}$ | $0.3T_{\mathrm{s}}$ | $0.1T_{\mathrm{s}}$ |

表 7.4　整定参数的计算表（10：1）

| 调节规律 | 整定参数 | | |
|---|---|---|---|
| | $P$（%） | $T_{\mathrm{I}}$ | $T_{\mathrm{D}}$ |
| P | $P'_{\mathrm{s}}$ | — | — |
| PI | $1.2P'_{\mathrm{s}}$ | $2T'_{\mathrm{s}}$ | — |
| PID | $0.8P'_{\mathrm{s}}$ | $1.2T'_{\mathrm{s}}$ | $0.4T'_{\mathrm{s}}$ |

### 3．响应曲线法

响应曲线法属于开环整定方法，以被控对象控制通道的阶跃响应为依据，通过经验公式求取调节器的最佳参数整定值。该方法将控制器输出和变送器输出断开，将控制器输出用阶跃信号 $x(t)$ 代替，同时测试变送器输出的阶跃响应曲线 $y(t)$，如图 7.10 所示。

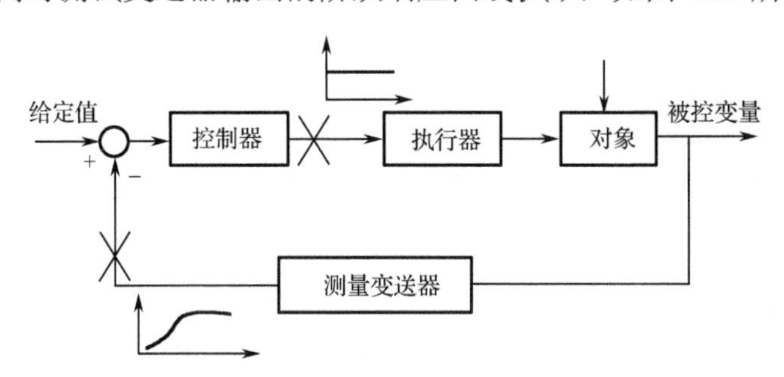


图 7.10　响应曲线法

应用响应曲线法，计算出广义对象过程的特性参数，静态增益 $K_0$、时间常数 $T_0$、滞后时间 $\tau_0$，用表 7.5 所示的经验公式求整定参数。此方法在不加控制作用的状态下进行，对于不允许工艺失控的生产过程，不能使用。

表 7.5　经验公式

| 调节规律 | 整定参数 | | |
|---|---|---|---|
| | $P$（%） | $T_{\mathrm{I}}$ | $I_{\mathrm{D}}$ |
| P | $\frac{\tau_0}{T_0P_0}$ | — | — |
| PI | $1.1\frac{\tau_0}{T_0P_0}$ | $3.3\tau_0$ | — |
| PID | $0.85\frac{\tau_0}{T_0P_0}$ | $2\tau_0$ | $0.5\tau_0$ |

### 4．经验法

经验法也称试凑法，该方法凭经验试凑。其关键是“看曲线，调参数”。在闭环的控制系统中，凭经验先将控制器参数放在一个数值上，通过改变给定值施加干扰，在记录仪上观察过渡过程曲线，根据比例度 $P$、积分时间 $T_I$、微分时间 $T_D$ 对过渡过程的影响，对比例度 $P$、积分时间 $T_I$ 和微分时间 $T_D$ 逐个整定，直到获得满意的曲线为止。

经验法的方法简单，但必须清楚控制器参数变化对过渡过程曲线的影响。在缺乏实际经验或过渡过程本身较慢时，往往较为费时。

以上几种方法的比较如下。

临界比例度法的优点是系统闭环，但会出现被控变量等幅振荡现象。

衰减曲线法可以实现系统闭环，操作相对安全，但实验需要找到满意的衰减曲线，较为耗时。

响应曲线法的优点是方法较为简单，缺点是系统开环，被控量变化较大，会影响生产。

经验法也可以实现系统闭环，不需要计算，但比较依赖于操作者的经验。

本节内容讲解了工程上常用的控制器参数整定的方法，主要讲解了 4 种方法，这些方法存在自身的优缺点，在生产实践过程中根据不同的情况应用。

## 7.2　简单回路设计步骤

简单回路是指由一个测量变送器、一个控制器、一个控制阀和一个对象构成的单闭环控制系统。

### 1．方案设计的基本要求

生产过程对过程控制系统的要求可简要归纳为安全性、稳定性和经济性 3 个方面。

### 2．设计的主要内容

过程控制系统设计包括控制系统方案设计、工程设计、工程安装和仪表调校、调节器参数整定 4 个主要内容。其中系统方案设计是控制系统设计的核心。

### 3．设计的步骤

（1）掌握生产工艺对控制系统的技术要求。

（2）建立被控过程的数学模型。

（3）确定控制方案，包括控制方式和系统组成结构的确定，这是过程控制系统设计的关键步骤。

（4）控制设备选型。

（5）实验（或仿真）验证。

## 7.3　被控变量的选择

被控变量是指生产过程中希望借助自动控制保持恒定值（或按一定规律变化）的变量。合理选择被控变量，关系到生产工艺能否达到稳定操作、保证质量、保证安全等的目的。

被控变量的选择依据如下。

（1）根据生产工艺的要求，找出影响生产的关键变量作为被控变量。示例如图 7.11 和图 7.12 所示。

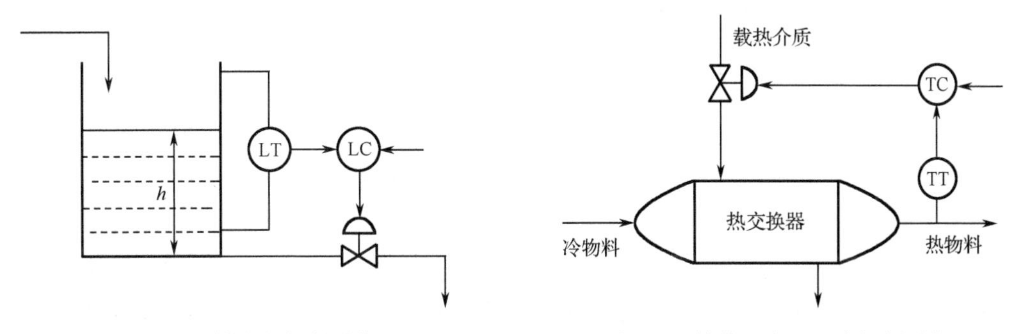


图 7.11　储槽液位控制系统　　图 7.12　换热器出口温度控制系统

在储槽液控制系统中，工艺要求储槽液位稳定。那么设计的控制系统就应以储槽液位为被控变量。在换热器出口温度控制系统中，工艺要求出口温度为定值。那么设计的控制系统就应以出口温度为被控变量。

（2）当不能用直接工艺参数作为被控变量时，应选择与直接工艺参数有单值函数关系的间接工艺参数作为被控变量。

如图 7.13 所示，精馏工艺是利用被分离物中各组分的挥发温度不同，将各组分分离。例如，将苯-甲苯混合液分离。该精馏塔的工艺要求是要使塔顶（或塔底）馏出物达到规定的纯度。根据被控变量的选择原则，塔顶（或塔底）馏出物的组分应作为被控变量。但是，由于没有合适的仪表在线检测馏出物的纯度，所以馏出物不能直接作为被控变量。在与馏出物的纯度有单值关系的工艺参数中，找出合适的变量作为被控变量，进行间接参数控制。经工艺分析发现，塔内压力和塔内温度都会对馏出物纯度有影响。我们需要对两者进行比较试验，选出一个合适的变量。

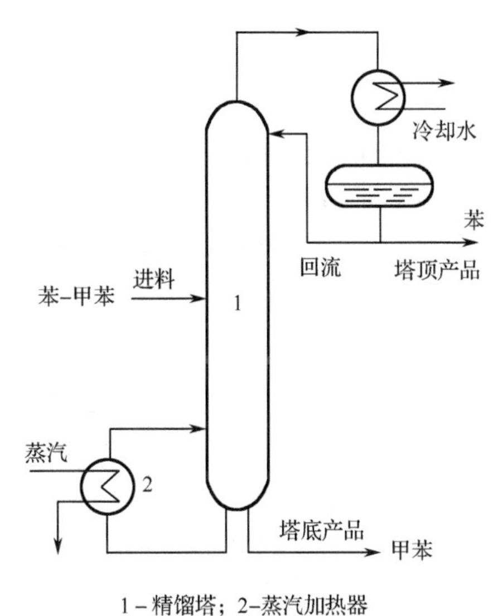


1－精馏塔；2-蒸汽加热器

图 7.13　化工的精馏物纯度控制系统

经试验得出，塔顶馏出物苯的浓度分别与压力和温度有单值对应关系（塔底馏出物甲苯也一样）。从工艺合理性考虑，选择温度作为被控变量。

（3）被控变量必须有足够高的灵敏度。

被控变量必须灵敏，容易被测量。

（4）选择被控变量时，必须考虑工艺合理性。

在精馏塔例子中，选择塔内温度作为被控变量，就是考虑了工艺上的合理性。

## 7.4　控制变量的选择

在简单控制系统分析与设计过程中，控制变量的选择非常重要，控制变量选择正确，则控制速度快、反应灵敏，系统控制性能好。下面讲解控制变量的选择方法。首先要清楚什么是控制变量。通常，我们把用来克服干扰对被控变量的影响，实现控制作用的变量称为控制变量或操纵变量。最常见的操纵变量是介质的流量，也有以转速、电压等作为控制变量的。在图 7.14 所示的液位控制回路的例子中，控制变量为水槽出口流量。

接下来我们讲解如何确定控制变量。被控变量选定后，应对工艺进行分析，找出所有影响被控变量的因素。在这些变量中，有些是可控的，有些是不可控的。如图 7.15 所示，在诸多影响被控变量的因素中选择一个对被控变量影响显著且便于控制的变量作为控制变量；其他未被选中的因素则视为系统的干扰。

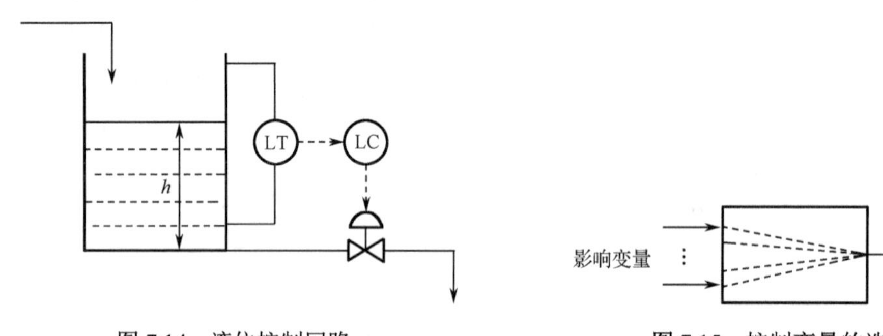


图 7.14　液位控制回路　　　　图 7.15　控制变量的选择

我们根据过程对象特性对控制品质的影响，可以确定控制变量选择的原则。

首先分析过程静态特性对控制品质的影响。图 7.16 所示为单回路控制系统的等效框图，$G_c(s)$ 为控制器传递函数，$G_o(s)$ 为广义控制通道（包括执行器和变送器）的传递函数，$G_f(s)$ 为扰动通道的传递函数。给定值为 $X(s)$，干扰为 $F(s)$。

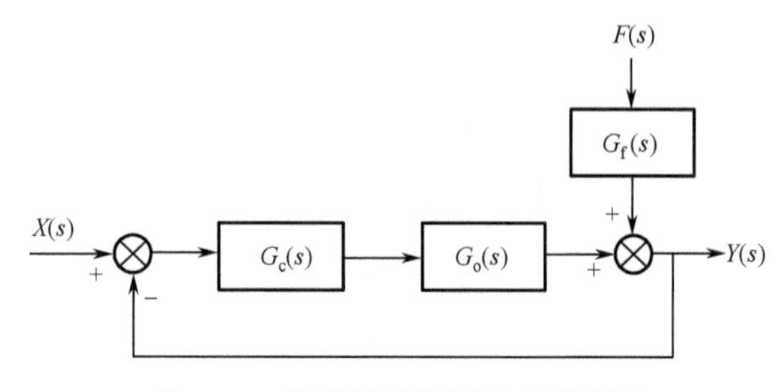


图 7.16　单回路控制系统的等效框图

此时的闭环系统输出的传递函数$Y(s)$可以表示为

$$Y(s)=\frac{G_o(s)G_c(s)}{1+G_o(s)G_c(s)}X(s)+\frac{G_f(s)}{1+G_o(s)G_c(s)}F(s)$$

根据误差公式

$$E(s)=X(s)-Y(s)E(s)=\frac{1}{1+G_c(s)G_o(s)}X(s)-\frac{G_f(s)}{1+G_c(s)G_o(s)}F(s)=E_x(s)+E_f(s)$$

可以将$E(s)$写成两部分，一部分为给定值$X(s)$贡献，另一部分为扰动贡献。可见，控制通道偏差和干扰通道偏差的传递函数分母都是一样的。比例控制器$G_c(s)$和一阶惯性过程$G_o(s)$为

$$G_c(s)=K_c$$

$$G_o(s)=\frac{K_o}{T_o s+1}$$

得到控制通道偏差$E_x(s)$和干扰通道偏差$E_f(s)$

$$E_x(s)=\frac{1}{1+G_c(s)G_o(s)}X(s)=\frac{T_o s+1}{(T_o s+1)+K_o K_c}X(s)$$

$$E_f(s)=-\frac{G_f(s)}{1+G_c(s)G_o(s)}F(s)=-\frac{K_f(T_o s+1)}{(T_o s+1)(T_f s+1)+K_o K_c(T_f s+1)}$$

根据这两个表达式，可以得以下 3 点结论。

（1）过程静态增益$K_o$越大，控制作用越强，稳态误差越小。

（2）$K_o$越大，被调参数对控制作用的反应越灵敏，系统的闭环稳定性越低。

（3）扰动静态增益$K_f$越大，干扰作用越强，稳态误差越大。

根据以上分析，在保证稳定性的前提下，应选放大系数大的变量作为控制变量。

接下来介绍过程（通道）动态特性对控制品质的影响。首先分析干扰通道动态特性对控制品质的影响。干扰输出$Y_f(s)$可以表示为

$$Y_f(s)=\frac{G_f(s)}{1+G_c(s)G_o(s)}F(s)=\frac{K_f(T_o s+1)}{(T_o s+1)(T_f s+1)+K_o K_c(T_f s+1)}F(s)$$

由$Y_f(s)$可知，干扰通道的惯性因子$T_f s+1$使干扰作用的影响速度变缓慢。$T_f$越大，干扰对被控变量的影响速度越缓慢，越利于控制。干扰进入系统的位置离被控变量检测点越远，$T_f$越大，控制时最大偏差越小。

例如，在某控制系统中，干扰$f_1$、$f_2$、$f_3$分别在 3 个位置进入系统。干扰离被控变量检测点越远，干扰通道的时间常数越大，对被控变量的影响速度越慢。此时的控制干扰回路如图 7.17 所示，$Y_f(s)$可以写出。

$$Y_f(s)=\frac{G_{01}(s)G_{02}(s)G_{03}(s)}{1+G_o(s)G_c(s)}F_3(s)+\frac{G_{02}(s)G_{01}(s)}{1+G_o(s)G_c(s)}F_2(s)+\frac{G_{01}(s)}{1+G_c(s)G_o(s)}F_1(s)$$

$f_1(t)$通道惯性小，受干扰后被调参数变化速度快；当控制作用见效时，被调参数变化较大，造成动态偏差较大。因此，扰动进入系统的位置离被控参数检测点越远，干扰对被控参数的影响越小。

如果干扰通道上存在纯滞后，会不会对控制质量有影响呢？结论是干扰通道纯滞后$\tau_f$不影响控制质量。因为

$$Y_f(s)=\frac{G_f(s)}{1+G_c(s)G_o(s)}F(s)$$

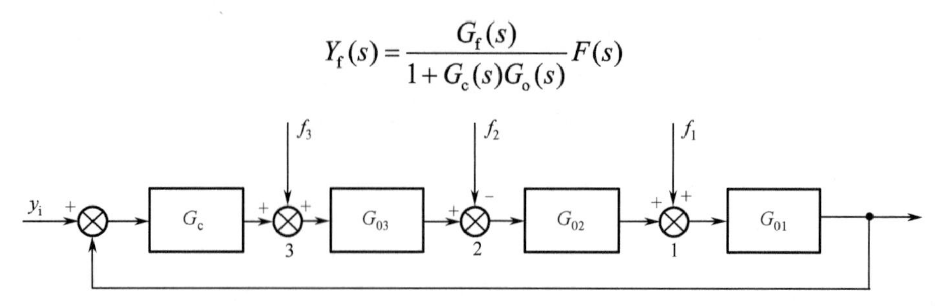


图 7.17　控制干扰回路

其中 $G_f(s)$ 含有滞后项 $e^{-\tau_f}$，控制质量曲线如图 7.18 所示。

因为滞后时间 $\tau_f$ 使干扰对被控变量的影响推迟了 $\tau_f$ 时间，则控制作用也推迟了 $\tau_f$ 时间，整个过渡过程曲线也推迟了 $\tau_f$ 时间，但控制品质未变。

控制通道动态特性对控制品质的影响，即分析控制通道时间常数和纯滞后对控制品质的影响。控制回路的等效框图如图 7.19 所示。

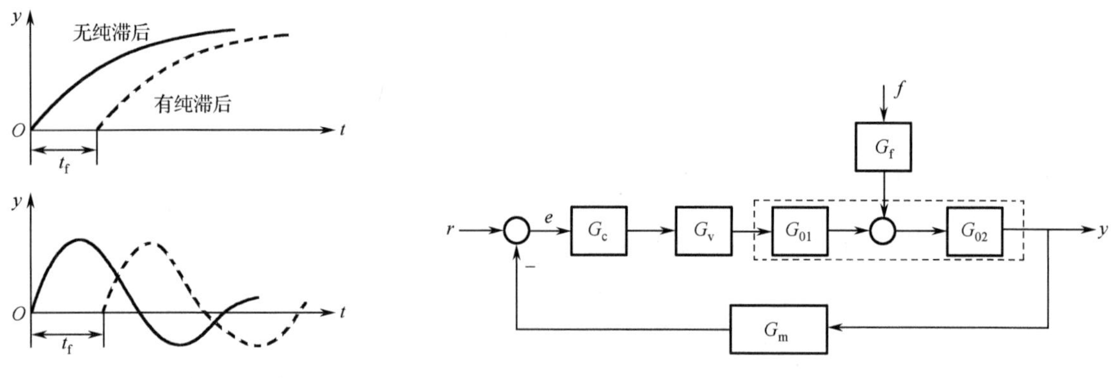


图 7.18　控制质量曲线　　　　图 7.19　控制回路的等效框图

控制通道 $G_{01}$ 的时间常数 $T_{01}$ 增大，使控制速度变慢，最大偏差增大。

控制通道 $G_{01}$ 的纯滞后，使控制作用滞后 $\tau_{01}$ 到达，造成控制偏差增大。

$G_{02}$ 是控制、干扰公用通道，干扰作用滞后 $\tau_{02}$ 对控制品质无影响，但控制作用在 $\tau_{01}$ 的基础上再滞后 $\tau_{02}$ 到达，进一步造成控制偏差增大。

因此，控制通道时间常数 $T_o$ 小一些好。这表明控制变量对被控变量的影响迅速，有利于控制。控制通道纯滞后 $\tau_o$ 越小越好。$\tau_o$ 会使控制时间延长、最大偏差增大。

根据上述分析，得出控制变量的选择原则。

（1）控制变量的选择应使得控制通道放大系数大、时间常数小、纯滞后越小越好。

（2）控制变量应是工艺上允许控制的变量，并且要考虑工艺的合理性与生产的经济性。

下面通过例子加以说明。在图 7.20 所示的液位控制回路中，影响储槽液位的主要因素有液体流入量和液体流出量。这两个变量影响力相当，显然，液体流出量可控，故选液体流出量作为控制变量。

再看一个例子，图 7.21 所示为一个热交换器的控制回路，冷物料经过载热介质在热交换器中加热成为热物料，控制加热后的热物料温度。影响热交换器出口温度的主要因素有载热介质温度、载热介质流量、冷物料温度、冷物料流量等。显然，载热介质流量对出口温度的影响力最大且可控。故选择热介质流量作为控制变量。

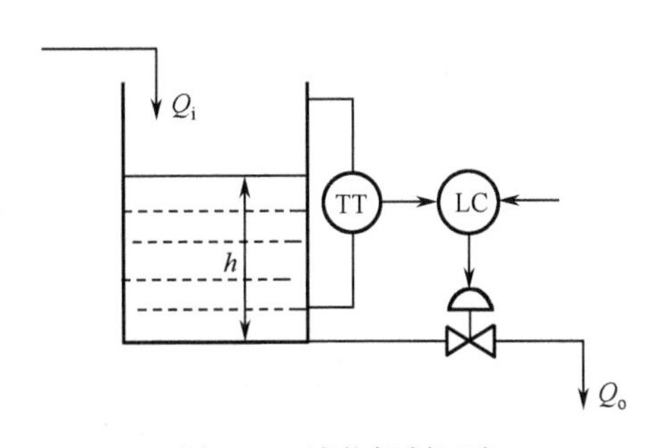


图 7.20　液位控制回路

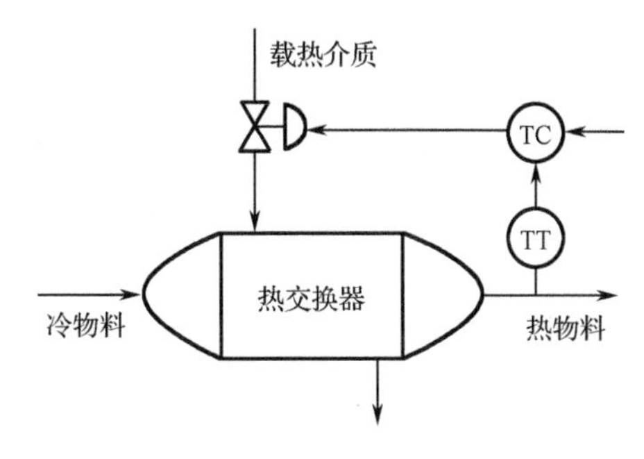


图 7.21　热交换器的控制回路

图 7.22 所示是各种因素示意图，图 7.23 所示是某精馏塔的回路流程图。如果选择提馏段某块塔板（灵敏板）的温度作为被控变量，那么影响灵敏板温度 $T_{灵}$的因素主要有进料流量（$Q_i$）、进料成分（$x_i$）、进料温度（$T_i$），回流流量（$Q_r$）、回流温度（$T_r$），蒸汽流量（$Q_s$）、冷凝器冷却温度等。

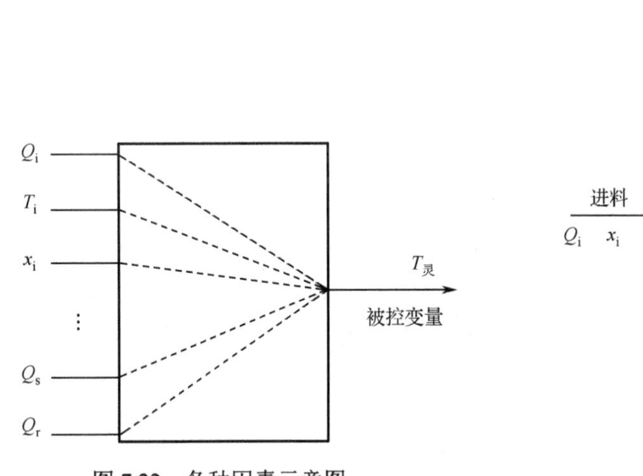


图 7.22　各种因素示意图

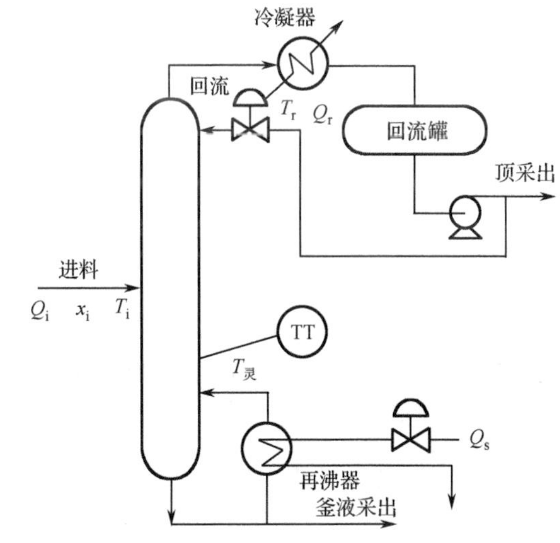


图 7.23　精馏塔的回路流程图

这些影响因素分为可控和不可控两大类：回流流量和蒸汽流量为可控因素，其他因素基本为不可控因素。

在两个可控因素中，选蒸汽流量为操纵变量，原因如下。

（1）蒸汽流量对提馏段温度影响比回流流量对提馏段温度影响更迅速、更显著。

（2）从节能角度来讲，控制蒸汽流量比控制回流流量消耗的能量要小。

本节主要介绍了简单回路中控制变量的确定。我们通过控制通道和扰动通道特性分析得出结论，控制变量的选择要工艺合理、可控，并且要使控制通道放大倍数大、时间常数小、滞后小。控制变量选择合理可以全面提升控制品质，并且节约能源，达到事半功倍的效果。请读者理解、掌握相关知识。

# 7.5　控制器的正反作用

本节讲解控制器的正反作用，控制器的正反作用选择正确可以确保系统构成负反馈，如果正反作用选错，则会使系统构成正反馈。下面讲解控制器的正反作用，以及确定原则，并举例说明。

控制器的增益可以为正也可以为负，对于比例控制而言，其控制器输出表达式为 $P(t)-\overline{P}=K_c[y_{sp}(t)-y_m(t)]$。$\overline{P}$ 表示控制器的偏置值。当 $K_c>0$ 时，控制器输出 $p(t)$ 随着输入测量信号 $y_m(t)$ 的减少而增加，此时的控制器为反作用控制器。当 $K_c<0$ 时，$p(t)$ 随着 $y_m(t)$ 的增加而增加，此时的控制器为正作用控制器。如图 7.24 和图 7.25 所示，$K_c>0$ 为反作用，$K_c<0$ 为正作用。

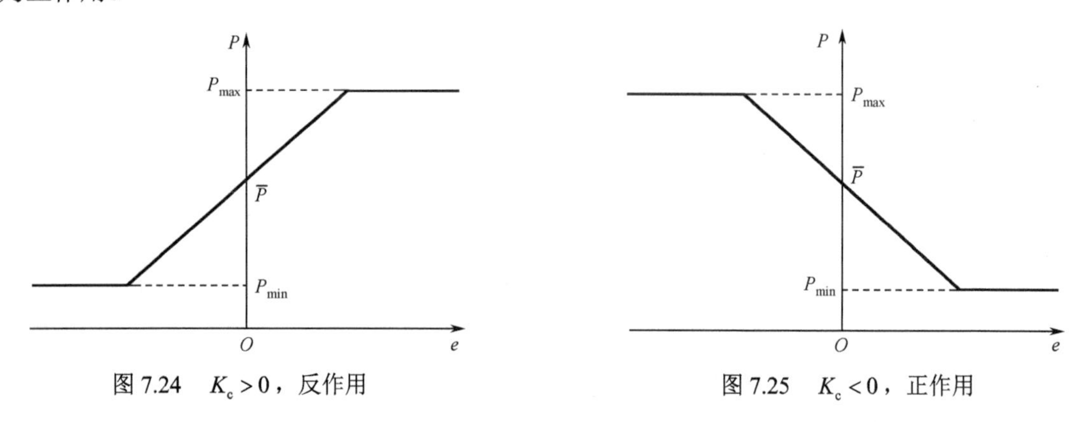


图 7.24　$K_c>0$，反作用　　　图 7.25　$K_c<0$，正作用

图 7.26 所示是控制系统组成框图，在控制回路中，除控制器外，还存在执行器、变送器、被控对象等，控制器正反作用的选择离不开其他环节的作用，因此为了方便解释，我们先给出控制回路其他环节的作用方向。当某个环节的输入增加时，其输出也增加，称该环节为“正作用”；反之，为“反作用”。

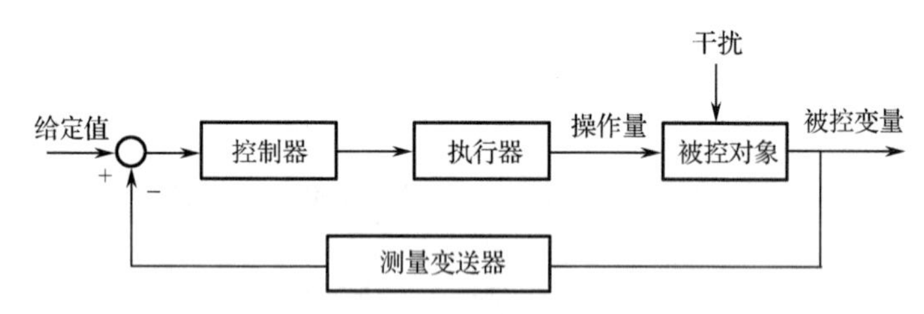


图 7.26　控制系统组成框图

当变送器的输入增加时，输出也增加，因此变送器为正作用。

在执行器中，气开阀随着输入气动信号的增大，阀门开度增大，为正作用；气关阀随着输入气动信号的增大，阀门开度减小，为反作用。

被控对象有的为正作用（如室内取暖过程，随着输入热空气流量的增加，室内输出温度升高），有的为反作用（如室内制冷过程，随着输入冷空气流量的增加，室内温度下降）。

接下来我们通过一个例子来说明控制器正反作用选择的必要性。图 7.27 所示为流量控制回路，流量变送器为正作用，即随着流量的增加，变送器的输出也增加，如果根据生产安全原则，选择此时的调节阀为气开阀，则其作用也为正作用。

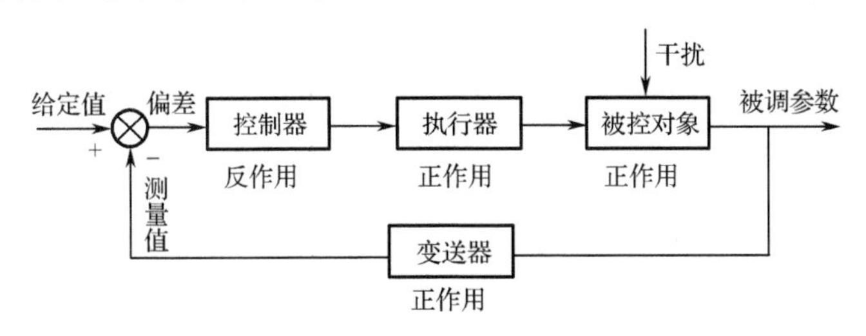


图 7.27　流量控制回路

那么问题是，流量控制器是选择正作用还是反作用呢？很明显，当被测流量高于设定值时，我们希望通过关小阀门开度以减少流量，对于气开阀而言，控制器输出应减小。因此，被控输出测量值增加后，希望控制器输出减少，根据控制器正反作用定义，此时控制器应为反作用。

但如果调节阀是气关式，流量增加超过了给定值，则应减少阀门开度，对于气关阀而言，控制器给它的信号应增加，它才会减少。此时控制器输入的测量值增加，控制器输出也增加，根据定义，控制器为正作用。

因此，正确选择控制器的作用是极为重要的，选择不正确会导致失控。对于流量控制的例子，当控制器正反作用选错时，会导致调节阀处于全开或全关的位置，而使控制器失去控制作用。

负反馈控制系统的控制作用对被控变量的影响应与干扰作用对被控变量的影响相反，这样才能使被控变量值恢复到给定值。为了保证负反馈，必须正确选择调节器的正反作用。

调节器正反作用的确定原则：保证系统构成负反馈。简单的判定方法：闭合回路中有奇数个反作用环节，或者闭环各个环节增益的乘积为正。

如图 7.28 所示，如果根据生产安全原则，确定执行器为气关阀，则其作用为反作用，假定此时被控过程对象为正作用，根据定义，变送器都为正作用，于是我们可以根据闭环负反馈原则，回路中的反作用环节为奇数个，可以确定控制器为正作用。

接下来举例说明控制器正反作用的选择。

加热炉出口温度控制系统如图 7.29 所示。

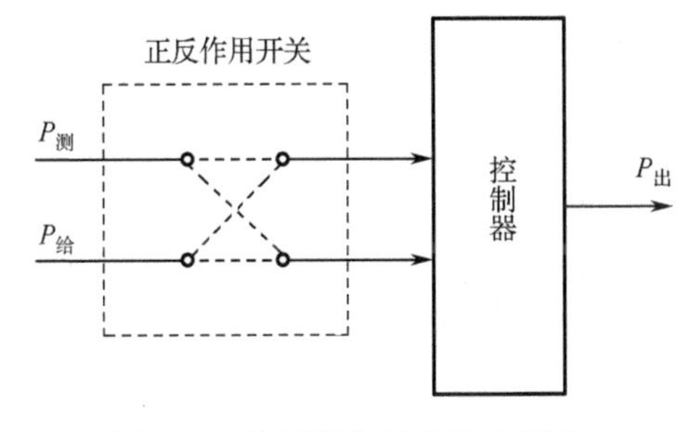


图 7.28　控制器作用选择示意图

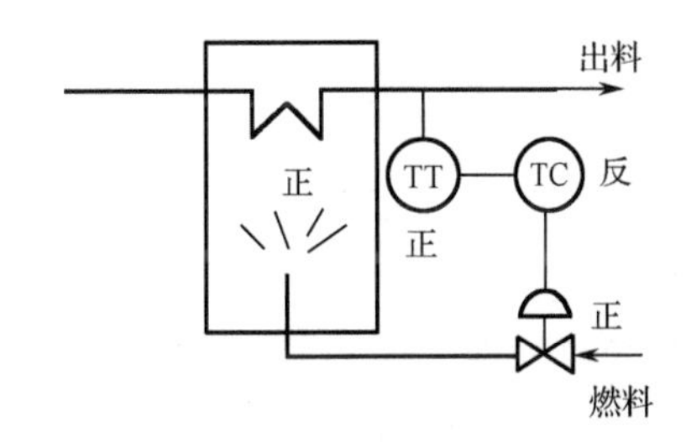


图 7.29　加热炉出口温度控制系统

首先我们看变送器 TT，变送器都为正作用，再看被控对象加热炉。加热炉的输入为燃料流量，输出为出料温度，当燃料流量增加时，温度也增加，因此被控过程对象也为正作用。接下来看调节阀，根据生产安全原则，当控制信号失去时，我们希望调节阀关闭，这样才安全，因此此时调节阀应选择气开阀，气开阀随着输入控制信号的增加，输出开度也增加，因此为正作用。现在已经得出：回路中变送器为正作用、执行器为正作用、被控对象为正作用，根据负反馈原则，反作用环节个数为奇数，于是我们可以确定控制器 TC 为反作用。

负反馈过程验证如下。

设某时刻燃料压力上升了，在阀门开度不变的情况下，燃料流量上升，加热炉的温度也会上升，出料温度同样上升，变送器检测到的测量值增加了，也就是控制器 TC 的输入（燃料流量）上升了，根据反作用控制器的特点，测量值上升，控制器 TC 输出下降，导致气开阀的输出开度减小，流量减少，于是炉温下降，出料温度下降。从整个调节过程可知，由于燃料压力的扰动作用使得被控过程输出（出料温度）上升，在反馈控制作用下出料温度下降，很明显，这个过程为负反馈，证明了我们选择控制器 TC 的作用是正确的。

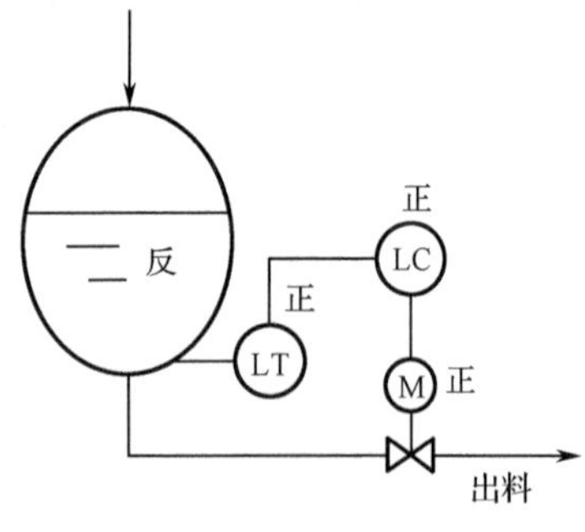

图 7.30　储槽液位控制系统

图 7.30 所示为储槽液位控制系统。

首先我们看被控过程，其输入变量为流出流量，输出变量为液位，当流出流量增加时，液位降低，因此被控过程为反作用。

LT 液位变送器为正作用。为了不使流体对下游产生影响，调节阀应选择气开阀，为正作用。于是根据回路负反馈原则，反作用环节个数为奇数，现在反作用环节个数为 1，选择正作用控制器。

负反馈过程验证如下。

设某时刻进料量增加，则会导致液位上升，液位变送器 LT 的输出增加，也就是控制器 LC 的输入增加了，因为控制器为正作用，所以控制器 LC 的输出随着测量值的增加也会增加，因为是气开阀，所以导致阀门的开度增加，出料的流量增大，于是液位下降了。这个反馈过程有效地抵消了扰动造成的液位升高。

## 7.6　简单控制系统设计实例

图 7.31 所示是奶粉生产工艺中的喷雾式干燥设备。此工艺要求保证奶粉含水量为 2%～2.5%。已浓缩的奶液从高位槽流下，经过滤后从干燥器顶部喷出。干燥空气被加热后经风管吹入干燥器。滴状奶液在热风中干燥成奶粉，并且被气流带出干燥器。

### 1. 被控参数的选择

按工艺要求应选择奶粉含水量为被控变量，但这种在线测量仪表精度低、速度慢。经试验发现，奶粉含水量与干燥器出口温度之间存在单值对应关系。出口温度稳定在 (150±2)℃，则奶粉含水量为 2%～2.5%。因此，选干燥器出口温度为被控变量。

### 2. 控制变量的选择

如图 7.32 所示，影响干燥器出口温度的主要可控因素有奶液流量变化 $f_1$、旁路空气流量变化 $f_2$、加热蒸汽流量变化 $f_3$，若分别以这 3 个变量为控制变量，可以得到 3 个不同的控制方案。

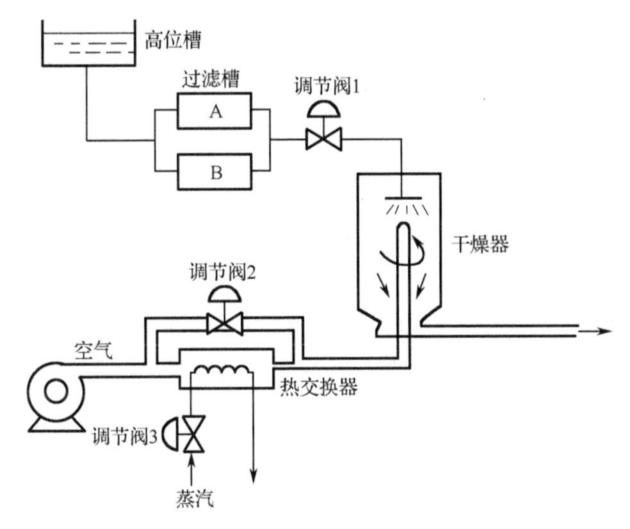


图 7.31　奶粉生产工艺中的喷雾式干燥设备

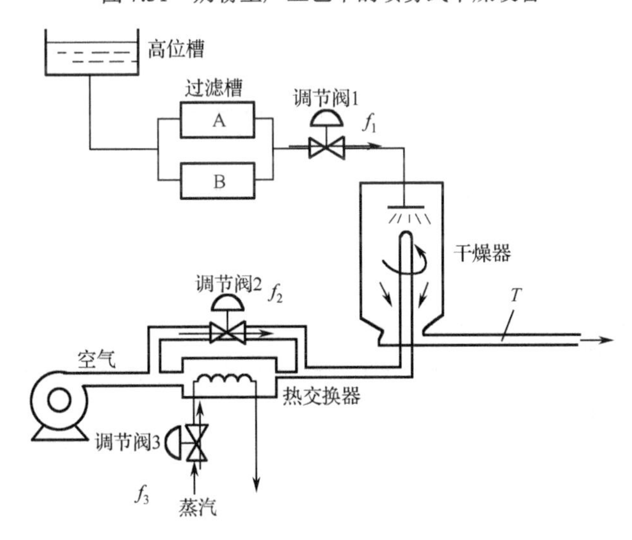


图 7.32　奶粉生产工艺中的可控因素

奶液流量变化 $f_1$ 的作用通道最短；旁路空气流量变化 $f_2$ 的作用通道增加了 3s 的纯滞后；加热蒸汽流量变化 $f_3$ 的作用通道增加了 100s 的双容滞后。

控制方案如下。

方案 1：取奶液流量为控制变量（调节阀 1），这种方案控制通道最短。

方案 2：取旁路空气流量为控制变量（调节阀 2），由于存在送风管路的传递滞后，所以方案 2 比方案 1 多一个纯滞后环节 $\tau = 3\text{s}$ 。

方案 3：取加热蒸汽流量为控制变量（调节阀 3），热交换器为双容特性，因此调节通道又多了双容滞后环节，时间常数都是 $T = 100\text{s}$ 。

控制方案的判别如下。

从控制效果考虑，方案 1 的调节通道最短，控制性能最佳，方案 2 次之，方案 3 最差。但从工艺合理性考虑，方案 1 并不合适，因为奶液量应按该装置的最大生产能力控制，并且在浓缩奶液管道上装调节阀，容易使调节阀堵塞而影响控制效果。因此，选择方案 2 比较好，即将调节阀装在旁路冷风管道上。

检测仪表、调节阀及调节器的选择如下。

（1）温度传感器及变送器。

选用热电阻温度传感器。为了减少测量滞后，温度传感器应安装在干燥器出口附近。

（2）调节阀。

选择气关阀，其流量特性近似为线性。

（3）调节器。

可选模拟式或数字式调节器。根据控制精度要求（偏差为±2℃以内），采用 PI 或 PID 调节规律；根据构成控制系统负反馈的原则，采用反作用方式。

# 习　题　7

1. PI 控制器输出 $p$ 为 12mA 时，过程对象输出温度等于设定值。当设定值阶跃增加至 3mA 时，控制器的输出响应如表 7.6 所示。

**表 7.6　控制器的输出响应**

| $t$（s） | $p$（mA） |
|---|---|
| 0− | 12 |
| 0+ | 10 |
| 20 | 9 |
| 60 | 7 |
| 80 | 6 |

判断控制器的正反作用。

2. PI 控制器，其输入的测量值 $Y_m$ 阶跃增加 $Y_m(s)=2/s$，并且控制器的输出曲线如图 7.33 所示，判断控制器的正反作用。

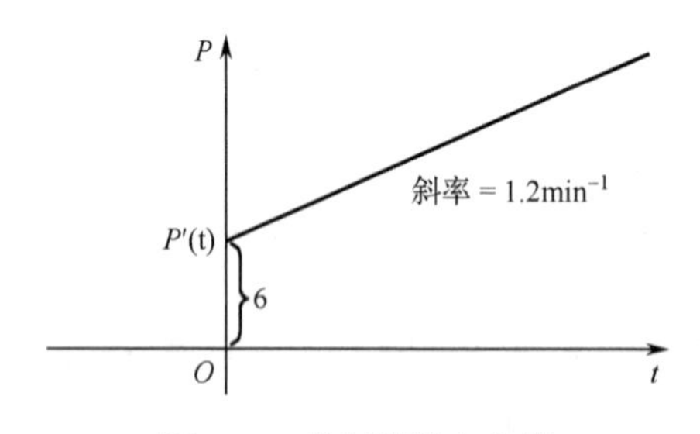


图 7.33　控制器输出曲线

3. 液位控制系统可以用两种方式表示：控制阀控制液体流入储槽（见图 7.34）；控制阀控制液体流出储槽（见图 7.35）。假设液位控制系统的传感器为正作用。

（1）对于两种不同的方式，当控制阀是气开阀时，判断控制器的正反作用。

（2）当控制阀是气关阀时，判断控制器的正反作用。

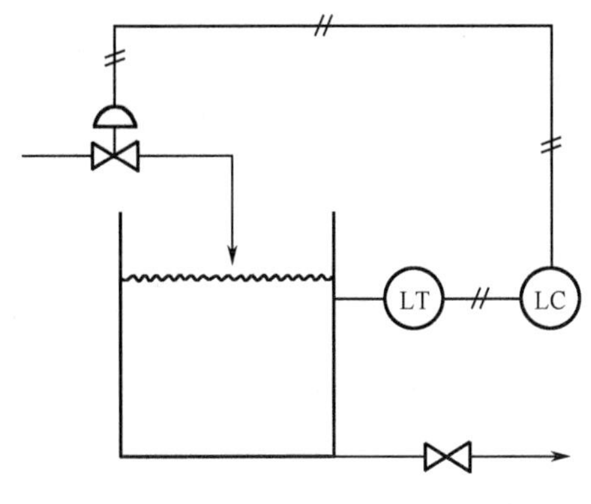


图 7.34　控制阀控制液体流入储槽

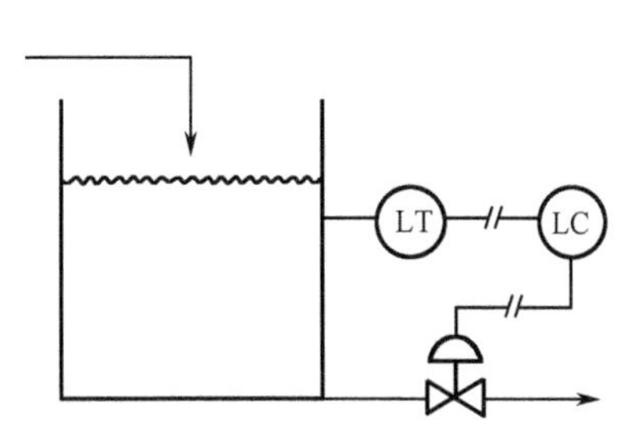


图 7.35　控制阀控制液体流出储槽

4．在逆流式换热器中用冷水冷却热的水，逆流式换热器控制图如图 7.36 所示。

图 7.36　逆流式换热器控制图

温度 $T_{h2}$ 是通过调节冷水流量来控制的，即 $W_c$，温度传感器（TT）为正作用。判断其反馈控制器的正反作用。

第 8 章

# 复杂控制系统

## 8.1 前馈控制系统

### 8.1.1 前馈控制的原理

在讲解前馈控制系统前，先回顾一下前面讲的反馈控制系统。反馈控制系统的优点主要包括以下几个方面。

（1）只要被控变量偏离给定值，控制器就发挥输出纠正作用。

（2）反馈控制系统可以不需要过程的数学模型也能很好地控制。

（3）常用的 PID 控制效果好且鲁棒性较好，控制器参数易于整定到满意值。

当然，反馈控制系统也有很多缺点，主要包括以下几个方面。

（1）被控变量在过程特性呈现大滞后和多干扰的情况下，被控输出可能会持续波动或永远达不到我们所期望的稳定值。这是因为，在反馈控制系统中，总是要在干扰已经形成影响，被控变量偏离设定值以后才能产生控制作用，在这种情况下，控制作用总是不及时，特别是在干扰频繁、被控对象有较大滞后时，控制质量的提高受到很大的限制。

（2）反馈控制一定是有差控制。这是因为，只有被控变量偏离给定产生误差时控制器才起作用，如果有扰动或给定值发生变化，则被控变量一定会偏离给定值，然后才会在控制器的作用下回到给定值，这就意味着不能实现无差控制，而一定是有差控制。

（3）对于已知和可测扰动的响应，不能提前给出补偿作用。

（4）在某些情况下，当被控变量不能在线测量时，反馈控制是不可行的。

接下来我们看一个例子，换热器出口温度反馈控制系统如图 8.1 所示。

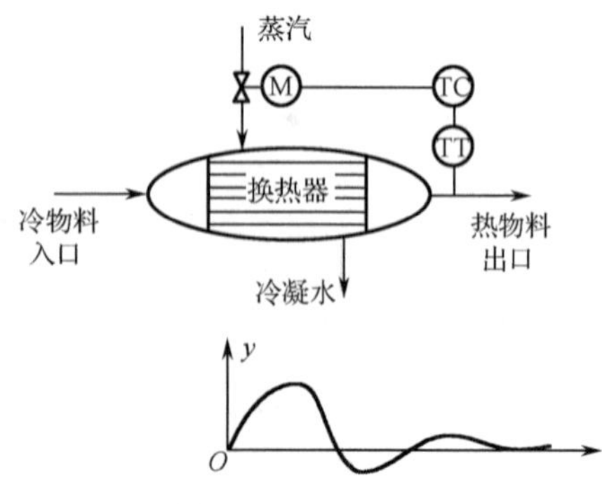


图 8.1　换热器出口温度反馈控制系统

在图 8.1 中，有冷物料入口、热物料出口、蒸汽及温度检测和温度控制器等。换热器的工作原理是冷物料经过入口进入换热器，加热的蒸汽通过换热器的排管进入换热器对物料进行加热。在这里，物料的出口温度用蒸汽管路上的控制阀来控制。引起出口温度变化的干扰有冷物料的流量、初温和蒸汽压力等，其中最主要的干扰是冷物料的流量。

当冷物料的流量发生变化时，出口温度 $T$ 就会变化，控制器只能等 $T$ 变化后才开始动作，通过控制阀来改变加热蒸汽流量，之后还要经过热交换过程的惯性，才使出口温度变化而反映出控制效果，这就导致出口温度产生较大的动态偏差。

这个例子说明了在扰动的作用下，反馈控制会产生较大的动态偏差，这是反馈控制的不足，于是我们就会想到，有没有一种方法能检测到扰动，并且能够及时提供一种补偿作用来抵消扰动的影响呢？答案就是前馈控制。

还是回到这个例子，直接根据冷物料流量的变化，通过一个前馈控制器 FB 立即控制阀门（见图 8.2），这样即可在出口温度尚未变化时，及时对流量这个主要干扰进行补偿，则能构成前馈控制。

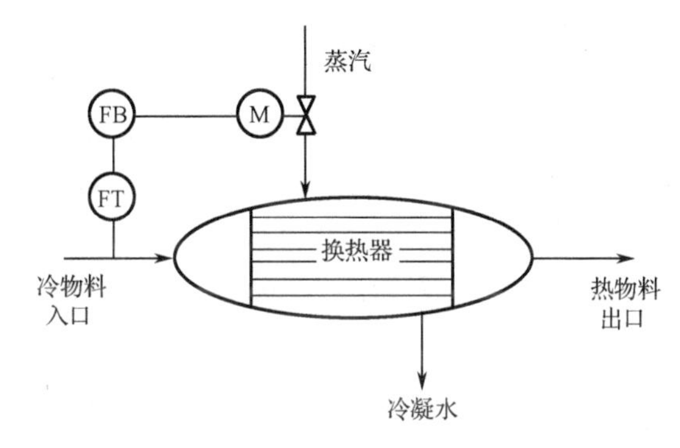


图 8.2　针对换热器入口流量干扰的前馈控制系统

接下来讲解如何设计前馈控制器。前馈控制原理如图 8.3 所示。

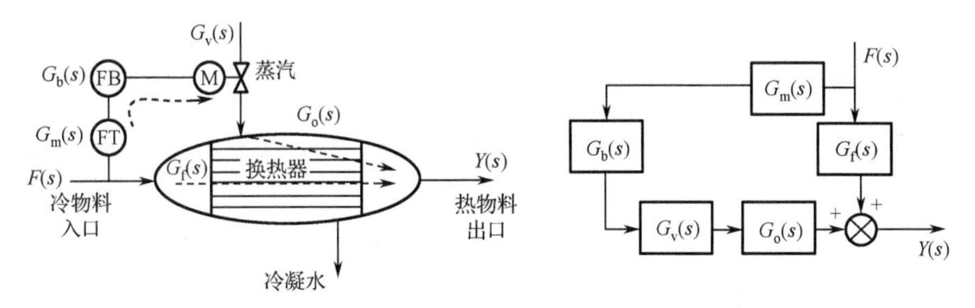


图 8.3　前馈控制原理

干扰作用到输出被控量之间存在两个传递通道：一个是从干扰 $F(s)$ 通过过程干扰通道传递函数 $G_f(s)$ 去影响输出量 $Y(s)$；另一个是从干扰 $F(s)$ 出发经过测量装置和前馈控制器 $G_b(s)$ 产生控制作用，再经过过程的控制通道 $G_o(s)$ 去影响输出量 $Y(s)$。如果提供的控制作用和干扰作用对输出量的影响大小相等，方向相反，就有可能使控制作用抵消干扰对输出的影响，使得被控变量 $Y(s)$ 不随干扰而变化。

假定 $G_m(s)=G_v(s)=1$，根据前馈控制原理可以得出

$$Y(s)=F(s)G_f(s)+F(s)G_b(s)G_o(s)\,,\quad \frac{Y(s)}{F(s)}=G_f(s)+G_b(s)G_o(s)$$

若适当选择前馈控制器的传递函数 $G_b(s)$，则可以做到 $F(s)$ 对 $Y(s)$ 不产生任何影响，即实现完全不变性。可以得出实现完全不变性的条件为

$$G_f(s)+G_b(s)G_o(s)=0\,,\quad G_b(s)=-G_f(s)/G_o(s)$$

接下来介绍前馈控制系统的结构。前馈控制系统主要有 3 种结构形式：静态前馈控制系统、动态前馈控制系统和前馈-反馈复合控制系统。

静态前馈控制系统的控制规律是比例特性，只考虑静态增益补偿，不考虑速度补偿。即 $G_b(s)=-\dfrac{G_f(s)}{G_o(s)}$，当 $s=0$ 时，$G_b(0)=-\dfrac{G_f(0)}{G_o(0)}=-K_b$，其大小是根据过程干扰通道的静态放大系数和过程控制通道的静态放大系数决定的。

静态前馈控制系统的控制目标是被控变量最终的静态偏差接近或等于零，而不考虑由于两通道时间常数的不同而引起的动态偏差。静态前馈控制是当前应用最多的前馈控制，因为静态前馈控制不需要专用的控制器，用比值或比例控制器均可满足使用要求。在实际生产过程中，当过程干扰通道与控制通道的时间常数相差不大时，用静态前馈控制可获得较高的控制精度。

动态前馈控制系统。静态前馈控制是为了保证被控变量的静态偏差接近或等于零，而不保证被控变量的动态偏差接近或等于零。当需要严格控制动态偏差时，则要采用动态前馈控制。动态前馈控制系统要求在任何时刻都要实现对干扰影响的补偿，以使被控变量完全或基本上保持不变，但在实际应用中，补偿规律比较复杂，常常无法获得精确表达式，实现起来比较困难。

前馈-反馈复合控制系统。为了克服前馈控制的局限性，将前馈控制和反馈控制结合起来，组成前馈-反馈复合控制系统。我们还以前面提到的换热器为例，换热器前馈-反馈复合控制系统的示意图和框图分别如图 8.4 和图 8.5 所示。

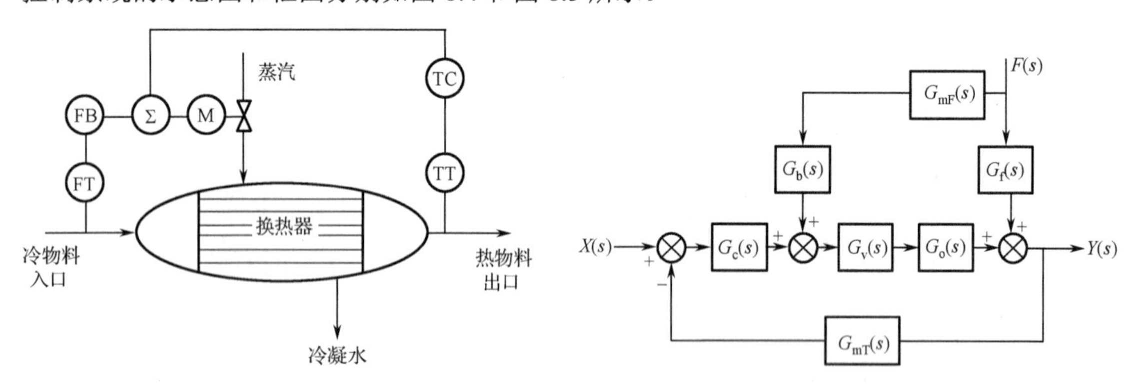


图 8.4　前馈-反馈复合控制系统示意图　　　图 8.5　前馈-反馈复合控制系统框图

当冷物料发生变化时，前馈控制器及时发出控制指令，补偿冷物料流量变化对换热器出口温度的影响；同时，对于未引入前馈的冷物料的温度、蒸汽压力等扰动对出口温度的影响，由反馈控制器来控制。前馈作用加反馈作用，使得换热器的出口温度稳定在设定值上，获得比较理想的控制效果。

在前馈-反馈复合控制系统中，输入 $X(s)$、$F(s)$ 对输出 $Y(s)$ 的共同作用，得到此时输出 $Y(s)$ 的传递函数。干扰通道的传递函数为

$$Y_f(s)=\frac{G_f(s)+G_o(s)G_v(s)G_b(s)G_{mF}(s)}{1+G_o(s)G_v(s)G_c(s)G_{mT}(s)}F(s)$$

从这个传递函数可知道以下两点。

（1）传递函数分子就是前馈控制系统的补偿条件。这表明前馈-反馈复合控制系统与开

环前馈控制系统的补偿条件完全相同，并不因为引进反馈控制而有所改变。

（2）传递函数分母就是反馈控制系统的闭环传递函数。这表明反馈控制系统的稳定性并不因为引进前馈控制而有所改变，并且由于反馈控制回路的存在，使前馈控制的精度比开环前馈控制的高。

前馈-反馈复合控制系统主要有以下优点。

（1）在反馈控制的基础上，针对主要干扰进行前馈补偿。这既提高了控制速度，又保证了控制精度。

（2）由于反馈控制回路的存在，降低了对前馈控制器的精度要求，有利于简化前馈控制器的设计和实现。

（3）在单纯的反馈控制系统中，提高控制精度与系统稳定性是矛盾的，往往为了保证系统的稳定性而无法实现高精度的控制。而前馈-反馈控制系统既可实现高精度控制，又能保证系统稳定运行。

前馈控制的特点主要包括以下几个方面。

（1）前馈控制是按照干扰的大小进行控制的，称为“扰动补偿”。如果补偿精确，则被调变量不会变化，能实现“不变性”控制。

（2）前馈控制是开环控制，控制作用几乎与干扰同步产生，事先调节，速度快。

（3）前馈控制的控制规律不是 PID 控制，是由对象特性决定的。

（4）前馈控制只对在线可测的干扰有控制作用，一种前馈控制器只能抵消一种干扰，对其他干扰无效。

当然，前馈控制也有很多局限性。

（1）扰动变量必须在线可测，很多情况下这是不可行的。

（2）应用前馈控制必须知道过程模型，包括扰动和控制变量到输出的模型，前馈控制依赖于过程模型的准确性。

另外，通过理论计算出的理想前馈控制器模型或许物理不可实现，但此时需要对理想前馈控制器做近似处理。因此，一般将前馈控制与反馈控制结合使用。前馈控制针对主要干扰，反馈控制针对所有干扰。

前馈控制的应用场合如下。

（1）某个干扰幅值大且频繁，对被控变量影响剧烈，而对象的控制通道滞后大。

（2）采用单纯的反馈控制，控制速度慢、质量差。

（3）用串级控制，效果改善不明显。

目前，比较高档的控制仪表中一般都配备通用前馈控制模块，供用户选用。

### 8.1.2　数字式前馈控制

回顾前面讲的淋浴控制过程，当人在淋浴时，当冷水水压突然下降时（如有人在卫生间用水冲马桶），冷水的流量会突然减少，于是水温会升高，为了不被烫伤，人可以提前将冷水阀开大以弥补压力下降而引起的温度变化，这种针对特定干扰的提前补偿控制就是前馈控制。前馈控制针对主要干扰，进行事先控制，而反馈控制针对所有干扰，进行事后控制。前馈控制和反馈控制通常结合使用。

图 8.6 所示为前馈-反馈复合控制系统框图。这里，$D(s)$ 为反馈控制器，$G(s)$ 为被控过

程，$G_n(s)$为干扰通道传递函数，$D_n(s)$为前馈控制器。根据前馈补偿原理：$D_n(s)=-\dfrac{G_n(s)}{G(s)}$。

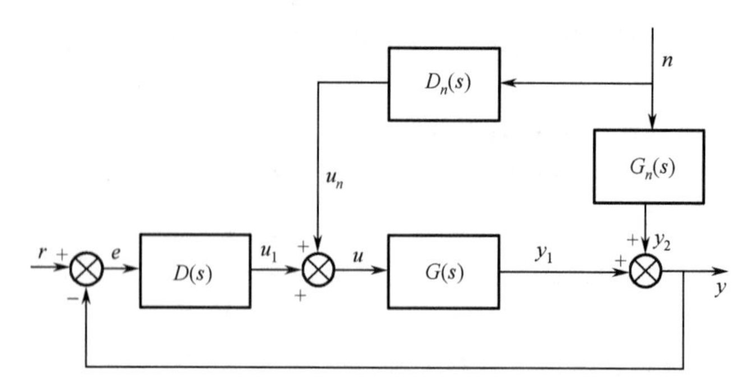


图 8.6　前馈-反馈复合控制系统框图

根据上述控制系统，给出数字式前馈-反馈控制系统结构，如图 8.7 所示。$T$为采样周期，$D_n(z)$为前馈控制器，$D(z)$为反馈控制器，$H(s)$为零阶保持器。

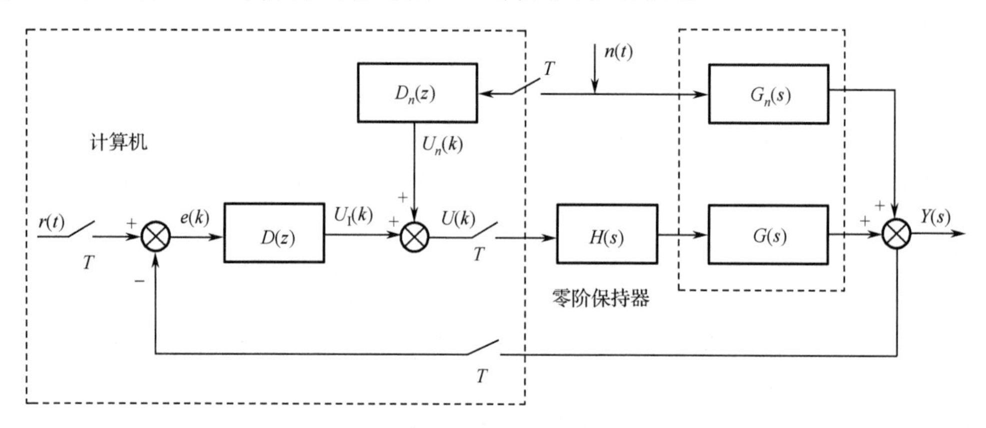


图 8.7　数字式前馈-反馈控制系统结构

并且假设

$$G_n(s)=\frac{K_1}{1+T_1s}\mathrm{e}^{-\tau_1 s}$$

$$G(s)=\frac{K_2}{1+T_2s}\mathrm{e}^{-\tau_2 s}$$

$$\tau=\tau_1-\tau_2$$

由模拟的前馈控制器

$$D_n(s)=\frac{u_n(s)}{N(s)}=-\frac{G_n(s)}{G(s)}=-\frac{K_1T_2}{K_2T_1}\frac{s+\dfrac{1}{T_2}}{s+\dfrac{1}{T_1}}\mathrm{e}^{-(\tau_1-\tau_2)s}=K_\mathrm{f}\frac{s+\dfrac{1}{T_2}}{s+\dfrac{1}{T_1}}\mathrm{e}^{-\tau s}$$

可以推出前馈控制器输出$u_n(t)$和输入干扰$n(t)$的微分方程关系式

$$\frac{\mathrm{d}u_n(t)}{\mathrm{d}t}+\frac{1}{T_1}u_n(t)=K_\mathrm{f}\left[\frac{\mathrm{d}n(t-\tau)}{\mathrm{d}t}+\frac{1}{T_2}n(t-\tau)\right]$$

若采样周期$T$足够小（并设$\tau=mT$，即纯滞后时间$\tau$是采样周期$T$的整数倍）

$$u_n(t) \to u_n(k)$$

$$n(t-\tau) \to n(k-m)$$

$$\mathrm{d}t \to T\ ,\quad \frac{\mathrm{d}u_n(t)}{\mathrm{d}t} \to \frac{u_n(k)-u_n(k-1)}{T}$$

$$\frac{\mathrm{d}u_n(t-\tau)}{\mathrm{d}t} \to \frac{u_n(k-m)-u_n(k-m-1)}{T}$$

$$u_n(k) = A_1 u_n(k-1) + B_m n(k-m) + B_{m+1} n(k-m-1)$$

这里

$$A_1 = \frac{T_1}{T+T_1}\ ,\quad B_m = K_\mathrm{f}\frac{T_1(T+T_2)}{T_2(T+T_1)}\ ,\quad B_{m+1} = -K_\mathrm{f}\frac{T_1}{T+T_1}$$

综上所述，数字前馈-反馈控制算法的步骤如下。

（1）计算反馈控制的偏差

$$e(k) = r(k) - y(k)$$

（2）计算反馈控制器（PID）的输出 $u_1(k)$

$$\Delta u_1(k) = K_\mathrm{p}\Delta e(k) + K_i e(k) + K_\mathrm{d}[\Delta e(k) - \Delta e(k-1)]$$

$$u_1(k) = u_1(k-1) + \Delta u_1(k)$$

（3）计算前馈控制器 $D_n(z)$ 的输出 $u_n(k)$

$$\Delta u_n(k) = A_1\Delta u_n(k-1) + B_m\Delta n(k-m) + B_{m+1}\Delta n(k-m-1)$$

$$u_n(k) = u_n(k-1) + \Delta u_n(k)$$

（4）计算前馈-反馈控制器的输出

$$u(k) = u_1(k) + u_n(k)$$

# 8.2　串级控制系统

## 8.2.1　串级控制系统简介

基于单回路的简单控制系统是过程控制中最基本和应用最广的控制形式。但面对大型、复杂、多变量的系统，生产工艺和控制要求比较特殊的场合，简单控制系统就难以满足要求了。为此，人们分别开发出复杂控制系统和先进过程控制技术来满足复杂过程的控制需要（复杂控制系统基于复频域的经典控制理论，而先进过程控制技术主要基于状态空间的现代控制理论和计算机算法）。串级控制系统属于复杂控制系统，它仅在简单控制系统的基础上增加一个测量变送元件和一个控制器即可显著提高控制效果，性价比非常高。

### 1．串级控制系统的适用场合

当被控过程的滞后较大，干扰比较剧烈、频繁时，采用简单控制系统控制品质较差，满足不了工艺控制精度要求，在这种情况下，可考虑采用串级控制系统。

### 2．串级控制系统的基本结构

下面以管式加热炉为例进行讲解。管式加热炉是炼油、化工生产中的重要装置之一，它的任务是把原料加热到一定的温度，以保证下道工艺顺利进行。我们需要控制原料加热后的出口温度。管式加热炉系统如图 8.8 所示。例如，我们采用简单控制系统方案：对原料的出口温度 $\theta_1(t)$ 进行 $T_1T$ 传感检测变送；使用单调节器进行 $T_1C$ 调节计算进而驱动燃料阀门开度（燃料流量）实施闭环控制。实践中发现控制效果不好，主要原因在于：当燃料压力或燃烧热值发生变化时，首先影响炉膛温度 $\theta_2(t)$，然后通过传热过程逐渐影响原料的出口温度。所以执行器动作触发的流量变化要经过 3 个容量滞后（流量到炉膛温度、炉膛温度到燃烧室原料温度，燃烧室原料温度到原料出口温度）才会引起原料的出口温度变化，这个通道的时间较长（约 15min），反应缓慢。

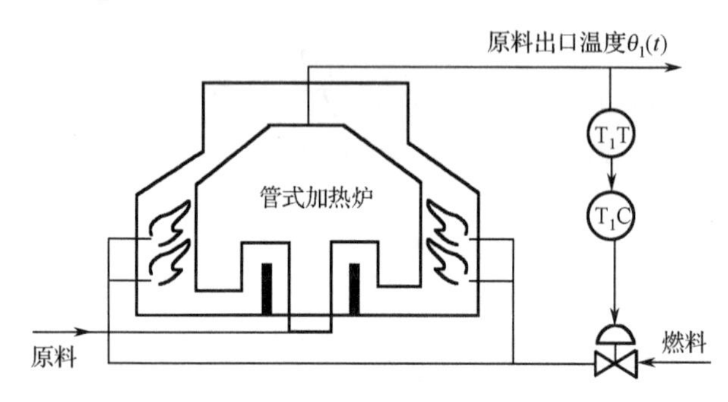


图 8.8　管式加热炉系统

如何解决这个问题呢？如果以炉膛温度 $\theta_2(t)$ 作为被控参数结合温度调节器 $T_2C$ 组成单回路控制系统，可使控制通道容量滞后减少，这样时间常数约为 3min（流量到炉膛温度），同时对来自燃料压力干扰 $f_3$、燃料热值干扰 $f_4$ 的控制作用比较及时，串级控制管式加热炉控制系统如图 8.9 所示。可能有读者会提出：炉膛温度 $\theta_2(t)$ 毕竟不能代表真实的原料出口温度 $\theta_1(t)$，同时即使炉膛温度恒定，若原料流量波动 $f_1$ 或原料温度波动 $f_2$ 都会导致原料出口温度变化而不受控。

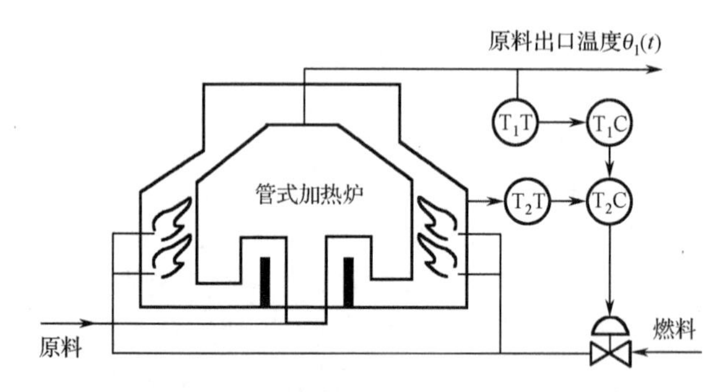


图 8.9　串级控制管式加热炉控制系统

换个角度来看，将温度调节器 $T_1C$ 对被控参数 $\theta_1$ 的精确控制与温度调节器 $T_2C$ 对来自燃料的干扰 $f_3$ 和 $f_4$ 的控制结合起来，会不会就满足所有要求了？为此，我们遵循这个思路设计该串级控制系统，如图 8.10 所示。可以看到，$T_2T$、$T_2C$ 回路先根据炉膛温度，改变燃料量，快速消除来自燃料的干扰 $f_3$ 和 $f_4$ 对炉膛温度的影响（约 3min）；然后再根据原料出口温度 $\theta_1(t)$ 与设定值的偏差，改变炉膛温度调节器 $T_2C$ 设定值，进一步调节燃料量，以保持原料出口温度恒定。这样就构成了原料出口温度为主要被控变量（简称主变量）、炉膛温度为辅助被控变量（简称副变量）的串级控制系统。

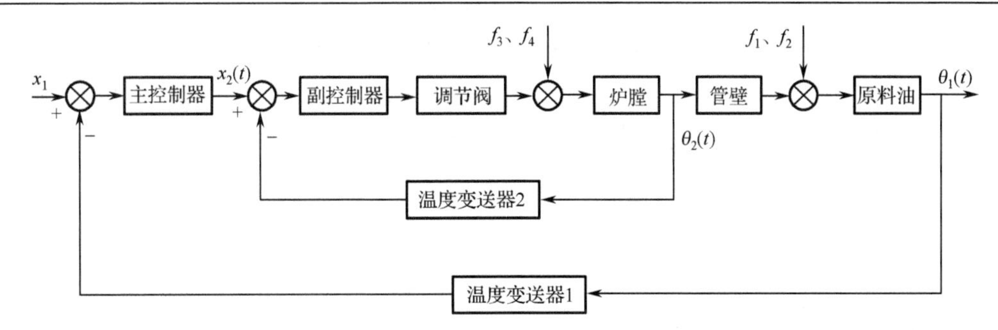


图 8.10　管式加热炉出口温度串级控制系统

一般的串级控制系统的标准框图如图 8.11 所示。

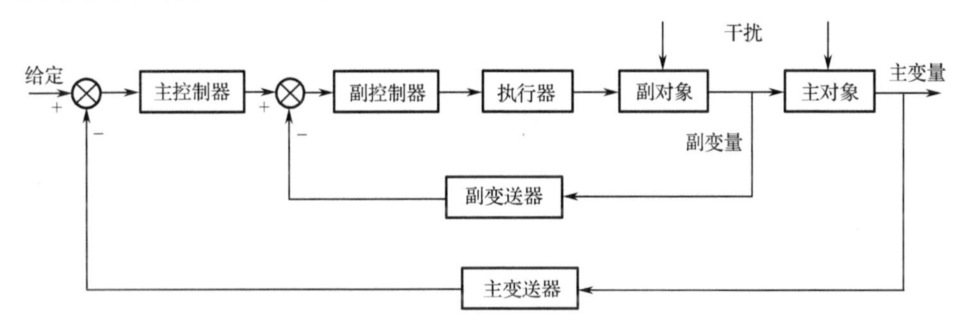


图 8.11　一般的串级控制系统的标准框图

总结串级控制系统结构的特点如下。

（1）有两个闭合回路，形成内环、外环。主变量是工艺要求控制的变量，副变量是为了更好地控制主变量而选用的辅助变量。

（2）主、副调节器是串联工作的，主调节器的输出作为副调节器的给定值。

### 3. 串级控制过程分析

分情况对串级控制过程进行分析。

（1）燃料压力 $f_3$、燃料热值 $f_3$ 发生扰动——干扰进入副回路，进入副回路的干扰首先影响炉膛温度，副变送器提前测出，副控制器立即开始控制，控制过程大大缩短。

（2）原料流量 $f_1$、原料入口温度 $f_2$ 发生扰动——干扰进入主回路，对进入主回路的干扰，虽然副变送器不能提前测出，但副回路的闭环负反馈使对象炉膛部分特性的时间常数大大缩短，则主控制器的控制通道被缩短，控制效果也得到改善。

（3）干扰同时作用于副回路和主回路，主、副回路干扰的综合影响分两种情况分析。

① 主、副回路的干扰影响方向相同。

若燃料压力 $f_3$ 上升，则炉膛温度上升，导致原料出口温度上升，同时副控制器开始调节。若同时原料流量 $f_1$ 下降，则导致原料出口温度上升，主、副控制器共同调节。

② 主、副回路的干扰影响方向相反。

若燃料压力 $f_3$ 上升，则炉膛温度上升，导致原料出口温度上升，同时副控制器开始调节。若同时原料流量 $f_1$ 上升，导致原料出口温度下降，主控制器反向调节，使副控制器调节量减少。

串级控制系统巧妙地在控制回路的前向通道中提取中间变量（副变量）构成副变量闭环回路，从而可以快速消除叠加到副回路前向通道的干扰，提高了系统的鲁棒性。同时，由于副回路的闭环，使得前向通道的等效时间常数大大减小，改善了系统的动态性能，提升了系统品控性能。主回路是定值控制系统，副回路是随动控制系统，主调节器可根据操作条件和负荷变化自动调整副调节器的设定值，使得副调节器在设定值附近较小的范围内工作，具有自适应能力。

## 8.2.2 串级控制系统的特点

### 1．缩短了对象的时间常数

要分析串级控制系统的特点，通常要将串级控制系统等效成单回路控制系统进行分析。如图 8.12 所示的串级控制系统框图，可以对副回路进行等效变换，变换后的副回路等效框图如图 8.13 所示，传递函数为 $G'_{02}(s)$，等效的扰动通道传递函数为 $G^*_{02}(s)$。

$$G'_{02}(s)=\frac{G_{c2}(s)G_{v}(s)G_{02}(s)}{1+G_{c2}(s)G_{v}(s)G_{02}(s)G_{m2}(s)}$$

$$G^*_{02}(s)=\frac{G_{02}(s)}{1+G_{c2}(s)G_{v}(s)G_{02}(s)G_{m2}(s)}$$

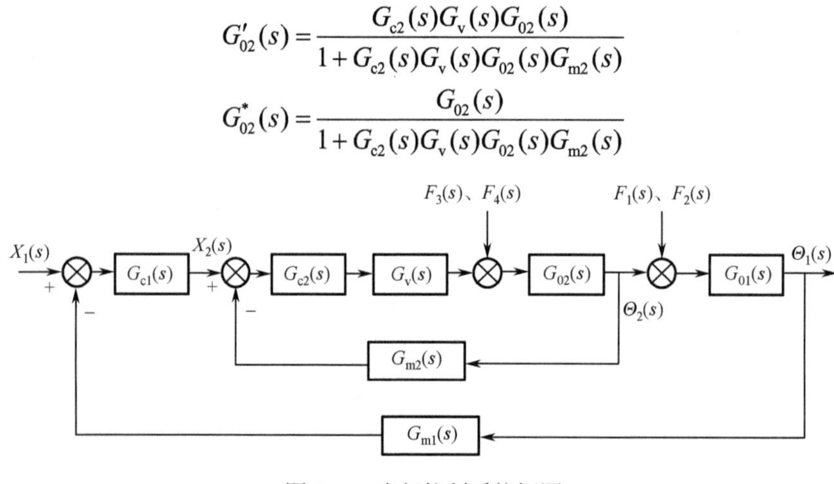


图 8.12　串级控制系统框图

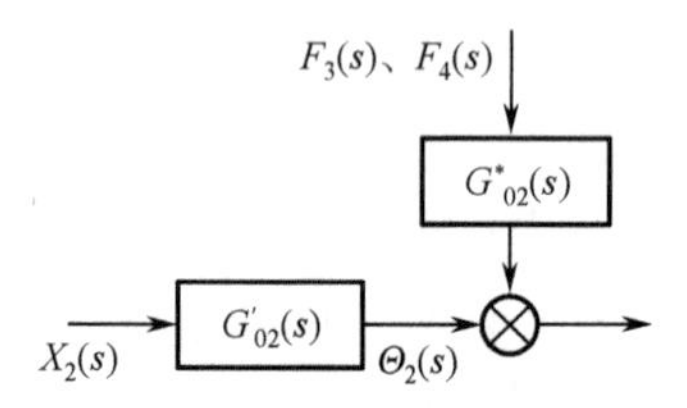


图 8.13　副回路等效框图

根据等效的副对象的传递函数 $G'_{02}(s)$，当取 $G_{c2}(s)=K_{c2}$ 时，执行器传递函数 $G_{v}(s)=K_{v}$、$G_{02}(s)=\dfrac{K_{02}}{1+T_2 s}$ 为一阶惯性环节，于是我们可以得到在这种情况下的等效副对象的传递函数

$$G'_{02}(s)=\frac{\dfrac{K_{c2}K_{v}K_{02}}{1+K_{c2}K_{v}K_{02}K_{m2}}}{1+\dfrac{T_{02}}{1+K_{c2}K_{v}K_{02}K_{m2}}s}=\frac{K'_{02}}{1+T'_{02}s}$$

首先我们来看等效副对象 $G'_{02}(s)$ 分母中等效的时间常数

$$T'_{02}=\frac{T_{02}}{1+K_{c2}K_{v}K_{02}K_{m2}}$$

这相当于在原来的时间常数的基础上除以一个很大的数，于是 $T'_{02} \ll T_{02}$，可以得到结论：副回路的存在减小了对象的时间常数，使控制通道控制作用更加及时，响应速度更快，控制质量得到了提高。

再来看 $G'_{02}(s)$ 的分子 $K'_{02} = \dfrac{K_{c2}K_{v}K_{02}}{1+K_{c2}K_{v}K_{02}K_{m2}} \approx \dfrac{1}{K_{m2}} \ll K_{02}$。也就是说，副回路的存在使副对象的静态增益大大减小了。这使主控制器 $G_{c1}$ 的放大倍数 $K_{c1}$ 可以整定得比单回路控制系统中的更大些，对控制器的选择裕度更大了。

**2．提高了系统的工作频率**

接下来看串级控制系统的工作频率，根据串级控制系统框图（见图 8.14），写出串级系统的特征方程

$$1+G_{c1}(s)\frac{G_{c2}(s)G_{v}(s)G_{02}(s)}{1+G_{c2}(s)G_{v}(s)G_{02}(s)G_{m2}(s)}G_{01}(s)G_{m1}(s)=0$$

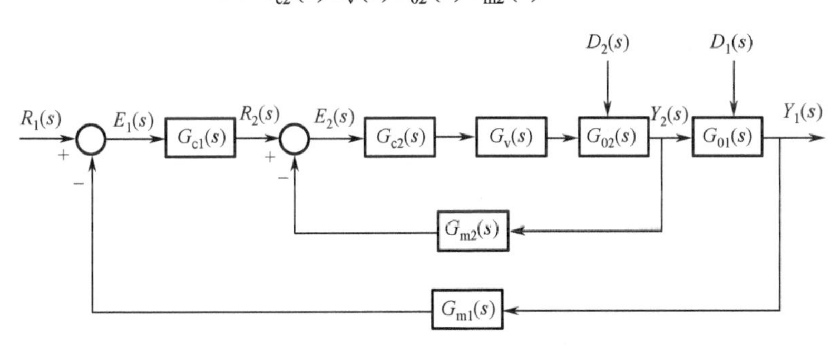


图 8.14　串级控制系统框图

进一步计算得到

$$1+G_{c2}(s)G_{v}(s)G_{02}(s)G_{m2}(s)+G_{c1}(s)G_{c2}(s)G_{v}(s)G_{02}(s)G_{01}(s)G_{m1}=0$$

假定主、副回路各环节的传递函数为

$$G_{c2}(s)=K_{c2}，\quad G_{m2}(s)=K_{m2}，\quad G_{v}(s)=K_{v}，$$

$$G_{02}(s)=\frac{K_{02}}{1+T_{02}(s)}，\quad G_{c1}(s)=K_{c1}，\quad G_{m1}(s)=K_{m1}，\quad G_{01}(s)=\frac{K_{01}}{1+T_{01}(s)}$$

代入特征方程中

$$s^2+\frac{T_{01}+T_{02}+K_{c2}K_{v}K_{02}K_{m2}T_{01}}{T_{01}T_{02}}s+\frac{1+K_{c2}K_{v}K_{02}K_{m2}+K_{c1}K_{c2}K_{m1}K_{02}K_{01}K_{v}}{T_{01}T_{02}}=0$$

于是

$$2\xi\omega_{n}=\frac{T_{01}+T_{02}+K_{c2}K_{v}K_{02}K_{m2}T_{01}}{T_{01}T_{02}}$$

$$\omega_{n}^{2}=\frac{1+K_{c2}K_{v}K_{02}K_{m2}+K_{c1}K_{c2}K_{m1}K_{02}K_{01}K_{v}}{T_{01}T_{02}}$$

串级控制系统的工作频率可以计算得出

$$\omega_{c}=\omega_{n}\sqrt{1-\xi^{2}}=\frac{T_{01}+T_{02}+K_{c2}K_{v}K_{02}K_{m2}T_{01}}{T_{01}T_{02}}\frac{\sqrt{1-\xi^{2}}}{2\xi}$$

为了便于与单回路控制系统进行比较，我们计算单回路控制系统的工作频率。单回路控

制系统框图如图 8.15 所示。写出系统特征方程，取执行器传递函数 $G_v(s)=K_v$，变送器传递函数 $G_{m1}(s)=K_{m1}$，副对象 $G_{02}(s)=\dfrac{K_{02}}{1+T_{02}s}$，主对象 $G_{01}(s)=\dfrac{K_{01}}{1+T_{01}s}$，与前面的串级系统完全相同，设单回路时控制器为 $G'_{c1}(s)=K'_{c1}$，将这些环节传递函数代入特征方程，可以写出单回路的特征方程

$$s^2+\frac{T_{01}+T_{02}}{T_{01}T_{02}}s+\frac{1+K'_{c1}K_vK_{02}K_{01}K_{m1}}{T_{01}T_{02}}=0$$

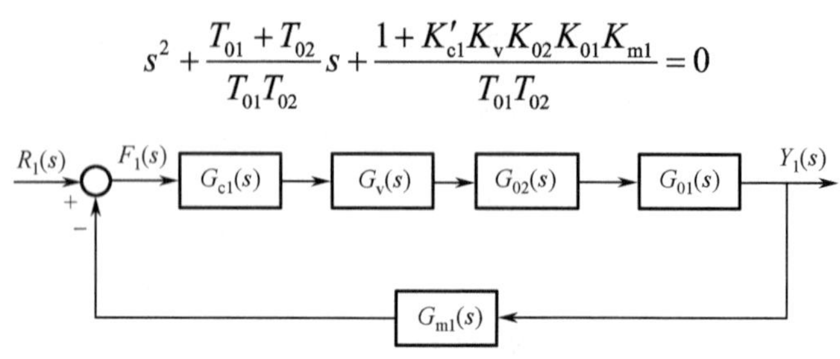


图 8.15　单回路控制系统框图

根据单回路控制系统的特征方程，可以得到

$$2\xi'\omega'_n=\frac{T_{01}+T_{02}}{T_{01}T_{02}}$$

$$\omega'^2_n=\frac{1+K'_{c1}K_vK_{02}K_{01}K_{m1}}{T_{01}T_{02}}$$

进而可以求出单回路的工作频率

$$\omega_s=\omega'_n\sqrt{1-\xi'^2}=\frac{T_{01}+T_{02}}{T_{01}T_{02}}\frac{\sqrt{1-\xi'^2}}{2\xi'}$$

将串级控制系统的工作频率 $\omega_c$ 和单回路控制系统的工作频率 $\omega_s$ 表达式放在一起比较，假定通过控制器参数整定，使得 $\xi=\xi'$，即使串级控制系统和单回路控制系统获得相同的阻尼特性，这时，

$$\frac{\omega_c}{\omega_s}=\frac{T_{01}+T_{02}+K_{c2}K_vK_{02}K_{m2}T_{01}}{T_{01}+T_{02}}$$

可以看出 $\omega_c \gg \omega_s$。

也就是说，串级系统的工作频率提高了，过渡过程的振荡周期减小了，在衰减系数相同的条件下，调节时间缩短，提高了系统的速度，改善了系统的控制品质。

### 3．提高了系统的抗干扰能力

根据串级控制系统的框图可以写出主变量 $Y_1(s)$ 对二次干扰 $D_2(s)$ 的闭环传递函数

$$\frac{Y_1(s)}{D_2(s)}=\frac{\dfrac{1}{G_{c2}(s)}G'_{02}(s)G_{01}(s)}{1+G_{c1}(s)G'_{02}(s)G_{m1}(s)G_{01}(s)}$$

主变量对 $Y_1(s)$ 对设定值 $R_1(s)$ 的闭环传递函数

$$\frac{Y_1(s)}{R_1(s)}=\frac{G_{c1}(s)G'_{02}(s)G_{01}(s)}{1+G_{c1}(s)G'_{02}(s)G_{m1}(s)G_{01}(s)}$$

抗干扰能力是这样定义的，用主变量对 $Y_1(s)$ 对设定值 $R_1(s)$ 的增益 $\dfrac{Y_1(s)}{R_1(s)}$ 与输出 $Y_1(s)$ 对

二次干扰 $D_2(s)$ 的增益 $\dfrac{Y_1(s)}{D_2(s)}$ 之比来衡量抗干扰能力，这个数值越大，代表系统对有用信号放大倍数越大，对干扰放大倍数越小，即系统的信噪比较高，系统的抗干扰能力就较强。于是可以计算出串级控制系统的抗干扰能力的指标

$$\frac{\dfrac{Y_1(s)}{R_1(s)}}{\dfrac{Y_1(s)}{D_2(s)}}=G_{c1}(s)G_{c2}(s)=K_{c1}K_{c2}$$

同样，可以推导出单回路控制系统的抗干扰能力

$$\frac{\dfrac{Y(s)}{R(s)}}{\dfrac{Y(s)}{D_2(s)}}=G_{c1}(s)=K'_{c1}$$

通常 $K_{c1}K_{c2}\gg K'_{c1}$。这个结论可以说明串级控制系统的抗干扰能力远远大于单回路系统的抗干扰能力。

**4．增强了对负荷和操作条件变化的适应能力**

对于串级控制系统而言，部分对象包含在副回路中，其放大倍数被负反馈压制。因此，工艺负荷或操作条件变化时，调节系统仍然具有较好的控制质量。

通过

$$G'_{02}(s)=\frac{\dfrac{K_{c2}K_vK_{02}}{1+K_{c2}K_vK_{02}K_{m2}}}{1+\dfrac{T_{02}}{1+K_{c2}K_vK_{02}K_{m2}}s}=\frac{K'_{02}}{1+T'_{02}s}$$

可以看出，其放大倍数 $K'_{02}\approx\dfrac{1}{K_{m2}}$，这说明等效副回路的放大倍数与副对象的放大倍数 $K_{02}$ 无关，换句话说，对于负荷和操作条件变化引起的 $K_{02}$ 发生的改变，串级控制系统基本没有受到什么影响，即串级控制系统对负荷和操作条件变化的适应能力增强了。

接下来我们举例验证串级控制比单回路控制优越。设串级控制系统的主、副对象的传递函数和主、副控制器的传递函数为

$$G_{01}(s)=\frac{1}{(30s+1)(3s+1)},\quad G_{02}(s)=\frac{1}{(10s+1)(s+1)^2}$$

$$G_{c1}(s)=K_{c1}\left(1+\frac{1}{T_Is}\right),\quad G_{c2}(s)=K_{c2}$$

图 8.16 和图 8.17 所示为单回路控制系统和串级控制系统在阶跃输入作用下的响应曲线，很明显，串级控制系统在时间为 50s 左右就稳定了，而单回路控制系统在 250s 左右才稳定。这清楚地表明，串级控制系统的响应速度大大增加了。从工作周期来看，串级控制系统的振荡周期为 20～25s，而单回路控制系统的振荡周期约为 60s，串级控制系统的工作频率高。

在二次扰动的作用下，即在副回路中的扰动作用下，单回路控制系统和串级控制系统二次扰动响应曲线如图 8.18 和图 8.19 所示。单回路控制系统的最大偏差约为 0.27，串级回路控制系统的最大偏差约为 0.013，小了很多。

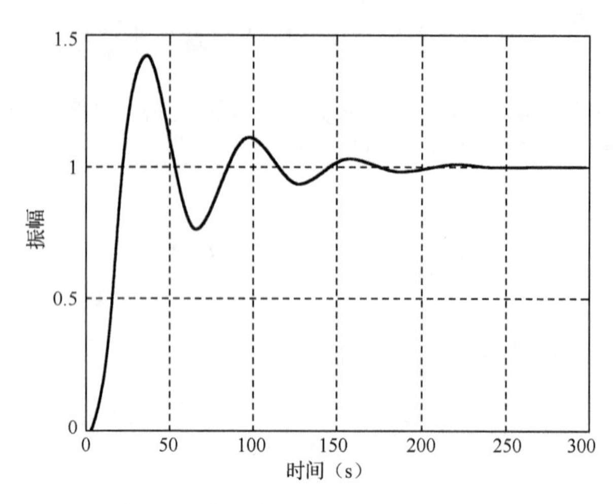


图 8.16　单回路控制系统阶跃响应曲线

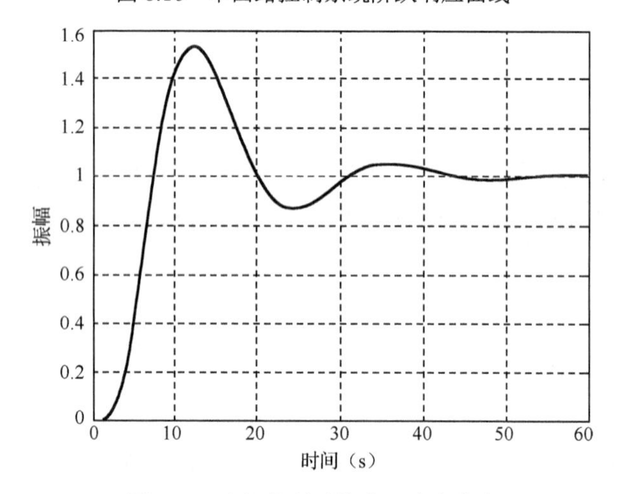


图 8.17　串级控制系统阶跃响应曲线

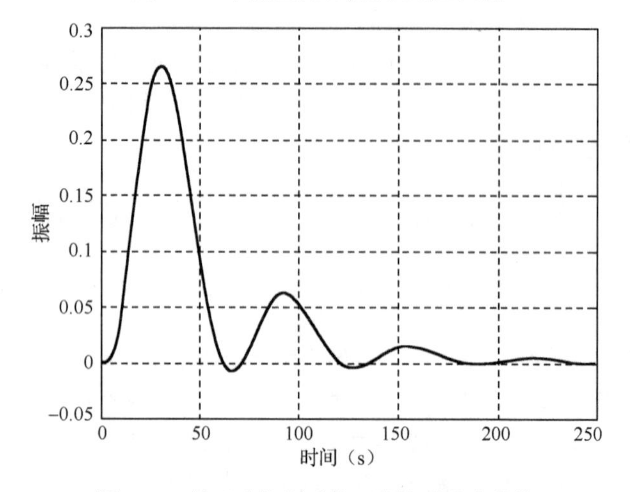


图 8.18　单回路控制系统二次扰动响应曲线

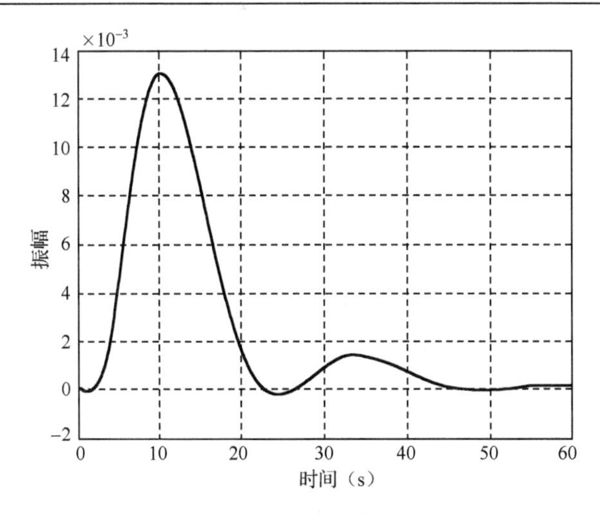


图 8.19　串级控制二次扰动响应曲线

再来看一次扰动作用下的最大偏差，单回路控制系统和串级控制系统一次扰动响应曲线如图 8.20 和图 8.21 所示，单回路控制系统的最大偏差为 0.33，串级控制系统的最大偏差为 0.037，也小了很多。

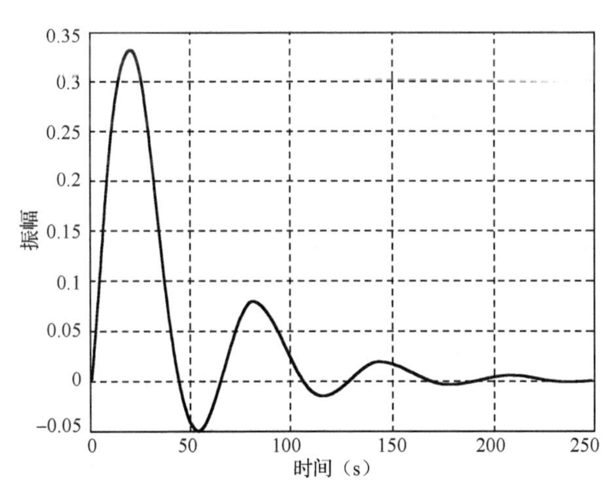


图 8.20　单回路控制系统一次扰动响应曲线

总结串级控制系统的特点如下。

（1）对进入副回路的干扰有很强的克服能力。

（2）改善了被控过程的动态特性，提高了系统的工作频率；对进入主回路的干扰控制效果也有改善。

（3）对负荷或操作条件的变化有一定的自适应能力。

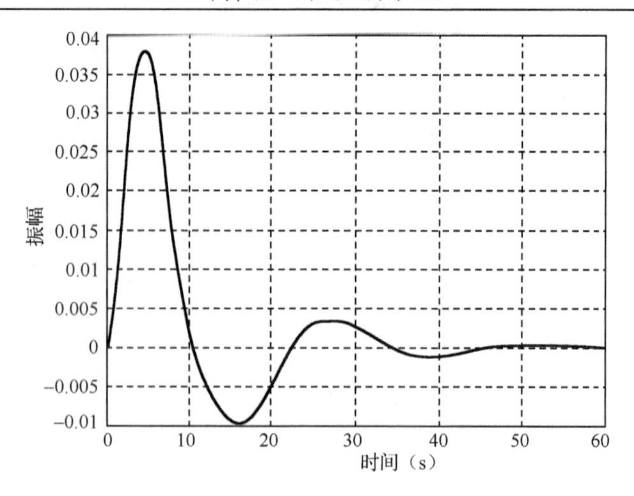


图 8.21　串级控制系统一次扰动响应曲线

### 8.2.3　串级控制系统设计及参数整定

#### 1．主、副回路设计

首先来看串级控制系统的方案设计。主回路设计，串级控制系统的主回路设计与单回路控制系统一样。副回路只是一个等效的副对象而已。在副回路设计中，最重要的是选择副回路的被控参数（串级控制系统的副参数）。副参数的选择一般遵循以下几个原则。

（1）主、副参数有对应关系。

（2）副参数的选择必须使副回路中包含变化剧烈的主要干扰，并尽可能多包含一些干扰。

（3）副参数的选择应考虑主、副回路中控制过程的时间常数的匹配，以防止“共振”发生。

（4）应注意工艺上的合理性和经济性。

接下来解释“共振”的概念。由于主、副回路是两个相互独立又密切相关的回路，在一定的条件下，如果受到某种干扰的作用，则主参数的变化进入副回路时会引起副回路中副参数波动幅值的增加，而副参数的变化传送到主回路后，又迫使主参数的变化幅值增加，如此循环往复，就会使主、副参数长时间地大幅度地波动，这就是所谓串级控制系统的共振现象。一旦发生了共振，系统就失去控制，不仅使控制品质恶化，若不及时处理，还可能导致生产事故，引起严重后果。 当系统阻尼比$\xi<0.707$时，二阶系统的幅频特性呈现一个峰值。如果外界干扰信号的频率等于共振频率，则系统进入共振。

当主、副回路初步设计完成后，要对主、副控制器的控制规律进行确定。在串级控制系统中，主参数是系统控制任务，副参数是辅助变量。这是选择调节规律的基本点。主参数是生产工艺的主要控制指标，工艺上要求比较严格。因此，主调节器通常选用 PI 调节或 PID 调节。控制副参数是为了提高主参数的控制质量，对副参数的要求一般不严格，允许有稳态误差。因此，副调节器一般选 P 调节就可以了。

#### 2．控制器正反作用

对于串级控制系统来说，主、副调节器正反作用方式的选择原则依然是使系统构成负反馈。选择时的顺序如下。

（1）根据工艺安全或节能要求确定调节阀的正反作用。

（2）按照副回路构成负反馈的原则确定副调节器的正反作用。

（3）要据主回路构成负反馈的原则，将负反馈的副回路作为正作用环节，再根据主对象的正反作用情况确定主控制器的正反作用。

以管式加热炉为例，说明串级控制系统主、副调节器的正反作用方式的确定方法。

第 1 步，确定调节阀的正反作用。从生产工艺安全角度出发，燃料调节阀选用气开阀（正作用）。一旦出现故障或气源断气，调节阀应关闭，切断燃料进入加热炉，确保设备安全。

第 2 步，确定副回路控制器的正反作用。在副回路中，调节阀的开度加大，炉膛温度升高，测量信号增大，这说明副对象和变送器都为正作用。为保证副回路为负反馈、调节阀为正作用、副对象为正作用、变送器为正作用，这时副调节器应为反作用。

第 3 步，根据主回路负反馈原则确定主控制器的正反作用。对于主调节器而言，调节阀的开度加大，炉膛温度升高，原料出口温度也升高，这说明主对象和主变送器也都为正作用。为保证主回路为负反馈，主调节器也应为反作用。

**3．串级控制系统的参数整定方法**

串级控制系统的参数整定方法通常有逐步逼近法、两步整定法和一步整定法。逐步逼近法是指依次整定副回路、主回路，并循环进行，逐步接近主、副回路最佳控制状态。两步整定法是指系统处于串级工作状态，第一步按单回路方法整定副调节器参数，第二步把已经整定好的副回路视为一个环节，仍按单回路对主调节器进行参数整定。一步整定法是指根据经验，先将副调节器参数一次性调好，不再变动，然后按一般单回路控制系统的整定方法直接整定主调节器参数。

## 8.2.4　数字式串级控制算法

一般的串级控制系统结构如图 8.22 所示。

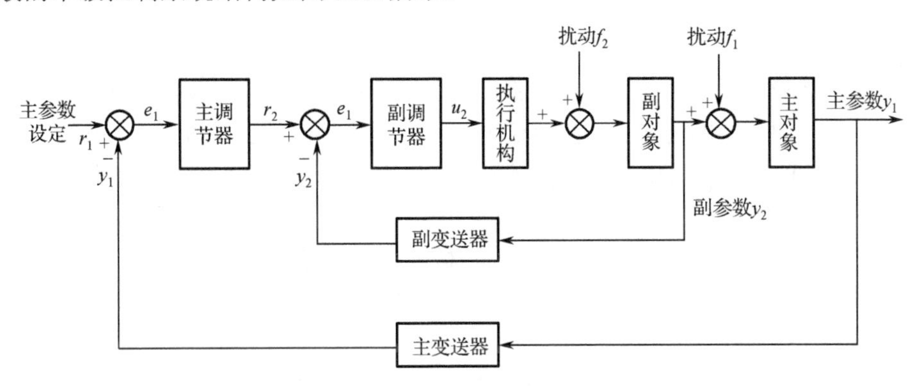


图 8.22　一般的串级控制系统结构

主调节器可以采用 PID 控制。

主回路的偏差为

$$e(k) = r_1(k) - y_1(k)$$

主调节器的输出增量为

$$\Delta r_2(k) = K_{\mathrm{P1}}[e(k) - e_1(k-1)] + K_{\mathrm{I1}}e_1(k) + K_{\mathrm{D1}}[e_1(k) - 2e_1(k-1) + e_1(k-2)]$$

主调节器的位置输出为

$$r_2(k)=r_2(k-1)+\Delta r_2(k)$$

副调节器采用 P 控制。此时副回路的偏差为

$$e_2(k)=r_2(k)-y_2(k)$$

副调节器的输出为

$$u_2(k)=u_2(k-1)+\Delta u_2(k)=K_{P2}[e_2(k)-e_2(k-1)]$$

数字式串级控制算法流程图如图 8.23 所示。

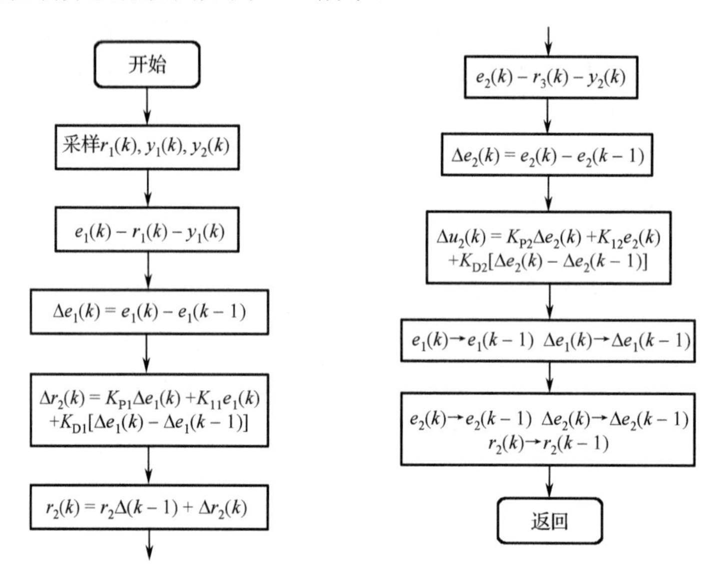


图 8.23　数字式串级控制算法流程图

# 8.3　比值控制系统

本节讲解复杂控制系统中的比值控制系统。在生产过程中会经常遇到要求保持两种或多种物料流量成一定比例关系的情形。如果比例失调就会影响生产的正常进行，甚至会引发生产事故。例如，在锅炉的燃烧系统中，要保持燃料和空气量的合适比例，才能保证燃烧的经济性。

我们把这种实现两个或两个以上参数符合一定比例关系的控制系统称为比值控制系统。在需要保持比值关系的两种物料中必有一种物料处于主导地位，称为主物料，其流量称为主流量，用 $Q_1$ 表示。另一种物料在控制过程中随主物料的变化而变化，称为从物料，其流量称为副流量，用 $Q_2$ 表示。

比值控制系统就是要实现副流量与主流量成一定比值关系，满足如下关系式

$$Q_2=KQ_1$$

式中，$K$ 为比值系数。

## 8.3.1　比值控制系统的结构

比值控制系统按照其控制方案的不同可以分为 4 种。

第 1 种是开环比值控制系统，如图 8.24 所示。当主流量 $Q_1$ 变化时，流量控制器 FC 控制

副流量 $Q_2$ 使其满足要求。

此方案的优点是结构简单、成本低；缺点是无抗干扰能力，当副流量改变时，不能保证所要求的比值。所以这种开环比值控制系统只适用于副流量管线压力比较稳定、对比值控制要求不高的场合。

第 2 种是单闭环比值控制系统，如图 8.25 所示。为了克服开环比值控制系统的不足，增加对副流量的闭环控制，构成单闭环比值控制系统。系统处于稳定状态时，主、副流量满足比值要求，当主流量 $Q_1$ 变化时，测量信号经变送器 $F_1T$ 送至比值器 K，使其输出成比例变化，改变副流量调节器 $F_2C$ 的设定值。此时副流量闭环系统为一个随动控制系统，使 $Q_2$ 随 $Q_1$ 变化，流量比值保持不变。当主流量 $Q_1$ 没有变化而副流量 $Q_2$ 由于自身干扰发生变化时，副流量闭环系统相当于一个定值控制系统，通过控制回路克服干扰使工艺要求的流量比值仍保持不变。

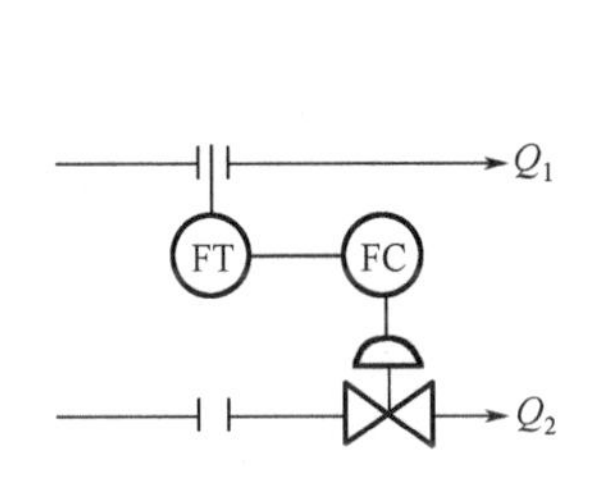


图 8.24　开环比值控制系统

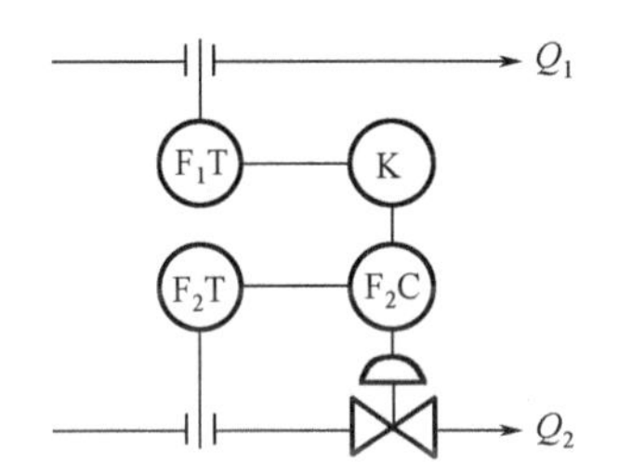


图 8.25　单闭环比值控制系统

如果比值器采用比例控制器，并且把它作为主调节器，那么它的输出作为副流量调节器的设定值，两个调节器串联工作，这在连接方式上与串级控制系统相同，但单闭环比值控制系统总体结构与串级控制系统不一样，只有一个闭合回路。单闭环比值控制系统对主流量只测量，不控制。主流量变化，副流量跟着变化，总流量不稳定。因此，在总物料流量要求稳定的场合，单闭环比值控制系统不能满足要求。

第 3 种是双闭环比值控制系统，如图 8.26 所示。为了克服单闭环比值控制系统中主流量不受控制的缺点，增加了主流量控制回路，构成双闭环比值控制系统。当主流量 $Q_1$ 变化时，一方面通过主流量调节器 $F_1C$ 进行控制，另一方面通过比值控制器 K 乘以适当的系数后作为副流量调节器的设定值，使副流量跟随主流量的变化而变化。由于主流量控制回路的存在，双闭环比值控制系统实现了对主流量 $Q_1$ 的定值控制，这样不仅实现了比较精确的流量比值，而且也确保了两种物料总量基本不变。双闭环比值控制系统的缺点是结构比较复杂，使用的仪表较多，系统投运维护比较麻烦。

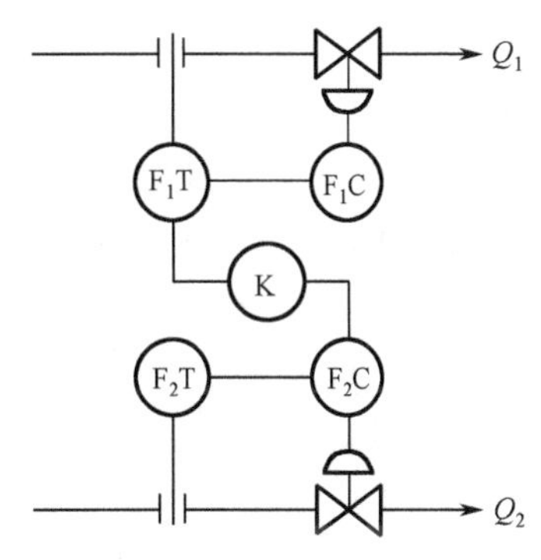


图 8.26　双闭环比值控制系统

第 4 种是变比值控制系统，如图 8.27 所示。上面介绍的都是定比值控制系统，在有些生产过程中，要求两种物料流量的比值随第 3 个工艺参数的需要而变化，为满足这种工艺的要求，就出现了变比值控制系统。例如，在变换炉工艺中，煤气与蒸汽（5～8 倍）在触媒的催化下，转化成二氧化碳和氢气。温度越高转化率越高，但温度过高会影响触媒寿命。如果根据触媒层的温度调节其比例系数，就能保持最佳的触媒温度和最高的转化率。除法器算出蒸汽与煤气流量的实际比值，输入到流量控制器 FC。温度控制器 TC 根据触媒的实际温度与给定温度的差值，计算流量比值的给定值，最后通过调整蒸汽量（改变蒸汽与半水煤气的比值）来使变换炉触媒层的温度恒定在给定值上。

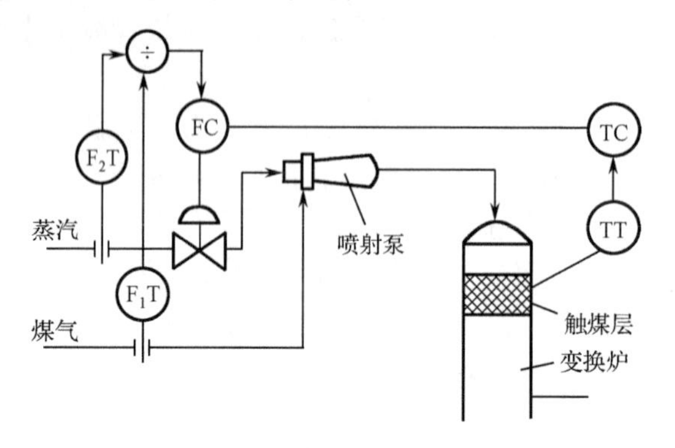


图 8.27　变比值控制系统

由变比值控制系统图（见图 8.27）可得出图 8.28 所示的框图，在图 8.28 中，$G_{c1}(s)$ 为主控制器，$G_{c2}(s)$ 为比值控制器。当系统处于稳态时，主参数 $Y(s)$ 满足要求，主控制器 $G_{c1}(s)$ 输出 $K_r'$ 与比值信号 $K'$ 相等。当主物料流量 $Q_1$ 发生变化时，除法器输出 $K$ 也发生变化，经过比值控制器 $G_{c2}(s)$ 的调节作用，改变调节阀 $G_{v2}(s)$ 的开度，使副流量 $Q_2$ 也发生变化。$Q_1$ 与 $Q_2$ 的比值 $K'$ 再回到 $K_r'$。当主流量 $Q_1$ 稳定时，副流量通过负反馈消除 $Q_2$ 的波动，维持 $Q_1$ 和 $Q_2$ 的比值为 $K_r'$。

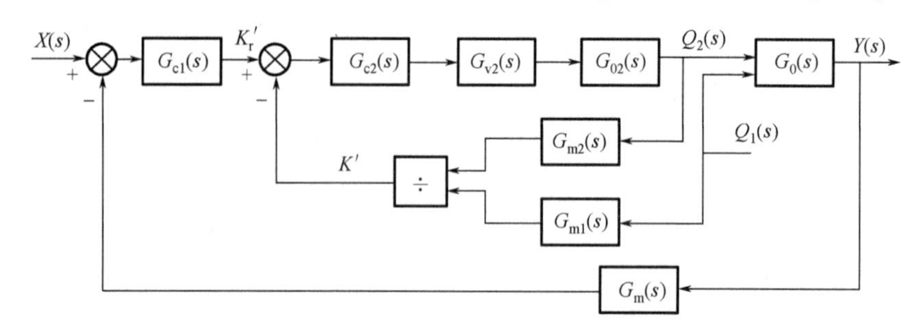


图 8.28　变比值控制系统框图

当 $G_0(s)$ 受到干扰，引起被控参数 $Y(s)$ 发生变化而出现偏差时，主控制器 $G_{c1}(s)$ 的测量值将发生变化，主控制器依据偏差改变控制输出，也就是改变比值控制器的设定值，从而对主流量 $Q_1$ 和副流量 $Q_2$ 的比值设定值进行修正，以此来稳定主参数 $Y(s)$。应当注意，在变比值控制系统中，流量比值只是一种控制手段，不是最终目的，而第 3 个参数（如本例中的温度）往往是主要被控参数。

## 8.3.2　比值控制系统的设计

比值控制系统的设计分为以下几步。

第 1 步，比值控制系统的设计首先要确定主、副流量，确定主、副流量应遵循以下几个原则。

（1）生产中起主导作用的是物料流量，一般选它为主流量，其余的物料流量跟随其变化，为副流量。

（2）工艺上不可控的物料流量选为主流量。

（3）成本较昂贵的物料流量选为主流量。

（4）当生产工艺有特殊要求时，主、副物料流量的确定应服从工艺的需求。

第 2 步，主、副流量确定后，要选择控制系统。

前面已经讲过，比值控制有单闭环比值控制、双闭环比值控制、变比值控制等多种系统。在具体选用时应分析各系统的特点，根据不同的生产工艺性能、负荷变化、扰动性质、控制要求，选择合适的比值控制系统。

如果工艺上仅要求两种物料流量的比值一定，而对总流量无要求，则可用单闭环比值控制系统，其调节规律如图 8.29 所示。

如果主、副流量的扰动频繁，而工艺要求主、副物料总流量恒定，则可用双闭环比值控制系统，其调节规律如图 8.30 所示。

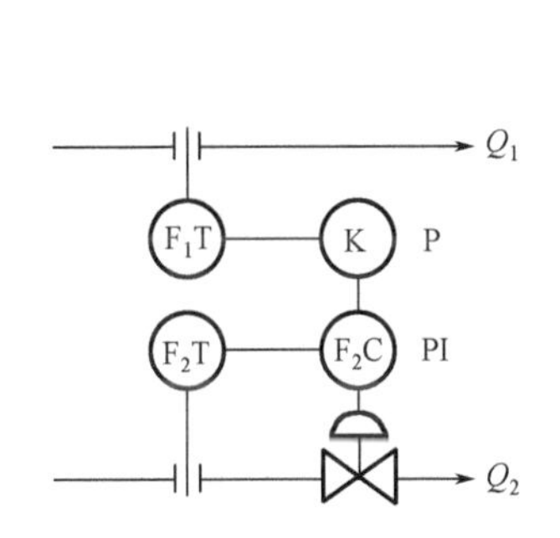


图 8.29　单闭环比值控制系统调节规律

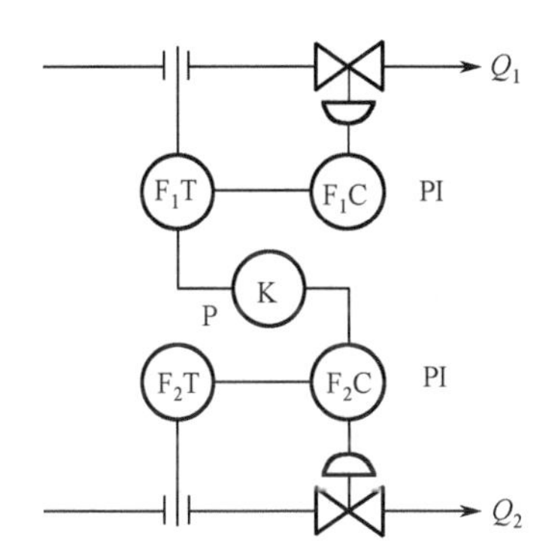


图 8.30　双闭环比值控制系统调节规律

当生产工艺要求两种物料流量的比值要随着第 3 个参数的需要进行调节时，可用变比值控制系统。

第 3 步，方案确定后，就要确定调节器的控制规律。

在单闭环比值控制系统中，比值器 K 起比值计算的作用，若用调节器实现，则选 P 调节；调节器 $F_2C$ 使副流量稳定，为保证控制精度可选 PI 调节。双闭环比值控制系统对主、副流量均要实现定值控制，所以两个调节器均应选 PI 调节，比值器 K 选 P 调节。

变比值控制系统具有串级控制系统的特点，其选择原则可仿照串级控制系统调节规律的选择原则。

第 4 步，正确选择流量计及其量程。各种流量计都有一定的适用范围（一般正常流量选择满量程的 70% 左右）。

第 5 步，比值系数的计算。

工艺规定的流量（或质量）比值 $K$ 不能直接作为仪表比值使用，必须根据仪表的量程转换成仪表的比值系数 $K'$后才能进行比值设定。变送器的转换特性不同，比值系数 $K'$的计算公式不同。

（1）流量与测量信号之间成线性关系。当选用转子流量计、涡轮流量计、椭圆齿轮流量计或有开方的差压变送时，流量计的输出信号与流量成线性关系。如果 $Q_1$ 的流量计测量范围为 $0 \sim Q_{1\max}$、$Q_2$ 的流量计测量范围为 $0 \sim Q_{2\max}$，则变送器输出电流信号和流量之间的关系为

$$I_1 = \frac{Q_1}{Q_{1\max}}(20-4)+4 = \frac{Q_1}{Q_{1\max}}16+4$$

$$I_2 = \frac{Q_2}{Q_{2\max}} 16 + 4$$

把 $I_1$ 和 $I_2$ 代入工艺比值公式为

$$K = \frac{Q_2}{Q_1} = \frac{Q_{2\max}(I_2 - 4)}{Q_{1\max}(I_1 - 4)}$$

而仪表比值公式为

$$K' = \frac{Q_2}{Q_1} = \frac{I_2 - 4}{I_1 - 4}$$

可得出比值系数的表达式为

$$K' = K \frac{Q_{1\max}}{Q_{2\max}}$$

（2）流量与测量信号之间成非线性关系。

对于节流元件而言，流量计输出的信号与流量的平方成正比。

$$\Delta I = CQ^2$$

$$I_1 = \frac{Q_1^2}{Q_{1\max}{}^2} 16 + 4$$

设差压变送器输出 4～20mA 直流电流信号，对应的流量变化范围为0～$Q_{\max}$，计算出差压变送器输出电流信号与流量之间的关系，同理，将其代入工艺比值公式，得出比值系数的表达式为

$$K^2 = \frac{Q_2^2}{Q_1^2} = \frac{Q_{2\max}{}^2 (I_2 - 4)}{Q_{1\max}{}^2 (I_1 - 4)}$$

得到换算公式

$$K' = K^2 \frac{Q_{1\max}^2}{Q_{2\max}^2}$$

### 8.3.3　比值控制系统方案及参数整定

比值控制系统方案及参数整定包括 2 个方面。

#### 1．比值系数的实现

比值系统的实现有相乘和相除两种方法。在工程上可采用比值器、乘法器、除法器等仪器实现；用计算机控制时，通过比例、乘、除运算程序实现。

#### 2．比值控制系统的参数整定

比值控制系统的主流量回路可按单回路控制系统进行整定。变比值控制系统的结构像串级控制系统，可按串级控制系统对主调节器参数进行整定，副流量回路实质上是随动系统。一般要求副流量快速、正确地跟随主流量变化，不宜有超调量，不能按一般定值控制系统 4∶1 衰减过程的要求进行副流量回路参数整定，而应当将副流量的过渡过程整定为振荡与不振荡的边界。这时过渡过程不仅不振荡而且反应快。

本节主要讲解了比值控制系统的结构及原理、控制方案的分类和设计方法。

# 8.4　大滞后过程控制系统

在工业生产中，控制通道往往不同程度地存在着纯滞后。一般将纯滞后时间 $\tau_0$ 与时间常数 $T$ 之比大于 0.3（$\tau_0/T>0.3$）的过程称为大滞后过程。

纯滞后的存在，使被控参数不能及时反映扰动的影响，即使执行器接收到控制信号后立即动作，也需要在纯滞后时间之后，才能作用于被控参数。这样必然存在较大的超调量和较长的过渡过程。大滞后过程是公认的较难控制的过程。其难于控制的主要原因是纯滞后的增加导致开环相频特性相角滞后增大，使闭环系统的稳定性下降。为了保证稳定裕度，不得不减小调节器的放大系数，而造成控制质量的下降。较早的大滞后过程控制方案是采样控制。

## 8.4.1　大滞后过程的采样控制

采样控制是一种定周期的断续 PID 控制方式，即控制器按周期 $T$ 进行采样控制。在两次采样之间，保持该控制信号不变，直到下一个采样控制信号到来。保持的时间 $T$ 必须大于纯滞后时间 $\tau_0$。这样重复动作，逐步地校正被控参数的偏差值，直至系统达到稳定状态。这种“调一调，等一等”方案的核心思想就是放慢控制速度，减少控制器的过渡调节。

大滞后过程的采样控制系统框图如图 8.31 所示。采样控制器每隔采样周期 $T$ 动作一次。$S_1$、$S_2$ 表示采样器，它们同时接通或同时断开。

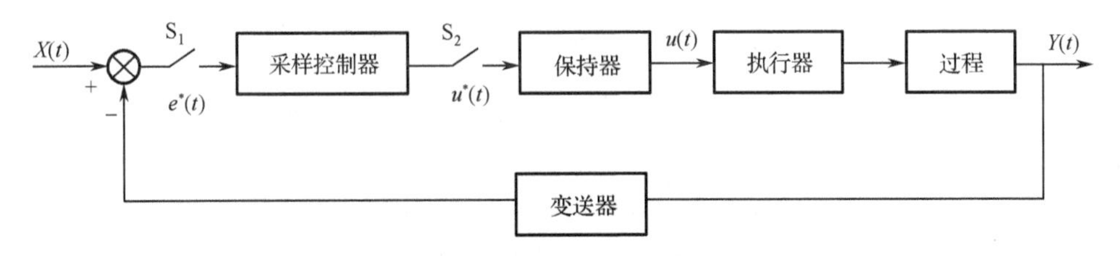


图 8.31　大滞后过程的采样控制系统框图

当 $S_1$、$S_2$ 接通时，采样控制器闭环工作，此时偏差 $e(s)$ 被采样，由采样器 $S_1$ 进入采样控制器，经控制运算处理后，通过采样器 $S_2$ 输出控制信号 $u^*(t)$，再经过保持器输出连续信号 $u(t)$ 控制生产过程。正是由于保持器的作用，保证了相同采样间隔内执行器的位置保持不变。采样控制以牺牲速度来获取稳定的控制效果，如果在采样间隔内出现干扰，则必须等到下一次采样后才能做出反应。

## 8.4.2　大滞后过程的 Smith 预估补偿控制

为了改善大滞后系统的控制性能，1957 年，Smith 提出了一种以过程模型为基础的大滞后预估补偿控制方法，称为 Smith 预估补偿控制。Smith 预估补偿控制是按照对象特性，设计一个模型加到反馈控制系统中，提早估计出对象在扰动作用下的动态响应，进行补偿，使控制器提前动作，从而降低超调量，并加速调节过程。下面先分析当采用单回路控制方案时，大滞后过程的特性。

图 8.32 所示为采用单回路控制方案的大滞后过程控制系统框图。其中，$G_0(s)e^{-\tau_0 s}$ 为控制通道的广义传递函数，特意将纯滞后环节 $e^{-\tau_0 s}$ 单独写出，并且变送器的传递函数简化为 1。

该系统 $X(s)$ 与 $Y(s)$ 之间的闭环传递函数为

$$\frac{Y(s)}{X(s)}=\frac{G_c(s)G_0(s)e^{-\tau_0 s}}{1+G_c(s)G_0(s)e^{-\tau_0 s}}$$

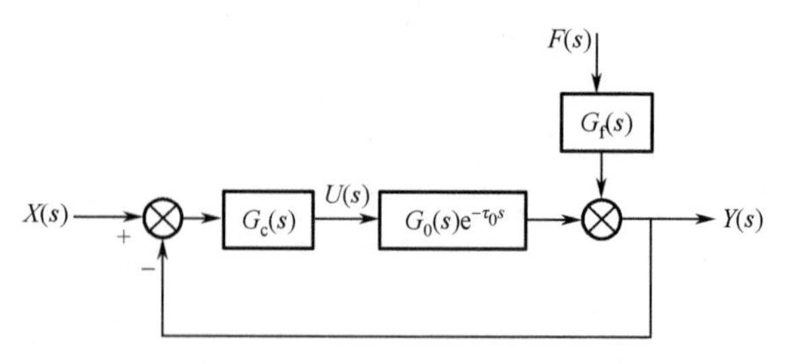


图 8.32　单回路控制方案的大滞后过程控制系统框图

在这个传递函数的建模过程中引入了 $e^{-\tau_0 s}$ 环节，使闭环系统的动态品质严重恶化。如果能将 $G_0(s)e^{-\tau_0 s}$ 中的 $e^{-\tau_0 s}$ 补偿掉，则可实现无滞后控制，Smith 提出了一种大滞后系统预估补偿控制方法，图 8.33 所示为 Smith 预估补偿控制系统框图，$G_b(s)$ 是 Smith 预估补偿器的传递函数。

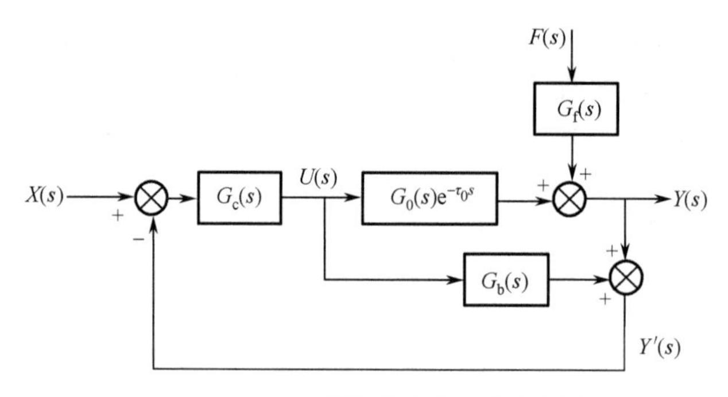


图 8.33　Smith 预估补偿控制系统框图

为了使反馈信号 $Y'(s)$ 不再有纯滞后 $\tau_0$，控制量 $U(s)$ 与反馈信号 $Y'(s)$ 之间的传递函数应当等于 $G_0(s)$。从而得到 Smith 预估补偿器的传递函数 $G_b(s)$。

$$\frac{Y'(s)}{U(s)}=G_0(s)e^{-\tau_0 s}+G_b(s)=G_0(s)\Rightarrow G_b(s)=G_0(s)(1-e^{-\tau_0 s})$$

根据其表达式，就可得到 Smith 预估补偿控制系统实施框图（见图 8.34），进一步得出 $X(s)$ 与 $Y(s)$ 之间的闭环传递函数。

$$G_b(s)=G_0(s)(1-e^{-\tau_0 s})$$

$$\frac{Y(s)}{X(s)}=\frac{G_c(s)G_0(s)}{1+G_c(s)G_0(s)}e^{-\tau_0 s}$$

对比单回路控制系统，Smith 预估补偿控制系统的特征方程中已不包含 $e^{-\tau_0 s}$ 项，即预估补偿消除了控制通道纯滞后对系统闭环稳定性的影响。分子中的 $e^{-\tau_0 s}$ 项只是将被控参数 $y(t)$ 的响应在时间上推迟了 $\tau_0$ 时段。进行预估补偿后，设定值通道的控制品质与过程无滞后时完全相同。

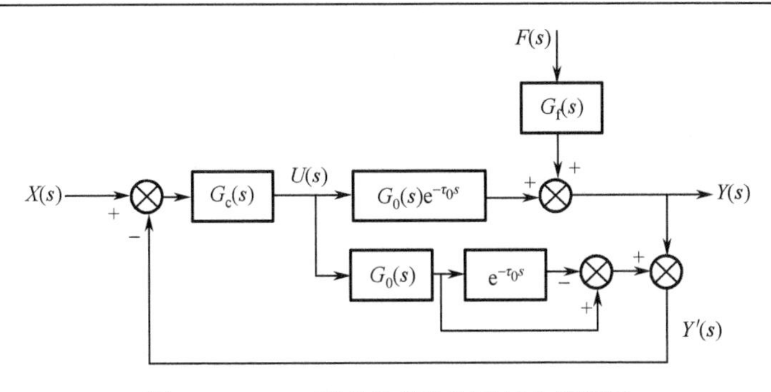


图 8.34　Smith 预估补偿控制系统实施框图

预估补偿控制

$$\frac{Y(s)}{X(s)}=\frac{G_c(s)G_0(s)}{1+G_c(s)G_0(s)}e^{-\tau_0 s}$$

单回路控制

$$\frac{Y(s)}{X(s)}=\frac{G_c(s)G_0(s)e^{-\tau_0 s}}{1+G_c(s)G_0(s)e^{-\tau_0 s}}$$

同理，根据实施框图，可得出干扰 $F(s)$ 与 $Y(s)$ 之间的闭环传递函数

$$\frac{Y(s)}{F(s)}=G_f(s)\left[1-\frac{G_c(s)G_0(s)}{1+G_c(s)G_0(s)}e^{-\tau_0 s}\right]$$

和设定值通道一样，干扰通道的传递函数特征方程中也不包含 $e^{-\tau_0 s}$ 项，即预估补偿消除了纯滞后对系统闭环稳定性的影响。

但是，Smith 预估补偿器并没有消除纯滞后 $\tau_0$ 对干扰 $F(s)$ 抑制过程的影响。因为上式中干扰 $F(s)$ 与被控参数 $Y(s)$ 之间的传递函数由两项组成：第一项是干扰对被控参数的扰动作用；第二项是控制系统抑制干扰影响的控制作用。

由于上式第二项含有 $e^{-\tau_0 s}$，所以表明系统对干扰的控制作用比干扰作用纯滞后 $\tau_0$ 时段，这仍然影响控制效果。

因此，Smith 预估补偿控制系统对设定值扰动的控制效果很好；对负荷扰动的控制效果并不理想。

但是，Smith 预估补偿控制系统对补偿模型的误差十分敏感，补偿效果取决于补偿器模型的精度。

$$G_b(s)\ =G_0(s)(1-e^{-\tau_0 s})$$

从上面的分析可知，补偿效果取决于补偿模型 $G_b(s)$ 的性质，而过程模型不可能与实际特性完全一致。若要过程模型尽可能准确，则补偿器就很复杂，太复杂的补偿器难以在工业生产中广泛应用。

### 8.4.3　数字 Smith 预估控制器

在工业生产的控制中，有许多控制对象含有较大的纯滞后特性。被控对象的纯滞后时间 $\tau$ 使系统的稳定性降低，动态性能变坏，如容易引起超调量和持续振荡。对象的纯滞后特性给控制器的设计带来困难。数字控制系统常用的大滞后系统控制方法有数字式 Smith 预估控制及大林算法。

带 Smith 预估器的控制系统如图 8.35 所示。

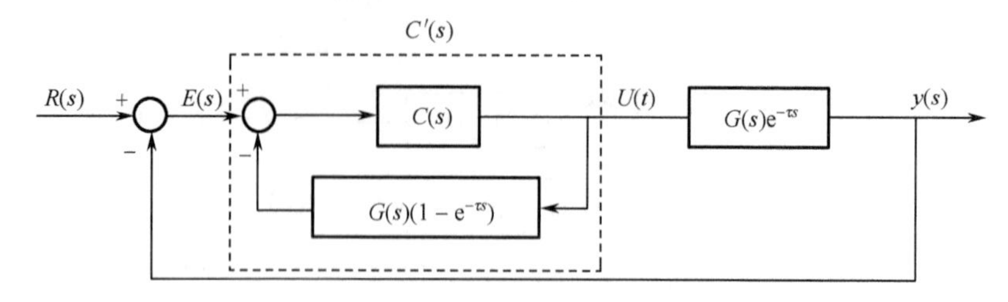


图 8.35 带 Smith 预估器的控制系统

由 Smith 预估器 $G(s)(1-\mathrm{e}^{-\tau s})$ 和调节器 $C(s)$ 组成的补偿回路称为纯滞后补偿器，其传递函数为 $C'(s)$

$$C'(s)=\frac{C(s)}{1+C(s)G(s)(1-\mathrm{e}^{-\tau s})}$$

补偿后的闭环传递函数为 $G_{\mathrm{cl}}(s)$

$$G_{\mathrm{cl}}(s)=\frac{Y(s)}{R(s)}=\frac{C'(s)G(s)\mathrm{e}^{-\tau s}}{1+C'(s)G(s)\mathrm{e}^{-\tau s}}=\frac{C(s)G(s)}{1+C(s)G(s)}\mathrm{e}^{-\tau s}$$

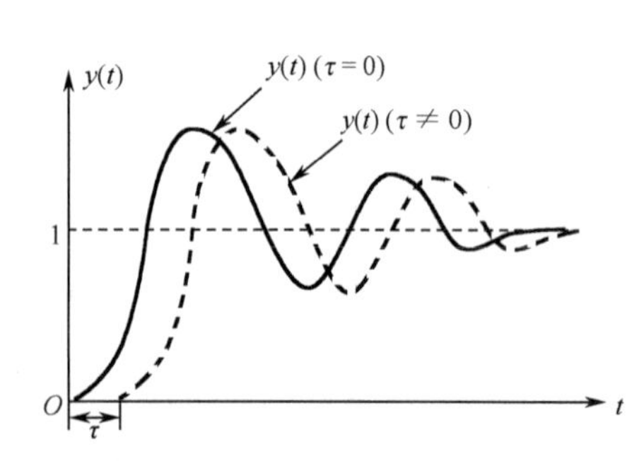


图 8.36 纯滞后补偿系统的输出特性曲线

画出纯滞后补偿系统的输出特性曲线，如图 8.36 所示。经补偿后，纯滞后在闭环控制回路之外，不影响系统的稳定性，仅将控制作用在时间坐标上推移了一个时间段，控制系统的过渡过程及其他性能指标都与对象特性无滞后时完全相同。

接下来我们讲解具有纯滞后补偿的数字 Smith 预估控制器的设计。图 8.37 所示为计算机纯滞后补偿控制系统。图中分别标出了 $e_1$、$e_2$、$y_\tau(t)$、$u(t)$、$y(t)$。

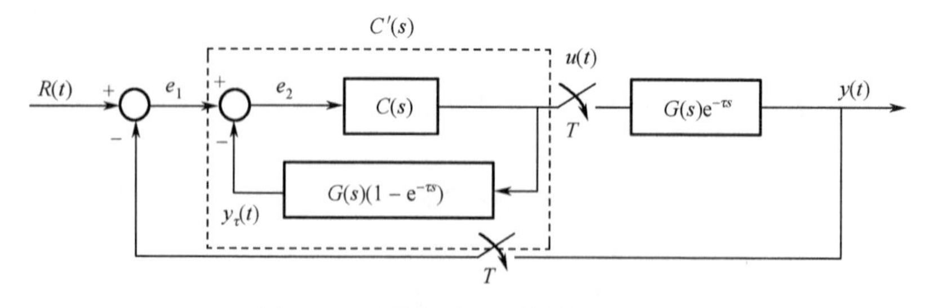


图 8.37 计算机纯滞后补偿控制系统

接下来给出纯滞后补充控制算法的步骤。假设工业过程近似用一阶惯性环节和纯滞后环节串联

$$G(s)\mathrm{e}^{-\tau s}=\frac{K_{\mathrm{f}}}{1+T_{\mathrm{f}}s}\mathrm{e}^{-\tau s}$$

（1）计算反馈回路的偏差 $e_1(k)=r(k)-y(k)$。

（2）计算纯滞后补偿器输出 $y_\tau(k)$

$$\frac{y_\tau(s)}{U(s)}=G(s)(1-\mathrm{e}^{-\tau s})=\frac{K_{\mathrm{f}}}{1+T_{\mathrm{f}}s}(1-\mathrm{e}^{-NTs})$$

$$y_\tau(k) = a y_\tau(k-1) + b[u(k-1) - u(k-N-1)]$$

这里 $a = \mathrm{e}^{-\frac{T}{T_\mathrm{f}}}$、$b = K_\mathrm{f}(1-\mathrm{e}^{-\frac{T}{T_\mathrm{f}}})$、$\tau = NT$。

（3）计算偏差 $e_2(k) = e_1(k) - y_\tau(k)$。

（4）计算控制器输出 $u(k)$

$$u(k) = u(k-1) + \Delta u(k)$$

$$u(k) = u(k-1) + K_\mathrm{p}[e_2(k) - e_2(k-1)] + \frac{K_\mathrm{p}T}{T_\mathrm{I}} e_2(k) + \frac{K_\mathrm{p}T_\mathrm{D}}{T}[e_2(k) - 2e_2(k-1) + e_2(k-2)]$$

以上方法相当于在连续域设计数字 Smith 预估控制器，然后离散化成数字补偿器。除此之外，可以直接在数字域设计数字 Smith 预估控制器。考虑闭环系统中被控过程传递函数 $G_\mathrm{p}(s) = G(s)\mathrm{e}^{-\tau s}$、$\tau = NT$，求出过程的脉冲传递函数

$$G_\mathrm{ZAS}(z) = Z\left[\frac{1-\mathrm{e}^{-sT}}{s} G(s)\mathrm{e}^{-NTs}\right] = z^{-N} Z\left[\frac{1-\mathrm{e}^{-sT}}{s} G(s)\right] = z^{-N} G(z)$$

根据此时的闭环系统框图（见图 8.38），写出闭环传递函数 $G_\mathrm{cl}(z)$

$$G_\mathrm{cl}(z) = \frac{Y(z)}{R(z)} = \frac{C(s)G(s)z^{-N}}{1 + C(s)G(s)z^{-N}}$$

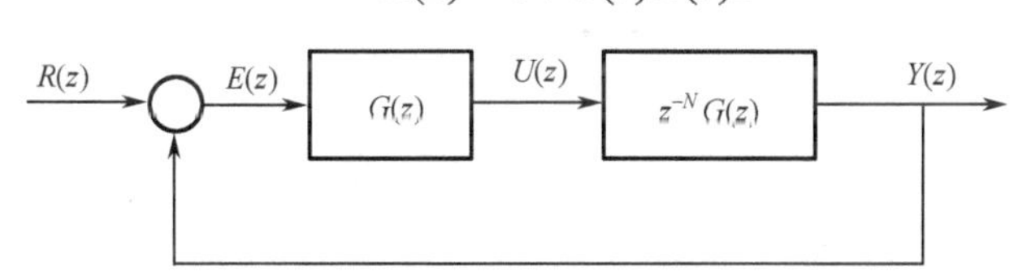


图 8.38　闭环系统框图

于是可以设计出图 8.39 所示的计算机纯滞后补偿控制系统，此时

$$G_\mathrm{cl}(z) = \frac{\dfrac{C(z)}{1 + C(z)G(z)(1-z^{-N})} G(z) z^{-N}}{1 + \dfrac{C(z)}{1 + C(z)G(z)(1-z^{-N})} G(z) z^{-N}} = \frac{C(z)G(z)}{1 + C(z)G(z)} z^{-N}$$

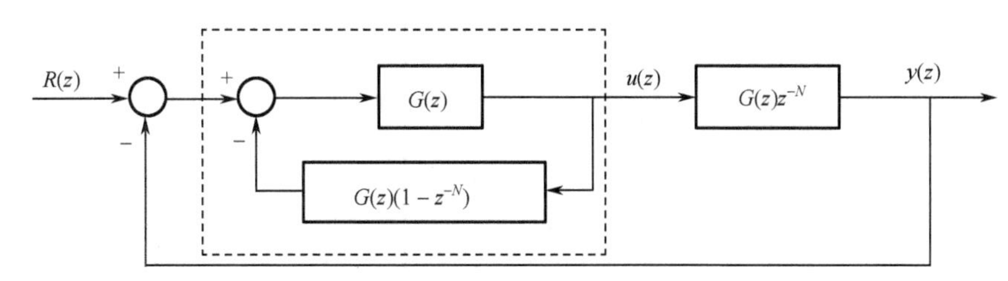


图 8.39　计算机纯滞后补偿控制系统

可以直接求出此时的数字补偿器

$$C'(z) = \frac{C(z)}{1 + C(z)G(z)(1-z^{-N})}$$

例如，被控过程为二阶惯性环节

$$G_\mathrm{p}(s) = \frac{K}{(\tau_1 s + 1)(\tau_2 s = 1)} = \frac{\mathrm{e}^{-3s}}{(5s+1)(3s+1)}$$

采样周期$T=1$，PI控制器，应用Simulink工具画出在单位阶跃输入作用下应用数字Smith预估控制器前后系统输出为$0\leqslant t\leqslant 20$的响应曲线。

解：

$$G_{ZAS}(z)=\frac{(0.028+0.0234z^{-1})z^{-4}}{(1-0.8187z^{-1})(1-0.7165z^{-1})}=\frac{(0.028+0.0234z^{-1})z^{-1}}{(1-0.8187z^{-1})(1-0.7165z^{-1})}z^{-3}=z^{-3}G(z)$$

令PI控制器

$$C(z)=\frac{1-0.5z^{-1}}{1-z^{-1}}=0.5+\frac{0.5}{1-z^{-1}}$$

画出Simulink模型和过程输出与控制器输出响应曲线，如图8.40、图8.41和图8.42所示，可以看出此时PI控制器的控制并不能使滞后系统稳定。

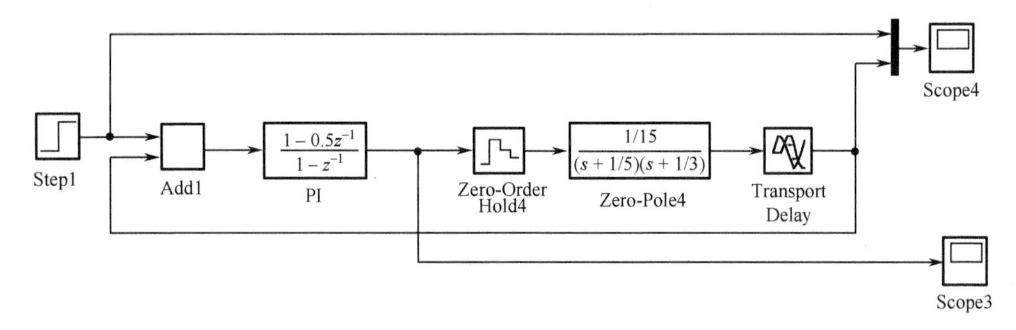


图8.40　Simulink模型

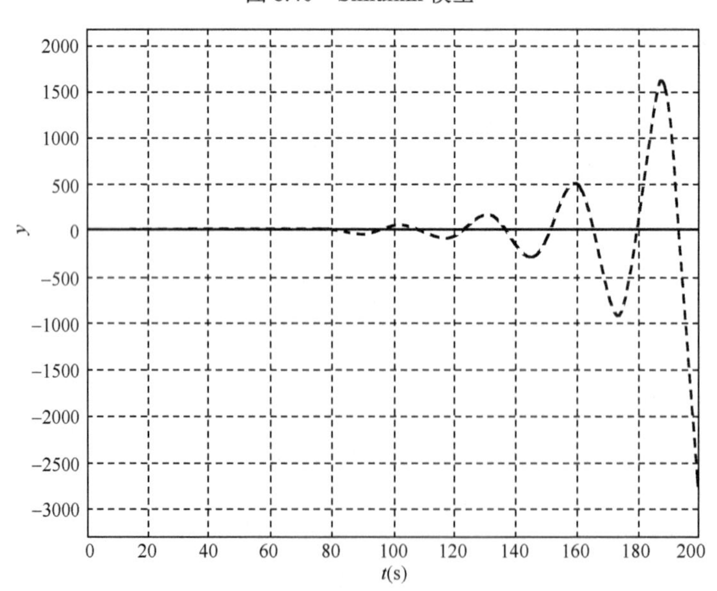


图8.41　过程输出响应曲线

设计数字式Smith预估控制器，画出Simulink模型和过程输出与控制器输出响应曲线，如图8.43、图8.44和图8.45所示。可以看出，同样的PI控制器，加了数字式Smith预估控制器后，系统稳定了，获得了较好的控制效果。

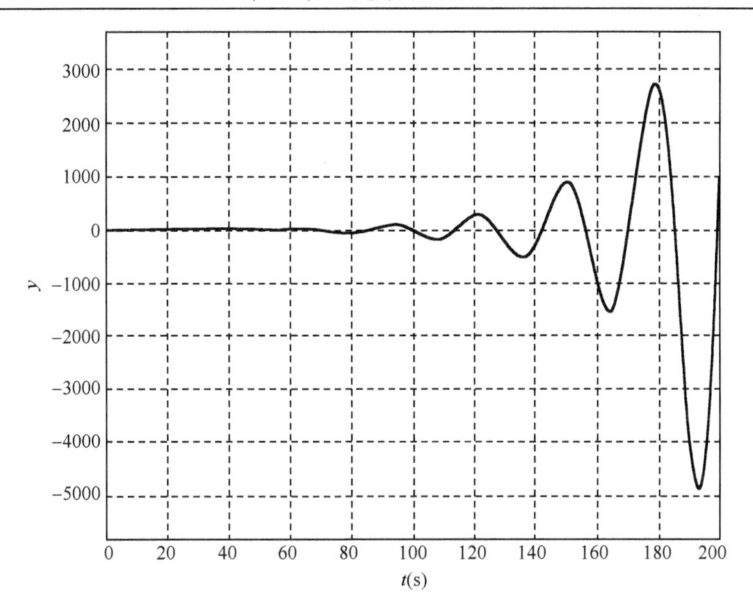


图 8.42　控制器输出响应曲线

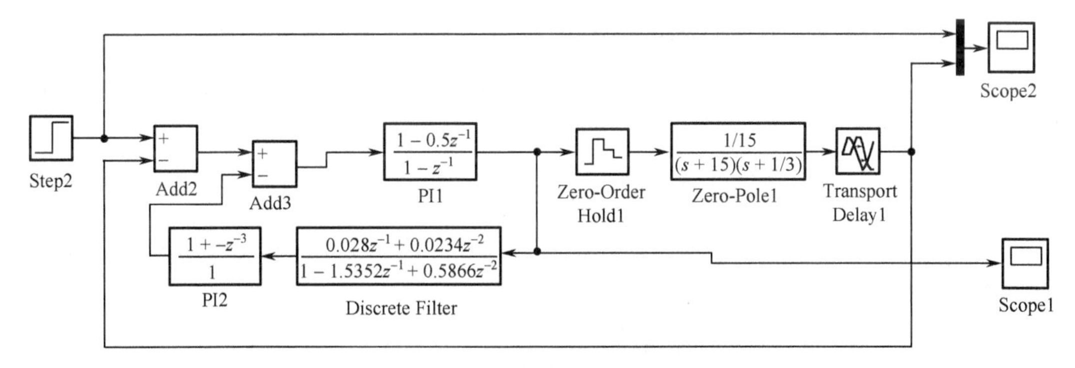


图 8.43　Simulink 模型（加了数字式 Smith 预估控制器）

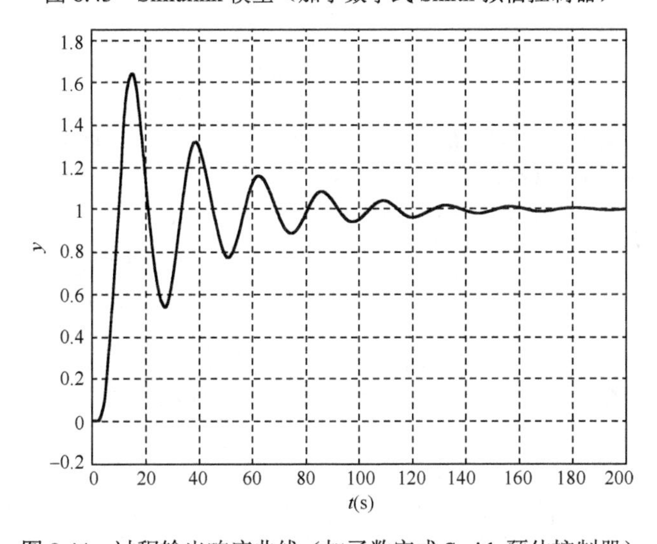


图 8.44　过程输出响应曲线（加了数字式 Smith 预估控制器）

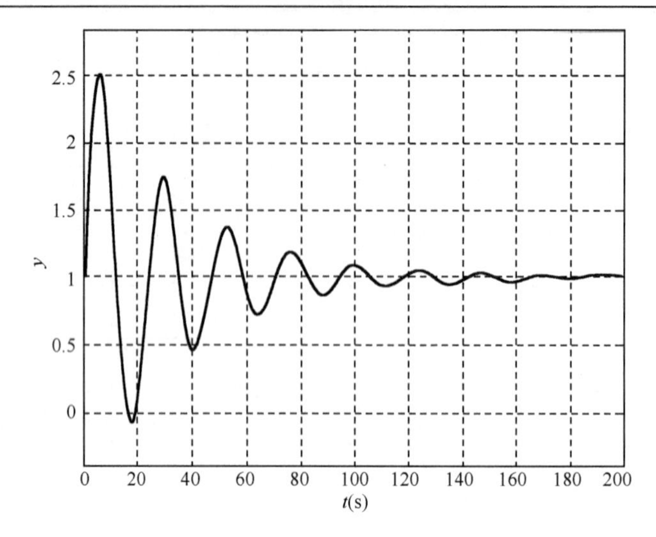


图 8.45　控制器输出响应曲线（加了数字式 Smith 预估控制器）

## 8.4.4 大林算法

大林算法的设计目标为：设计合适的数字控制器 $C(z)$，使整个计算机控制系统闭环传递函数为一个一阶惯性环节加纯滞后环节，并期望闭环系统的纯滞后时间等于被控过程的纯滞后时间，这与前面讲的控制器参数整定中的直接综合法确定期望的闭环传递函数的方法类似。

被控过程通常是一阶过程加纯滞后

$$G_{\mathrm{p}}(s)=\frac{K}{1+\tau_1 s}\mathrm{e}^{-\theta s}$$

或者二阶过程加纯滞后

$$G_{\mathrm{p}}(s)=\frac{K}{(1+\tau_1 s)(1+\tau_2 s)}\mathrm{e}^{-\theta s}$$

期望的闭环传递函数

$$G_{\mathrm{cl}}(s)=\frac{1}{1+\tau s}\mathrm{e}^{-Ls}$$

则期望闭环传递函数滞后时间 $L=\theta$。闭环系统的时间常数为 $\tau$，纯滞后时间 $L=NT$。根据期望的闭环传递函数 $G_{\mathrm{cl}}(s)$，求出闭环脉冲传递函数

$$G_{\mathrm{cl}}(z)=\frac{Y(z)}{R(z)}=Z\left[\frac{1-\mathrm{e}^{-sT}}{s}G_{\mathrm{cl}}(s)\right]=Z\left(\frac{1-\mathrm{e}^{-sT}}{s}\frac{1}{1+\tau s}\mathrm{e}^{-Ls}\right)$$

$$=(1-z^{-1})z^{-N}Z\left(\frac{1}{s}\frac{\frac{1}{\tau}}{\frac{1}{\tau}+s}\right)=z^{-(N+1)}\frac{1-\mathrm{e}^{-\frac{T}{\tau}}}{1-\mathrm{e}^{-\frac{T}{\tau}}z^{-1}}$$

求出 $C(z)$

$$C(z)=\frac{1}{G_{\mathrm{ZAS}}(z)}\frac{G_{\mathrm{cl}}(z)}{1-G_{\mathrm{cl}}(z)}=\frac{1}{G_{\mathrm{ZAS}}(z)}\frac{z^{-(N+1)}(1-\mathrm{e}^{-\frac{T}{\tau}})}{1-\mathrm{e}^{-\frac{T}{\tau}}z^{-1}-(1-\mathrm{e}^{-\frac{T}{\tau}})z^{-(N+1)}}$$

如果被控过程为带有纯滞后的一阶惯性环节，则

$$G_p(s)=\frac{Ke^{-\theta s}}{\tau_1 s+1}=\frac{Ke^{-NTs}}{\tau_1 s+1}$$

其与零阶保持器相串联的脉冲传递函数为

$$G_{ZAS}(z)=Z\left(\frac{1-e^{-sT}}{s}\frac{Ke^{-\theta s}}{\tau_1 s+1}\right)=Kz^{-(N+1)}\frac{1-e^{-\frac{T}{\tau_1}}}{1-e^{-\frac{T}{\tau_1}}z^{-1}}$$

数字控制器为

$$C(z)=\frac{1-e^{-\frac{T}{\tau_1}}z^{-1}}{Kz^{-(N+1)}(1-e^{-\frac{T}{\tau_1}})}\frac{z^{-(N+1)}(1-e^{-\frac{T}{\tau}})}{1-e^{-\frac{T}{\tau}}z^{-1}-(1-e^{-\frac{T}{\tau}})z^{-(N+1)}}$$

$$C(z)=\frac{1-e^{-\frac{T}{\tau_1}}z^{-1}}{K(1-e^{-\frac{T}{\tau_1}})}\frac{1-e^{-\frac{T}{\tau}}}{1-e^{-\frac{T}{\tau}}z^{-1}-(1-e^{-\frac{T}{\tau}})z^{-(N+1)}}$$

如果被控过程为带有纯滞后的二阶惯性环节，则

$$G_p(s)=\frac{Ke^{-\theta s}}{(\tau_1 s+1)(\tau_2 s+1)}=\frac{Ke^{-NTs}}{(\tau_1 s+1)(\tau_2 s+1)}$$

它与零阶保持器相串联的脉冲传递函数为

$$G_{ZAS}(z)=Z\left[\frac{1-e^{-sT}}{s}\frac{Ke^{-NTs}}{(\tau_1 s+1)(\tau_2 s+1)}\right]=\frac{K(C_1+C_2z^{-1})z^{-(N+1)}}{(1-e^{-\frac{T}{\tau_1}}z^{-1})(1-e^{-\frac{T}{\tau_2}}z^{-1})}$$

式中

$$C_1=1+\frac{1}{\tau_2-\tau_1}(\tau_1e^{-\frac{T}{\tau_1}}-\tau_2e^{-\frac{T}{\tau_2}})\quad C_2=e^{-T\left(\frac{1}{\tau_1}+\frac{1}{\tau_2}\right)}+\frac{1}{\tau_2-\tau_1}(\tau_1e^{-\frac{T}{\tau_2}}-\tau_2e^{-\frac{T}{\tau_1}})$$

相应的数字控制器为

$$C(z)=\frac{(1-e^{-\frac{T}{\tau_1}}z^{-1})(1-e^{-\frac{T}{\tau_2}}z^{-1})}{K(C_1+C_2z^{-1})}\frac{(1-e^{-\frac{T}{\tau}})}{1-e^{-\frac{T}{\tau}}z^{-1}-(1-e^{-\frac{T}{\tau}})z^{-(N+1)}}$$

例如，已知被控系统的传递函数为 $G_p(s)=\frac{e^{-2s}}{4s+1}$、$T=1$，求大林算法数字控制器，使系统的闭环传递函数 $G_{cl}(s)=\frac{e^{-2s}}{2s+1}$。

解：

$N=\tau/T=2/1=2$，被控对象是带有纯滞后的一阶惯性环节，则广义对象脉冲传递函数为 $G_{ZAS}(z)$，闭环系统脉冲传递函数 $G_{cl}(z)$ 和数字控制器脉冲传递函数 $C(z)$ 分别为

$$G_{ZAS}(z)=Z\left(\frac{1-e^{-sT}}{s}\frac{e^{-2s}}{4s+1}\right)=z^{-(2+1)}\frac{1-e^{-\frac{1}{4}}}{1-e^{-\frac{1}{4}}z^{-1}}=\frac{0.221z^{-3}}{1-0.779z^{-1}}$$

$$G_{cl}(z)=z^{-3}\frac{0.393}{1-0.607z^{-1}}$$

$$C(z)=\frac{1.778(1-0.779z^{-1})}{1-0.607z^{-1}-0.393z^{-3}}$$

搭建此时的 Simulink 模型，如图 8.46 所示。图中有两个通道，一个是阶跃输入直接作用在等效的闭环传递函数上，另一个是阶跃输入作用在大林控制器的反馈回路上，这两个通道传递函数是等价的，观测被控过程的输出曲线应是重合的。

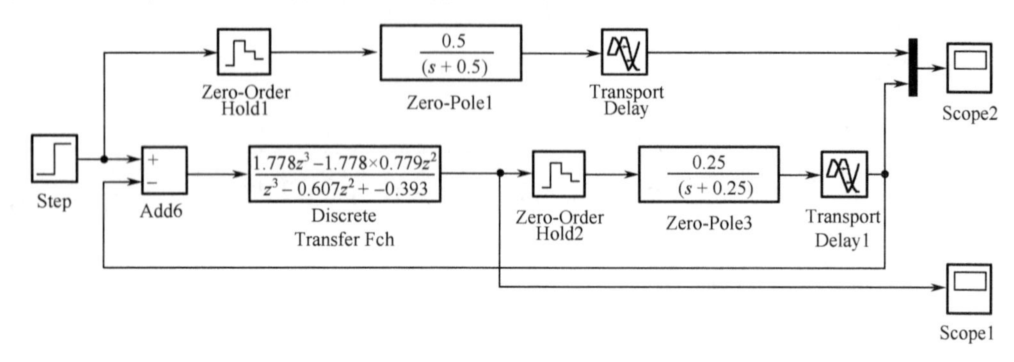


图 8.46　Simulink 模型

图 8.47 和图 8.48 所示为控制器输出和被控过程输出响应曲线。由被控过程输出响应曲线可以看出，两条曲线是重合的，这与理论分析是一致的。

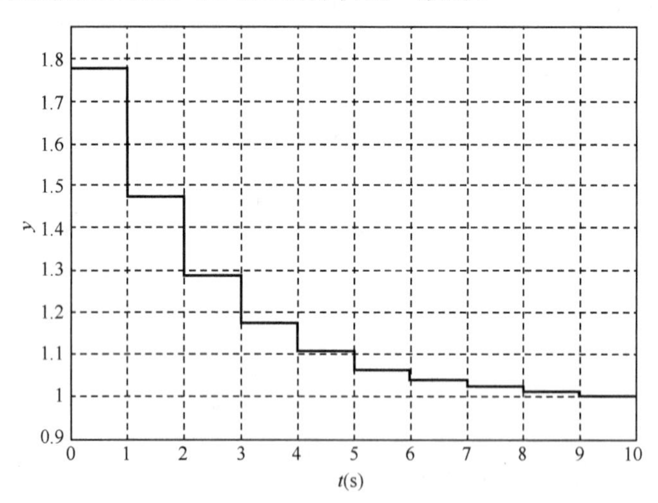


图 8.47　控制器输出响应曲线

例如，被控过程为二阶惯性环节

$$G_{\mathrm{p}}(s)=\frac{K}{(\tau_1 s+1)(\tau_2 s+1)}=\frac{1}{(5s+1)(3s+1)}$$

采样周期 $T=1$，设计大林控制器，令闭环传递函数 $\tau=1$，应用 Simulink 工具画出在单位阶跃输入作用下，系统输出为 $0\leqslant t\leqslant 20$ 的响应曲线。

解：被控过程与零阶保持器相串联的脉冲传递函数为

$$G_{\mathrm{ZAS}}(z)=Z\left[\frac{1-\mathrm{e}^{-sT}}{s}\frac{K\mathrm{e}^{-NTs}}{(\tau_1 s+1)(\tau_2 s+1)}\right]=\frac{K(C_1+C_2 z^{-1})z^{-(N+1)}}{(1-\mathrm{e}^{-\frac{T}{\tau_1}}z^{-1})(1-\mathrm{e}^{-\frac{T}{\tau_2}}z^{-1})}$$

$$= Z\left[\frac{1-\mathrm{e}^{-s}}{s}\frac{1}{(5s+1)(3s+1)}\right] = \frac{(C_1+C_2z^{-1})z^{-1}}{(1-\mathrm{e}^{-\frac{1}{5}}z^{-1})(1-\mathrm{e}^{-\frac{1}{3}}z^{-1})}$$

$$C_1 = 1+\frac{1}{\tau_2-\tau_1}(\tau_1\mathrm{e}^{-\frac{T}{\tau_1}}-\tau_2\mathrm{e}^{-\frac{T}{\tau_2}}) = 1+\frac{1}{-2}(5\mathrm{e}^{-\frac{1}{5}}-3\mathrm{e}^{-\frac{1}{3}}) \approx 0.028$$

$$C_2 = \mathrm{e}^{-T\left(\frac{1}{\tau_1}+\frac{1}{\tau_2}\right)}+\frac{1}{\tau_2-\tau_1}(\tau_1\mathrm{e}^{-\frac{T}{\tau_2}}-\tau_2\mathrm{e}^{-\frac{T}{\tau_1}}) = \mathrm{e}^{-(\frac{1}{5}+\frac{1}{3})}+\frac{1}{-2}(5\mathrm{e}^{-\frac{1}{3}}-3\mathrm{e}^{-\frac{1}{5}}) \approx 0.0234$$

$$G_{\mathrm{ZAS}}(z) = \frac{(0.028+0.0234z^{-1})z^{-1}}{(1-0.8187z^{-1})(1-0.7165z^{-1})}$$

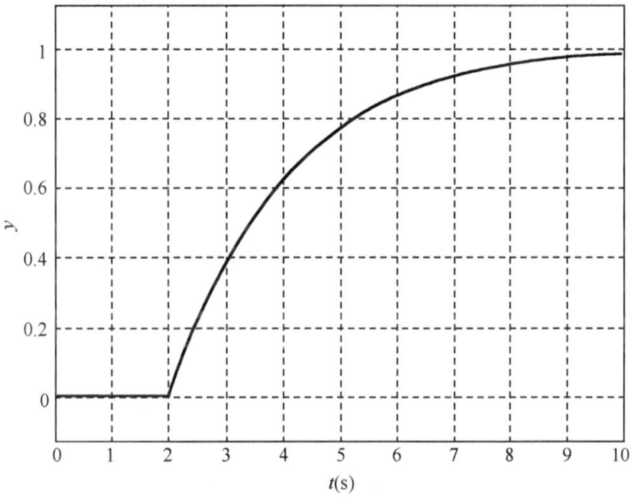

图 8.48　被控过程输出响应曲线

根据题意，期望的闭环传递函数为

$$G_{\mathrm{cl}}(s) = \frac{1}{1+\tau s}$$

则

$$G_{\mathrm{cl}}(z) = Z\left(\frac{1-\mathrm{e}^{-sT}}{s}\frac{1}{1+\tau s}\mathrm{e}^{-Ls}\right) = z^{-(N+1)}\frac{1-\mathrm{e}^{-\frac{T}{\tau}}}{1-\mathrm{e}^{-\frac{T}{\tau}}z^{-1}} = z^{-1}\frac{1-\mathrm{e}^{-1}}{1-\mathrm{e}^{-1}z^{-1}} = \frac{0.6321z^{-1}}{1-0.3679z^{-1}}$$

数字控制器为

$$C(z) = \frac{1}{G_{\mathrm{ZAS}}(z)}\frac{G_{\mathrm{cl}}(z)}{1-G_{\mathrm{cl}}(z)} = \frac{(1-0.8187z^{-1})(1-0.7165z^{-1})}{(0.028+0.0234z^{-1})z^{-1}}\frac{0.6321z^{-1}}{1-z^{-1}}$$

$$= \frac{1-1.5352z^{-1}+0.5866z^{-2}}{(0.028+0.0234z^{-1})}\frac{0.6321z^{-1}}{1-z^{-1}}$$

建立 Simulink 模型，如图 8.49 所示。仍然是两个通道，上面一个为闭环传递函数通道，下面一个是设计大林控制的反馈通道。本质上这两个通道是相等的。

画出此时控制器输出曲线，如图 8.50 所示。给定值（幅值为 1 的单位阶跃信号）、期望值，实际输出曲线如图 8.51 所示。可以看出，期望值曲线为一阶过程阶跃响应曲线（实线），而实际输出曲线（虚线）所对应曲线在采样点时刻与期望值曲线重合，但是采样点之间有纹波现象。控制器的输出曲线也是有波动的，并且波动的周期为 $2T$。

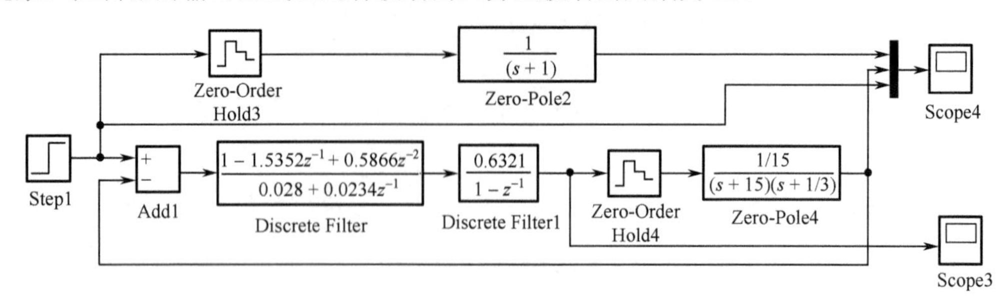


图 8.49 Simulink 模型

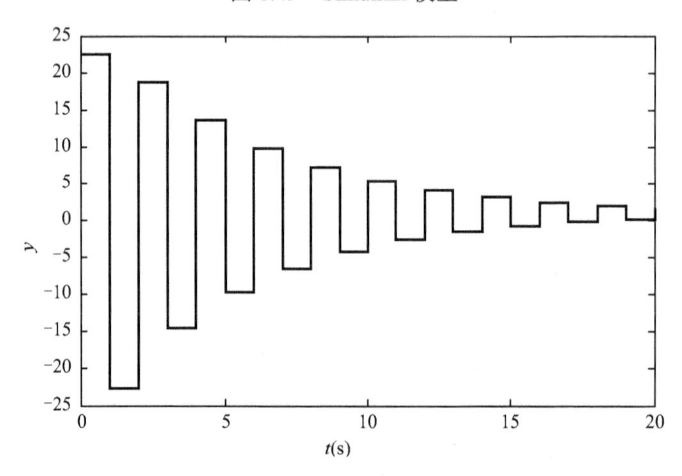


图 8.50 控制器输出曲线

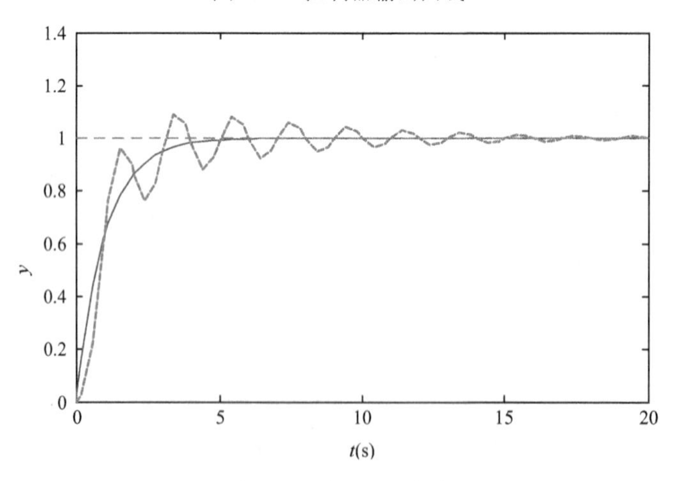


图 8.51 过程输出曲线

按大林算法设计的控制器可能会出现一种振铃现象：数字控制器的输出以 1/2 的采样频率大幅度衰减振荡，会造成执行机构的磨损。在有交互作用的多参数控制系统中，振铃现象还有可能影响系统的稳定性。

接下来分析振铃现象产生的原因。

系统的输出 $Y(z)$ 和数字控制器的输出 $U(z)$ 之间满足

$$Y(z)=U(z)G_{ZAS}(z)$$

系统的输出 $Y(z)$ 和输入函数 $R(z)$ 之间满足

$$Y(z)=R(z)G_{cl}(z)$$

故 $U(z)$ 与 $R(z)$ 之间满足

$$U(z)=\frac{G_{cl}(z)}{G_{ZAS}(z)}R(z)$$

上式表达了数字控制器的输出与系统输入函数的关系，这是分析振铃现象的基础。单位阶跃输入 $R(z)=1/(1-z^{-1})$ 中含有极点 $z=1$，如果 $\frac{G_{cl}(z)}{G_{ZAS}(z)}$ 中的极点在 $z$ 平面的单位圆内负实轴上，且与 $z=-1$ 点相近，那么数字控制器的输出序列 $u(k)$ 因含有这两种幅值相近的瞬态项而有波动。

分析 $\frac{G_{cl}(z)}{G_{ZAS}(z)}$ 在 $z$ 平面负实轴上的极点分布情况，即可得出振铃现象的有关结论。被控对象为带纯滞后的一阶惯性环节时，则有

$$\frac{G_{cl}(z)}{G_{ZAS}(z)}=\frac{(1-\mathrm{e}^{-\frac{T}{\tau}})(1-\mathrm{e}^{-\frac{T}{\tau_1}}z^{-1})}{K(1-\mathrm{e}^{-\frac{T}{\tau_1}})(1-\mathrm{e}^{-\frac{T}{\tau}}z^{-1})}$$

求得极点 $z>0$，故得出结论：在带纯滞后的一阶惯性环节组成的系统中，$\frac{G_{cl}(z)}{G_{ZAS}(z)}$ 不存在负实轴上的极点，这种系统不存在振铃现象。

被控对象为带纯滞后的二阶惯性环节时，则有

$$\frac{G_{cl}(z)}{G_{ZAS}(z)}=\frac{(1-\mathrm{e}^{-\frac{T}{\tau}})(1-\mathrm{e}^{-\frac{T}{\tau_1}}z^{-1})(1-\mathrm{e}^{-\frac{T}{\tau_2}}z^{-1})}{KC_1\left(1+\frac{C_2}{C_1}z^{-1}\right)(1-\mathrm{e}^{-\frac{T}{\tau}}z^{-1})}$$

上式有两个极点：第一个极点 $z=\mathrm{e}^{-T/\tau}>0$，不会引起振铃现象；第二个极点 $z=-\frac{C_2}{C_1}$。在 $T\to 0$ 时，有 $\lim\limits_{T\to 0}-\frac{C_2}{C_1}=-1$，这说明可能出现负实轴上与 $-1$ 相近的极点，这个极点将引起振铃现象。

衡量振铃现象的强烈程度的量是振铃幅值 RA（Ringing Amplitude）：在单位阶跃输入作用下，数字控制器第 0 次输出幅值与第 1 次输出幅值之差值。一般的 $\frac{G_{cl}(z)}{G_{ZAS}(z)}$ 是 $z$ 的有理分式，可以写为如下形式

$$\frac{G_{cl}(z)}{G_{ZAS}(z)}=Kz^{-m}\frac{1+b_1z^{-1}+b_2z^{-2}+\cdots}{1+a_1z^{-1}+a_2z^{-2}+\cdots}=Kz^{-m}Q(z)$$

因为 $Kz^{-m}$ 只是输出序列的时延，于是控制器输出幅值的变化主要取决于 $Q(z)$。下面我们就根据上述形式来分析振铃现象。

阶跃输入时，即 $R(z)=1/(1-z^{-1})$，分别求出以下 4 种情况下的控制器输出振铃幅值，并画出控制器输出曲线。

（1）
$$Q(z)=\frac{1}{1+z^{-1}}$$
$$U(z)=\frac{1}{1+z^{-1}}\frac{1}{1-z^{-1}}=1+0z^{-1}+1z^{-2}+\cdots$$
$$\mathrm{RA}=u(0)-u(T)=1$$

控制器输出曲线如图 8.52 所示。

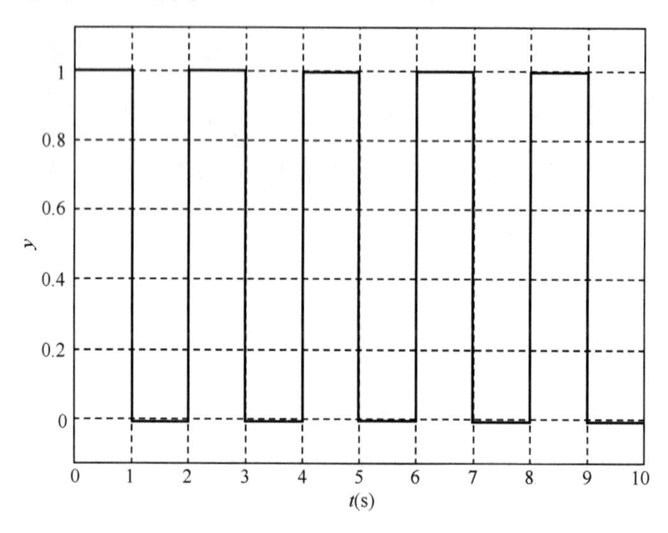


图 8.52　控制器输出曲线（1）

（2）
$$Q(z)=\frac{1}{1+0.5z^{-1}}$$
$$U(z)=\frac{1}{1+0.5z^{-1}}\frac{1}{1-z^{-1}}=1+0.5z^{-1}+0.75z^{-2}+\cdots$$
$$\mathrm{RA}=u(0)-u(T)=0.5$$

控制器输出曲线如图 8.53 所示。

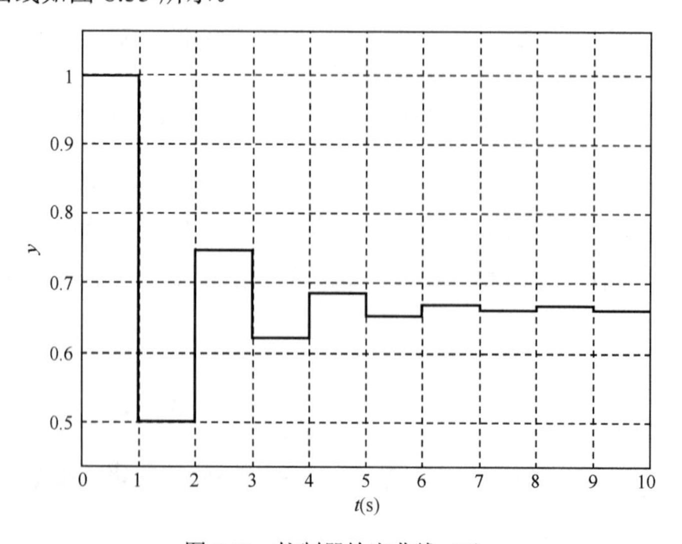


图 8.53　控制器输出曲线（2）

（3）

$$Q(z)=\frac{1}{(1+0.5z^{-1})(1-0.2z^{-1})}$$

$$U(z)=1+0.7z^{-1}+0.89z^{-2}+\cdots$$

$$\mathrm{RA}=u(0)-u(T)=0.3$$

控制器输出曲线如图 8.54 所示。

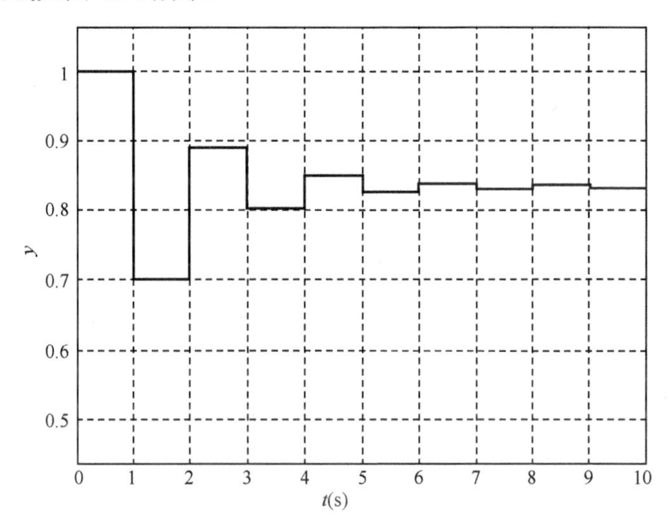


图 8.54 控制器输出曲线（3）

（4）

$$Q(z)=\frac{1-0.5z^{-1}}{(1+0.5z^{-1})(1-0.2z^{-1})}$$

$$U(z)=1+0.2z^{-1}+0.54z^{-2}+\cdots$$

$$\mathrm{RA}=u(0)-u(T)=0.8$$

控制器输出曲线如图 8.55 所示。

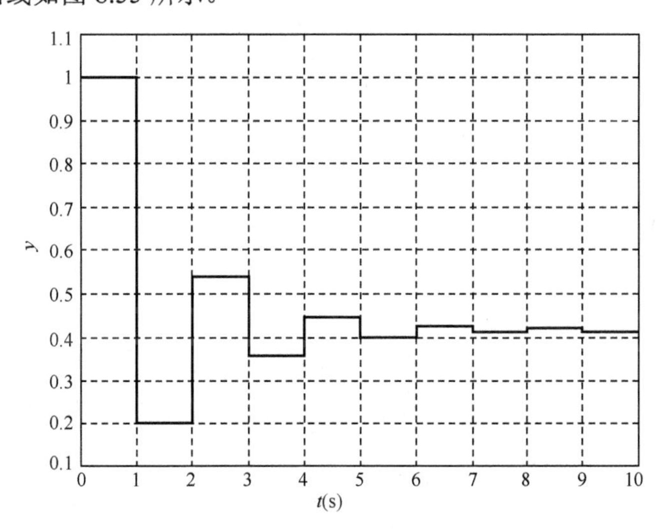


图 8.55 控制器输出曲线（4）

为了简便，令$K=1$、$m=0$，$Q(z)$在阶跃信号作用下的输出为

$$Q(z)\frac{1}{1-z^{-1}}=\frac{1+b_1z^{-1}+b_2z^{-2}+\cdots}{(1+a_1z^{-1}+a_2z^{-2}+\cdots)(1-z^{-1})}$$
$$=\frac{1+b_1z^{-1}+b_2z^{-2}+\cdots}{1+(a_1-1)z^{-1}+(a_2-a_1)z^{-2}+\cdots}$$
$$=1+(b_1-a_1+1)z^{-1}+\cdots$$

于是，根据振铃幅值的定义可知振铃幅值$\mathrm{RA}=1-(b_1-a_1+1)$。

振铃现象产生的根源是控制量$U(z)$中$z=-1$附近有极点。极点距$z=-1$越近，振铃幅值越大，振铃现象越严重；离$z=-1$越远，振铃现象就越弱。在单位圆内右半平面有零点时，会加剧振铃现象；而在右半平面有极点时，则会减轻振铃现象。

如何消除振铃现象呢？

根据$U(z)$和$R(z)$之间关系不难看出，$U(z)$把$G_{\mathrm{ZAS}}(z)$的全部零点作为其极点，所以$G_{\mathrm{ZAS}}(z)$若有单位圆内接近$z=-1$的零点，就会引起振铃现象。通过分析，消除振铃现象的方法是：先找出数字控制器中产生振铃现象的极点，$z=-1$及附近的极点，令$z=1$。这样就取消了该极点，即可消除振铃现象。根据终值定理，当$t\to\infty$时对应的$z\to 1$，所以这样处理不会影响输出的稳态值。

当被控对象为纯滞后的二阶惯性环节时

$$\frac{G_{\mathrm{cl}}(z)}{G_{\mathrm{ZAS}}(z)}=\frac{(1-\mathrm{e}^{-\frac{T}{\tau}})(1-\mathrm{e}^{-\frac{T}{\tau_1}}z^{-1})(1-\mathrm{e}^{-\frac{T}{\tau_2}}z^{-1})}{KC_1\left(1+\dfrac{C_2}{C_1}z^{-1}\right)(1-\mathrm{e}^{-\frac{T}{\tau}}z^{-1})}$$

第一个极点是$z=\mathrm{e}^{-\frac{T}{\tau}}>0$，不会引起振铃现象。第二个极点$z=-\dfrac{C_2}{C_1}$，在$z=-1$处有极点，系统会出现严重的振铃现象，且振铃幅值为RA，当$T\to 0$时，$\mathrm{RA}\to 2$。

为消除振铃现象，将产生振铃现象的极点的因子$1+\dfrac{C_2}{C_1}z^{-1}$中的$z$用1代替

$$C_1=1+\frac{1}{\tau_2-\tau_1}(\tau_1\mathrm{e}^{-\frac{T}{\tau_1}}-\tau_2\mathrm{e}^{-\frac{T}{\tau_2}})=1+\frac{1}{-2}(5\mathrm{e}^{-\frac{1}{5}}-3\mathrm{e}^{-\frac{1}{3}})\approx 0.028$$

$$C_2=\mathrm{e}^{-T\left(\frac{1}{\tau_1}+\frac{1}{\tau_2}\right)}+\frac{1}{\tau_2-\tau_1}(\tau_1\mathrm{e}^{-\frac{T}{\tau_2}}-\tau_2\mathrm{e}^{-\frac{T}{\tau_1}})=\mathrm{e}^{-\left(\frac{1}{5}+\frac{1}{3}\right)}+\frac{1}{-2}(5\mathrm{e}^{-\frac{1}{3}}-3\mathrm{e}^{-\frac{1}{5}})\approx 0.0234$$

此时控制器应设计为

$$C(z)=\frac{(1-\mathrm{e}^{-\frac{T}{\tau_1}}z^{-1})(1-\mathrm{e}^{-\frac{T}{\tau_2}}z^{-1})}{K(C_1+C_2 1)}\frac{(1-\mathrm{e}^{-\frac{T}{\tau}})}{1-\mathrm{e}^{-\frac{T}{\tau}}z^{-1}-(1-\mathrm{e}^{-\frac{T}{\tau}})z^{-(N+1)}}$$
$$=\frac{(1-\mathrm{e}^{-\frac{T}{\tau_1}}z^{-1})(1-\mathrm{e}^{-\frac{T}{\tau_2}}z^{-1})}{K(1-\mathrm{e}^{-\frac{T}{\tau_1}})(1-\mathrm{e}^{-\frac{T}{\tau_2}})}\frac{(1-\mathrm{e}^{-\frac{T}{\tau}})}{1-\mathrm{e}^{-\frac{T}{\tau}}z^{-1}-(1-\mathrm{e}^{-\frac{T}{\tau}})z^{-(N+1)}}$$

例如，被控过程为二阶惯性环节。

$$G_{\mathrm{p}}(s)=\frac{1}{(\tau_1 s+1)(\tau_2 s+1)}=\frac{1}{(5s+1)(3s+1)}$$

采样周期 $T=1$，设计大林控制器，令闭环传递函数 $\tau=1$，应用 Simulink 工具画出在单位阶跃输入作用下，系统输出为 $0\leqslant t\leqslant 20$ 的响应曲线。分析系统是否存在振铃现象，重新设计控制器，消除振铃现象，并画出曲线。

分别求出 $G_{\mathrm{ZAS}}(z)$、$G_{\mathrm{cl}}(z)$ 和 $C(z)$

$$G_{\mathrm{ZAS}}(z)=\frac{(0.028+0.0234z^{-1})z^{-1}}{(1-0.8187z^{-1})(1-0.7165z^{-1})}$$

$$G_{\mathrm{cl}}(z)=\frac{0.6321z^{-1}}{1-0.3679z^{-1}}$$

$$C(z)=\frac{1-1.5352z^{-1}+0.5866z^{-2}}{(0.028+0.0234z^{-1})}\frac{0.6321}{1-z^{-1}}$$

此时控制器输出曲线如图 8.56 所示。给定值（幅值为 1 的单位阶跃信号）、期望值，实际输出曲线如图 8.57 所示。实际输出曲线（虚线）在采样点间有纹波，控制器输出有振铃现象。

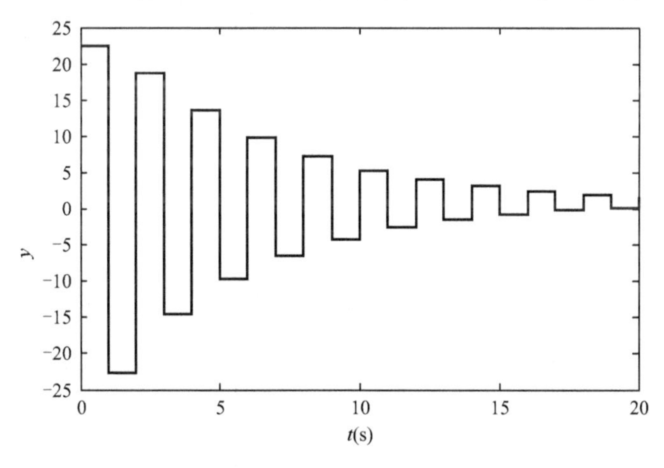


图 8.56　控制器输出曲线

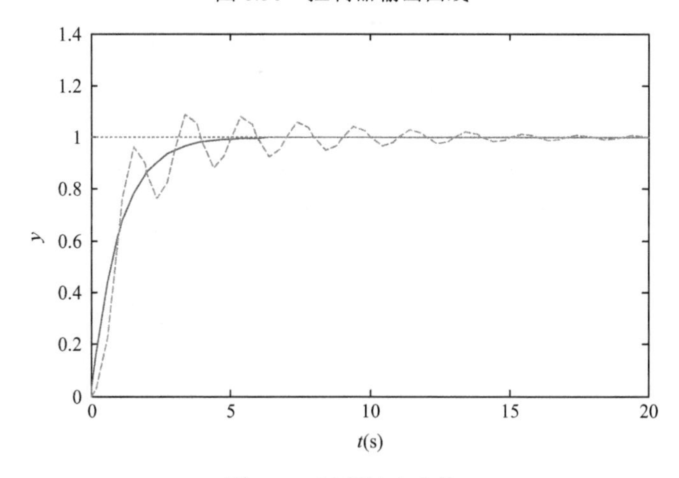


图 8.57　过程输出曲线

此时

$$C(z)=\frac{1-1.5352z^{-1}+0.5866z^{-2}}{(0.028+0.0234z^{-1})}\frac{0.6321}{1-z^{-1}}$$

有个极点在-0.836，接近-1，所以产生了振铃现象。为了消除振铃现象，令 $z^{-1}=1$，得到改进控制器

$$C(z)=\frac{1-1.5352z^{-1}+0.5866z^{-2}}{(0.028+0.0234\times1)}\frac{0.6321}{1-z^{-1}}=\frac{1-1.5352z^{-1}+0.5866z^{-2}}{0.0514}\frac{0.6321}{1-z^{-1}}$$

画出 Simulink 模型（见图 8.58）和控制器输出响应曲线（见图 8.59），过程输出响应曲线如图 8.60 所示。可以看出，过程输出有超调量，但没有波动，控制器输出无振铃现象，这说明了该方法的有效性。

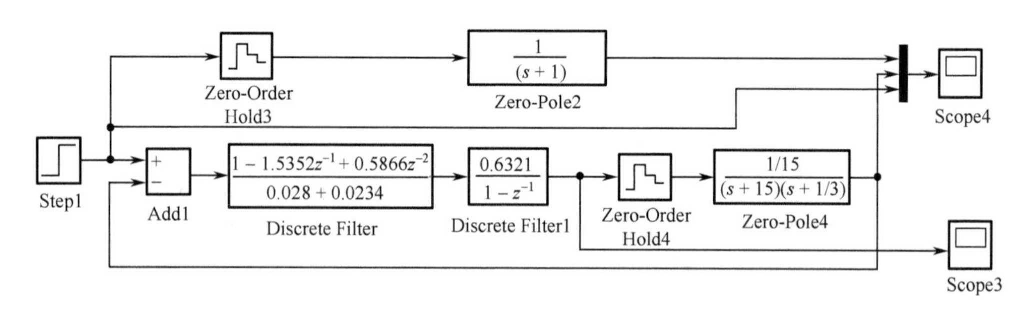


图 8.58　Simulink 模型

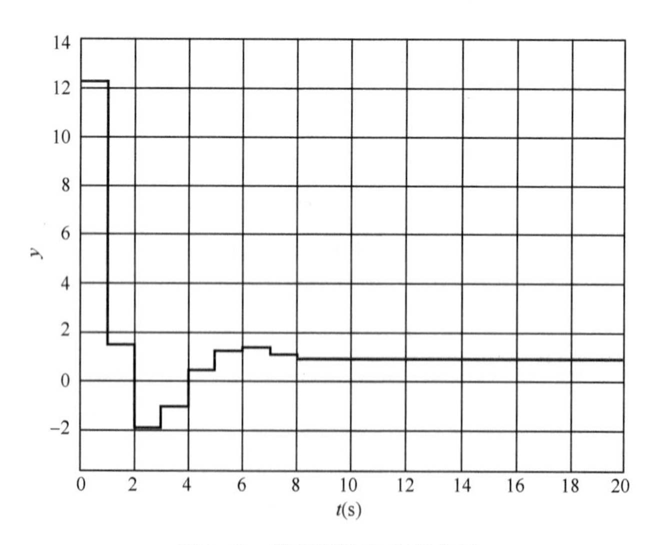


图 8.59　控制器输出响应曲线

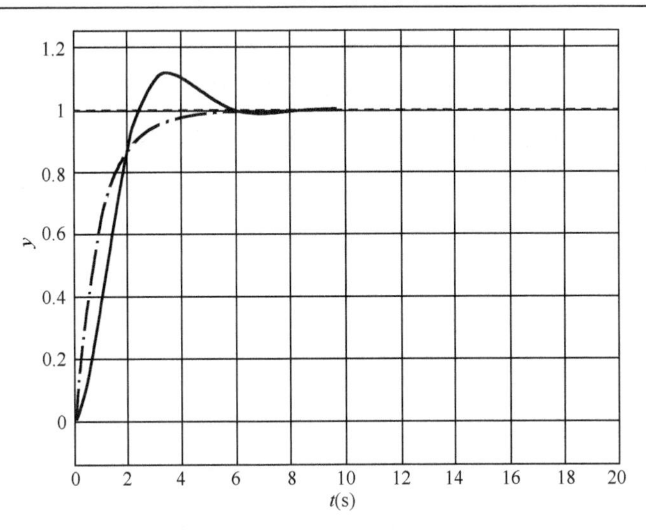


图 8.60　过程输出响应曲线

# 8.5　多输入多输出系统

本节讲解多输入多输出系统，即 MIMO 系统，分析 MIMO 系统的交互影响及如何实现控制变量和被控变量的匹配。

## 8.5.1　控制变量与被控变量的匹配

首先简要介绍 SISO 系统和 MIMO 系统。单输入单输出（Single-Input Single-Output，SISO）系统是指只有一个控制变量和一个被控变量的控制系统。而多输入多输出（Multiple-Input Multiple-Output，MIMO）系统是指存在多个控制变量和多个被控变量的系统。

而在 MIMO 系统中，过程存在交互作用，即每个控制变量都能影响被控输出变量。图 8.61 所示为 3 个 MIMO 控制问题的实例。在图 8.61（a）所示的管道混合系统中，质量流量分别为 $\omega_A$ 和 $\omega_B$ 的两种物料 A 和 B 经混合后输出的质量流量为 $\omega$，其中 A 的成分占比为 $x$。可知，两个变量 $\omega_A$ 和 $\omega_B$ 的任何一个都可以影响两个输出变量 $\omega$ 和 $x$。在图 8.61（b）所示的精馏塔中，调节回流比 $R$ 和蒸汽流量 $S$ 都能影响塔顶成分 $x_D$ 和塔底成分 $x_B$。图 8.61（c）所示为气液分离器，调节气体流量 $G$ 直接影响压力 $P$，并间接对液位 $h$ 有轻微的影响，同样，调节输出流量 $L$ 直接影响液位 $h$ 并对压力 $P$ 有相对较小的间接影响。SISO 和 MIMO 控制应用如图 8.62 所示。MIMO 控制比 SISO 控制复杂，因为其控制变量和被控变量之间存在交互作用，如 $u_1$ 会影响 $y_1$、$y_2$ 和 $y_n$。被控变量和控制变量的匹配将变得较为困难，哪个控制变量和哪个被控变量匹配最好就成为比较关键的问题。

图 8.62（b）所示的 2 输入 2 输出系统，有两个控制变量 $u_1$ 和 $u_2$ 及两个输出变量 $y_1$ 和 $y_2$，则会有两种匹配情形：一种是 $u_1$ 控制 $y_1$、$u_2$ 控制 $y_2$，即 1 对 1、2 对 2 匹配；另一种是 $u_1$ 控制 $y_2$、$u_2$ 控制 $y_1$。

在图 8.63 所示的 2 输入 2 输出系统框图中，我们分析 $U_1$ 配 $Y_1$、$U_2$ 配 $Y_2$ 的情形。$Y_1$ 由 $U_1$ 控制，$Y_2$ 由 $U_2$ 控制，则 $U_1$ 的改变对 $Y_1$ 产生两种影响：一种是直接影响，$U_1$ 通过 $G_{P11}$ 影响 $Y_1$；另一种是间接影响，即 $U_1$ 经过 $G_{P21}$、$Y_2$、$G_{C2}$、$U_2$，通过 $G_{P12}$ 这个通道影响 $Y_1$。可以写出此

时 $U_1$ 到 $Y_1$ 的传递函数，注意这个表达式包含 $G_{C2}$。很显然，要设计 $G_{C1}$，则受到 $G_{C2}$ 的影响。同理可知，$G_{C2}$ 的设计也受到 $G_{C1}$ 的影响，即两个控制器参数不能独立整定，这时两个回路之间相互存在耦合现象。控制回路耦合会产生一些问题，如使闭环系统可能变得不稳定，或者使控制器参数整定变得更加困难。

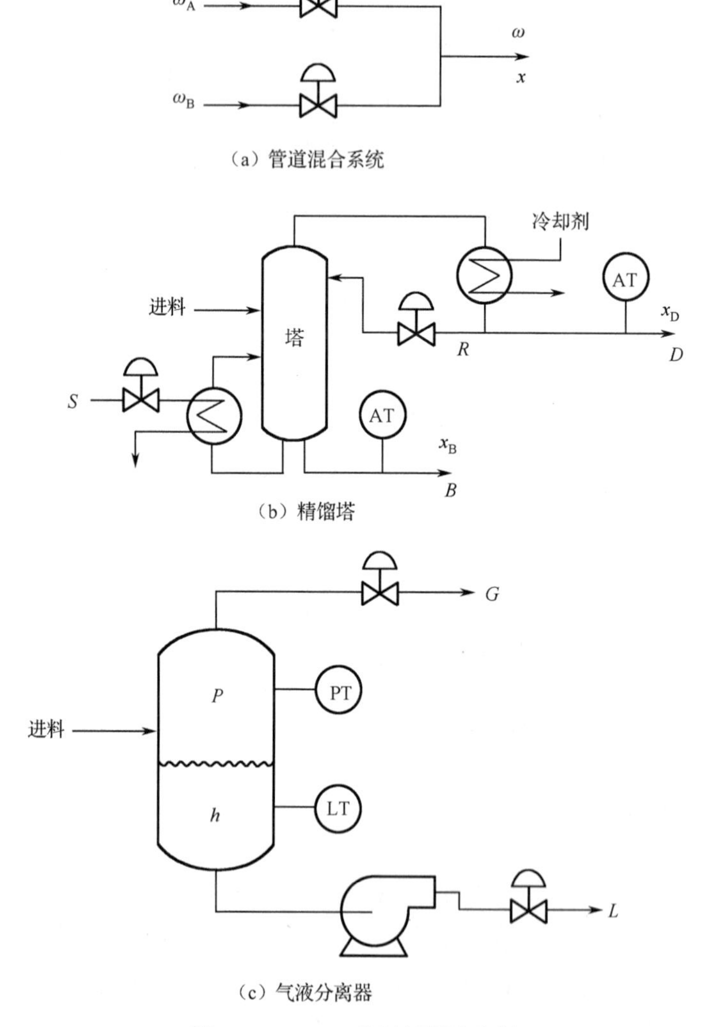


（a）管道混合系统

（b）精馏塔

（c）气液分离器

图 8.61　MIMO 控制问题的实例

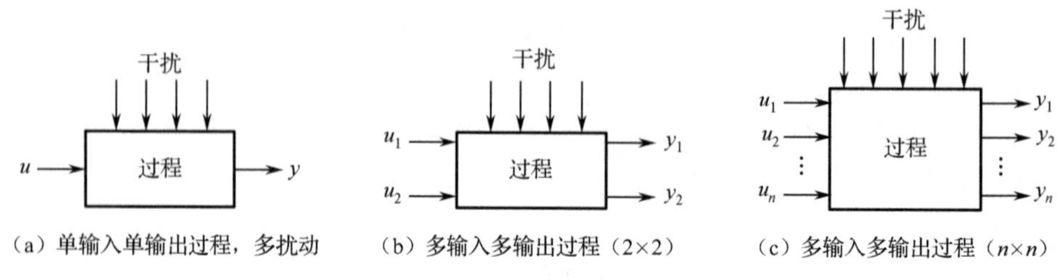


（a）单输入单输出过程，多扰动　（b）多输入多输出过程（2×2）　（c）多输入多输出过程（n×n）

图 8.62　SISO 和 MIMO 控制应用

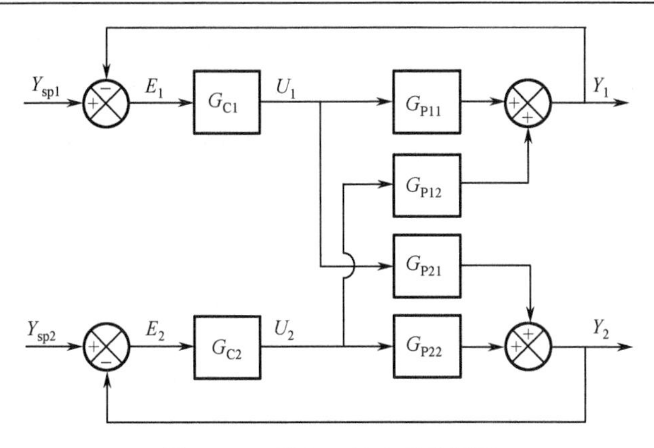


图 8.63　2 输入 2 输出系统框图

我们通过一个精馏塔过程模型，来说明这种相互作用、相互耦合的过程很难控制。给出过程传递函数

$$\begin{bmatrix} X_{\mathrm{D}}(s) \\ X_{\mathrm{B}}(s) \end{bmatrix} = \begin{bmatrix} \dfrac{12.8\mathrm{e}^{-s}}{16.7s+1} & \dfrac{-18.9\mathrm{e}^{-3s}}{21s+1} \\ \dfrac{6.6\mathrm{e}^{-7s}}{10.9s+1} & \dfrac{-19.4\mathrm{e}^{-3s}}{14.4s+1} \end{bmatrix} \begin{bmatrix} R(s) \\ S(s) \end{bmatrix}$$

如果选择用 $R$ 控制 $X_{\mathrm{D}}$，用 $S$ 控制 $X_{\mathrm{B}}$，并且分别按单回路的情形设计出两个回路控制参数 $K_{\mathrm{C}}$ 和 $\tau_{\mathrm{I}}$，参数整定如表 8.1 所示。

**表 8.1　参数整定**

| 配　　时 | $K_{\mathrm{C}}$ | $\tau_{\mathrm{I}}$ |
|---|---|---|
| $X_{\mathrm{D}}$-$R$ | 0.604 | 16.37 |
| $X_{\mathrm{B}}$-$S$ | −0.127 | 14.46 |

画出有耦合和无耦合时的过程输出曲线。如图 8.64 和图 8.65 所示，实线对应的情形是两个回路之间没有耦合，虚线对应的情形是有耦合。可以看出，$X_{\mathrm{D}}$ 和 $X_{\mathrm{B}}$ 没有耦合时可取得令人满意的响应，而当两个回路存在耦合作用时，$X_{\mathrm{D}}$ 和 $X_{\mathrm{B}}$ 都产生了振荡。

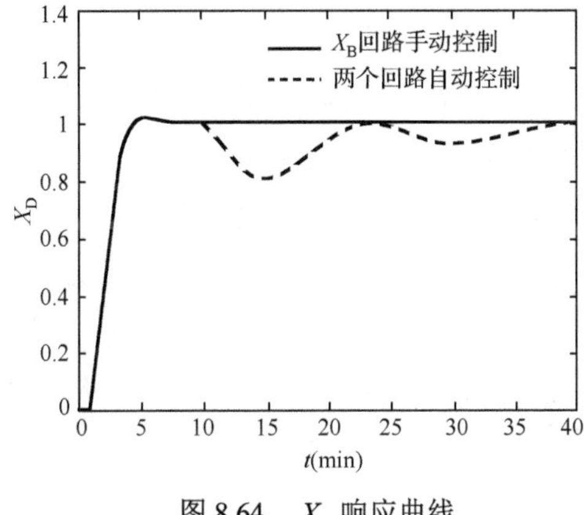


图 8.64　$X_{\mathrm{D}}$ 响应曲线

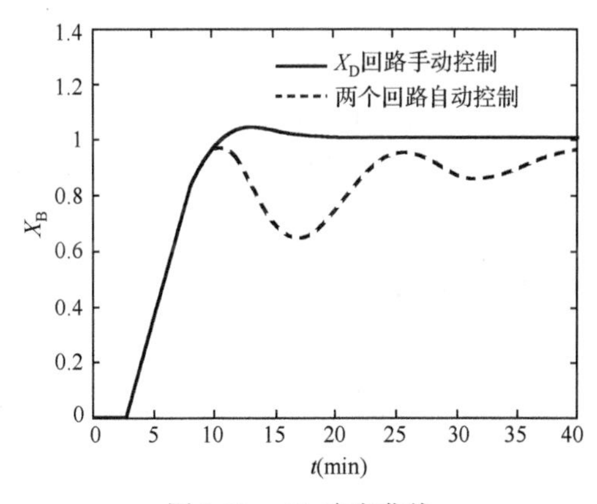


图 8.65　$X_{\mathrm{B}}$ 响应曲线

接下来我们考虑更为复杂的精馏塔过程，如图 8.66 所示。该精馏塔控制变量有 5 个，

分别是塔顶成分 $X_D$、塔底成分 $X_B$、塔内压力 $P$、回流液位流量 $h_D$ 和基液液位流量 $h_B$。被控变量也有 5 个，分别是塔顶流量 $D$、塔底流量 $B$、回流流量 $R$、冷凝器热负荷 $Q_D$、再沸器热负荷 $Q_B$。这个 5 输入 5 输出过程，控制变量和输出变量匹配可能产生的控制结构有 5!=120 种。那么哪种匹配的方案最好呢？必须有匹配的方法，这里我们介绍相对增益矩阵方法。

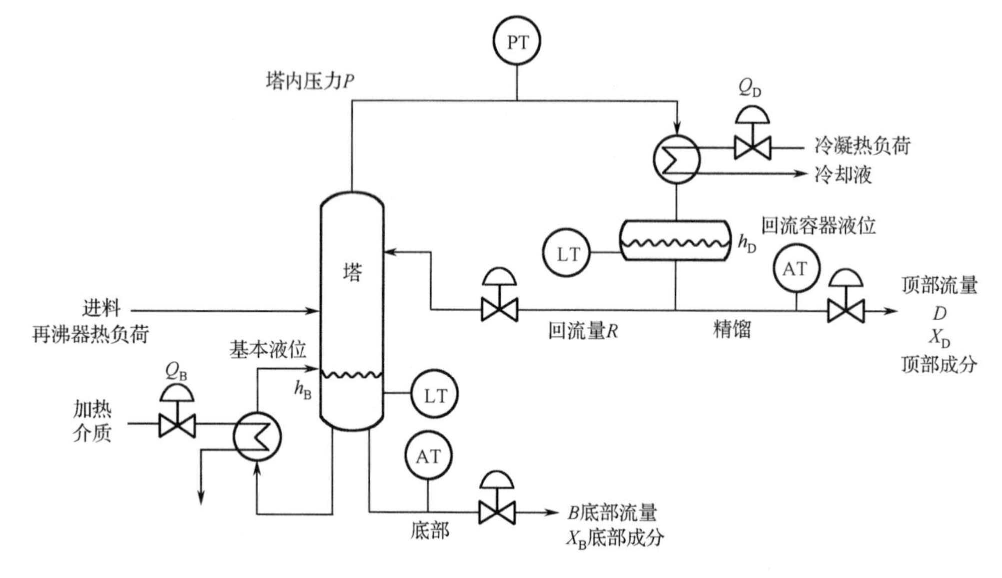


图 8.66　复杂的精馏塔过程

## 8.5.2　相对增益矩阵

相对增益矩阵（Relative Gain Array，RGA）是由 Bristol 在 1966 年提出的。该方法可以实现对过程相互影响程度的一种测量，并且推荐控制变量和被控变量的最佳匹配。该方法的特点是仅需要稳态信息，即只需要过程增益矩阵即可，不需要过程动态行为。

首先我们来看相对增益的计算。考虑过程有 $n$ 个被控变量和 $n$ 个控制变量，控制变量 $u_j$ 到 $y_i$ 的相对增益 $\lambda_{ij}$ 定义为两个稳态增益的比

$$\lambda_{ij}=\frac{(\partial y_i/\partial u_j)_{\mathrm{u}}}{(\partial y_i/\partial u_j)_{\mathrm{y}}}=\frac{K_{\mathrm{O}}}{K_{\mathrm{C}}}$$

式中，分子代表 $y_i$ 对 $u_j$ 的偏导数，下标 u 代表所有其他回路都是开环，即除 $u_j$ 外，其他控制变量都保持为常数，此时得到 $u_j$ 到 $y_i$ 的开环增益 $K_{\mathrm{O}}$；分母代表 $y_i$ 对 $u_j$ 的偏导数，下标 y 表示其他回路均为闭环，即除 $y_i$ 外，所有被控变量都保持常数，再得出 $u_j$ 到 $y_i$ 的闭环增益 $K_{\mathrm{C}}$。如果两次增益没有变化，则表明该回路不会影响其他回路，也不会受到其他回路的影响，此时的相对增益 $\lambda_{ij}$ 就是 1。

对于 $n$ 个被控变量和 $n$ 个控制变量的过程，相对增益矩阵为 $n\times n$ 矩阵。相对增益没有量纲，还可以证明，相对增益矩阵的各行和各列的和都等于 1。

$$\boldsymbol{\lambda}=\begin{bmatrix}\lambda_{11} & \lambda_{12} & \cdots & \lambda_{1n}\\ \lambda_{21} & \lambda_{22} & \cdots & \lambda_{2n}\\ \vdots & \vdots & \vdots & \vdots\\ \lambda_{n1} & \lambda_{n2} & \cdots & \lambda_{nn}\end{bmatrix}$$

以 2 输入 2 输出系统为例

$$\frac{Y_1(s)}{U_1(s)}=G_{\mathrm{p11}}(s),\quad \frac{Y_1(s)}{U_2(s)}=G_{\mathrm{p12}}(s)，\quad \frac{Y_2(s)}{U_1(s)}=G_{\mathrm{p21}}(s),\quad \frac{Y_2(s)}{U_2(s)}=G_{\mathrm{p22}}(s)$$

$$Y_1(s)=G_{\mathrm{p11}}(s)U_1(s)+G_{\mathrm{p12}}(s)U_2(s)，\quad Y_2(s)=G_{\mathrm{p21}}(s)U_1(s)+G_{\mathrm{p22}}(s)U_2(s)$$

根据输入/输出过程模型，将其写成向量表达式

$$\boldsymbol{Y}(s)=\boldsymbol{G}_{\mathrm{p}}(s)\boldsymbol{U}(s)$$

$$\boldsymbol{Y}(s)=\begin{bmatrix}Y_1(s)\\ Y_2(s)\end{bmatrix}$$

$$\boldsymbol{U}(s)=\begin{bmatrix}U_1(s)\\ U_2(s)\end{bmatrix}$$

$$\boldsymbol{G}_{\mathrm{p}}(s)=\begin{bmatrix}G_{\mathrm{p11}}(s) & G_{\mathrm{p12}}(s)\\ G_{\mathrm{p21}}(s) & G_{\mathrm{p22}}(s)\end{bmatrix}$$

将过程传递函数矩阵 $\boldsymbol{G}_{\mathrm{p}}(s)$ 中的 $s=0$，可以得到静态增益矩阵 $\boldsymbol{K}$

$$\boldsymbol{K}=\begin{bmatrix}G_{\mathrm{p11}}(0) & G_{\mathrm{p12}}(0)\\ G_{\mathrm{p21}}(0) & G_{\mathrm{p22}}(0)\end{bmatrix}=\begin{bmatrix}K_{11} & K_{12}\\ K_{21} & K_{22}\end{bmatrix}$$

此时可得到稳态过程模型

$$y_1=K_{11}u_1+K_{12}u_2$$
$$y_2=K_{21}u_1+K_{22}u_2$$

根据稳态过程模型，先求出 $\lambda_{11}$

$$\lambda_{11}\triangleq\frac{\left(\dfrac{\partial y_1}{\partial u_1}\right)_{\mathrm{u}}}{\left(\dfrac{\partial y_1}{\partial u_1}\right)_{\mathrm{y}}}=\frac{\left(\dfrac{\partial(K_{11}u_1+K_{12}u_2)}{\partial u_1}\right)_{u_2=c}}{\left(\dfrac{\partial(K_{11}u_1+K_{12}u_2)}{\partial u_1}\right)_{y_2=c}}=\frac{K_{11}}{\left(\dfrac{\partial(K_{11}u_1+K_{12}(y_2-K_{21}u_1)/K_{22})}{\partial u_1}\right)_{y_2=c}}$$

$$=\frac{K_{11}}{K_{11}+\dfrac{K_{12}(-K_{21})}{K_{22}}}=\frac{1}{1-\dfrac{K_{12}K_{21}}{K_{11}K_{22}}}$$

$$\lambda_{12}=\lambda_{21}=1-\lambda_{11}$$

$$\lambda_{22}=\lambda_{11}$$

$\lambda_{11}$ 表示 $u_1$ 到 $y_1$ 的开环增益与闭环增益之比。根据定义，分子是 $y_1$ 对 $u_1$ 求偏导数，保持其他的控制变量为常数，即 $u_2$ 为常数，于是可以求出分子。在分母中，也是 $y_1$ 对 $u_1$ 求偏导数，但保持其他被控输出为常数，即 $y_2$ 为常数，注意这里将分母中的 $u_2$ 根据第 2 个方程用 $u_1$ 和 $y_2$ 表示出来，进一步根据 $y_2$ 是常数求出分母。于是就求出了 $\lambda_{11}$。根据相对增益矩阵的性质，矩阵的每一行及每一列的和都等于 1，于是可以得到 $\lambda_{12}$、$\lambda_{21}$ 和 $\lambda_{22}$。

对于高维过程，即 $n>2$ 时，计算非常复杂，此时可以利用矩阵计算，先根据稳态增益

矩阵 $\boldsymbol{K}$ 得到矩阵 $\boldsymbol{H}$

$$\boldsymbol{H}=(\boldsymbol{K}^{-1})^{\mathrm{T}}$$

再利用 $\boldsymbol{K}$ 和 $\boldsymbol{H}$ 的 Schur 乘积，得到相对增益矩阵 $\boldsymbol{\Lambda}$ 。该矩阵中元素 $\lambda_{ij}=K_{ij}*H_{ij}$ 。

$$\boldsymbol{\Lambda}=\boldsymbol{K}\otimes\boldsymbol{H}$$

接下来还是以 2 输入 2 输出系统为例，分析相对增益值的影响。

$$y_1=K_{11}u_1+K_{12}u_2$$

$$y_2=K_{21}u_1+K_{22}u_2,$$

$$\boldsymbol{\Lambda}=\begin{bmatrix}\lambda & 1-\lambda\\ 1-\lambda & \lambda\end{bmatrix}$$

如果 $\lambda=1$，则说明开环增益和闭环增益相等，第 2 个回路对第 1 个回路没有影响，此时应该 $y_1$ 匹配 $u_1$ 。如果 $\lambda=0$ ，则说明开环增益为 0，$u_1$ 对 $y_1$ 没有响应，此时 $u_1$ 不能匹配 $y_1$ ，应该匹配 $y_2$ 。如果 $0<\lambda\leqslant 1$，则说明 $u_1$ 到 $y_1$ 的闭环增益大于开环增益，当 $\lambda=0.5$ 时两个回路交互作用最大。如果 $\lambda>1$，则说明将第 2 个回路关闭会影响 $u_1$ 到 $y_1$ 的增益，$\lambda$ 越大，回路间交互作用越大，且该行或该列必有负数，$\lambda$ 为无穷大时，两个被控度量不可能同时调节。如果 $\lambda<0$，则说明开环增益和闭环增益符号不同，第 2 个回路作用效果与第 1 个回路作用效果相反，系统会振荡还可能会不稳定。

根据上述分析，选择相对增益进行变量匹配时，尽可能使相对增益为正，且尽可能接近于 1。举两个例子。

如果稳态增益矩阵为 $\boldsymbol{K}$，则可得到相对增益矩阵 $\boldsymbol{\Lambda}$ 。

$$\boldsymbol{K}=\begin{bmatrix}K_{11} & K_{12}\\ K_{21} & K_{22}\end{bmatrix}=\begin{bmatrix}2 & 1.5\\ 1.5 & 2\end{bmatrix}\Rightarrow\boldsymbol{\Lambda}=\begin{bmatrix}2.29 & -1.29\\ -1.29 & 2.29\end{bmatrix}$$

根据上述原则，选择正的增益且接近于 1 的，即 $y_1$ 匹配 $u_1$、 $y_2$ 匹配 $u_2$ 。

如果已知稳态增益矩阵 $\boldsymbol{K}$ ，则得到相对增益矩阵 $\boldsymbol{\Lambda}$ 。

$$\boldsymbol{K}=\begin{bmatrix}-2 & 1.5\\ 1.5 & 2\end{bmatrix}\Rightarrow\boldsymbol{\Lambda}=\begin{bmatrix}0.64 & 0.36\\ 0.36 & 0.64\end{bmatrix}$$

可以看出，0.64 和 0.36 都为正，且 0.64 更接近于 1，因此选择 $y_1$ 匹配 $u_1$、 $y_2$ 匹配 $u_2$ 。相对增益矩阵的缺点在于其忽略了过程的动态特性。例如，给出动态过程传递函数矩阵 $\boldsymbol{G}_{\mathrm{p}}(s)$，

$$\boldsymbol{G}_{\mathrm{p}}(s)=\begin{bmatrix}\dfrac{-2\mathrm{e}^{-s}}{10s+1} & \dfrac{1.5\mathrm{e}^{-s}}{s+1}\\ \dfrac{1.5\mathrm{e}^{-s}}{s+1} & \dfrac{2\mathrm{e}^{s}}{10s+1}\end{bmatrix}\ \boldsymbol{K}=\begin{bmatrix}-2 & 1.5\\ 1.5 & 2\end{bmatrix}\Rightarrow\boldsymbol{\Lambda}=\begin{bmatrix}0.64 & 0.36\\ 0.36 & 0.64\end{bmatrix}$$

根据静态增益，建议 $y_1$ 匹配 $u_1$、 $y_2$ 匹配 $u_2$，但从传递函数矩阵可以看出， $y_1$ 对 $u_2$ 的响应比其对 $u_1$ 的响应快 10 倍，如果考虑动态特性的影响，则选择 $y_1$ 配 $u_2$、 $y_2$ 配 $u_1$ 更好。于是我们给出应用动态过程的相对增益矩阵方法，其能考虑系统频率响应。

$$\boldsymbol{\Lambda}=\boldsymbol{G}\otimes(\boldsymbol{G}^{-1})^{\mathrm{T}}\,\boldsymbol{\Lambda}(\mathrm{j}w)\ =\boldsymbol{G}(\mathrm{j}w)\otimes(\boldsymbol{G}^{-1}(\mathrm{j}w))^{\mathrm{T}}$$

其相对增益矩阵可以应用过程动态传递函数矩阵 $\boldsymbol{G}$ 计算出来，求出此时相对增益矩阵的频率响应。此时变量匹配的原则为将输入变量、输出变量重新排序，使截止频率处的相对增益矩阵尽可能接近单位矩阵。

### 8.5.3　解耦控制

前面已经介绍了，多个控制回路之间存在相互关联和相互影响（相互作用），称为相互耦合。存在耦合的控制系统，使得控制器不能独立调节，严重影响了系统的控制性能。有什么方法可以使回路之间的耦合作用得到消除或降低呢？答案就是解耦控制。下面讲解解耦控制的原理。

首先我们介绍解耦的概念。通过增加额外控制器，消除或降低相互关联的多个控制回路之间的影响，把这种额外附加的控制器称为解耦器。而解耦控制就是通过解耦器，使存在耦合的多变量控制系统变为相互独立的单变量控制系统。常用的解耦方法有对角矩阵解耦和前馈补偿解耦。

### 8.5.4　对角矩阵解耦

首先讲解对角矩阵解耦，其系统框图如图 8.67 所示，有两个回路互相耦合。一个回路的给定值是 $X_1$，被控变量输出是 $Y_1(s)$，通过控制器 $G_{c1}(s)$实现 $U_1(s)$对 $Y_1(s)$的调节作用。另一个回路的给定值是 $X_2$，被控变量输出是 $Y_2(s)$，控制器是 $G_{c2}(s)$，通过调节控制变量 $U_2(s)$来改变 $Y_2(s)$。这里要注意的是，$U_1(s)$在调节 $Y_1(s)$的过程中，还会通过 $G_{21}(s)$影响 $Y_2(s)$；$U_2(s)$在调节 $Y_2(s)$的过程中还会通过 $G_{12}(s)$改变 $Y_1(s)$。$G_{12}(s)$和 $G_{21}(s)$就是相互耦合作用环节。

图 8.67 中标出的 $N_{11}(s)$、$N_{21}(s)$、$N_{12}(s)$、$N_{22}(s)$共 4 个环节为解耦环节，可以组成解耦器矩阵 $\boldsymbol{N}$。$G_{11}(s)$、$G_{21}(s)$、$G_{12}(s)$、$G_{22}(s)$构成了过程传递函数矩阵 $\boldsymbol{G}$。

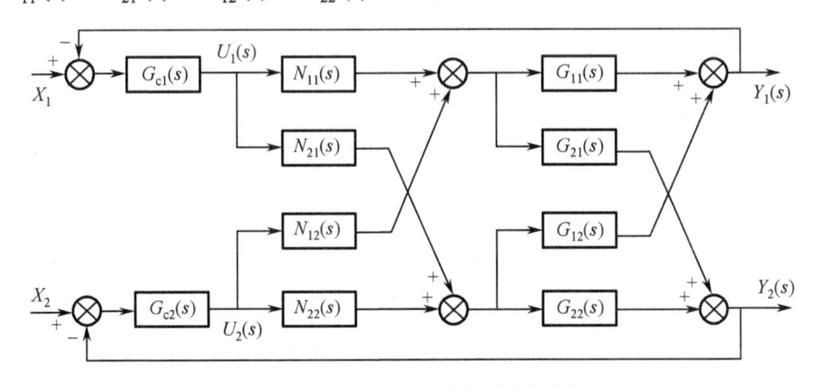


图 8.67　对角矩阵解耦系统框图

对角矩阵解耦就是通过设计解耦器，使解耦器的传递函数矩阵 $\boldsymbol{N}$ 与被控过程的传递函数矩阵 $\boldsymbol{N}$ 的乘积成为对角矩阵，以消除多变量被控过程变量之间的相互耦合。

根据对角矩阵解耦系统框图，我们可以列写出 $U_{C1}(s)$和 $U_{C1}(s)$到 $Y_1(s)$和 $Y_2(s)$的表达式。进一步列写出控制变量 $U_1(s)$和 $U_2(s)$到 $U_{c1}(s)$和 $U_{c2}(s)$的表达式。

$$Y_1(s)=G_{11}(s)U_{c1}(s)+G_{12}(s)U_{c1}(s)$$
$$Y_2(s)=G_{21}(s)U_{c1}(s)+G_{22}(s)U_{c1}(s)$$
$$U_{c1}(s)=N_{11}(s)U_1(s)+N_{12}(s)U_1(s)$$
$$U_{c2}(s)=N_{21}(s)U_1(s)+N_{22}(s)U_1(s)$$

于是写成矩阵形式，有

$$Y(s) = G(s)U_C(s)$$
$$U_C(s) = N(s)U(s)$$

接着得到

$$Y(s) = G(s)N(s)U_C(s)$$

于是我们根据该矩阵表达式可知，如果从控制变量矩阵 $\boldsymbol{U}$ 到输出变量的传递函数矩阵 $\boldsymbol{G}(s)\boldsymbol{N}(s)$ 为对角矩阵，即满足

$$\boldsymbol{G}(s)\boldsymbol{N}(s) = \begin{bmatrix} G_{11} & 0 \\ 0 & G_{22} \end{bmatrix}$$

其对角元素为 $G_{11}$ 和 $G_{22}$，非对角元素为 0，于是可以求出此时的解耦器 $\boldsymbol{N}(s)$。

$$\boldsymbol{N}(s) = \begin{bmatrix} G_{11} & G_{12} \\ G_{21} & G_{22} \end{bmatrix}^{-1} \begin{bmatrix} G_{11} & 0 \\ 0 & G_{22} \end{bmatrix}$$

实现了对角矩阵解耦等效系统框图，如图 8.68 所示。此时说明 $U_1$ 通过 $G_{11}$ 只对 $Y_1$ 有影响，$U_2$ 通过 $G_{22}$ 只对 $Y_2$ 有影响，即实现了解耦控制。

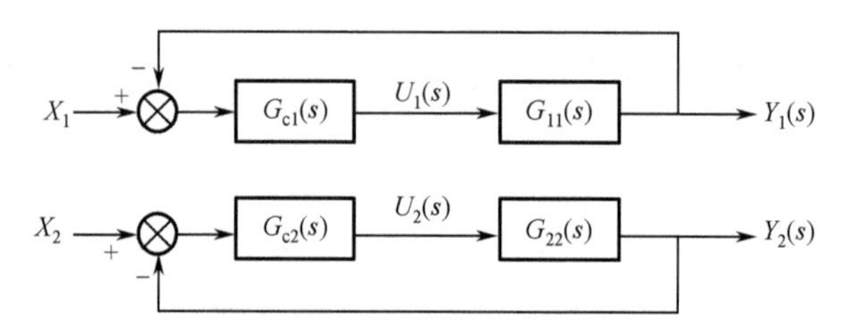


图 8.68　对角矩阵解耦等效系统框图

## 8.5.5　前馈补偿解耦

前馈补偿解耦系统框图如图 8.69 所示。前馈补偿解耦的方法就是在对角矩阵解耦器的基础上，将 $N_{11}$ 和 $N_{22}$ 环节等于 1，同样根据传递函数矩阵是对角矩阵，即非对角上的传递函数等于 0，或者也可以根据补偿原理，得出两个方程。

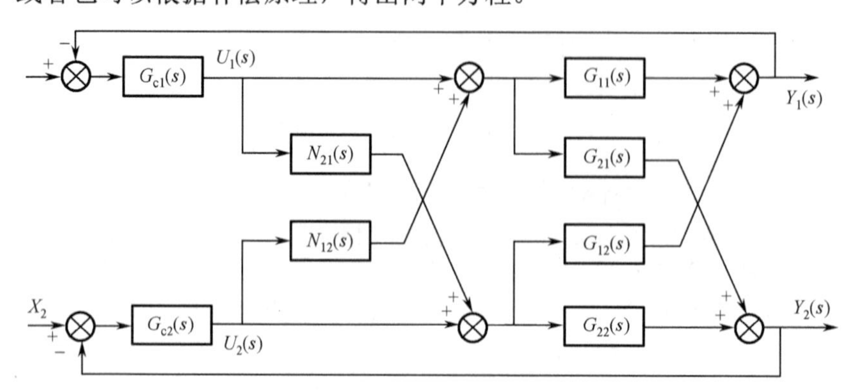


图 8.69　前馈补偿解耦系统框图

$$U_1(s)G_{21}(s) + U_1(s)N_{21}(s)G_{22}(s) = 0$$
$$U_2(s)G_{12}(s) + U_2(s)N_{12}(s)G_{11}(s) = 0$$

根据这两个补偿方程，可以求得解耦环节的数学模型。可以看出这个解耦器比前面对角

矩阵解耦器的表达式要简单一些。

$$N_{21}(s) = -\frac{G_{21}(s)}{G_{22}(s)}$$

$$N_{12}(s) = -\frac{G_{12}(s)}{G_{11}(s)}$$

### 8.5.6　解耦器的简化

从对角矩阵解耦方法和前馈补偿解耦方法可以看出，解耦器是根据被控过程传递函数求得的数学模型，对象传递函数越复杂，解耦环节的传递函数也越复杂，实现就越困难。如果对求出的解耦环节进行适当简化，可使解耦易于实现。简化可以从以下两个方面考虑。

（1）在高阶过程中，如果存在小时间常数，它与其他时间常数的比值很小，则可将小时间常数忽略，从而降低解耦模型阶数。

（2）省略解耦函数的动态部分，只采用静态解耦。

接下来举例说明解耦器如何简化。例如，某被控过程的传递函数矩阵为

$$\boldsymbol{G}(s) = \begin{bmatrix} \dfrac{2.6}{(2.7s+1)(0.3s+1)} & \dfrac{-1.6}{(2.7s+1)(0.2s+1)} & 0 \\ \dfrac{1}{3.8s+1} & \dfrac{1}{4.5s+1} & 0 \\ \dfrac{2.74}{0.2s+1} & \dfrac{2.6}{0.18s+1} & \dfrac{-0.87}{0.25s+1} \end{bmatrix}$$

在 $\boldsymbol{G}(s)$ 中，第 1 行第 1 列元素，分母中有两个时间常数，一个是 2.7，一个是 0.3，第 1 行第 2 列的时间常数一个也是 2.7，另一个是 0.2，该矩阵中还有几个时间常数，即 3.8、4.5、0.18 和 0.25。我们按照第（1）个简化原则，将小时间常数忽略，则可以得到简化后的被控过程传递函数矩阵，此时根据简化后的 $\boldsymbol{G}(s)$ 再去求取解耦器会简单很多。

$$\boldsymbol{G}(s) = \begin{bmatrix} \dfrac{2.6}{(2.7s+1)} & \dfrac{-1.6}{(2.7s+1)} & 0 \\ \dfrac{1}{3.8s+1} & \dfrac{1}{4.5s+1} & 0 \\ 2.74 & 2.6 & -0.87 \end{bmatrix}$$

再来看一个 2 输入 2 输出的过程，求出的解耦环节传递函数矩阵为

$$\boldsymbol{N}(s) = \begin{bmatrix} 0.328(2.7s+1) & 0.21(s+1) \\ -0.52(2.7s+1) & 0.94(s+1) \end{bmatrix}$$

如果只采用静态解耦，即令 $s=0$，则得到静态解耦矩阵

$$\boldsymbol{N}(s) \approx \begin{bmatrix} 0.328 & 0.21 \\ -0.52 & 0.94 \end{bmatrix}$$

很显然，此时的解耦环节简化为比例环节，更容易实现。

静态解耦的效果好不好呢？试验表明，当对象各通道的动特性相等或相近时，用静态解耦能满意地解决耦合问题。值得指出的是，在实际的控制过程中，是很难实现完全解耦的。由于对象特性的测试或推算都是忽略了一些因素取得的近似值，因此求得的解耦器的数学模

型往往也是近似的，加之实现时简化也会引入误差，所以很难做到理想的“完全解耦”。虽然不能完全解耦，但通过解耦器的设计可以降低回路间的耦合作用，提高控制性能。

## 8.5.7 数字解耦控制算法

数字式对角矩阵解耦控制框图如图 8.70 所示。$D_1(z)$、$D_2(z)$ 分别为回路 1 和回路 2 的控制器脉冲传递函数，$F_{11}(z)$、$F_{21}(z)$、$F_{12}(z)$、$F_{22}(z)$ 为解耦补偿装置的脉冲传递函数，$H(s)$ 为零阶保持器的传递函数。$G_{11}(s)$、$G_{21}(s)$、$G_{12}(s)$、$G_{22}(s)$ 为被控过程的传递函数。$R_1(t)$、$R_2(t)$ 分别是两个回路的给定值，$Y_1(t)$、$Y_2(t)$ 为两个回路的输出。

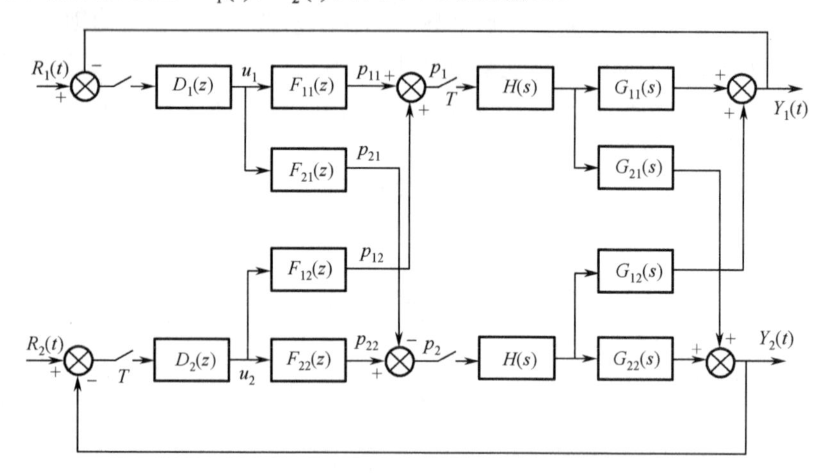


图 8.70 数字式对角矩阵解耦控制框图

（1）首先求取广义对象的脉冲传递函数

$$G_{11}(z) = Z[H(s)G_{11}(s)]$$
$$G_{12}(z) = Z[H(s)G_{12}(s)]$$
$$G_{21}(z) = Z[H(s)G_{21}(s)]$$
$$G_{22}(z) = Z[H(s)G_{22}(s)]$$

（2）同样可以得到

$$\begin{bmatrix} Y_1(z) \\ Y_2(z) \end{bmatrix} = \begin{bmatrix} G_{11}(z) & G_{12}(z) \\ G_{21}(z) & G_{22}(z) \end{bmatrix} \begin{bmatrix} P_1(z) \\ P_2(z) \end{bmatrix}$$

$$\begin{bmatrix} P_1(z) \\ P_2(z) \end{bmatrix} = \begin{bmatrix} F_{11}(z) & F_{12}(z) \\ F_{21}(z) & F_{22}(z) \end{bmatrix} \begin{bmatrix} U_1(z) \\ U_2(z) \end{bmatrix}$$

（3）由上面两个式子可以得到

$$\begin{bmatrix} Y_1(z) \\ Y_2(z) \end{bmatrix} = \begin{bmatrix} G_{11}(z) & G_{12}(z) \\ G_{21}(z) & G_{22}(z) \end{bmatrix} \begin{bmatrix} F_{11}(z) & F_{12}(z) \\ F_{21}(z) & F_{22}(z) \end{bmatrix} \begin{bmatrix} U_1(z) \\ U_2(z) \end{bmatrix} = \begin{bmatrix} G_{11}(z) & 0 \\ 0 & G_{22}(z) \end{bmatrix} \begin{bmatrix} U_1(z) \\ U_2(z) \end{bmatrix}$$

根据 $Y_1$ 和 $Y_2$，如果要实现 $U_1 - Y_1$、$U_2 - Y_2$ 之间的完全解耦，则需要使传递函数矩阵满足对角矩阵，即对角元素为 $G_{11}(z)$ 和 $G_{22}(z)$。而非对角上的元素应为 0，于是可以解出解耦器的传递函数矩阵。这样就完成了数字式解耦器的设计，解耦器为

$$\begin{bmatrix} F_{11}(z) & F_{12}(z) \\ F_{21}(z) & F_{22}(z) \end{bmatrix} = \begin{bmatrix} G_{11}(z) & G_{12}(z) \\ G_{21}(z) & G_{22}(z) \end{bmatrix}^{-1} \begin{bmatrix} G_{11}(z) & 0 \\ 0 & G_{22}(z) \end{bmatrix}$$

# 习　题　8

1．比值控制系统中的比值系数如何确定？

2．前馈反馈复合控制系统的特点是什么？

3．串级控制系统的优点是什么？请用定量分析方法给予解释。

4．Smith 预估补偿控制系统的原理是什么？它的适用条件是什么？

5．什么是 MIMO 系统？

6．相对增益矩阵如何计算？有何用处？缺点是什么？

7．常用的解耦方法有哪些？原理是什么？

8．对于图 8.71 所示的双容耦合水箱，期望通过体积流量 $q_1$ 和 $q_2$ 控制液位 $h_1$ 和 $h_2$，流量 $q_6$ 是主要的扰动变量，且流量液位关系为

$$q_3 = C_{v1}\sqrt{h_1},\ q_5 = C_{v2}\sqrt{h_2},\ q_4 = K(h_1 - h_2)$$

式中，$C_{v1}$、$C_{v2}$、$K$ 是常数。

（1）给出这个 2 输入 2 输出系统的相对增益矩阵。

（2）使用相对增益矩阵确定控制变量和被控变量的匹配，参数为

$$K = 3\text{gal/(minft)},\ C_{v1} = 3\text{gal/(minft}^{0.5}),\ C_{v2} = 3.46\text{gal/(minft}^{0.5}),\ D_1 = D_2 = 3.5\text{ft}$$

名义稳态值为

$$\bar{h}_1 = 4\text{ft},\ \bar{h}_2 = 3\text{ft}$$

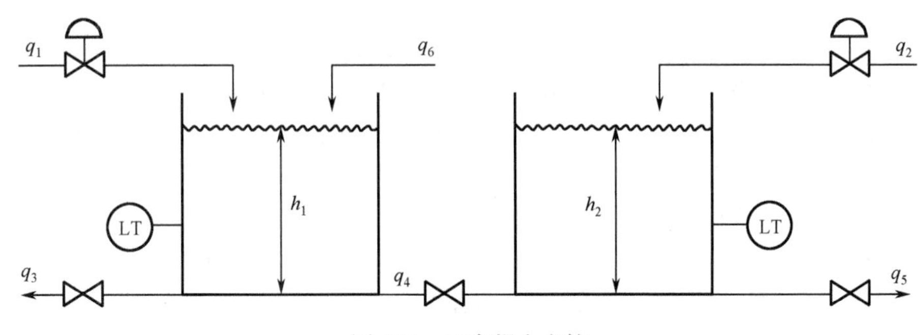


图 8.71　双容耦合水箱

# 参 考 文 献

[1] Dale E. Seborg. Process Dynamics and Control[M]. 4th edition,John Wiley & Sons, Inc,2016.

[2] PA Control.com. Process Control Fundamentals, 2006.

[3] Festo Didactic. Pressure,Flow, and Level Processes, 2015.

[4] Thomas A, Hughes. Measurement and Control Basics. ISA,2002.

[5] Terence Blevins. Control Loop Foundation- Batch and Continuous. ISA, 2011.

[6] Pao C.Chau. Chemical Process Control: A First Course with MATLAB. 2001.

[7] 郑辑光. 过程控制系统[M]. 北京：清华大学出版社，2012.

[8] 萧德云. 过程控制系统[M]. 北京：清华大学出版社，2005.

[9] 俞金寿，孙自强. 过程控制系统[M]. 北京：机械工业出版社，2015.

[10] 王再英. 过程控制系统与仪表[M]. 北京：机械工业出版社，2015.

[11] R. Bellman. Selected Papers on Mathematical Trends in Control Engineering. Dover, New York:1964.

[12] Bissell, C. C. A History of Automatic Control. IEEE Control Systems, 1996,(4) 71–78.

[13] M.S. Fagen. A History of Engineering and Science in the Bell System: The Early Years (1875–1925). Bell Telephone Laboratories, Murray Hill,1975.

[14] O. Mayr. The Origins of Feedback Control. MIT, Cambridge, 1970.

[15] G.S. Brown, D.P. Campbell. Instrument engineering: its growth and promise in process-control problems,Mech. Eng, 1950,(72)124–127.

[16] Wheeler, Lynder Phelps. The Gibbs Governor for Steam Engines. Wheeler, Lynder Phelps, Waters, Everett Oyler, 1947.

[17] Hawkins, W. M. and Fisher, T. Batch Control Systems – Design, Application, and Implementation, 2nd Edition. Research Triangle Park: ISA, 2006.

[18] ANSI/ISA-88.00.01-2010, Batch Control Part 1: Models and Terminology.

[19] IEC 61131, Programmable Controllers Package.

[20] ANSI/ISA-61804-3 (104.00.01)-2007, Function Blocks (FB) for Process Control – Part 3: Electronic Device Description Language.

[21] Astrom, K.J., T. Hagglund. Advanced PID Control,3d cd.,Instrment Society of America. Research Triangle Park,NC,2006.

[22] Dahlin, E. B., Designing and Tuning Digital Controllers. Instr. Control Syst., 1968, 42(6):77.

[23] Ender, D. B. Troubleshooting Your PID Control Loop. InTech, 1992, 39 (5):35.

[24] Hang, C. C., K. J. Åström, Q. G. Wang. Relay Feedback Auto-Tuning of Process Controllers. A Tutorial Review, J. Process Control, 2002,12, 143.

[25] O'Dwyer, A. Handbook of PI and PID Controller Tuning Rules, 3rd ed. World Scientific Press, Hackensack, NJ, 2009.

[26] Visioli, A. Practical PID Control. Springer, London, 2006.

[27] Shinskey, F. G. Feedback Controllers for the Process Industries. McGraw-Hill, New York, 1994.

[28] Mayr, O. The Origins of Feedback Control. MIT Press, Cambridge, MA, 1970.

[29] Shinskey, F. G. Process Control Systems, 4th ed. McGraw-Hill, New York, 1996.

[30] Seborg, Dale E., Duncan Mellichamp, Thomas Edgar, Francis J. III Process Dynamics and Control, 4th Edition. Wiley, 2016-09-06.

[31] Astrom,K.J., B.Wittenmark. Computet-Controlled Systems:Theory and Design,3rd ed. Prentice-Hall,Englewood Cliffs,NJ,1997.

[32] Ljung,L. System Identification: Theory for the User,2d ed. Prentice-Hall,Upper Saddle River,NJ,1999.

[33] Rangaiah,G. P., P. R. Krishnaswamy. Estimating Second-Order Dead Time Model Parameters from Underdamped Process Transients. Chemical Engineering Scicence, 1996,51,1149.

[34] Smith,C.L. Digital Computer Process Control. Intext,Scranton,PA,1972.

[35] Guzmán, J. L., T. Hägglund. Simple Tuning Rules for Feedforward Compensators. J. Process Control, 2011,21, 92.

[36] Smith, C. A., A. B. Corripio. Principles and Practice of Automatic Process Control, 3rd ed. John Wiley and Sons, Hoboken, NJ, 2006.

[37] Corripio, A., M. Newell. Tuning of Industrial Control Systems, 3rd ed. ISA, Research Triangle Park, NC, 2015.

[38] Arkun, Y., J. J. Downs. A General Method to Calculate Input-Output Gains and the Relative Gain Array for Integrating Processes, Comput. Chem Eng., 1990, 14, 1101.

[39] Bjorck, A. Numerical Methods for Least Squares Problems. SIAM, Philadelphia, PA, 1996.

[40] Nisenfeld, A. E., H. M. Schultz. Interaction Analysis in Control System Design. Advances in Instrum. 25, Pt. 1, ISA, Pittsburgh, PA, 1971.

[41] Skousen, Philip. Valve Handbook – Second Edition. Chapter 5.3.1,McGraw-Hill Handbook.

[42] McMillan, Gregory K. Essentials of Modern Measurements and Final Elements in the Process Industry. Chapter 7-3, Research Triangle Park: ISA.

[43] Murrill, P. W. Fundamentals of Process Control Theory, 3rd Ed. Research Triangle Park, NC: ISA, 2000.

[44] Weyrick, R. C. Fundamentals of Automatic Control. New York: McGraw- Hill,1975.

[45] Control Valve Handbook, 2d ed. Fisher Controls Company, 1977.

[46] Driskell, L. Control-Valve Selection and Sizing. Research Triangle Park, NC: ISA,1983.

[47] Johnson, C. D. Process Control Instrumentation Technology, 2d ed. New York: John

Wiley & Sons, 1982.

[48] Kirk, F. W., N. R. Rimboi. Instrumentation, 3d ed. Homewood, IL: American Technical Publishers, 1975.

[49] Cho, C. H. Measurement and Control of Liquid Level. Research Triangle Park, NC: ISA, 1982.

[50] Johnson, C. D. Process Control Instrumentation Technology, 2d ed. New York: John Wiley & Sons, 1982.

[51] Hewlett-Packard Company. Practical Temperature Measurement-Applications. Note 290, 1987.

[52] Crane Co. Flow of Fluids through Valves, Fittings, and Pipe. Joliet, IL: Crane Co.,1996.

[53] Giles, R. V. Theory and Problems of Fluid Mechanics and Hydraulics, Shaum's utline Series, 2d ed. New York: McGraw-Hill, 1962.

[54] 于海生. 计算机控制技术. 第 2 版[M]. 北京：机械工业出版社，2016.

[55] 刘川来，胡乃平.计算机控制技术[M]. 北京：机械工业出版社，2017.

[56] 赵邦信. 计算机控制技术[M]. 北京：科学出版社，2011.

[57] 方红. 计算机控制技术[M]. 北京：电子工业出版社，2014.

[58] 朱玉玺. 计算机控制技术[M]. 北京：电子工业出版社，2018.

[59] 丁永生. 过程控制系统与实践[M]. 北京：科学出版社，2018.

[60] 陈夕松. 过程控制系统[M]. 北京：科学出版社，2016.

[61] McMillan, G. K. Tuning and Control-Loop Performance, 4th ed. Momentum Press, New York, 2015.

# 反侵权盗版声明